prépabac

Cours & entraînement

Mathématiques

ENSEIGNEMENT OBLIGATOIRE
ENSEIGNEMENT DE SPÉCIALITÉ

Tle S

Annick Meyer
Professeur agrégée au lycée Aristide-Briand à Saint Nazaire

Jean-Dominique Picchiottino
Professeur agrégé au lycée Pasquet à Arles

Hatier

Maquette de principe : Frédéric Jély
Mise en page : Indologic, Pondichéry (Inde)
Édition : Thomas Blasselle pour Indologic
Schémas : Indologic, Pondichéry (Inde)

 ISBN 978-2-96251-6

Mode d'emploi

Votre ouvrage Prépabac

- Conforme au programme de mathématiques T[le] S entré en vigueur à la rentrée 2012, ce « Prépabac » vous propose un **outil de travail** complet et efficace.
- Sur chaque thème du programme, vous trouverez : un **cours** structuré, des fiches de **méthode**, des **exercices** progressifs et leurs **corrigés** détaillés.
- Assorties de nombreux **commentaires** et **conseils** des auteurs, toutes ces ressources vous permettent d'aborder en confiance vos contrôles durant l'année et de vous préparer à l'épreuve du bac.

COURS **MÉTHODE** **EXERCICES** **CORRIGÉS**

Sur le site www.annabac.com

- L'achat de ce Prépabac vous permet de bénéficier, pendant un an, d'un **accès GRATUIT** à toutes les ressources d'annabac.com en mathématiques T[le] S : fiches de cours, quiz audio, tests interactifs, sujets corrigés…
- Pour profiter de cette offre, rendez-vous sur **www.annabac.com**, dans la rubrique « Vous avec acheté un ouvrage Hatier ? »*

---

*La saisie d'un mot clé du livre (lors de votre première visite) vous permettra de créer un compte personnel et d'utiliser librement le site pendant un an.

sommaire

ENSEIGNEMENT OBLIGATOIRE

Analyse

sommaire

ENSEIGNEMENT DE SPÉCIALITÉ

Enseignement obligatoire

CHAPITRE

1 Suites

Étudier le comportement d'une suite (u_n) lorsque n tend vers $+\infty$ consiste à prévoir les valeurs prises par le terme général u_n lorsque n prend des valeurs de plus en plus grandes.
Pour mener à bien cette étude, on s'appuiera sur une méthode nouvelle et puissante : le raisonnement par récurrence, ainsi que sur les notions vues en 1re S.

1 Raisonnement par récurrence

A Exemple

■ Calculons la somme des nombres impairs consécutifs. Avec un peu d'astuce on parvient à voir facilement que :

$$1+3=2^2,\ 1+3+5=3^2,\ 1+3+5+7=4^2$$

Sur la figure, on a symbolisé les sommes $1+3$, $1+3+5$, $1+3+5+7$ et $1+3+5+7+9$.

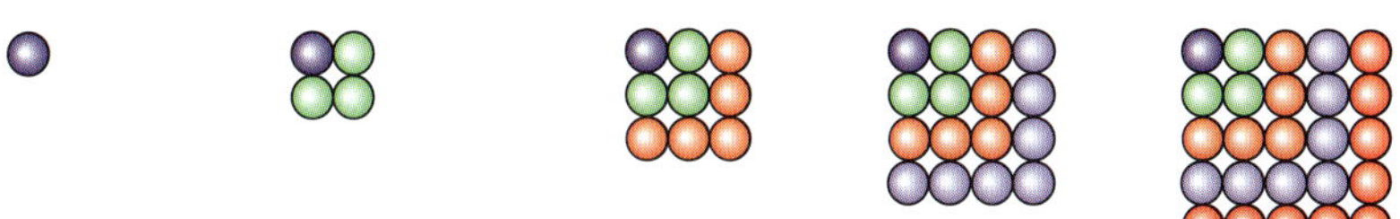

■ La figure est assez parlante : il semblerait que, pour tout entier naturel n non nul, la somme des n premiers entiers impairs soit égale à n^2, autrement dit :

$$1+3+\cdots+(2n-1)=\sum_{k=1}^{n}(2k-1)=n^2$$

Mais comment démontrer cela ? En raisonnant par récurrence.

B Le raisonnement par récurrence

Considérons une proposition P_n dépendant d'un entier naturel n.

Pour démontrer que P_n est vraie pour tout entier naturel n, on procède en deux étapes.

- **Étape 1 :** On démontre que P_0 est vraie (initialisation).
- **Étape 2 :** On démontre que, pour tout $n \in \mathbb{N}$, si P_n est vraie alors P_{n+1} est vraie (hérédité pour tout $n \in \mathbb{N}$).

On peut aussi faire un raisonnement par récurrence pour démontrer qu'une proposition est vraie pour tout entier $n \geqslant 1$, ou tout entier $n \geqslant 2$. etc.
Dans l'étape 1, il suffit alors de remplacer 0 par 1, ou 2, etc.

Exemple : Dans l'exemple précédent la proposition P_n est l'égalité

$$\sum_{k=1}^{n}(2k-1)=n^2$$

Étape 1 : P_1 est vraie car $\sum_{k=1}^{1}(2k-1)=1$ et $1^2=1$ donc $\sum_{k=1}^{1}(2k-1)=1^2$.

Étape 2 : Soit n un entier naturel au moins égal à 1. Si P_n est vraie pour cet entier alors :

$$\sum_{k=1}^{n+1}(2k-1)=\sum_{k=1}^{n}(2k-1)+\underbrace{2(n+1)-1}_{k=n+1}=\underbrace{n^2}_{\text{on a supposé } P_n \text{ vraie}}+2n+1=(n+1)^2$$

On en déduit donc que si P_n est vraie alors P_{n+1} est vraie.

Conclusion : P_n est vraie pour tout entier naturel $n \geqslant 1$.

2 Limite d'une suite

A Définitions

On considère un nombre réel ℓ et une suite (u_n).

Dire que **u_n tend vers ℓ quand n tend vers $+\infty$** signifie que : tout intervalle ouvert contenant ℓ contient toutes les valeurs u_n à partir d'un certain rang.

On écrit alors $\lim\limits_{n\to+\infty} u_n=\ell$.

Une suite qui a une limite finie ℓ s'appelle une suite convergente.
La limite d'une suite convergente est unique.

■ Dire que **u_n tend vers $+\infty$ quand n tend vers $+\infty$** signifie que : tout intervalle de la forme $]A\ ;+\infty[$ contient toutes les valeurs u_n à partir d'un certain rang.

On écrit alors $\lim\limits_{n\to+\infty} u_n = +\infty$.

Une suite non convergente s'appelle une suite divergente.

Remarques

1. Dans le premier cas, pour tout intervalle ouvert I contenant ℓ il existe un entier naturel n_0 tel que, pour tout entier $n \geqslant 0$, $u_n \in I$.

2. Dans le second cas, pour tout réel A, il existe un entier naturel n_0 tel que, pour tout entier $n \geqslant n_0$, $u_n \in]A\,;+\infty[$ (donc $u_n \geqslant A$).

3. Dire qu'une suite (u_n) tend vers $+\infty$ signifie que la suite $(-u_n)$ tend vers $+\infty$.

4. Lorsqu'on parle de limite d'une suite, sans plus de précision, il s'agit toujours de la limite quand n tend vers $+\infty$.

Si une suite $(u_n)_{n\in\mathbb{N}}$ est divergente alors u_n n'a pas nécessairement pour limite $+\infty$.
Par exemple, la suite définie par $2+(-1)^n$ est divergente (voir exercice 2) et n'a pas pour limite $+\infty$.

Exemples

1. Toute suite constante converge ! Ainsi, si pour tout $n\in\mathbb{N}$, $u_n = 3$ alors $\lim\limits_{n\to+\infty} u_n = 3$.

2. Toute suite arithmétique de raison strictement positive a pour limite $+\infty$.

3. $\lim\limits_{n\to+\infty} \frac{1}{n} = 0$ et de même $\lim\limits_{n\to+\infty} \frac{1}{n^b} = 0$, b étant un nombre rationnel strictement positif. En particulier $\lim\limits_{n\to+\infty} \frac{1}{\sqrt{n}} = 0$.

B Limites et comparaison

■ Théorème 1

Si (u_n) et (v_n) sont deux suites telles que :
- $u_n \leqslant v_n$ à partir d'un certain rang ;
- u_n tend vers $+\infty$ quand n tend vers $+\infty$;

alors v_n tend vers $+\infty$ quand n tend vers $+\infty$.

Preuve : Soit A un réel quelconque. Puisque $\lim\limits_{n \to +\infty} u_n = +\infty$ alors l'intervalle $]A ; +\infty[$ contient tous les termes u_n à partir d'un certain rang, que l'on note n_0. Cela signifie que pour tout $n \geqslant n_0$, $u_n > A$. D'autre part, on a $v_n \geqslant u_n$ à partir d'un certain rang, que l'on note n_1.

Nommons n_2 le plus grand des deux entiers n_0 et n_1. Alors pour tout $n \geqslant n_2$ on a à la fois $n \geqslant n_0$ et $n \geqslant n_1$.

Donc, pour tout $n \geqslant n_2$: $v_n \geqslant u_n \Rightarrow v_n \geqslant A$. Autrement dit l'intervalle $[A ; +\infty[$ contient tout les termes v_n à partir d'un certain rang (qui est n_2 ici). Ce qu'il fallait démontrer.

Théorème 2

Si une suite est croissante et a pour limite un nombre ℓ alors tous les termes de la suite sont inférieurs ou égaux à ℓ.

Preuve : Faisons un raisonnement par l'absurde. Supposons qu'il existe un terme u_p qui soit strictement supérieur à ℓ.

Soit m la moitié de la longueur du segment $[\ell ; u_p]$.

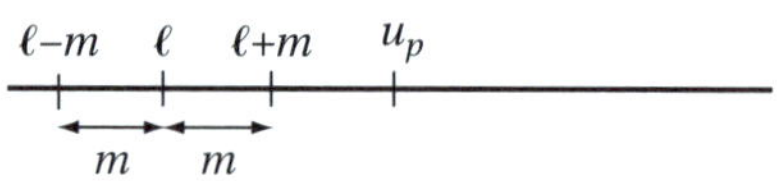

Puisque $\lim\limits_{n \to +\infty} u_n = \ell$, l'intervalle ouvert $]\ell - m ; \ell + m[$ contient tous les termes u_n à partir d'un certain rang, par exemple n_0. Nommons n_1 le plus grand des deux entiers p et n_0. Pour tout entier $n \geqslant n_1$, on a à la fois $n \geqslant p$ et $n \geqslant n_0$.

Par conséquent : pour tout $n \geqslant n_1$ on aurait $u_n \geqslant u_p$, car u_n est croissante et $u_n < \ell + m$, ce qui constitue une contradiction.

En conclusion il n'existe aucun terme qui soit strictement supérieur à ℓ. Ce qu'il fallait démontrer.

Théorème 3

Soient (u_n), (v_n) et (w_n) trois suites telles que, à partir d'un certain rang :

$$u_n \leqslant v_n \leqslant w_n$$

Si u_n et w_n tendent vers la même limite ℓ alors v_n tend vers ℓ.

Ce théorème est admis.

Ce théorème est connu sous le nom de « Théorème des gendarmes », les deux gendarmes étant u_n et w_n.

C Un cas particulier important : q^n

Dans le théorème suivant les limites s'entendent quand n tend vers $+\infty$.

Théorème : Soit q un nombre réel différent de 1. On a :

1. si $q \leqslant -1$ alors q^n n'a pas de limite ;

2. si $-1 < q < 1$ alors q^n a pour limite 0 ;

3. si $q > 1$ alors q^n a pour limite $+\infty$.

Nous admettrons les **1.**et **2.** Pour le **3.**, voir la démonstration à l'exercice 10.
On utilise le théorème précédent pour calculer la limite éventuelle d'une suite géométrique.

3 Opérations sur les limites

Dans les développements ci-dessous, ℓ et ℓ' désignent deux nombres réels.

A Somme

Valeurs des limites		Résultat concernant la limite éventuelle de $u_n + v_n$
de u_n	de v_n	
ℓ	ℓ'	$\ell + \ell'$
ℓ ou $+\infty$	$+\infty$	$+\infty$
ℓ ou $-\infty$	$-\infty$	$-\infty$
$+\infty$	$-\infty$	Il n'y a pas de résultat général. On étudie chaque cas particulier.*

*On dit qu'on a affaire à une forme indéterminée.

Exemples

1. Si $u_n = -2$ et $v_n = n$, alors $\lim\limits_{n\to+\infty} (u_n + v_n) = +\infty$.

En effet : $\lim\limits_{n\to+\infty} u_n = -2$ et $\lim\limits_{n\to+\infty} v_n = +\infty$. On utilise alors le résultat 2.

2. Si $u_n = n$ et $v_n = -n^2$, on a $\lim\limits_{n\to+\infty} u_n = +\infty$ et $\lim\limits_{n\to+\infty} v_n = -\infty$. On est en présence d'une forme indéterminée. On démontre que $\lim\limits_{n\to+\infty} (u_n + v_n) = -\infty$.

Voir la fiche méthode page 19.

B Produit

Valeurs des limites		Résultat concernant la limite éventuelle de $u_n \times v_n$
de u_n	de v_n	
ℓ	ℓ'	$\ell \times \ell'$
$\ell \neq 0$	$+\infty$ ou $-\infty$	∞ avec la règle des signes*
$+\infty$ ou $-\infty$	$+\infty$ ou $-\infty$	∞ avec la règle des signes
0	$+\infty$ ou $-\infty$	Il n'y a pas de résultat général. On étudie chaque cas particulier.**

*Pour choisir entre $+\infty$ et $-\infty$, il suffit d'appliquer la règle des signes habituelle : $-2 \times (-\infty) = +\infty$, etc.

**On dit qu'on a affaire à une forme indéterminée.

Exemples

1. Si $u_n = -1 + \dfrac{1}{n}$ et $v_n = n$, alors $\lim\limits_{n\to+\infty} u_n = -1$ (par somme) et $\lim\limits_{n\to+\infty} v_n = +\infty$.

Donc, par produit, $\lim\limits_{n\to+\infty} (u_n\, v_n) = -\infty$.

2. Si $u_n = n^2 + 1$ et $v_n = \dfrac{1}{n}$ alors $\lim\limits_{n\to+\infty} u_n = +\infty$ (par somme) et $\lim\limits_{n\to+\infty} v_n = 0$.

Le théorème précédent ne permet pas de conclure sur la limite éventuelle de la suite $u_n v_n$. On démontre que $\lim\limits_{n\to+\infty} (u_n v_n) = +\infty$.

Voir la fiche méthode page 19.

C Quotient

Valeurs des limites		Résultat concernant la limite éventuelle de $\frac{u_n}{v_n}$
de v_n	de v_n	
ℓ	$\ell' \neq 0$	$\frac{\ell}{\ell'}$
ℓ	$+\infty$ ou $-\infty$	0
∞	$\ell' \neq 0$	∞ avec règle des signes*
∞	∞	Il n'y a pas de résultat général. On étudie chaque cas particulier.**
0	0	
∞ ou $\ell \neq 0$	0	On ne peut conclure que si l'on connait le signe de v_n à partir d'un certain rang. La limite est ∞ avec règle des signes.

*Pour choisir entre $+\infty$ et $-\infty$ il suffit d'appliquer la règle des signes habituelle : $-\frac{(+\infty)}{2} = -\infty$ etc.
**On dit qu'on a affaire à une forme indéterminée.

Exemples

1. Si $u_n = -n^2 + 1$ et $v_n = 3 + \frac{4}{n}$, alors $\lim\limits_{n \to +\infty} u_n = -\infty$ (par somme) et $\lim\limits_{n \to +\infty} v_n = 3$ (par somme) donc, par quotient, $\lim\limits_{n \to +\infty} \frac{u_n}{v_n} = -\infty$.

2. Si $u_n = 2n + 1$ et $v_n = -3n + 10$, alors $\lim\limits_{n \to +\infty} u_n = +\infty$ et $\lim\limits_{n \to +\infty} v_n = -\infty$.
Le théorème précédent ne permet pas de conclure sur la limite éventuelle de la suite $\frac{u_n}{v_n}$. On démontre que $\lim\limits_{n \to +\infty} \frac{u_n}{v_n} = -\frac{2}{3}$.

Voir la fiche méthode page 19.
Dans le cas où l'une des suites (u_n) ou (v_n) n'a pas de limite, on traite les suites obtenues par opération avec les indications de l'énoncé.

4 Limite et monotonie

A Préliminaires

Définition

1. Dire qu'une suite $(u_n)_{n\in\mathbb{N}}$ est **minorée** signifie qu'il existe un nombre m tel que pour tout $n \in \mathbb{N}, u_n \geqslant m$.

2. Dire qu'une suite $(u_n)_{n\in\mathbb{N}}$ est **majorée** signifie qu'il existe un nombre M tel que pour tout $n \in \mathbb{N}, u_n \leqslant M$.

3. Dire qu'une suite $(u_n)_{n\in\mathbb{N}}$ est **bornée** signifie qu'elle est à la fois minorée et majorée.

On peut démontrer qu'une suite $(u_n)_{n\in\mathbb{N}}$ est bornée si et seulement s'il existe un nombre k tel que pour tout $n \in \mathbb{N}, |u_n| \leqslant k$.

Remarque : On a des définitions analogues dans le cas où la suite est définie à partir de $n = 1$, ou $n = 2$, etc.

B Théorème de convergence croissante

Théorème

Toute suite croissante et majorée converge. Autrement dit elle a une limite finie quand n tend vers $+\infty$.

Ce théorème est admis.

Si ℓ est la limite alors, pour tout $n \in \mathbb{N}$, $u_n \leqslant \ell$.

Remarques

1. Le théorème précédent assure l'existence d'une limite mais ne fournit pas le moyen de la calculer.

2. On pourrait démontrer aussi que toute suite décroissante et minorée converge.

3. On pourrait enfin démontrer que toute suite monotone et bornée converge.

C Suite croissante non majorée

Théorème

Toute suite croissante et non majorée a pour limite $+\infty$.

Preuve : Soit A un nombre réel. Puisque (u_n) n'est pas majorée, il existe un entier naturel p tel que $u_p > A$. Puisque u_n est croissante, alors pour tout $n \geqslant p$, on a $u_n > A$. Cela prouve qu'à partir du rang p tous les termes u_n sont dans l'intervalle $]A\,;+\infty[$. Ce qu'il fallait démontrer.

Traiter une forme indéterminée

ÉNONCÉ

1 Pour tout $n \in \mathbb{N}$, on pose $u_n = \dfrac{3n-1}{5n+4}$. Identifier la forme indéterminée qui apparaît lorsqu'on veut calculer la limite de u_n en utilisant un quotient.

2 Déterminer $\lim\limits_{n \to +\infty} u_n$.

MÉTHODE

1 On calcule $\lim\limits_{n \to +\infty} (3n-1)$ puis $\lim\limits_{n \to +\infty} (5n+4)$.

2 Il suffit de factoriser le numérateur par $3n$ et le dénominateur par $5n$. Il y a alors des simplifications.

CORRIGÉ

1 Par somme : $\lim\limits_{n \to +\infty} (3n-1) = +\infty$ et $\lim\limits_{n \to +\infty} (5n+4) = +\infty$.
On ne peut donc pas utiliser le théorème sur le quotient.

2 Pour tout $n \in \mathbb{N}^*$: $3n-1 = 3n\left(1-\dfrac{1}{3n}\right)$ et $5n-4 = 5n\left(1+\dfrac{4}{5n}\right)$.
Donc, après simplification par n :

$$u_n = \frac{3n\left(1-\dfrac{1}{3n}\right)}{5n\left(1+\dfrac{4}{5n}\right)} = \frac{3}{5}\,\frac{1-\dfrac{1}{3n}}{1+\dfrac{4}{5n}}$$

De plus, puisque $\lim\limits_{n \to +\infty} \dfrac{1}{3n} = 0$ et $\lim\limits_{n \to +\infty} \dfrac{4}{5n} = 0$, on en déduit par somme que :

$$\lim_{n \to +\infty} \left(1-\frac{1}{3n}\right) = \lim_{n \to +\infty} \left(1+\frac{4}{5n}\right) = 1$$

Par quotient on trouve ainsi :

$$\lim_{n \to +\infty} u_n = \frac{3}{5}$$

Trouver un rang assurant le dépassement de 10^5 par u_n

ÉNONCÉ

On considère la suite (u_n) définie pour tout $n \in \mathbb{N}$ par $u_n = \dfrac{n^2+1}{n+3}$.

1 Démontrer que $\lim\limits_{n \to +\infty} u_n = +\infty$.

2 On admet que la suite est croissante. On trouve ci-dessous un algorithme associé à cette suite ainsi que les résultats de son lancement.

Dire quelle est la tâche associée à l'algorithme et la signification du message de « Résultats ».

Code de l'algorithme

```
VARIABLES
    n EST_DU_TYPE NOMBRE
    u EST_DU_TYPE NOMBRE
DEBUT_ALGORITHME
    n PREND_LA_VALEUR 1
    u PREND_LA_VALEUR (pow(n,2)+1)/(n+3)
    TANT_QUE (u<=pow(10,5)) FAIRE
        DEBUT_TANT_QUE
        n PREND_LA_VALEUR n+1
        u PREND_LA_VALEUR (pow(n,2)+1)/(n+3)
        FIN_TANT_QUE
    AFFICHER "La valeur de n est"
    AFFICHER n
FIN_ALGORITHME
```

Résultats

```
***Algorithme lancé***
La valeur de n est 100003
*** Algorithme terminé***
```

MÉTHODE

1 Il suffit de factoriser le numérateur par n^2 et le dénominateur par n puis d'utiliser la méthode précédente.

2 Il y a une boucle dans l'algorithme qui se déroule tant qu'une certaine condition est remplie. Dès qu'elle n'est plus remplie, l'affichage de la variable n se produit. L'écriture *pow(x, n)* calcule x^n.

CORRIGÉ

1 Pour tout $n \in \mathbb{N}^*$: $u_n = \dfrac{n^2\left(1+\dfrac{1}{n^2}\right)}{n\left(1+\dfrac{3}{n}\right)} = n\dfrac{1+\dfrac{1}{n^2}}{1+\dfrac{3}{n}}$.

Puisque $\lim\limits_{n\to+\infty}\left(1+\dfrac{1}{n^2}\right) = \lim\limits_{n\to+\infty}\left(1+\dfrac{3}{n}\right) = 1$ et $\lim\limits_{n\to+\infty}(n) = +\infty$,

on en déduit par produit que $\lim\limits_{n\to+\infty} u_n = +\infty$.

2 L'algorithme affecte la valeur 1 à n puis calcule u_1, qu'il place dans la variable u. Puis, tant que u est inférieur ou égal à 10^5, on augmente n de 1 et on calcule u avec cette nouvelle valeur de n.

Dès que u est strictement supérieur à 10^5, on affiche un entier, ici 100 003. C'est le premier entier n tel que $u_n > 10^5$.

On a donc $u_{100\,003} > 10^5$. Comme la suite (u_n) est croissante, $n \geqslant 100\,003 \Rightarrow u_n > 10^5$.

Dans le cas d'une suite croissante tendant vers $+\infty$, on a un moyen de déterminer le plus petit rang (ici 100 003) à partir duquel les termes de la suite dépasse un nombre donné au départ (ici 10^5).

Étudier une suite arithmético-géométrique

ÉNONCÉ

On considère la suite $(u_n)_{n\in\mathbb{N}}$ définie pour tout $n\in\mathbb{N}$ par $u_0=0$ et :

$$u_{n+1}=3u_n-2$$

1 On pose $v_n=u_n-1$. Démontrer que $(v_n)_{n\in\mathbb{N}}$ est une suite géométrique de raison 3.

2 Exprimer v_n puis u_n en fonction de n et en déduire $\lim\limits_{n\to+\infty} u_n$.

MÉTHODE

1 Il s'agit de montrer que pour tout $n\in\mathbb{N}, v_{n+1}=3v_n$.

2 Il suffit de se rappeler les résultats concernant $\lim\limits_{n\to+\infty} q^n$ du § 2. C. En particulier, si $q>1$, $\lim\limits_{n\to+\infty} q^n=+\infty$.

SOLUTION

1 Pour tout $n\in\mathbb{N}$: $v_{n+1}=u_{n+1}-1=3u_n-2-1=3\underbrace{(v_n+1)}_{u_n}-2-1$

$$=3v_n+3-2-1=3v_n$$

Ce qu'il fallait démontrer.

2 Puisque $v_0=u_0-1=-1$, on sait que pour tout $n\in\mathbb{N}$, $v_n=v_0.3^n=(-1)3^n$.

De plus $u_n=v_n+1\Rightarrow u_n=(-1)3^n+1$.

Puisque $\lim\limits_{n\to+\infty} 3^n=+\infty$, on en déduit que :

$$\lim_{n\to+\infty}(-1)3^n=-\infty$$

On a $\lim\limits_{n\to+\infty} u_n=-\infty$ par somme.

Le nombre 1 n'est pas choisi au hasard. En effet, on a $1=3\times1-2$. On a donc résolu l'équation $x=3x-2$ pour le trouver.

SE TESTER QUIZ

Dans le quiz, justifier la réponse donnée. Si l'affirmation paraît vraie, la démontrer. Si elle paraît fausse donner un contre-exemple.

1 $2^0 \geqslant 0^2$, $2^1 \geqslant 1^2$, $2^2 \geqslant 2^2$, etc., donc pour tout $n \in \mathbb{N}$, $2^n \geqslant n^2$.

☐ **a.** Vrai ☐ **b.** Faux

2 Une suite bornée est nécessairement convergente (à rapprocher de l'exercice 11).

☐ **a.** Vrai ☐ **b.** Faux

3 Si une suite converge vers 2 alors, à partir d'un certain rang, tous ses termes sont dans l'intervalle $]1,999\,;\,2,001[$.

☐ **a.** Vrai ☐ **b.** Faux

4 Si une suite a pour limite $+\infty$ alors elle est nécessairement croissante à partir d'un certain rang.

☐ **a.** Vrai ☐ **b.** Faux

5 La somme de deux suites convergentes est une suite convergente.

☐ **a.** Vrai ☐ **b.** Faux

6 La somme de deux suites divergentes est une suite divergente.

☐ **a.** Vrai ☐ **b.** Faux

7 Si $\lim\limits_{n\to+\infty} u_n = +\infty$ et $\lim\limits_{n\to+\infty} v_n = -\infty$ alors $\lim\limits_{n\to+\infty} (u_n + v_n) = 0$.

☐ **a.** Vrai ☐ **b.** Faux

8 Si $\lim\limits_{n\to+\infty} u_n = +\infty$ et $\lim\limits_{n\to+\infty} v_n = 0$ alors $\lim\limits_{n\to+\infty} (u_n \times v_n) = 0$.

☐ **a.** Vrai ☐ **b.** Faux

TRAITER UNE QUESTION DE COURS

9 Démontrer que toute suite croissante non majorée a pour limite $+\infty$.

10 Démontrer que si $q > 1$ alors $\lim\limits_{n \to +\infty} q^n = +\infty$.

Pour cela on pose $q = 1 + a$ ($a > 0$), et on démontre par récurrence que, pour tout $n \in \mathbb{N}$, $(1+a)^n \geqslant 1 + na$ puis on conclut.

11 Démontrer que si une suite est convergente alors elle est bornée. (À rapprocher de l'exercice 2.)

Revenir à la définition de la limite d'une suite.

12 Démontrer que toute suite décroissante non minorée a pour limite $-\infty$.

13 Démontrer que toute suite décroissante minorée est convergente.

Dans les exercices 12 et 13, utiliser les résultats concernant les suites croissantes, § 4. C. du cours.

14 Démontrer que toute suite monotone bornée est convergente.

15 Démontrer que toute suite arithmétique de raison strictement positive a pour limite $+\infty$.

Utiliser l'exercice précédent.

S'ENTRAÎNER

Démonstration par récurrence

Pour les 16 à 18, on pourra calquer les démonstrations sur l'exemple du § 1. B.

16 Démontrer que pour tout entier naturel $n \geqslant 1$:

$$\sum_{k=1}^{n} k = \frac{n(n+1)}{2}$$

17 Démontrer que pour tout entier naturel $n \geqslant 1$:

$$\sum_{k=1}^{n} k^2 = \frac{n(n+1)(2n+1)}{6}$$

18 Démontrer que pour tout entier naturel $n \geqslant 1$:

$$\sum_{k=1}^{n} k^3 = \left(\frac{n(n+1)}{2}\right)^2$$

19 Soit (u_n) la suite définie par $u_0 = 2$ et, pour tout $n \in \mathbb{N}$:

$$u_{n+1} = \sqrt{6 + u_n}$$

Démontrer que pour tout entier naturel $n, 2 \leqslant u_n \leqslant 3$.

20 Soit (u_n) la suite définie par $u_0 = 0$ et, pour tout $n \in \mathbb{N}$:

$$u_{n+1} = 2(u_n + 2^n)$$

Démontrer que pour tout entier naturel $n : u_n = n2^n$.

Les deux suites sont des suites récurrentes car un terme est défini à partir du précédent.

Opérations sur les limites

21 Dans chaque cas, trouver deux suites (u_n) et (v_n) telles que $\lim\limits_{n \to +\infty} u_n = +\infty$, $\lim\limits_{n \to +\infty} v_n = -\infty$ et remplissant la condition donnée.

a. $\lim\limits_{n \to +\infty} (u_n + v_n) = +\infty$ **b.** $\lim\limits_{n \to +\infty} (u_n + v_n) = -\infty$ **c.** $\lim\limits_{n \to +\infty} (u_n + v_n) = 12$

22 Dans chaque cas, trouver deux suites (u_n) et (v_n) telles que $\lim\limits_{n \to +\infty} u_n = +\infty$, $\lim\limits_{n \to +\infty} v_n = 0$ et remplissant la condition donnée.

a. $\lim\limits_{n \to +\infty} (u_n \times v_n) = +\infty$ **b.** $\lim\limits_{n \to +\infty} (u_n \times v_n) = 0$ **c.** $\lim\limits_{n \to +\infty} (u_n \times v_n) = 2\,012$

23 Dans chaque cas, trouver deux suites (u_n) et (v_n) telles que $\lim\limits_{n \to +\infty} u_n = -\infty$, $\lim\limits_{n \to +\infty} v_n = +\infty$ et remplissant la condition donnée.

a. $\lim\limits_{n \to +\infty} \dfrac{u_n}{v_n} = -\infty$ **b.** $\lim\limits_{n \to +\infty} \dfrac{u_n}{v_n} = 0$ **c.** $\lim\limits_{n \to +\infty} \dfrac{u_n}{v_n} = -54$

24 Dans chaque cas, trouver deux suites (u_n) et (v_n) telles que $\lim\limits_{n \to +\infty} u_n = 0$, $\lim\limits_{n \to +\infty} v_n = 0$ et remplissant la condition donnée.

a. $\lim\limits_{n \to +\infty} \dfrac{u_n}{v_n} = +\infty$ **b.** $\lim\limits_{n \to +\infty} \dfrac{u_n}{v_n} = 0$ **c.** $\lim\limits_{n \to +\infty} \dfrac{u_n}{v_n} = -3$

Les quatre exercices montrent que le terme « forme indéterminée » porte bien son nom !

25 Démontrer qu'il n'est pas possible de trouver deux suites (u_n) et (v_n) de limites respectives $+\infty$ et $-\infty$ de telle sorte que $\lim\limits_{n \to +\infty} \frac{u_n}{v_n} = 1$.

26 On donne deux suites (u_n) et (v_n). Examiner leur limite éventuelle puis celles éventuelles de $(u_n + v_n)$, $(u_n - v_n)$, $(u_n v_n)$ et $\frac{u_n}{v_n}$.

a. $u_n = n$ et $v_n = \frac{1}{n}$

b. $u_n = n$ et $v_n = (-1)^n$

27 Le quotient de deux suites convergentes est-il nécessairement une suite convergente ?

Théorèmes sur les limites

Penser au théorème des gendarmes.

28 **a.** Étudier la limite éventuelle de $\frac{(-1)^n}{n}$.

b. Déterminer la limite éventuelle de $\frac{n+(-1)^n}{n-(-1)^{n}}$.

29 Soit (u_n) une suite. On considère les propriétés suivantes :

- P_1 : la suite (u_n) est majorée.
- P_2 : la suite (u_n) n'est pas majorée.
- P_3 : la suite (u_n) converge.
- P_4 : la suite (u_n) tend vers $+\infty$.
- P_5 : la suite (u_n) est croissante.

a. Donner la traduction mathématique des propriétés P_1 et P_2.

b. Si les propriétés P_1 et P_5 sont vraies, que peut-on en conclure pour la suite (u_n) ? Justifier la réponse.

c. Si les propriétés P_2 et P_5 sont vraies, que peut-on en conclure pour la suite (u_n) ? Justifier la réponse.

d. Une suite vérifiant la propriété P_4 vérifie-t-elle la propriété P_2 ? Justifier la réponse.

e. Une suite vérifiant la propriété P_2 vérifie-t-elle la propriété P_4 ? Justifier la réponse.

30 **1.** On considère les suites (u_n) et (v_n) définies par $u_0 = 0$, $v_0 = 12$ et pour tout $n \in \mathbb{N}$:

$$u_{n+1} = \frac{u_n + v_n}{2} \text{ et } v_{n+1} = \frac{u_n + 2v_n}{3}$$

Rappel : Pour une suite (a_n) géométrique de raison q : $a_n = a_0 q^n$.

a. Démontrer que la suite $(v_n - u_n)$ est une suite géométrique convergente dont tous les termes sont positifs.

b. Étudier la monotonie des deux suites (u_n) et (v_n).

2. Démontrer que la suite $(2u_n + 3v_n)$ est constante. Quelle est sa valeur ?

31 On considère trois suites (u_n), (v_n) et (w_n) ayant, pour tout entier naturel n, les propriétés suivantes :

$$u_n \leqslant v_n \leqslant w_n, \ \lim_{n \to +\infty} u_n = -1 \text{ et } \lim_{n \to +\infty} w_n = 1$$

Dire si les affirmations sont vraies ou fausses en justifiant la réponse. On pourra parfois choisir un contre-exemple.

a. $\lim_{n \to +\infty} v_n = 0$

b. La suite (u_n) est minorée.

c. Pour tout $n \in \mathbb{N}$ on a : $-1 \leqslant v_n \leqslant 1$.

d. On ne peut pas dire si la suite (v_n) a une limite ou non.

32 Pour tout $n \in \mathbb{N}$, on pose $u_n = \sum_{k=0}^{n} \left(\frac{1}{2}\right)^k$. Déterminer $\lim_{n \to +\infty} u_n$.

On pourra donner une expression simplifiée de u_n en utilisant une suite géométrique de raison $\frac{1}{2}$.

33 On considère la suite (u_n) définie par $u_0 = 10$ et $u_{n+1} = -\frac{1}{2}u_n + 9$.

En s'inspirant de la méthode page 20 et en considérant la suite auxiliaire $v_n = u_n - 6$, déterminer $\lim_{n \to +\infty} u_n$.

OBJECTIF BAC

34 Le but de cet exercice est de trouver une expression simple de la somme :

$$S_n(x) = \sum_{k=1}^{n} kx^{k-1}$$

dans laquelle x désigne un réel et n un entier naturel non nul.

Pour cela on considère la fonction f définie sur $\mathbb{R}$, par :

$$f_n(x) = \sum_{k=0}^{n} x^k$$

1. a. Calculer $S_3(1)$.

b. Calculer $f_5(-1)$.

2. a. Démontrer que pour tout $x \neq 1$, $f_n(x) = \dfrac{x^{n+1}-1}{x-1}$.

b. Calculer $f_n(1)$.

3. a. Quel lien y a-t-il entre $S_n(x)$ et $f_n(x)$?

b. En déduire que pour tout $x \neq 1$:

$$S_n(x) = \frac{nx^{n+1}-(n+1)x^n+1}{(x-1)^2}$$

4. Application : Déduire des questions précédentes que :

$$\sum_{k=1}^{100} k2^{k-1} = 99 \times 2^{100} + 1$$

Pensez à la somme des termes d'une suite géométrique de raison x.

Penser à la dérivée !

SE TESTER

Il faut se méfier de la considération des premiers termes d'une proposition P_n.

1 Faux. En effet $2^3=8$ et $3^2=9$. L'inégalité est vraie pour tout entier naturel $n \neq 3$.

2 Faux. Il suffit de choisir la suite définie par $u_n=(-1)^n$.
Elle est bornée car pour tout entier $|u_n| \leqslant 1$.
Cependant il n'existe aucun réel ℓ qui soit la limite de cette suite, car à partir de n'importe quel rang il y a des termes qui valent -1 et d'autres 1.

3 Vrai. En effet l'intervalle $]1,999\,;2,001[$ est un intervalle ouvert contenant 2. On utilise la définition de $\lim\limits_{n \to +\infty} u_n = 2$ pour conclure.

4 Faux. Il suffit de choisir une suite qui zigzague vers $+\infty$ comme par exemple $u_n = n+(-1)^n$. Puisque pour tout entier naturel n, $n-1 \leqslant u_n$ et puisque $\lim\limits_{n \to +\infty}(n-1)=+\infty$, on a $\lim\limits_{n \to +\infty} u_n = +\infty$. D'autre part pour tout $n \in \mathbb{N}$:

$$u_{n+1}-u_n=(n+1)+(-1)^{n+1}-n-(-1)^n=1+(-1)^{n+1}-(-1)^n$$

Comme $-(-1)^n=(-1)^{n+1}$, on trouve $u_{n+1}-u_n=1+2\times(-1)^{n+1}$, qui vaut 3 ou -1 selon la parité de n. On en conclut que la suite n'est monotone à partir d'aucun rang.

5 Vrai. En effet si (u_n) converge vers ℓ et (v_n) vers ℓ' alors (u_n+v_n) converge vers $\ell+\ell'$.

6 Faux. Si $u_n=(-1)^n$ et $v_n=(-1)^{n+1}$ alors $u_n+v_n=0$, ce qui donne une suite constante, donc convergente alors que (u_n) et (v_n) sont toutes les deux divergentes.

Pour la divergence de $(-1)^n$, voir l'exercice 2.

7 Faux. Il suffit de choisir $u_n=n+1$ et $v_n=-n$.
On trouve $u_n+v_n=1$.

8 Faux. Il suffit de choisir $u_n=n$ et $v_n=\dfrac{1}{n}$. On trouve $u_n \times v_n=1$.

TRAITER UNE QUESTION DE COURS

9 Voir le paragraphe 4. C.

10 L'inégalité $(1+a)^n \geqslant 1+na$ est vraie si $n=0$ car $(1+a)^0=1$ et donc $(1+a)^0 \geqslant 1+0a$.

Soit n un entier naturel. Supposons que l'on ait $(1+a)^n \geqslant 1+na$.

Alors :

$$(1+a)^{n+1} = (1+a)^n(1+a) \Rightarrow (1+a)^{n+1} \geqslant (1+na)(1+a) \text{ c'est notre supposition.}$$
$$\Rightarrow (1+a)^{n+1} \geqslant 1+a+na+na^2$$
$$\Rightarrow (1+a)^{n+1} \geqslant 1+(n+1)a+na^2$$
$$\Rightarrow (1+a)^{n+1} \geqslant 1+(n+1)a$$

Le caractère héréditaire de l'inégalité est donc établi pour tout $n \in N$, ce qu'il fallait démontrer.

Comme $a > 0$, $\lim\limits_{n \to +\infty} (1+na) = +\infty$; on a donc $\lim\limits_{n \to +\infty} (1+a)^n = +\infty$ par le théorème des gendarmes, ce qu'il fallait démontrer.

11 Soit ℓ la limite de la suite (u_n). Alors tous les termes u_n sont dans l'intervalle ouvert $]\ell-1;\ell+1[$ à partir d'un certain rang p. Autrement dit : $n \geqslant p \Rightarrow \ell-1 \leqslant u_n \leqslant \ell+1$. Pour tout $n \leqslant p$, appelons M la plus grande valeur de u_n et m la plus petite d'entre elles, alors on est sûr que pour tout $n \in \mathbb{N}$:

$$\ell-1 \leqslant u_n \leqslant \ell+1 \text{ ou } m \leqslant u_n \leqslant M$$

ce qui prouve que la suite (u_n) est bornée. En effet : si on appelle a le plus petit des deux nombres $\ell-1$ et m, et b le plus grand des deux nombres $\ell+1$ et M on a, pour tout $n \in \mathbb{N} : a \leqslant u_n \leqslant b$.

À la place de l'intervalle $]\ell-1\,;\,\ell+1[$, on aurait pu en choisir un autre de la forme $]\ell-\varepsilon\,;\,\ell+\varepsilon[$ où ε est un nombre strictement positif.

12 Si une suite (u_n) est décroissante alors la suite $(-u_n)$ est croissante. Puisque (u_n) n'est pas minorée, $(-u_n)$ n'est pas majorée. La suite $(-u_n)$ est donc croissante et non majorée. On en déduit que $\lim\limits_{n \to +\infty} (-u_n) = +\infty$ et donc $\lim\limits_{n \to +\infty} (-u_n) = -\infty$.

13 Si une suite (u_n) est décroissante et minorée par un nombre k alors la suite $(-u_n)$ est croissante et majorée par $-k$. Elle est donc convergente. $(-u_n)$ étant convergente, il en est de même de (u_n).

14 Une suite est bornée si et seulement si elle est à la fois majorée et minorée. Si elle est croissante, elle converge d'après le théorème de convergence croissante. Si elle est décroissante, elle est convergente d'après l'exercice précédent.

15 Soit $a > 0$ la raison d'une suite arithmétique de premier terme b.

Alors, pour tout $n \in \mathbb{N}, u_n = an+b$. Puisque $\lim\limits_{n \to +\infty} (an+b) = +\infty$, on en déduit par somme que $\lim\limits_{n \to +\infty} u_n = +\infty$.

S'ENTRAÎNER

16 **Première étape :** l'égalité est vraie si $n=1$.

En effet:

$$\sum_{k=1}^{1} k = 1 \text{ et } \frac{1(1+1)}{2} = 1$$

Deuxième étape : hérédité pour tout $n \geqslant 1$.

Si l'égalité est vraie pour un entier naturel $n \geqslant 1$ alors :

$$\sum_{k=1}^{n+1} k = \sum_{k=1}^{n} k + n+1 = \underbrace{\frac{n(n+1)}{2}}_{\text{on a supposé cela}} + n+1 = (n+1)\left(\frac{n}{2}+1\right)$$

$$= \frac{(n+1)(n+2)}{2}$$

L'égalité reste donc vraie si l'on remplace n par $n+1$. Ce qu'il fallait démontrer.

Bilan : l'égalité est vraie pour tout entier $n \geqslant 1$.

17 **Première étape :** l'égalité est vraie si $n=1$.

En effet : $\sum_{k=1}^{1} k^2 = 1$ et $\frac{1(1+1)(2\times1+1)}{6} = 1$.

Deuxième étape : hérédité pour tout $n \geqslant 1$.

Si l'égalité est vraie pour un entier naturel $n \geqslant 1$ alors :

$$\sum_{k=1}^{n+1} k^2 = \sum_{k=1}^{n} k^2 + (n+1)^2 = \underbrace{\frac{n(n+1)(2n+1)}{6}}_{\text{on a supposé cela}} + (n+1)^2$$

$$= (n+1)\left(\frac{n(2n+1)}{6} + n+1\right) = (n+1)\left(\frac{2n^2+n+6n+6}{6}\right)$$

$$= (n+1)\left(\frac{2n^2+7n+6}{6}\right)$$

D'autre part, lorsqu'on remplace n par $n+1$ dans le membre de gauche de l'égalité à démontrer, on obtient :

$$\frac{(n+1)(n+2)(2(n+1)+1)}{6} = \frac{(n+1)(n+2)(2n+3)}{6} = \frac{(n+1)(2n^2+7n+6)}{6}$$

L'égalité reste donc vraie si l'on remplace n par $n+1$.
Ce qu'il fallait démontrer.

Bilan : l'égalité est vraie pour tout entier $n \geqslant 1$.

Quand on remplace n par $n+1$, $2n+1$ devient $2(n+1)+1 = 2n+3$ et non $2n+2$.

18 **Première étape :** l'égalité est vraie si $n=1$.

En effet :

$$\sum_{k=1}^{1} k^3 = 1 \text{ et } \left(\frac{1(1+1)}{2}\right)^2 = 1$$

Deuxième étape : hérédité pour tout $n \geqslant 1$.

Si l'égalité est vraie pour un entier naturel $n \geqslant 1$ alors :

$$\sum_{k=1}^{n+1} k^3 = \sum_{k=1}^{n} k^3 + (n+1)^3 = \underbrace{\left(\frac{n(n+1)}{2}\right)^2}_{\text{on a supposé cela}} + (n+1)^3$$

$$= \frac{n^2(n+1)^2}{4} + (n+1)^3 = (n+1)^2\left(\frac{n^2}{4} + (n+1)\right)$$

$$= (n+1)^2\left(\frac{n^2+4n+4}{4}\right) = \frac{(n+1)^2(n+2)^2}{4} = \left(\frac{(n+1)(n+2)}{2}\right)^2$$

L'égalité reste donc vraie si l'on remplace n par $n+1$.

Ce qu'il fallait démontrer.

Bilan : l'égalité est vraie pour tout entier $n \geqslant 1$.

On reconnaît $a^2 + 2ab + b^2$ dans $n^2 + 4n + 4$.

19 Démontrons, pour tout $n \in \mathbb{N}$, l'inégalité $2 \leqslant u_n \leqslant 3$.

Première étape : l'inégalité est vraie si $n = 0$ car $u_0 = 2$.

Deuxième étape : si, pour un entier naturel n donné $2 \leqslant u_n \leqslant 3$ alors :

$$6+2 \leqslant 6+u_n \leqslant 3+6 \Rightarrow \sqrt{8} \leqslant \sqrt{6+u_n} \leqslant \sqrt{9} \Rightarrow 2 \leqslant u_{n+1} \leqslant 3$$

L'inégalité reste vraie si on remplace n par $n+1$, ce qu'il fallait démontrer.

Conclusion : l'inégalité est vraie pour tout entier naturel n.

Si on pose $f(x) = \sqrt{6+x}$, on voit que f est croissante sur $[0\ ;+\infty[$ en calculant sa dérivée par exemple. D'autre part $u_{n+1} = f(u_n)$ et on conclut disant que $f(2) \leqslant f(u_n) \leqslant f(3)$.

20 **Première étape :** l'égalité est vraie si $n=0$ car $u_0=0$ et $0\times 2^0=0$.

Deuxième étape : si, pour un entier n donné, $u_n=n2^n$ alors :

$$u_{n+1}=2(n2^n+2^n)=2\times 2^n(n+1)\Rightarrow u_{n+1}=2^{n+1}(n+1)$$

ce qu'il fallait démontrer.

Conclusion : l'égalité est vraie pour tout $n\in\mathbb{N}$.

21 **a.** Posons $u_n=n^2$ et $v_n=-n$. Alors $u_n+v_n=n^2-n=n^2\left(1-\dfrac{1}{n}\right)$.

Or $\lim\limits_{n\to+\infty}\left(1-\dfrac{1}{n}\right)=1$ et $\lim\limits_{n\to+\infty} n^2=+\infty$. Par produit : $\lim\limits_{n\to+\infty}(u_n+v_n)=+\infty$.

b. Il suffit de poser $u_n=n$ et $v_n=-n^2$.

Alors $u_n+v_n=n^2\left(\dfrac{1}{n}-1\right)$ et on conclut comme dans le **a.**

c. Il suffit de poser $u_n=n+12$ et $v_n=-n$.

Alors $u_n+v_n=12$ et on conclut.

> Dans les questions **a.** et **b.** on n'a pas choisi u_n et v_n sans raison.
> Par exemple dans le **a.** : la limite de la somme étant celle de u_n, c'est u_n qui doit être la « plus forte » d'où le choix de n^2 qui « domine » $-n$.
> On aurait aussi pu choisir $u_n=n^4$ et $v_n=-n$, etc.
> Idem pour la question **b.**

22 **a.** Posons $u_n=n^2$ et $v_n=\dfrac{1}{n}$. Alors $u_n\times v_n=n^2\times\dfrac{1}{n}=n$ et on peut conclure.

b. Il suffit de poser $u_n=n$ et $v_n=\dfrac{1}{n^2}$. Alors $u_n\times v_n=\dfrac{1}{n}$ et on peut conclure.

c. Il suffit de poser $u_n=2\,012n$ et $v_n=\dfrac{1}{n}$. Alors $u_n\times v_n=2\,012$ et on peut conclure.

23 **a.** Posons $u_n=-n^2$ et $v_n=n$. Alors $\dfrac{u_n}{v_n}=-n$ et on peut conclure.

b. Posons $u_n=-n$ et $v_n=\dfrac{1}{n^2}$. Alors $\dfrac{u_n}{v_n}=-\dfrac{1}{n}$ et on peut conclure.

c. En posant $u_n=-54n$ et $v_n=n$, on trouve $\dfrac{u_n}{v_n}=-54$ ce qui permet de conclure.

24 **a.** Posons $u_n = \frac{1}{n}$ et $v_n = \frac{1}{n^2}$. Alors $\frac{u_n}{v_n} = n$ et on peut conclure.

b. Posons $u_n = \frac{1}{n^2}$ et $v_n = \frac{1}{n}$. Alors $\frac{u_n}{v_n} = \frac{1}{n}$ et on peut conclure.

c. En posant $u_n = -\frac{3}{n}$ et $v_n = \frac{1}{n}$ on trouve $\frac{u_n}{v_n} = -3$ ce qui permet de conclure.

25 Si $\lim\limits_{n \to +\infty} u_n = +\infty$, alors tous les termes u_n appartiennent à l'intervalle $]0;+\infty[$ à partir d'un certain rang et donc u_n est positif à partir d'un certain rang. De même v_n est négatif à partir d'un certain rang. Par conséquent le quotient $\frac{u_n}{v_n}$ est négatif à partir d'un certain rang. Sa limite éventuelle est donc négative, et ne saurait être égale à 1, qui est positif.

26 **a.** On a $\lim\limits_{n \to +\infty} u_n = +\infty$ et $\lim\limits_{n \to +\infty} v_n = 0$.

Par somme, on obtient $\lim\limits_{n \to +\infty} (u_n + v_n) = \lim\limits_{n \to +\infty} (u_n - v_n) = +\infty$.

Par quotient on a $\lim\limits_{n \to +\infty} \frac{u_n}{v_n} = +\infty$ car $v_n > 0$.

On ne peut pas conclure de la même façon pour le produit car on a une forme indéterminée. On trouve $u_n v_n = 1$ donc $\lim\limits_{n \to +\infty} (u_n v_n) = 1$.

b. On a $\lim\limits_{n \to +\infty} u_n = +\infty$ mais la suite (v_n) n'a pas de limite.

Pour tout $n \in \mathbb{N}$, $u_n + v_n \geqslant n - 1$ et $u_n - v_n \geqslant n - 1$. Puisque $\lim\limits_{n \to +\infty} (n-1) = +\infty$ on en déduit que $\lim\limits_{n \to +\infty} (u_n + v_n) = \lim\limits_{n \to +\infty} (u_n - v_n) = +\infty$.

Par ailleurs $u_n v_n = \frac{u_n}{v_n} = (-1)^n n$. Il existe donc des termes u_n positifs et d'autres négatifs à partir de n'importe quel rang, aussi grands en valeur absolue que l'on veut. Donc la suite $\left(\frac{u_n}{v_n}\right)$ ne converge pas. Elle n'a pas plus comme limite $+\infty$ ou $-\infty$. Cette suite n'a donc pas de limite, pas plus que la suite $(u_n v_n)$.

Notez que $(-1)^n = \frac{1}{(-1)^n}$.

27 Réponse : non. Justification : la suite constante de valeur 1 converge ainsi que la suite $\left(\frac{1}{n}\right)$. Cependant le quotient $\frac{1}{\frac{1}{n}} = n$ fournit une suite (définie si $n \geqslant 1$) qui diverge.

28 **1.** Pour tout $n \in \mathbb{N}^*, -\frac{1}{n} \leqslant \frac{(-1)^n}{n} \leqslant \frac{1}{n}$.

Puisque $\lim\limits_{n \to +\infty} \frac{1}{n} = 0$, le théorème des gendarmes permet d'affirmer que $\lim\limits_{n \to +\infty} \frac{(-1)^n}{n} = 0$.

2. Pour tout $n \in \mathbb{N}$: $\frac{n+(-1)^n}{n-(-1)^n} = \frac{n\left(1+\frac{(-1)^n}{n}\right)}{n\left(1-\frac{(-1)^n}{n}\right)} = \frac{\left(1+\frac{(-1)^n}{n}\right)}{\left(1-\frac{(-1)^n}{n}\right)}$

Par somme : $\lim\limits_{n \to +\infty} \left(1+\frac{(-1)^n}{n}\right) = \lim\limits_{n \to +\infty} \left(1-\frac{(-1)^n}{n}\right) = 1$.

Par quotient : $\lim\limits_{n \to +\infty} \left(\frac{n+(-1)^n}{n-(-1)^n}\right) = \lim\limits_{n \to +\infty} \frac{\left(1+\frac{(-1)^n}{n}\right)}{\left(1-\frac{(-1)^n}{n}\right)} = 1$.

29 **a.** P_1 : Il existe un nombre réel k tel que pour tout $n \in \mathbb{N}$, $u_n \leqslant k$.

P_2 : Pour tout nombre réel k il existe un entier naturel n tel que $u_n > k$.

b. La suite est convergente en vertu du théorème de convergence croissante.

> La formulation précédente se généralise.
> Le contraire d'une phrase du type :
> « **Il existe**... tel que **pour tout** entier naturel *n* on a la proposition *P* » est :
> « **Quel que soit**... **il existe** un entier naturel *n* tel que l'on ait le contraire de la proposition *P* ».
> Remarquez le code couleur.

c. La suite a pour limite $+\infty$ car toute suite croissante et non majorée a pour limite $+\infty$.

d. Réponse : oui. Si une suite tend $+\infty$ alors, étant donné nombre reel k tous les termes u_n lui sont supérieurs à partir d'un certain rang. C'est précisément ce que signifie P_2.

e. Réponse : non. Il suffit de choisir $u_n = (-1)^n n$. Cette suite n'est pas majorée (et elle n'est pas minorée non plus) et elle n'a pas de limite car à partir de n'importe quel rang on peut trouver des termes positifs et négatifs aussi grands que l'on veut en valeur absolue.

30 1. **a.** Pour tout $n \in \mathbb{N}$, $v_{n+1} - u_{n+1} = \dfrac{u_n + 2v_n}{3} - \dfrac{u_n + v_n}{2} = \dfrac{v_n - u_n}{6}$.

On en déduit que la suite $(v_n - u_n)$ est une suite géométrique de raison $\dfrac{1}{6}$.

Puisque $\dfrac{1}{6}$ est compris entre -1 et 1, $\lim\limits_{n \to +\infty} \left(\dfrac{1}{6}\right)^n = 0$ ce qui assure la convergence de $(v_n - u_n)$.

Donc, pour tout $n \in \mathbb{N}$, $v_n - u_n = (v_0 - u_0)\left(\dfrac{1}{6}\right)^n = 12\left(\dfrac{1}{6}\right)^n$.

Cela prouve que tous les termes de la suite $(u_n - v_n)$ sont positifs.

b. Pour tout $n \in \mathbb{N}, u_{n+1} - u_n = \dfrac{u_n + v_n}{2} - u_n = \dfrac{v_n - u_n}{2} \Rightarrow u_{n+1} - u_n \geqslant 0$.

Cela prouve que la suite (u_n) est croissante.

Pour tout $n \in \mathbb{N}$, $v_{n+1} - v_n = \dfrac{u_n + 2v_n}{3} - v_n = \dfrac{u_n - v_n}{3} \Rightarrow v_{n+1} - v_n \leqslant 0$.

Cela prouve que la suite (v_n) est décroissante.

2. Pour tout $n \in \mathbb{N}$, $2u_{n+1} + 3v_{n+1} = u_n + v_n + u_n + 2v_n = 2u_n + 3v_n$.

Cela prouve que la suite $(2u_n + 3v_n)$ est constante. Pour tout $n \in \mathbb{N}$, $2u_n + 3v_n = 2u_0 + 3v_0 = 36$.

31 a. Faux. Il suffit de choisir $u_n = -1$, $v_n = (-1)^n$ et $w_n = 1$.

> La célébrissime suite $(-1)^n$ n'a pas de limite.

b. Vrai. Toute suite convergente étant bornée (voir exercice 11), la suite (u_n) est minorée.

c. Faux. Il suffit de choisir $u_n = -1 + \dfrac{1}{n+1}$; $v_n = 1 + \dfrac{1}{2n+1}$ et $w_n = 1 + \dfrac{1}{n+1}$.

On a bien $\lim\limits_{n \to +\infty} u_n = -1$, $\lim\limits_{n \to +\infty} w_n = 1$ et $u_n \leqslant v_n \leqslant w_n$ mais $v_n > 1$.

> On ne peut pas choisir $-1 + \dfrac{1}{n}$ et $1 + \dfrac{1}{n}$ car les suites doivent être définies pour tout $n \in \mathbb{N}$.

d. Vrai. Il suffit de choisir $v_n = (-1)^n$.

32 Pour tout $n \in \mathbb{N}$:

$$\sum_{k=0}^{n}\left(\frac{1}{2}\right)^{k}=\frac{1-\left(\frac{1}{2}\right)^{n+1}}{1-\frac{1}{2}}=2\left(1-\left(\frac{1}{2}\right)^{n+1}\right)$$

Puisque $\lim\limits_{n\to+\infty}\left(\frac{1}{2}\right)^{n+1}=0$, on en déduit $\lim\limits_{n\to+\infty}\sum_{k=0}^{n}\left(\frac{1}{2}\right)^{k}=2$.

Si q est un nombre différent de 1 : $\sum_{k=0}^{n}q^{k}=1+q+q^{2}+\ldots+q^{n}=\frac{1-q^{n+1}}{1-q}$

La puissance est $n+1$ car il y a $n+1$ termes dans la somme.

33 Montrons que la suite (v_n) est une suite géométrique de raison $-\frac{1}{2}$.

On sait que pour tout $n \in \mathbb{N}$, $u_n = v_n + 6$.

D'autre part :

$$v_{n+1}=u_{n+1}-6=-\frac{1}{2}u_n+9-6=-\frac{1}{2}(v_n+6)+3=-\frac{1}{2}v_n-3+3$$

$$\Rightarrow v_{n+1}=-\frac{1}{2}v_n$$

Par conséquent la suite (v_n) est une suite géométrique de raison $-\frac{1}{2}$.

Comme $v_0=u_0-6=4$, on trouve : $v_n=4\left(-\frac{1}{2}\right)^{n}$.

Donc, pour tout $n \in \mathbb{N}$: $u_n=4\left(-\frac{1}{2}\right)^{n}+6$. Il en résulte que $\lim\limits_{n\to+\infty}u_n=6$.

On peut généraliser cela. Si a $(a\neq 1)$ et b $(b\neq 0)$ sont deux réels, la suite (u_n) définie par $u_{n+1}=au_n+b$ converge si et seulement si $-1<a<1$.

Sa limite est alors la solution de l'équation $x=ax+b$, c'est-à-dire $\frac{b}{1-a}$.

Pour le démontrer, on utilise la suite auxiliaire (v_n) définie par $v_n=u_n-\frac{b}{1-a}$ qui est géométrique de raison a.

OBJECTIF BAC

34 **1. a.** $S_3(1)=\sum_{k=1}^{3} k1^{k-1}=\sum_{k=1}^{3} k=1+2+3=6$

b. $f_5(-1)=\sum_{k=0}^{5}(-1)^k=(-1)^0+(-1)^1+(-1)^2+(-1)^3+(-1)^4+(-1)^5$

$\Rightarrow f_5(-1)=0$

2. a. $f_n(x)$ est la somme des $n+1$ premiers termes d'une suite géométrique de premier terme 1 et de raison x. Donc, puisque $x\neq 1$:

$$f_n(x)=\frac{1-x^{n+1}}{1-x}=\frac{x^{n+1}-1}{x-1}$$

b. $f_n(1)=\sum_{k=0}^{n}1^k=n+1$

3. a. Puisque la dérivée de x^k est kx^{k-1}, on en déduit que $S_n(x)=f_n'(x)$.

b. Pour tout $x\neq 1$ et pour tout $n\in\mathbb{N}$:

On utilise la dérivée d'un quotient $\left(\frac{u}{v}\right)'=\frac{u'v-uv'}{v^2}$

$$f_n'(x)=\frac{(n+1)x^n(x-1)-(x^{n+1}-1)\times 1}{(x-1)^2}$$
$$=\frac{(n+1)x^{n+1}-(n+1)x^n-x^{n+1}+1}{(x-1)^2}$$
$$=\frac{(nx^{n+1}+x^{n+1}-(n+1)x^n-x^{n+1}+1)}{(x-1)^2}=\frac{nx^{n+1}-(n+1)x^n+1}{(x-1)^2}$$

Ce qu'il fallait démontrer.

4. $\sum_{k=1}^{100}k2^{k-1}=S_{100}(2)=\frac{100\times 2^{101}-101\times 2^{100}+1}{(2-1)^2}$

$$=100\times 2^{100}\times 2-101\times 2^{100}+1$$

Donc : $\sum_{k=1}^{100}k2^{k-1}=2^{100}(100\times 2-101)+1=2^{100}\times 99+1.$

Ce qu'il fallait démontrer.

www.annabac.com

CHAPITRE

2 Limites de fonctions

On peut étendre la notion de limite d'une suite à la notion de limite d'une fonction. Outre la notion de limite en $+\infty$, on découvrira la limite quand x tend vers une valeur finie. Certaines limites d'une fonction s'interprètent géométriquement, en particulier en termes d'asymptote à sa courbe représentative.

1 Limite d'une fonction à l'infini

Les fonctions que l'on considère dans ce paragraphe sont définies sur une réunion d'intervalles de la forme $]-\infty ; b]$ ou $[b ; +\infty[$. La courbe représentant une fonction f dans un repère se note $\mathscr{C}_f$.

A Limite finie d'une fonction à l'infini

Soit ℓ un nombre réel.

Définition 1

Dire que ℓ **est la limite de f (ou de $f(x)$) quand x tend vers $+\infty$** signifie que tout intervalle ouvert contenant ℓ contient tous les nombres $f(x)$ pourvu que x soit suffisamment grand.

Autrement dit, soit I un intervalle ouvert contenant ℓ, alors il existe un réel B tel que :

$$x > B \Rightarrow f(x) \in I$$

On écrit :

$$\lim_{x \to +\infty} f(x) = \ell.$$

Définition 2

Dire que ℓ **est la limite de f (ou de $f(x)$) quand x tend vers $+\infty$** signifie que tout intervalle ouvert contenant ℓ contient tous les nombres $f(x)$ pourvu que x soit négatif et suffisamment grand en valeur absolue.

Autrement dit, soit I un intervalle ouvert contenant ℓ, alors il existe un réel B tel que :

$$x<B \Rightarrow f(x) \in I$$

On écrit : $$\lim_{x \to -\infty} f(x) = \ell.$$

$f(x)$ peut se « rapprocher » d'aussi près que l'on veut de ℓ pourvu que l'on choisisse bien x.

Remarque : On dit aussi que f, ou $f(x)$, tend vers ℓ quand x tend vers $+\infty$ ou $-\infty$.

Exemple: $\lim\limits_{x \to +\infty} \frac{1}{x} = \lim\limits_{x \to -\infty} \frac{1}{x} = 0$

Justifions. Considérons le cas où x tend vers $+\infty$. Alors x est évidemment positif.

Soit I un intervalle ouvert contenant 0, par exemple $]-0{,}001 ; 0{,}001[$.

Pour que l'on ait $-0{,}001 < \frac{1}{x} < 0{,}001$, il suffit que $\frac{1}{0{,}001} < x$, c'est-à-dire $x > 1000$. Donc :

$$x > 1000 \Rightarrow -0{,}001 < \frac{1}{x} < 0{,}001$$

On raisonne de la même façon dans le cas où x tend vers $-\infty$.

B Asymptote horizontale

Définition

Soit ℓ un nombre réel. Dire que **la droite d'équation $y = \ell$ est asymptote** à la courbe $\mathscr{C}_f$ en $+\infty$ (respectivement en $-\infty$) signifie que :

$$\lim_{x \to +\infty} f(x) = \ell$$

(Respectivement : $\lim\limits_{x \to -\infty} f(x) = \ell$.)

Remarques

1. En $+\infty$ on a donc $\lim\limits_{x \to +\infty} (f(x) - \ell) = 0$.

Graphiquement cela signifie que la distance entre la courbe et son asymptote horizontale tend vers 0 quand $x \to +\infty$. En effet la distance entre la courbe et son asymptote se mesure, en tout point d'abscisse x, par le nombre $|f(x) - \ell|$.

La courbe se « rapproche de plus en plus » de son asymptote.

2. La courbe $\mathscr{C}_f$ a une asymptote horizontale d'équation $y = \ell$ en $+\infty$ si et seulement si il existe une fonction φ tendant vers 0 en $+\infty$ telle que, pour tout x suffisammment grand :

$$f(x) = \ell + \varphi(x)$$

On a une formule analogue en $-\infty$.

3. Quand on a $\lim\limits_{x \to -\infty} f(x) = \lim\limits_{x \to +\infty} f(x) = \ell$ on parle d'asymptote horizontale « tout court ».

Exemples : Ci-dessous, on voit deux courbes qui ont pour asymptote en $+\infty$ la droite d'équation $y = 0$, c'est-à-dire l'axe des abscisses.

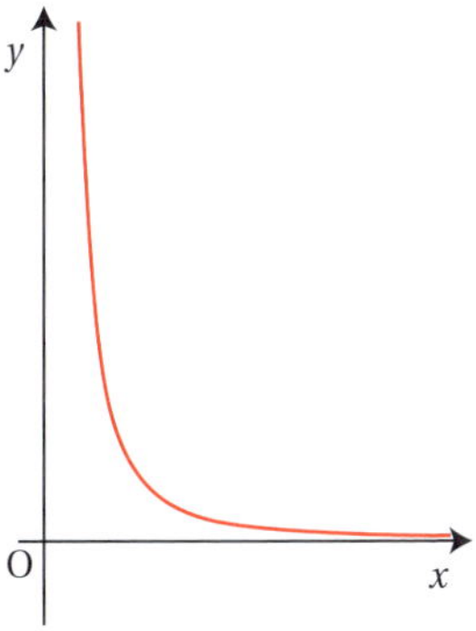

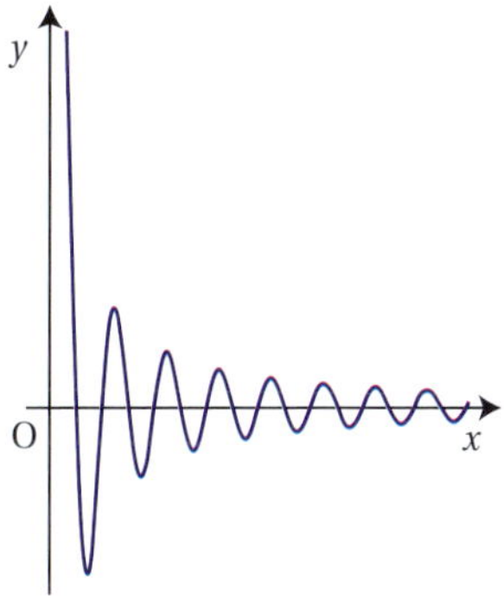

On voit que la limite ℓ peut soit être « atteinte » par $f(x)$, c'est-à-dire qu'il existe des nombres x tels que $f(x) = \ell$, soit ne pas être « atteinte », c'est-à-dire que pour tout $x \in D_f$, $f(x) \neq \ell$.

C Limite infinie d'une fonction à l'infini

Définition 1

Dire qu'une fonction **f tend vers $+\infty$ quand x tend vers $+\infty$** signifie que tout intervalle de la forme $]A ; +\infty[$ contient tous les nombres $f(x)$ pourvu que x soit suffisamment grand.

Autrement dit, soit A un nombre réel, alors il existe un nombre B tel que :

$$x > B \Rightarrow f(x) > A$$

On écrit : $\lim\limits_{x \to +\infty} f(x) = +\infty$.

On dit aussi que f, ou $f(x)$, tend vers $+\infty$ quand x tend vers $+\infty$.

Définition 2

Dire qu'une fonction **f tend vers $-\infty$ quand x tend vers $+\infty$** signifie que tout intervalle de la forme $]-\infty\,; A[$ contient tous les nombres $f(x)$ pourvu que x soit suffisamment grand.

Autrement dit, soit A un nombre, alors il existe un nombre B tel que :

$$x > B \Rightarrow f(x) < A$$

On écrit : $$\lim_{x \to +\infty} f(x) = -\infty.$$

On dit aussi que f ou $f(x)$ tend vers $-\infty$ quand x tend vers $+\infty$.

Exemple : $\lim\limits_{x \to +\infty} x^2 = +\infty$ et $\lim\limits_{x \to +\infty} (-x^2) = -\infty$.

Ne pas confondre $-x^2$, qui est négatif pour tout réel x, et $(-x)^2$ qui est égal à x^2, donc positif pour tout réel x.

Justification de $\lim\limits_{x \to +\infty} (-x^2) = -\infty$. Soit A un nombre réel. Peut-on faire en sorte que l'on ait $f(x) < A$ en choisissant convenablement x ? Oui si $A > 0$ car alors, pour tout x : $-x^2 < A$. Si $A \leqslant 0$ alors $-A \geqslant 0$ donc $-x^2 < A \Rightarrow x^2 > -A$. Il suffit de choisir $B = \sqrt{-A}$ pour que l'on ait :

$$x > B \Rightarrow x^2 > B^2 \Rightarrow x^2 > -A \Rightarrow -x^2 < A$$

Définition 3

Dire qu'une fonction **f tend vers $+\infty$ quand x tend vers $-\infty$** signifie que pour tout nombre A il existe un nombre B tel que :

$$x < B \Rightarrow f(x) > A$$

Définition 4

Dire qu'une fonction **f tend vers $-\infty$ quand x tend vers $-\infty$** signifie que pour tout nombre A il existe un nombre B tel que :

$$x < B \Rightarrow f(x) < A$$

On écrit respectivement $\lim\limits_{x \to -\infty} f(x) = +\infty$ et $\lim\limits_{x \to -\infty} f(x) = -\infty$.

Exemple : $\lim\limits_{x \to -\infty} (-x+1) = +\infty$ et $\lim\limits_{x \to -\infty} (x+5) = -\infty$.

2 Limite infinie d'une fonction en un point

Dans ce paragraphe on considère une fonction f définie sur un ensemble de définition D_f contenant un ensemble du type $]\ldots ; x_0[\cup]x_0 ; \ldots[$.

Remarquer que f n'est pas définie en x_0.

A Limite infinie en un point x_0

Définition 1

Dire que ***f*** **a pour limite** $+\infty$ **en** x_0 signifie que tout intervalle du type $]A ; +\infty[$ contient tous les nombres $f(x)$ pourvu que x soit suffisamment proche de x_0. On écrit :

$$\lim_{x \to x_0} f(x) = +\infty$$

Autrement dit, pour tout nombre A, il existe un nombre $\alpha > 0$ tel que, pour tout $x \in D_f$, $x \in]x_0 - \alpha ; x_0 + \alpha[\Rightarrow f(x) > A$.

Définition 2

Dire que ***f*** **a pour limite** $-\infty$ **en** x_0 signifie que tout intervalle du type $]-\infty ; A[$ contient tous les nombres $f(x)$ pourvu que x soit suffisamment proche de x_0. On écrit :

$$\lim_{x \to x_0} f(x) = -\infty$$

Autrement dit, pour tout nombre A il existe un nombre $\alpha > 0$ tel que, pour tout $x \in D_f$, $x \in]x_0 - \alpha ; x_0 + \alpha[\Rightarrow f(x) < A$.

La notion de limite infinie en un point est spécifique aux fonctions. Elle n'existe pas pour les suites.

Remarque : On dit aussi que $f(x)$ (ou f tout court) tend vers $+\infty$ ou $-\infty$ quand x tend vers x_0.

Exemple: $\lim\limits_{x \to 0} \frac{1}{x^2} = +\infty$. En effet : Soit A un nombre réel. Si $A \leqslant 0$ alors il est clair que $\frac{1}{x^2} > A$. Si $A > 0$ alors : $\frac{1}{x^2} > A \Rightarrow \frac{1}{A} > x^2 \Rightarrow \frac{1}{\sqrt{A}} > x > -\frac{1}{\sqrt{A}}$.

Donc, quel que soit $A > 0$, pour tout $x \in \mathbb{R}^*$: $x \in \left]-\frac{1}{\sqrt{A}} ; \frac{1}{\sqrt{A}}\right[\Rightarrow \frac{1}{x^2} > A$.

B Limite infinie à gauche et à droite en un point x_0

Définition 1

Dire que *f* **a pour limite** $+\infty$ **en** x_0^- signifie que tout intervalle du type $]A\,;+\infty[$ contient tous les nombres $f(x)$ pourvu que x soit suffisamment proche de x_0 et inférieur à x_0. On écrit :

$$\lim_{x\to x_0^-} f(x)=+\infty$$

Autrement dit, pour tout nombre A il existe un nombre $\alpha>0$ tel que, pour tout $x\in D_f$, $x\in\,]x_0-\alpha\,;x_0[\Rightarrow f(x)>A$.

Définition 2

Dire que *f* **a pour limite** $+\infty$ **en** x_0^+ signifie que tout intervalle du type $]A\,;+\infty[$ contient tous les nombres $f(x)$ pourvu que x soit suffisamment proche de x_0 et supérieur à x_0. On écrit :

$$\lim_{x\to x_0^+} f(x)=+\infty$$

Autrement dit, pour tout nombre A il existe un nombre $\alpha>0$ tel que, pour tout $x\in D_f$, $x\in\,]x_0\,;x_0+\alpha[\Rightarrow f(x)>A$.

Exemple: On a $\lim_{x\to 0^-}\left(\frac{1}{x}\right)=-\infty$; en effet soit A un nombre réel ; si $A\geqslant 0$ alors, pour tout $x<0$, $\frac{1}{x}<A$. Si $A<0$ alors $\frac{1}{x}<A\Rightarrow\frac{1}{A}<x$.

Donc, quel que soit le nombre $A<0$: $x\in\left]\frac{1}{A}\,;0\right[\Rightarrow\frac{1}{x}<A$.

On aurait de même $\lim_{x\to 0^+}\frac{1}{x}=+\infty$.

> Dire que *x* tend vers 1^- ne signifie pas que *x* tend vers -1 !
> Cela signifie que *x* tend vers 1 en étant inférieur à 1.

Définition 3

Dire que *f* **a pour limite** $-\infty$ **en** x_0^- signifie : pour tout nombre A il existe un nombre $\alpha>0$ tel que, pour tout $x\in D_f$:

$$x\in\,]x_0-\alpha\,;x_0[\Rightarrow f(x)<A$$

Définition 4

Dire que f **a pour limite $-\infty$ en x_0^+** signifie :
pour tout nombre A il existe un nombre $\alpha > 0$ tel que,
pour tout $x \in D_f$, $x \in \left]x_0 \,;\, x_0 + \alpha\right[\Rightarrow f(x) < A$.

On écrit respectivement : $\lim\limits_{x \to x_0^-} f(x) = -\infty$ et $\lim\limits_{x \to x_0^+} f(x) = -\infty$.

Exemple : $\lim\limits_{x \to 1^-} \dfrac{1}{x-1} = -\infty$; $\lim\limits_{x \to 2^+} \dfrac{1}{2-x} = -\infty$
(Voir exercice 8.)

Au lieu de limite de $f(x)$ quand $x \to x_0^-$, on dit aussi limite de $f(x)$ à gauche en x_0 ; et on dit aussi limite à droite en x_0 pour parler de limite de $f(x)$ quand $x \to x_0^+$.

Remarques : **1.** Si f a une limite à droite et à gauche en x_0 et si elles sont égales alors f a une limite en x_0 et la valeur de cette limite est la valeur commune des deux précédentes.

2. Si f a une limite en x_0 alors, en cas d'existence, les limites à gauche et à droite de f en x_0 sont égales.

3. Lorsque $f(x)$ tend vers un nombre ℓ et que $f(x)$ est supérieur à ℓ, on écrit $\lim\limits_{x \to x_0} f(x) = \ell^+$, et de même $\lim\limits_{x \to x_0} f(x) = \ell^-$ si $f(x)$ tend vers ℓ et est inférieure à ℓ.

C Asymptote verticale

Définition

Dire que la droite d'équation $x = x_0$ est **asymptote verticale** à $\mathscr{C}_f$ signifie que $f(x)$ tend vers l'infini quand x tend vers x_0.

Remarque : La droite d'équation $x = x_0$ est aussi asymptote à $\mathscr{C}_f$ dans les cas suivants :

$$\lim_{x \to x_0^-} f(x) = -\infty \,;\, \lim_{x \to x_0^-} f(x) = +\infty \,;\, \lim_{x \to x_0^+} f(x) = -\infty \,;\, \lim_{x \to x_0^+} f(x) = +\infty,$$

Exemple : Les exemples ci-après montrent deux courbes ayant respectivement pour asymptote les droites d'équation $x = 1$ et $x = 0$. On peut constater que la courbe ne coupe pas son asymptote verticale alors qu'elle peut couper son asymptote horizontale (voir exemple 1. B.).

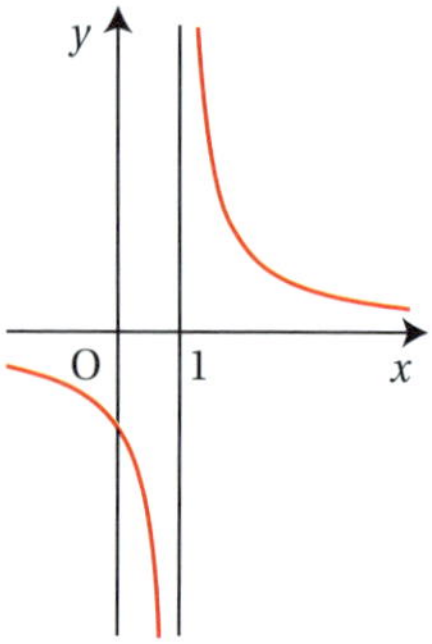

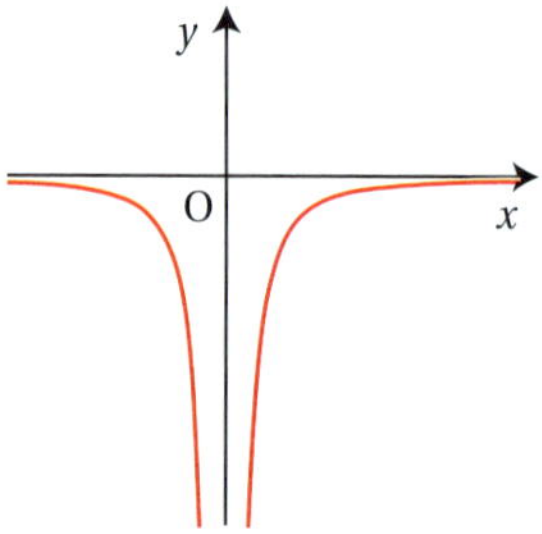

Ne croyez pas que si $x_0 \notin D_f$ alors $\mathscr{C}_f$ a nécessairement une asymptote verticale d'équation $x = x_0$. On verra au chapitre 3 que $\lim\limits_{x \to 0} \frac{\sin x}{x} = 1$ et que, même si $0 \notin D_f$, la droite $x = 0$ n'est pas asymptote à $\mathscr{C}_f$.

3 Opérations sur les limites

On suppose que les fonctions considérées sont définies sur le même ensemble de définition. De plus les limites sont envisagées quand $x \to x_0$, x_0 étant un nombre réel ou bien l'un des deux symboles $-\infty$ et $+\infty$. Enfin, ℓ et ℓ' désignent deux nombres réels.

Remarque : Soit f une fonction constante de valeur ℓ. Quelle que soit la valeur vers laquelle tend x, $f(x)$ tend vers ℓ. Cela va sans dire, mais cela va mieux en le disant !

A Limite d'une somme

Valeur de la limite de		Limite éventuelle de $f + g$
f	g	
ℓ	ℓ'	$\ell + \ell'$
ℓ ou $+\infty$	$+\infty$	$+\infty$
ℓ ou $-\infty$	$-\infty$	$-\infty$
$+\infty$	$-\infty$	Il n'y a pas de résultat général. On étudie chaque cas particulier.*

*On dit qu'on a affaire à une forme indéterminée.

Une façon de résumer ces résultats est de dire que, dans une somme, $+\infty$ ou $-\infty$ « absorbent » n'importe quel nombre, y compris lui-même.

B Limite d'un produit

Valeur de la limite de		Limite éventuelle de $f \times g$
f	g	
ℓ	ℓ'	$\ell \times \ell'$
$+\infty$ ou $-\infty$	$+\infty$ ou $-\infty$	∞ avec la règle des signes.*
0	$+\infty$ ou $-\infty$	Il n'y a pas de résultat général. On étudie chaque cas particulier.**
$\ell \neq 0$	$+\infty$ ou $-\infty$	∞ avec la règle des signes.*

* Pour choisir entre $+\infty$ et $-\infty$ il suffit d'appliquer la règle des signes habituelle : $3\times(-\infty) = -\infty$, etc.
** On dit qu'on a affaire à une forme indéterminée.

Exemple : Par produit on en déduit que, pour tout entier naturel n :

$$\lim_{x\to+\infty} x^n = +\infty \text{ et } \lim_{x\to-\infty} x^n = \begin{cases} +\infty \text{ si } n \text{ est pair} \\ -\infty \text{ si } n \text{ est impair} \end{cases}$$

En résumé, dans un produit, l'infini « absorbe » tous les nombres, et lui-même, sauf 0.

C Limite d'un quotient

Valeur de la limite de		Limite éventuelle de $\frac{f}{g}$
f	g	
ℓ	$\ell' \neq 0$	$\frac{\ell}{\ell'}$
$\ell \neq 0$	0	∞ avec règle des signes.*
ℓ	∞	0
0	0	Il n'y a pas de résultat général. On étudie chaque cas particulier.**
∞	∞	
∞ ou $\ell \neq 0$	0	On ne peut conclure que si l'on connait le signe de $g(x)$ au voisinage de x_0. La limite est ∞ avec règle des signes.*

*Pour choisir entre $+\infty$ et $-\infty$ il suffit d'appliquer la règle des signes habituelle : $\frac{+\infty}{-2} = -\infty$, etc.
**On dit qu'on a affaire à une forme indéterminée.

Exemples : **1.** Par quotient on en déduit que, pour tout entier naturel n, $\lim\limits_{x\to+\infty}\frac{1}{x^n}=\lim\limits_{x\to-\infty}\frac{1}{x^n}=0$ et :

Pour se souvenir : l'inverse de l'infini est 0 et l'inverse de 0 est l'infini.

- si n est pair $\lim\limits_{x\to 0}\frac{1}{x^n}=+\infty$;
- si n est impair $\lim\limits_{x\to 0^-}\frac{1}{x^n}=-\infty$ et $\lim\limits_{x\to 0^+}\frac{1}{x^n}=+\infty$.

2. On cherche $\lim\limits_{x\to+\infty}(5x^2-3x)$. Puisque $\lim\limits_{x\to+\infty}5x^2=\lim\limits_{x\to+\infty}3x=+\infty$ on aboutit à la forme indéterminée « $+\infty-(+\infty)$ ». Cependant, pour tout x suffisamment grand : $5x^2-3x=5x^2\left(1-\frac{3}{5x}\right)$.

Par somme : $\lim\limits_{x\to+\infty}\left(1-\frac{3}{5x}\right)=1$. En outre, $\lim\limits_{x\to+\infty}5x^2=+\infty$.

On en déduit, par produit : $\lim\limits_{x\to+\infty}(5x^2-3x)=+\infty$.

Cette méthode se généralise à tout polynôme, en $+\infty$ et en $-\infty$.

D Composition des limites

Théorème

On considère deux fonctions f et g telles que l'on puisse envisager le calcul de $f(g(x))$. Sous réserve d'existence des limites indiquées, on a :

- $\lim\limits_{x\to x_0}g(x)=\ell \Rightarrow \lim\limits_{x\to x_0}f(g(x))=f(\ell)$
- $\lim\limits_{x\to x_0}g(x)=+\infty \Rightarrow \lim\limits_{x\to x_0}f(g(x))=\lim\limits_{x\to+\infty}f(x)$
- $\lim\limits_{x\to x_0}g(x)=-\infty \Rightarrow \lim\limits_{x\to x_0}f(g(x))=\lim\limits_{x\to-\infty}f(x)$

Remarquer les jeux de couleurs dans les égalités de limites.

Exemple : Puisque $\lim\limits_{x\to-\infty}x^2+1=+\infty$ et $\lim\limits_{x\to+\infty}\sqrt{x}=+\infty$ alors

$\lim\limits_{x\to-\infty}\sqrt{x^2+1}=+\infty$.

En effet si on pose $f(x)=\sqrt{x}$ et $g(x)=x^2+1$, on trouve $\sqrt{x^2+1}=f(g(x))$ car $f(g(x))=\sqrt{g(x)}$ et on utilise le théorème : $\lim\limits_{x\to-\infty}\sqrt{x^2+1}=\lim\limits_{x\to+\infty}\sqrt{x}=+\infty$.

4 Limite et comparaison

Les théorèmes suivants sont analogues à ceux concernant les suites. On considère trois fonctions définies sur le même ensemble D de telle sorte que les limites évoquées aient un sens. Le symbole x_0 désigne soit un nombre réel, soit $-\infty$, soit $+\infty$.

De plus les limites envisagées peuvent aussi se comprendre à droite ou à gauche en x_0.

A Limite et encadrement

Théorème

On considère trois fonctions f, g et h telles que pour tout $x \in D$:

$$f(x) \leqslant g(x) \leqslant h(x)$$

Si $\lim\limits_{x \to x_0} f(x) = \ell$ et $\lim\limits_{x \to x_0} h(x) = \ell'$ alors, en cas d'existence, $\ell \leqslant \lim\limits_{x \to x_0} g(x) \leqslant \ell'$.

En particulier, si une fonction est positive alors, en cas d'existence, sa limite est positive.

B Théorème des gendarmes

Théorème

On considère trois fonctions f, g et h telles que pour tout $x \in D$:

$$f(x) \leqslant g(x) \leqslant h(x)$$

Alors :

- soit ℓ un nombre réel. Si $\lim\limits_{x \to x_0} f(x) = \lim\limits_{x \to x_0} h(x) = \ell$ alors $\lim\limits_{x \to x_0} g(x) = \ell$;
- si $\lim\limits_{x \to x_0} f(x) = +\infty$ alors $\lim\limits_{x \to x_0} g(x) = +\infty$;
- si $\lim\limits_{x \to x_0} h(x) = -\infty$ alors $\lim\limits_{x \to x_0} g(x) = -\infty$.

Remarques : **1.** Dans le cas d'une limite finie, les trois fonctions sont en jeu. Dans le cas d'une limite infinie on voit que seules deux des trois interviennent.

Bien entendu, le théorème s'applique aussi s'il y a des inégalités strictes.

Traiter une limite

ÉNONCÉ

Soit f la fonction définie sur $\mathbb{R}$ par $f(x)=x+\sin x$. On cherche à déterminer, si elle existe, $\lim\limits_{x\to+\infty} f(x)$.

1 En utilisant éventuellement la calculatrice, dire si la fonction sinus a une limite en $+\infty$; montrer qu'on ne peut pas utiliser les théorèmes relatifs aux opérations sur les limites.

2 Déterminer $\lim\limits_{x\to+\infty} f(x)$.

MÉTHODE

1 Il existe des valeurs aussi grandes que l'on veut telles que $f(x)<0$ ou $f(x)>0$. Le théorème sur la somme de limites ne peut pas s'appliquer.

2 Ne pas oublier que la fonction sinus est bornée. Penser aux théorèmes de comparaison.

CORRIGÉ

1 La fonction sinus étant minorée par -1 et majorée par 1, sa limite éventuelle ne peut être qu'un nombre ℓ compris entre -1 et 1. Quel que soit ce nombre il est possible de trouver un intervalle ouvert le contenant tel qu'il existe des valeurs de $f(x)$ qui ne soit pas dedans. Sur la figure on a choisi $\ell<1$ et l'intervalle $]\ell-0{,}15\,;\,\ell+0{,}15[$.

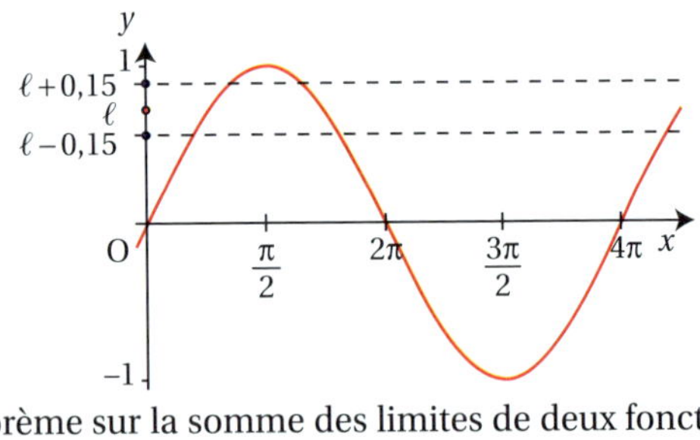

La fonction sinus est étudiée au chapitre 3.

Le théorème sur la somme des limites de deux fonctions supposent que chacune ait une limite, ce qui n'est pas le cas. On ne peut donc pas l'utiliser ici.

2 Pour tout $x\in\mathbb{R}$: $x-1\leqslant f(x)$.

Puisque $\lim\limits_{x\to+\infty}(x-1)=+\infty$ on en déduit que $\lim\limits_{x\to+\infty} f(x)=+\infty$.

Limite à l'infini de fractions rationnelles

ÉNONCÉ

1 Trouver $\lim_{x\to+\infty} 5x^2$ et $\lim_{x\to+\infty}(3x^2+x-1)$.

2 On cherche $\lim_{x\to+\infty} \dfrac{5x^2}{3x^2+x-1}$.

a. Constater que le théorème sur le quotient de deux fonctions conduit à une forme indéterminée.

b. S'inspirer des techniques relatives aux suites pour déterminer cette limite.

MÉTHODE

1 On utilise le théorème sur la somme des limites pour déterminer $\lim_{x\to+\infty}\left(3x^2+x-1\right)$.

2 b. Il suffit de factoriser le numérateur et le dénominateur par les termes de plus haut degré. On utilise donc la méthode du § 3. D.

CORRIGÉ

1 Évidemment $\lim_{x\to+\infty} 5x^2=+\infty$.

De plus, par somme :

$$\left.\begin{array}{r}\lim\limits_{x\to+\infty} 3x^2=+\infty\\ \lim\limits_{x\to+\infty}(x-1)=+\infty\end{array}\right\}\Rightarrow \lim_{x\to+\infty}(3x^2+x-1)=+\infty$$

2 a. On ne peut utiliser le théorème sur les quotients car le cas présent est une forme indéterminée. En effet le numérateur et le dénominateur tendent tous les deux vers l'infini.

b. Pour tout $x\neq 0$: $3x^2+x-1=3x^2\left(1+\dfrac{1}{3x}-\dfrac{1}{3x^2}\right)$.

Donc : $f(x)=\dfrac{5x^2}{3x^2\left(1+\dfrac{1}{3x}-\dfrac{1}{3x^2}\right)}=\dfrac{5}{3}\dfrac{1}{1+\dfrac{1}{3x}-\dfrac{1}{3x^2}}$.

Puisque $\lim_{x\to+\infty} \frac{1}{3x} = \lim_{x\to+\infty} \frac{1}{3x^2} = 0$, on obtient par somme :

$$\lim_{x\to+\infty}\left(1+\frac{1}{3x}-\frac{1}{3x^2}\right)=1$$

Par quotient :

$$\lim_{x\to+\infty}\frac{1}{1+\frac{1}{3x}-\frac{1}{3x}}=1.$$

Donc :

$$\lim_{x\to+\infty} f(x)=\frac{5}{3}.$$

Cette méthode se généralise : si $N(x)$ et $D(x)$ sont deux polynômes, la limite du quotient $\frac{N(x)}{D(x)}$ quand x tend vers l'infini s'obtient en factorisant $N(x)$ et $D(x)$ par leurs termes de plus haut degré.

Dans toute la suite on considère que toutes les limites indiquées sont susceptibles d'être examinées.

SE TESTER QUIZ

Dans le quiz, justifier la réponse donnée. Si l'affirmation paraît vraie, la démontrer. Si elle est fausse donner un contre-exemple.

Le symbole x_0 désigne un nombre réel ou $-\infty$ ou $+\infty$.

1 Si une fonction est négative alors il est possible que l'on ait $\lim\limits_{x \to x_0} f(x) = 1$.

- [ ] **a.** Vrai
- [ ] **b.** Faux

2 Si pour tout $x \in D_f$, $f(x) > 0$ alors on a nécessairement $\lim\limits_{x \to x_0} f(x) > 0$.

- [ ] **a.** Vrai
- [ ] **b.** Faux

3 On considère deux fonctions f et g définies sur le même ensemble de définition. On suppose que $\lim\limits_{x \to x_0} f(x)$ existe.

Si $\lim\limits_{x \to x_0} g(x) = 0$ alors nécessairement $\lim\limits_{x \to x_0} \dfrac{f(x)}{g(x)}$ est infinie.

- [ ] **a.** Vrai
- [ ] **b.** Faux

4 On considère deux fonctions f et g définies sur le même ensemble de définition. On suppose que $\lim\limits_{x \to x_0} f(x)$ existe.

Si $\lim\limits_{x \to x_0} g(x) = +\infty$ alors nécessairement $\lim\limits_{x \to x_0} \dfrac{f(x)}{g(x)} = 0$.

- [ ] **a.** Vrai
- [ ] **b.** Faux

5 0×0 est une forme indéterminée.

- [ ] **a.** Vrai
- [ ] **b.** Faux

TRAITER UNE QUESTION DE COURS

6 Récapituler les formes indéterminées.

7 Sachant que $\lim\limits_{x \to 0} \dfrac{1}{x^2} = +\infty$, $\lim\limits_{x \to 0^-} \dfrac{1}{x} = -\infty$ et $\lim\limits_{x \to 0^+} \dfrac{1}{x} = +\infty$, démontrer que :

- si n est pair et différent de 0, $\lim\limits_{x \to 0} \dfrac{1}{x^n} = +\infty$;
- si n est impair $\lim\limits_{x \to 0^-} \dfrac{1}{x^n} = -\infty$ et $\lim\limits_{x \to 0^+} \dfrac{1}{x^n} = +\infty$.

8 Démontrer, en revenant à la définition, que $\lim\limits_{x \to 1^+} \dfrac{1}{x-1} = +\infty$.

9 Démontrer que, lorsque l'on a $\lim\limits_{x \to +\infty} f(x) = \ell$ alors le nombre ℓ est unique. Pour cela on raisonnera par l'absurde. On supposera qu'il existe deux limites réelles distinctes ℓ et ℓ' et on utilisera deux intervalles ouverts judicieusement choisis, l'un contenant ℓ et l'autre ℓ'.

On peut choisir des intervalles ouverts disjoints.

S'ENTRAÎNER

Asymptotes, inégalités

10 Trouver une fonction ayant une limite à gauche en 2, une limite à droite en 2, mais n'ayant pas de limite quand $x \to 2$.

11 Est-il possible d'imaginer une fonction f dont la courbe représentative $\mathscr{C}_f$ a autant d'asymptotes verticales que l'on veut ?

12 Démontrer que la courbe $\mathscr{C}_f$ représentant une fonction f ne peut avoir qu'un nombre limité d'asymptotes horizontales. Combien ?

13 On considère deux fonctions f et g définies sur le même ensemble de définition D et telles que, pour tout $x \in D$, $f(x) > g(x)$. Lorsque ces limites existent, a-t-on $\lim\limits_{x \to x_0} f(x) > \lim\limits_{x \to x_0} g(x)$?

Il s'agit d'inégalités strictes.

Calcul de limites

Dans les exercices 14 à 15, déterminer les limites en $+\infty$ et en $-\infty$ de la fonction f donnée.

14 $f(x) = \dfrac{x^3}{x^2+1}$

15 $f(x) = \dfrac{5x+9}{3-x}$

16 On considère la fonction f définie sur $\mathbb{R}$ par

$$f(x)=\begin{cases} -x+1 \text{ si } x\leqslant 0 \\ x+2 \text{ si } x>0 \end{cases}$$

Déterminer $\lim\limits_{x\to-\infty} f(x)$ et $\lim\limits_{x\to+\infty} f(x)$.

Choisir la bonne formule pour chacune des limites.

17 On considère la fonction f définie sur $\mathbb{R}-\{3\}$ par :

$$f(x)=\begin{cases} 1+\dfrac{1}{x-3} \text{ si } x<3 \\ 1-\dfrac{1}{x-3} \text{ si } x>3 \end{cases}$$

La fonction f a-t-elle une limite quand $x\to 3$?

18 Démontrer que $\lim\limits_{x\to 2^-} \dfrac{x-3}{x-2}=+\infty$ et $\lim\limits_{x\to 2^+} \dfrac{x-3}{x-2}=-\infty$.

19 **a.** Étudier le signe du polynôme x^2-3x+2.

b. On pose $f(x)=\dfrac{1}{x^2-3x+2}$.

Déterminer la limite de $f(x)$ quand x tend vers 1^-, 1^+, 2^-, 2^+.

Utiliser le signe trouvé en **a.** !

Dans les exercices 20 et 21 on considère la fonction partie entière, notée E, ainsi définie : pour tout $x\in\mathbb{R}$, $E(x)$ est le plus grand entier relatif inférieur ou égal à x.

20 **a.** Calculer $E(x)$ pour les valeurs suivantes de x :

5 ; 4,7 ; 6,8 ; –1 ; –3,1 ; –6,9

b. À quelle condition a-t-on $E(x)=x$?

21 **a.** Démontrer que $\lim\limits_{x\to+\infty} E(x)=+\infty$.

b. Déterminer $\lim\limits_{x\to-\infty} E(x)$.

Penser au théorème des gendarmes.

22 Soit f la fonction définie sur $\mathbb{R}^*$ par $f(x)=x\sin\left(\dfrac{1}{x}\right)$

. On cherche à déterminer, si elle existe, $\lim\limits_{x\to 0} f(x)$.

1. **a.** Dire si la fonction sinus a une limite en $+\infty$.

b. Montrer qu'on ne peut pas utiliser le théorème de la composition des limites. C'est pourquoi on cherche un autre moyen pour résoudre le problème.

2. a. On a tracé la courbe représentative de f ; conjecturer la valeur de $\lim\limits_{x \to 0} f(x)$.

b. Démontrer la conjecture formulée en **a.**

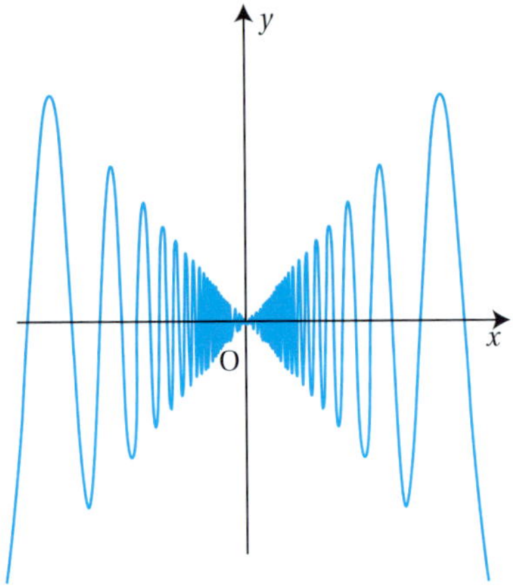

OBJECTIF BAC

23 On considère deux nombres réels a et b. Le but du problème est d'examiner les allures de la fonction f définie par $f(x)=\dfrac{a^2x^2+ax+1}{x^2+b}$ selon les valeurs de a et de b. On appelle $\mathscr{C}_f$ la courbe représentant f dans un repère.

1. Pour quelle valeur de a la courbe $\mathscr{C}_f$ admet-elle pour asymptote l'axe des abscisses en $+\infty$?

On suppose dans la suite que $a \neq 0$.

2. a. Pour quelles valeurs de a la courbe $\mathscr{C}_f$ admet-elle une asymptote horizontale en $+\infty$?

b. Quelle est l'équation de cette asymptote ?

3. a. Pour quelles valeurs de b la courbe $\mathscr{C}_f$ admet-elle deux asymptotes verticales ?

b. On suppose que $a=1$ et $b=-9$. Déterminer les limites de $f(x)$ lorsque x tend vers :

$$-\infty\ ;\ +\infty\ ;\ -3^-\ ;\ -3^+\ ;\ 3^-\ ;\ 3^+$$

4. Parmi les allures de courbes suivantes, il y en a une qui ne peut représenter f pour aucune valeur de a et de b. Laquelle ? Pourquoi ?

1

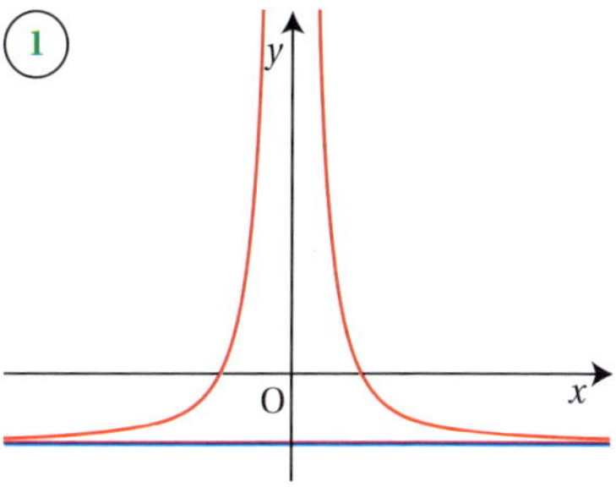

2

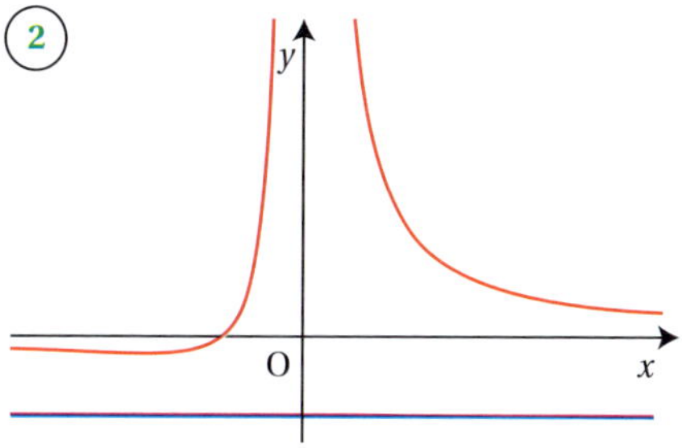

3

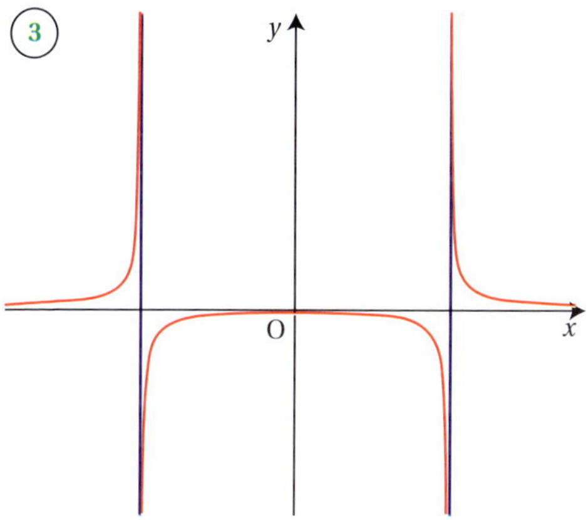

SE TESTER

1 Faux. On sait que si une fonction est négative alors sa limite est nécessairement négative.

2 Faux. En effet, pour tout $x \in \mathbb{R}^{+*}$, $\dfrac{1}{x} > 0$. Cependant $\lim\limits_{x \to +\infty} \dfrac{1}{x} = 0$.

3 Faux. En effet $\lim\limits_{x \to +\infty} \dfrac{1}{x} = 0$. Si on pose $f(x) = \dfrac{1}{x^2}$ et $g(x) = \dfrac{1}{x}$ alors, pour tout $x \in \mathbb{R}^*$: $\dfrac{f(x)}{g(x)} = \dfrac{\frac{1}{x^2}}{\frac{1}{x}} = \dfrac{x}{x^2} = \dfrac{1}{x}$. Par conséquent $\lim\limits_{x \to +\infty} \dfrac{f(x)}{g(x)} = 0$.

4 Faux. En effet $\lim\limits_{x \to +\infty} x^2 = +\infty$. Si on pose $f(x) = x^3$ et $g(x) = x^2$ alors, pour tout $x \in \mathbb{R}^*$: $\dfrac{f(x)}{g(x)} = \dfrac{x^3}{x^2} = x$ et donc $\lim\limits_{x \to +\infty} \dfrac{f(x)}{g(x)} = +\infty$.

5 Faux. $0 \times 0 = 0$

Autrement dit, si $\lim\limits_{x \to x_0} f(x) = 0$ et $\lim\limits_{x \to x_0} g(x) = 0$ alors $\lim\limits_{x \to x_0} \left(f(x) \times g(x)\right) = 0$.

TRAITER UNE QUESTION DE COURS

6 • Forme indéterminée liée à la somme : addition d'infinis de signes contraires.

• Forme indéterminée liée au produit : 0 multiplié par l'infini.

• Formes indéterminées liées au quotient : 0 sur 0 et l'infini sur l'infini.

> Si $g(x) \to 0$ alors, pourvu que $f(x)$ ne tende pas vers 0, $\dfrac{f(x)}{g(x)}$ tend nécessairement vers l'infini.

7 • On sait que si n est pair et différent de 0 alors il existe un entier naturel k différent de 0 tel que $n = 2k$.

Donc $\dfrac{1}{x^n} = \dfrac{1}{x^{2k}} = \left(\dfrac{1}{x^2}\right)^k$.

De plus $\lim\limits_{x \to 0} x^2 = 0$ et $x^2 > 0$ donc $\lim\limits_{x \to 0} \dfrac{1}{x^2} = +\infty$ par quotient.

Par composition : $\lim\limits_{x \to 0} \left(\dfrac{1}{x^2}\right)^k = +\infty$.

> Si $f(x) = x^k$ et $g(x) = \dfrac{1}{x^2}$ alors $\left(\dfrac{1}{x^2}\right)^k = f(g(x))$.

• Si n est impair alors $\lim\limits_{x \to 0^-} x^n = 0$ et $x^n < 0$. Donc, par quotient, $\lim\limits_{x \to 0^-} \dfrac{1}{x^n} = -\infty$

• On a de la même façon, $\lim\limits_{x \to 0^+} \dfrac{1}{x^n} = +\infty$.

8 Il s'agit de démontrer que, quel que soit le nombre réel A il existe un nombre $\alpha > 0$ tel que, pour tout $x \in D_f$, $]1\,;1+\alpha[\Rightarrow f(x) > A$. Autrement dit, tout intervalle de la forme $]A\,;+\infty[$ contient tous les nombres $f(x)$ pourvu que x soit suffisamment proche de 1 et supérieur à 1.
Soit A un nombre. Si $A \leqslant 0$, alors pour tout $x > 1$, $\dfrac{1}{x-1} > A$.

Si $A > 0$ alors $\dfrac{1}{x-1} > A \Rightarrow \dfrac{1}{A} > x-1 \Rightarrow 1 + \dfrac{1}{A} > x$. On a donc trouvé un nombre $\alpha > 0$ qui répond à la question (il s'agit de $\dfrac{1}{A}$). Ce qu'il fallait démontrer.

9 Raisonnons par l'absurde et supposons qu'il existe deux nombres ℓ et ℓ' distincts qui sont les limites de $f(x)$ quand $x \to x_0$. Alors on peut trouver deux intervalles ouverts disjoints contenant l'un ℓ et l'autre ℓ'.

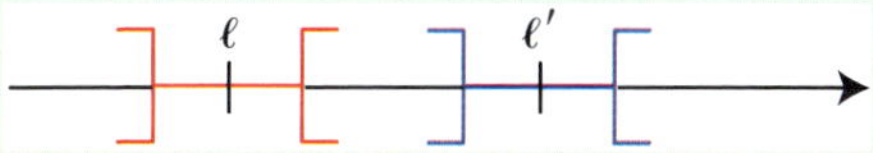

Dans le premier, il y a tous les nombres $f(x)$ pourvu que x soit suffisamment grand, disons dès que l'on a $x > A_1$.
Dans le second, il y a tous les nombres $f(x)$ pourvu que x soit suffisamment grand, disons dès que l'on a $x > A_2$.
Par conséquent, dès que $x > A_1$ et $x > A_2$ alors $f(x)$ est contenu dans le premier et le second intervalle simultanément, ce qui est absurde.
Conclusion : $\ell = \ell'$.

S'ENTRAÎNER

10 Puisque $\lim\limits_{x \to 2^-} \dfrac{1}{x-2} = -\infty$ et $\lim\limits_{x \to 2^+} \dfrac{1}{x-2} = +\infty$ la fonction f définie par $f(x) = \dfrac{1}{x-2}$ répond à la question.

11 La courbe de la fonction f définie par :

$$f(x)=\frac{1}{x-1}+\frac{1}{x-2}+\frac{1}{x-3}+\frac{1}{x-4}$$

a quatre asymptotes verticales qui ont pour équations respectives $x=1$, $x=2$, $x=3$, $x=4$. On voit donc que l'on peut imaginer qu'une courbe possède autant d'asymptotes verticales que l'on veut.

La fonction f n'est pas définie en 1 ; 2 ; 3 et 4 et la limite à gauche et à droite quand x tend vers chacun de ces nombres est infinie.

12 La courbe $\mathscr{C}_f$ d'une fonction a une asymptote horizontale en $-\infty$ si et seulement si la limite de $f(x)$ quand x tend vers $-\infty$ existe et est finie. Comme cette limite est unique, $\mathscr{C}_f$ est susceptible d'avoir au maximum une asymptote horizontale en $+\infty$. Il en est de même en $-\infty$ Par conséquent $\mathscr{C}_f$ a au plus deux asymptotes horizontales.

13 Pour tout $x>1$: $\frac{1}{x-1}>\frac{1}{x}$. De plus $\lim\limits_{x\to+\infty}\frac{1}{x-1}=\lim\limits_{x\to+\infty}\frac{1}{x}=0$.
C'est pourquoi la réponse à la question est : non.

14 Pour tout $x\in\mathbb{R}^*$: $x^2+1=x^2\left(1+\frac{1}{x^2}\right)$. Donc :

$$f(x)=\frac{x^3}{x^2\left(1+\frac{1}{x^2}\right)}=\frac{x}{\left(1+\frac{1}{x^2}\right)}$$

De plus : $\left.\begin{array}{l}\lim\limits_{x\to+\infty}x=+\infty\\ \lim\limits_{x\to+\infty}\left(1+\frac{1}{x^2}\right)=1\end{array}\right\}\Rightarrow\lim\limits_{x\to+\infty}\frac{x}{\left(1+\frac{1}{x^2}\right)}=+\infty$ par quotient.

On en déduit $\lim\limits_{x\to+\infty}f(x)=+\infty$. On aurait de même $\lim\limits_{x\to-\infty}f(x)=-\infty$.

Les techniques développées dans les exercices 14 à 15 sont à rapprocher de la méthode 2 p. 51. Elles peuvent, et doivent, se généraliser en cas de besoin.

15 Pour tout $x\in\mathbb{R}^*-\{3\}$: $5x+9=5x\left(1+\frac{9}{x}\right)$ et $3-x=-x\left(1-\frac{3}{x}\right)$. Donc :

$$f(x)=\frac{5x\left(1+\frac{9}{x}\right)}{-x\left(1-\frac{3}{x}\right)}=-5\frac{1+\frac{9}{x}}{\left(1-\frac{3}{x}\right)}$$

De plus : $\left\{\begin{array}{l}\lim\limits_{x\to+\infty}\left(1+\frac{9}{x}\right)=1 \text{ (par somme)}\\ \lim\limits_{x\to+\infty}\left(1-\frac{3}{x}\right)=1 \text{ (par somme)}\end{array}\right.\Rightarrow\lim\limits_{x\to+\infty}-5\frac{1+\frac{9}{x}}{1-\frac{3}{x}}=-5$ par quotient.

On en déduit donc $\lim\limits_{x\to+\infty}f(x)=-5$. On aurait de même $\lim\limits_{x\to-\infty}f(x)=-5$.

16 $\lim\limits_{x \to -\infty} f(x) = \lim\limits_{x \to -\infty} (-x+1) = +\infty$ par somme.

$\lim\limits_{x \to +\infty} f(x) = \lim\limits_{x \to +\infty} (x+2) = +\infty$ par somme.

Pour calculer la limite en $-\infty$, on choisit la formule définissant $f(x)$ quand $x \leqslant 0$ et pour la limite en $+\infty$ . . . Vous avez trouvé ?

17 Puisque, si $x<3$, $x-3<0$, $\lim\limits_{x \to 3^-} \dfrac{1}{x-3} = -\infty$.

On en déduit, par somme : $\lim\limits_{x \to 3^-} f(x) = \lim\limits_{x \to 3^-} \left(1+\dfrac{1}{x-3}\right) = -\infty$.

D'autre part, puisque, si $x>3$, $x-3>0$, donc $\lim\limits_{x \to 3^+} \dfrac{1}{x-3} = +\infty$.

On en déduit, par somme : $\lim\limits_{x \to 3^+} f(x) = \lim\limits_{x \to 3^+} \left(1-\dfrac{1}{x-3}\right) = -\infty$.

Par conséquent, puisque les limites à gauche et à droite de 3 sont égales, la fonction f a une limite quand x tend vers 3 et cette limite est $-\infty$.

18 Posons $f(x) = \dfrac{x-3}{x-2}$.

$$\left.\begin{array}{l}\lim\limits_{x \to 2^-} (x-3) = -1 \\ \lim\limits_{x \to 2^-} (x-2) = 0^-\end{array}\right\} \Rightarrow \lim\limits_{x \to 2^-} f(x) = +\infty \text{ par quotient.}$$

De même : $$\left.\begin{array}{l}\lim\limits_{x \to 2^+} (x-3) = -1 \\ \lim\limits_{x \to 2^+} (x-2) = 0^+\end{array}\right\} \Rightarrow \lim\limits_{x \to 2^+} f(x) = -\infty \text{ par quotient.}$$

19 **a.** On calcule Δ et on trouve 1. Les racines de x^2-3x+2 sont donc 1 et 2.
Le tableau suivant résume le signe du polynôme.

x	$-\infty$		1		2		$+\infty$
x^2-3x+2		+	0	−	0	+	

Dans le cas où $\Delta>0$, le polynôme du second degré ax^2+bx+c a deux racines qui sont $\dfrac{-b-\sqrt{\Delta}}{2a}$ et $\dfrac{-b+\sqrt{\Delta}}{2a}$. De plus, pour tout x compris entre ces racines, le polynôme est du signe de $-a$ et il est du signe de a ailleurs.

b. $\lim_{x\to 1^-}(x^2-3x+2)=0^+ \Rightarrow \lim_{x\to 1^-} f(x)=+\infty$ par quotient

$\lim_{x\to 1^+}(x^2-3x+2)=0^- \Rightarrow \lim_{x\to 1^+} f(x)=-\infty$ par quotient

$\lim_{x\to 2^-}(x^2-3x+2)=0^- \Rightarrow \lim_{x\to 2^-} f(x)=-\infty$ par quotient

$\lim_{x\to 2^+}(x^2-3x+2)=0^+ \Rightarrow \lim_{x\to 2^+} f(x)=+\infty$ par quotient

Rappel : dire que $\lim_{x\to x_0} f(x)=0^+$ signifie que $\lim_{x\to x_0} f(x)=0$ et que, quand x est proche de x_0, $f(x)$ est positive.

20 **a.** Le tableau suivant résume les calculs.

x	5	4,7	6,8	–1	–3,1	–6,9
$E(x)$	5	4	6	–1	–4	–7

b. On a $E(x)=x$ si et seulement si x est un nombre entier relatif.

21 **a.** Par définition, pour tout $x\in\mathbb{R}$, $x<E(x)+1$.
On en déduit, par le théorème des gendarmes, que $\lim_{x\to+\infty}\left(E(x)+1\right)=+\infty$ et donc : $\lim_{x\to+\infty} E(x)=+\infty$.

b. Par définition, on sait que pour tout $x\in\mathbb{R}$, $E(x)\leqslant x$.
D'après le théorème des gendarmes on en déduit que $\lim_{x\to-\infty} E(x)=-\infty$.

Une erreur fréquente consiste à dire que $E(-3,1)$ est égal à -3. Ne la commettez pas !

22 **1. a.** On sait (voir la fiche méthode p. 50) que la fonction sinus n'a pas de limite en $+\infty$.

b. Le théorème de la composition des limites suppose que l'on a affaire à des fonctions ayant toutes des limites, ce qui n'est pas le cas. On ne peut donc pas l'employer.

2. a. On peut supposer que $\lim_{x\to 0} f(x)=0$.

b. Pour tout $x\in\mathbb{R}^*$, puisque $\left|\sin\left(\frac{1}{x}\right)\right|\leqslant 1$ on a :

$$\left|x\sin\left(\frac{1}{x}\right)\right|=|x|\times\left|\sin\left(\frac{1}{x}\right)\right|\Rightarrow 0\leqslant|f(x)|\leqslant|x|$$

Le théorème des gendarmes montre que $\lim_{x\to 0}|f(x)|=0$ et donc $\lim_{x\to 0} f(x)=0$.

OBJECTIF BAC

23 **1.** La courbe $\mathscr{C}_f$ admet pour asymptote l'axe des abscisses si et seulement si $\lim\limits_{x\to+\infty} f(x)=0$.

Supposons $a\neq 0$. Alors, pour tout $x\in\mathbb{R}^*$:

$$f(x)=\frac{a^2x^2\left(1+\dfrac{1}{ax}+\dfrac{1}{a^2x^2}\right)}{x^2\left(1+\dfrac{b}{x^2}\right)}=a^2\frac{\left(1+\dfrac{1}{ax}+\dfrac{1}{a^2x^2}\right)}{\left(1+\dfrac{b}{x^2}\right)}$$

Par quotient, on en déduit que $\lim\limits_{x\to+\infty} f(x)=a^2$.

Il en résulte que l'axe des abscisses n'est pas asymptote à $\mathscr{C}_f$ en $+\infty$.

Si $a=0$ alors $f(x)=\dfrac{1}{x^2+b}$.

Donc :

$$\lim_{x\to+\infty} x^2+b=+\infty \Rightarrow \lim_{x\to+\infty} f(x)=0$$

En conclusion, $\mathscr{C}_f$ a pour asymptote l'axe des abscisses en $+\infty$ si et seulement si $a=0$.

2. a. D'après l'étude précédente, $\mathscr{C}_f$ a une asymptote horizontale pour toute valeur de a.

b. Puisque $\lim\limits_{x\to+\infty} f(x)=a^2$, l'équation de l'asymptote horizontale en $+\infty$ est $y=a^2$.

3. a. La courbe $\mathscr{C}_f$ a une asymptote verticale d'équation $x=x_0$ si et seulement si la limite de $f(x)$ quand x tend vers x_0 à gauche ou à droite est infinie. Pour cela il est nécessaire que l'on puisse trouver des valeurs de x telles que $x^2+b=0$. Il faut donc que l'on ait $b<0$.

Notons x_1 et x_2 les solutions de l'équation $x^2+b=0$. Ces deux nombres n'annulent pas le numérateur de $f(x)$. En effet le discriminant de a^2x^2+ax+1 est égal à $a^2-4a^2=-3a^2$. Étant strictement négatif, le numérateur de $f(x)$ ne s'annule pour aucune valeur de x_1. La limite de $f(x)$ est donc infinie à droite et à gauche de x_1 et de x_2.

En conclusion $\mathscr{C}_f$ admet deux asymptotes verticales si et seulement si $b<0$.

b. On a $f(x)=\dfrac{x^2+x+1}{x^2-9}$.

D'après la question **1.**, on sait déjà que $\lim\limits_{x\to+\infty} f(x)=1$.

On trouverait de même $\lim\limits_{x\to-\infty} f(x)=1$.

D'autre part le tableau suivant fournit le signe de x^2-9.

x	$-\infty$		-3		3		$+\infty$
x^2-9		$+$	0	$-$	0	$+$	

On trouve alors :

$$\left.\begin{array}{l}\lim\limits_{x\to-3^-}\left(x^2+x+1\right)=7\\ \lim\limits_{x\to-3^-}\left(x^2-9\right)=0^+\end{array}\right\}\Rightarrow \lim\limits_{x\to-3^-} f(x)=+\infty \text{ par quotient}$$

$$\left.\begin{array}{l}\lim\limits_{x\to-3^+}\left(x^2+x+1\right)=7\\ \lim\limits_{x\to-3^+}\left(x^2-9\right)=0^-\end{array}\right\}\Rightarrow \lim\limits_{x\to-3^+} f(x)=-\infty \text{ par quotient}$$

$$\left.\begin{array}{l}\lim\limits_{x\to3^-}\left(x^2+x+1\right)=13\\ \lim\limits_{x\to3^-}\left(x^2-9\right)=0^-\end{array}\right\}\Rightarrow \lim\limits_{x\to3^-} f(x)=-\infty \text{ par quotient}$$

$$\left.\begin{array}{l}\lim\limits_{x\to3^+}\left(x^2+x+1\right)=13\\ \lim\limits_{x\to3^+}\left(x^2-9\right)=0^+\end{array}\right\}\Rightarrow \lim\limits_{x\to3^+} f(x)=+\infty \text{ par quotient}$$

4. La courbe n° 1 ne saurait représenter la fonction f car elle a une asymptote dont l'équation est $y=\ell$, ℓ étant strictement négatif. Or on a vu que l'équation de l'asymptote est $y=a^2$.

www.annabac.com

CHAPITRE

3 Continuité et dérivation

Le calcul de dérivées est un savoir indispensable à tout scientifique. Il permet de modéliser un problème lorsque les données varient. Dans ce chapitre, nous allons démontrer de nouvelles « formules » de dérivées.

1 Continuité d'une fonction numérique

A Notion intuitive de continuité

Soit f une fonction définie sur un intervalle I de $\mathbb{R}$.

- Lorsque la courbe représentative de f ne présente pas de « saut », c'est-à-dire lorsque cette courbe se trace d'un seul tenant, sans lever le crayon de la feuille, on dit que f est **continue** sur I.

Exemple de fonction continue : La fonction dont la courbe représentative est donnée ci-dessous est continue sur $[-2\,;1{,}5]$.

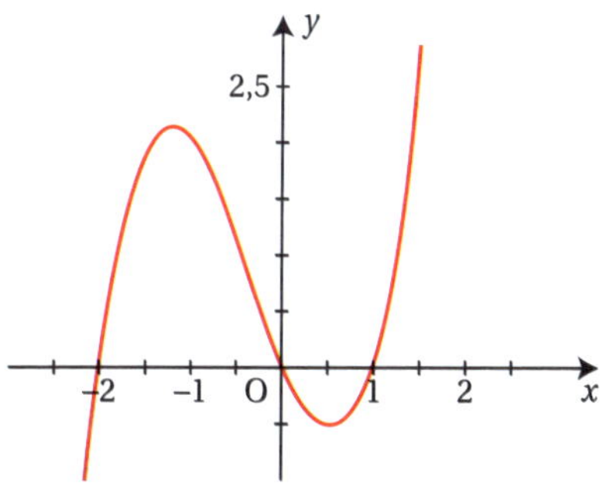

Exemple de fonction non continue : La fonction partie entière, définie sur $\mathbb{R}$ et notée $E(x)$, n'est continue en aucune valeur entière de x. En revanche, elle est continue sur tout intervalle de la forme $[n\,;n+1[$. Elle n'est pas continue sur $\mathbb{R}$.

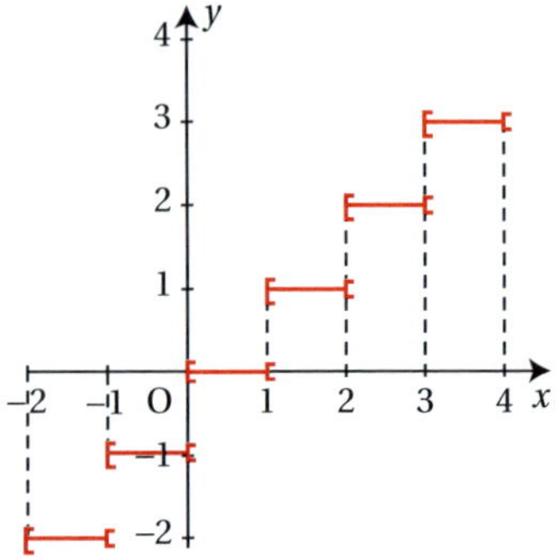

Exemple de fonction continue « par morceaux » : La fonction dont la courbe représentative est donnée ci-dessous n'est pas continue sur $[-1;1]$, car elle n'est pas continue en 0.

En revanche, elle est continue sur chacun des intervalles $[-1;0[$ et $]0;1]$. On dit qu'elle est continue « par morceaux ».

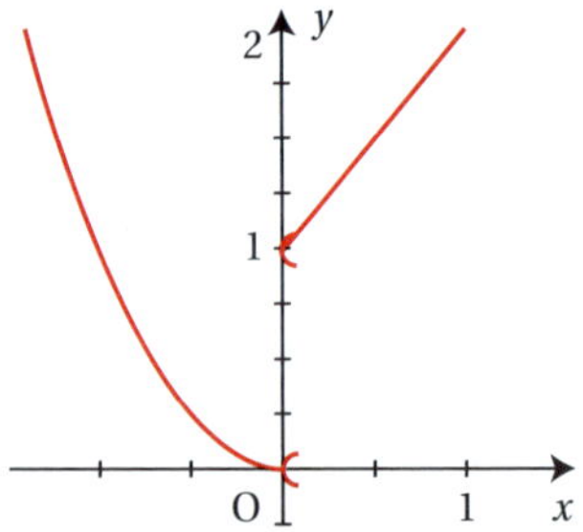

Une fonction est continue sur un intervalle si elle est continue en tout point de cet intervalle.

b. Continuité des fonctions usuelles

- Les fonctions **polynômes** sont continues sur $\mathbb{R}$, la fonction **inverse** est continue sur $]-\infty;0[$ et sur $]0;+\infty[$.
- D'une manière plus générale, les fonctions **rationnelles**, qui sont des quotients de deux polynômes, sont continues sur chaque intervalle de leur ensemble de définition.
- La fonction **racine carrée** est continue sur $[0;+\infty[$.

B Théorème des valeurs intermédiaires

Soit f une fonction définie et continue sur un intervalle I, soient a et b deux réels de I.

Théorème

Pour tout réel k compris entre $f(a)$ et $f(b)$ il existe au moins un réel c compris entre a et b tel que $f(c)=k$.

Remarque : Cela revient à résoudre l'équation $f(x)=k$, ou encore à dire que, si k est compris entre $f(a)$ et $f(b)$, l'équation $f(x)=k$ admet au moins une solution comprise entre a et b : c'est le nombre c.

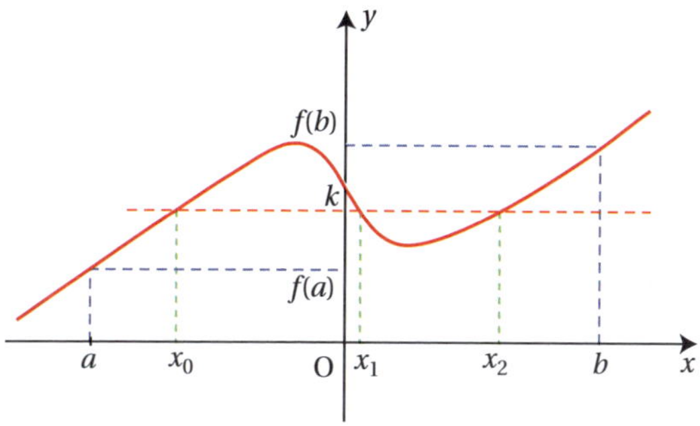

L'hypothèse de la continuité est essentielle (voir l'exercice 8).

Sur le graphique ci-dessus, nous remarquons que l'équation $f(x)=k$ admet trois solutions qui sont x_0, x_1 et x_2.

a. Théorème de la bijection

Théorème

Si f est une fonction continue et strictement monotone sur un intervalle $[a\,;b]$ alors pour tout réel k compris entre $f(a)$ et $f(b)$, l'équation $f(x)=k$ a une solution **unique** dans $[a\,;b]$.

UNICITÉ DE LA SOLUTION

Par rapport au théorème des valeurs intermédiaires, l'hypothèse supplémentaire de stricte monotonie de la fonction sur l'intervalle $[a\,,b]$ donne l'unicité de la solution de l'équation $f(x)=k$ sur $[a\,;b]$.

- Dans l'exemple ci-contre, f est croissante sur $I=[a\,;b]$ alors $f(a)<f(b)$ donc k appartient à $[f(a)\,;f(b)]$, cet intervalle est noté $f(I)$ et est appelé intervalle image de I par f.

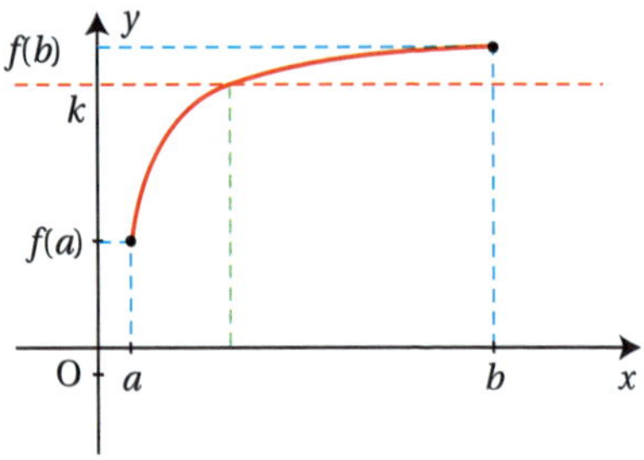

b. Cas particulier

- Si f est continue et strictement monotone sur $I=[a\,;b]$ et si $f(a)$ et $f(b)$ sont de signe contraire (on a alors 0 compris entre $f(a)$ et $f(b)$) donc l'équation $f(x)=0$ admet une unique solution dans l'intervalle $]a\,;b[$.
- Remarquons que l'on peut toujours se ramener à ce cas en posant par exemple $g(x)=f(x)-k$ et en appliquant le théorème des valeurs intermédiaires à g.

c. Extension du cas particulier

- Lorsque f est une fonction continue et strictement monotone, le résultat du corollaire s'étend au cas où I est un intervalle quelconque.
- Récapitulons les différents résultats dans un tableau où a et b désignent soit des réels, soit $+\infty$ ou $-\infty$.

Si $I=$	Si f est strictement croissante sur I alors $f(I)=$	Si f est strictement décroissante sur I alors $f(I)=$
$[a\,;b]$	$[f(a)\,;f(b)]$	$[f(b)\,;f(a)]$
$]a\,;b]$	$]\lim\limits_{x\to a} f(x)\,;f(b)]$	$[f(b)\,;\lim\limits_{x\to a} f(x)[$
$[a\,;b[$	$[f(a)\,;\lim\limits_{x\to b} f(x)[$	$]\lim\limits_{x\to b} f(x)\,;f(a)]$
$]a;b[$	$]\lim\limits_{x\to a} f(x)\,;\lim\limits_{x\to b} f(x)[$	$]\lim\limits_{x\to b} f(x)\,;\lim\limits_{x\to a} f(x)[$

2 Dérivation

A Nombre dérivé d'une fonction en un point

Soit f une fonction définie sur un intervalle I. Soient a et h deux réels tels que a et $a+h$ soient dans I (h non nul).

Dire que f **est dérivable en** a signifie que la limite lorsque h tend vers 0 du taux d'accroissement de f en a est un nombre réel.

On rappelle que le taux d'accroissement de f en a est $\dfrac{f(a+h)-f(a)}{h}$.

Dans ce cas, la limite de ce taux d'accroissement est appelée **nombre dérivé** de f en a. On la note $f'(a)$.
On a donc :

$$f'(a)=\lim_{h\to 0}\frac{f(a+h)-f(a)}{h}$$

Remarque : Dans certains cas, la limite du taux d'accroissement d'une fonction f en un point a n'est pas la même selon que h tend vers 0^+ ou vers 0^-. La fonction n'est alors pas dérivable en a, mais on dit que $\lim\limits_{h\to 0^+}\dfrac{f(a+h)-f(a)}{h}$ est le **nombre dérivé à droite** de f en a, et que $\lim\limits_{h\to 0^-}\dfrac{f(a+h)-f(a)}{h}$ est le nombre dérivé à gauche de f en a (voir exercices 12 et 13).

B Fonctions dérivées

a. Rappels

Définition

Soit f une fonction définie sur un intervalle I.

Dire que f **est dérivable sur I** signifie f est dérivable en tout point de I.

La fonction dérivée de f est alors notée f' et est telle qu'à tout élément x de I elle associe son nombre dérivé $f'(x)$.

Cela justifie la notation $f'(a)$ utilisée précédemment.

b. Lien entre dérivabilité et continuité

Théorème

Toute fonction f dérivable en a est continue en a.

Remarque : La réciproque de ce théorème est fausse. En effet la fonction valeur absolue est continue en 0 mais n'est pas dérivable en 0.

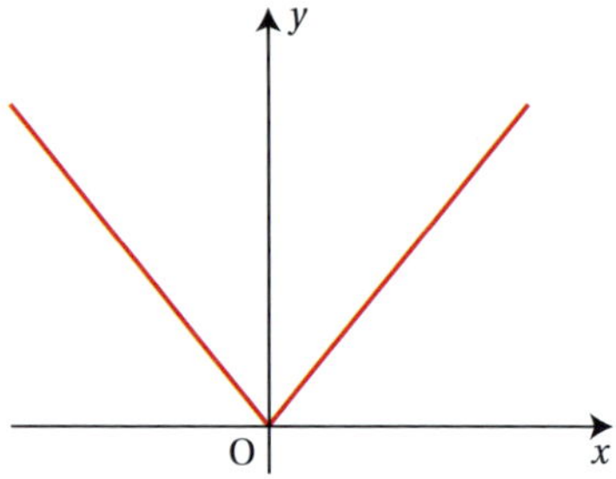

c. Récapitulatif des dérivées usuelles

Dans le tableau ci-dessous, f désigne une fonction et f' sa dérivée. I est l'intervalle sur lequel f est dérivable.

Fonction f	Dérivée f'	Intervalle I
$x \mapsto C$ ($C \in \mathbb{R}$)	$x \mapsto 0$	$\mathbb{R}$
$x \mapsto ax + b$	$x \mapsto a$	$\mathbb{R}$
$x \mapsto x^2$	$x \mapsto 2x$	$\mathbb{R}$
$x \mapsto \frac{1}{x}$	$x \mapsto \frac{-1}{x^2}$	$]-\infty\,;0[$ et $]0\,;+\infty[$
$x \mapsto \sqrt{x}$	$x \mapsto \frac{1}{2\sqrt{x}}$	$]0\,;+\infty[$
$x \mapsto x^n$ ($n \in \mathbb{N}^*$)	$x \mapsto nx^{n-1}$	$\mathbb{R}$
$x \mapsto \frac{1}{x^n}$	$x \mapsto \frac{-n}{x^{n+1}}$	$]-\infty\,;0[$ et $]0\,;+\infty[$

Remarque: Dire qu'une fonction est dérivable sur $\mathbb{R}^*$ signifie qu'elle est dérivable sur $\mathbb{R}^{+*}$ et sur $\mathbb{R}^{-*}$.

c. Opérations sur les dérivées

Dans ce tableau, u et v sont deux fonctions dérivables sur un intervalle I, λ est un nombre réel. Lorsque les fonctions λu, $u+v$, uv, $\frac{1}{u}$, $\frac{u}{v}$ sont dérivables sur I, on a :

Fonctions	Dérivées
$\lambda u,\ \lambda \in \mathbb{R}$	$\lambda u'$
$u+v$	$u'+v'$
uv	$u'v+uv'$
$\frac{1}{u}$	$\frac{-u'}{u^2}$
$\frac{u}{v}$	$\frac{u'v-uv'}{v^2}$

C Compléments sur le calcul des dérivées

a. Dérivée de la fonction $x \mapsto \sqrt{u(x)}$

Soit u une fonction dérivable sur un intervalle I et telle que pour tout x de I, $u(x)>0$, la fonction $\sqrt{u}$ est dérivable sur I et sa fonction dérivée est $\frac{u'}{2\sqrt{u}}$.

Exemple : Soit $f : x \mapsto \sqrt{x^2-1}$. On peut tout d'abord remarquer que $f(x)$ est définie si et seulement si $x^2-1 \geqslant 0$. Ainsi $D_f =]-\infty\,;-1] \cup [1\,;+\infty[$, f est donc dérivable sur $]-\infty\,;-1[\cup]1\,;+\infty[$.

On pose $u(x)=x^2-1$. On a donc $u'(x)=2x$, ainsi pour tout x de $]-\infty\,;-1[\cup]1\,;+\infty[$, on a : $f'(x)=\frac{2x}{2\sqrt{x^2-1}}=\frac{x}{\sqrt{x^2-1}}$.

b. Dérivée de la fonction $x \mapsto (u(x))^n$, $n \in \mathbb{N}^*$

Soit u une fonction dérivable sur un intervalle I et n un entier naturel non nul. La fonction u^n est dérivable sur I et sa dérivée est $nu'u^{n-1}$.

Remarque : Ce résultat reste valable pour n dans $\mathbb{Z}$ à condition que pour tout x de I, $u(x)$ ne s'annule pas sur I.

Exemple : Soit $f : x \mapsto \frac{2}{(3-4x)^5}$, avec $x \neq \frac{3}{4}$. Pour déterminer la fonction dérivée de f on peut écrire pour tout $x \neq \frac{3}{4}$, $f(x)=2(3-4x)^{-5}$.

On applique alors le résultat précédent. On remarque que f est dérivable sur $\left]-\infty\,;\frac{3}{4}\right[$ et sur $\left]\frac{3}{4}\,;+\infty\right[$.

On pose $u(x)=3-4x$ donc $u'(x)=-4$, on a alors $f'(x)=-5(-4)2(3-4x)^{-6}$ ou encore $f'(x)=\dfrac{40}{(3-4x)^6}$.

Ce calcul est plus beaucoup simple que si on utilise la formule de la dérivée d'un quotient. Si n est négatif ($n=-p$ avec p entier positif), pensez à utiliser l'écriture u^n, plutôt que $\dfrac{1}{u^p}$ pour déterminer la dérivée.

c. Dérivée de la fonction $x \mapsto f(ax+b)$

Soit f une fonction dérivable sur un intervalle I, soient a et b deux nombres réels tels que pour tout x dans I, $ax+b$ est dans I.

La fonction $x \mapsto f(ax+b)$ est dérivable sur I et sa dérivée est $x \mapsto af'(ax+b)$.

Exemple : Soit $u : x \mapsto (ax+b)^n$ avec $n \in \mathbb{N}^*$.

On remarque que pour tout x réel : $u(x)=f(ax+b)$ avec $f : x \mapsto x^n$.

On en déduit que pour tout x réel, $u'(x)=af'(ax+b)=an(ax+b)^{n-1}$.

Remarque : On peut généraliser ce dernier théorème aux fonctions composées de la forme $g : x \mapsto f(u(x))$, où f est une fonction dérivable sur un intervalle I et u est dérivable sur un intervalle J inclus dans $f(I)$. (g se note $g = f \circ u$.)

La fonction g est dérivable sur I et on a, pour tout x de I, $g'(x)=u'(x)f'(u(x))$.

d. Tableau récapitulatif

Dans ce tableau u et f sont deux fonctions dérivables sur un intervalle I et J tels que $u(I) \subset J$.

On verra deux autres dérivées dans les chapitres 4 et 5.

Conditions	Fonction f	Dérivée f
$\forall x \in I, u(x)>0$	$x \mapsto \sqrt{u(x)}$	$x \mapsto \dfrac{u'(x)}{2\sqrt{u(x)}}$
$\forall x \in I, u(x) \neq 0$	$x \mapsto (u(x))^n, n \in \mathbb{Z}^*$	$x \mapsto nu'(x)u^{n-1}(x)$
$ax+b \in I$	$x \mapsto f(ax+b)$	$x \mapsto af'(ax+b)$
$u(x) \in I$	$x \mapsto f(u(x))$	$x \mapsto u'(x)f'(u(x))$

3 Deux fonctions trigonométriques

A La fonction sinus

a. Rappels

- La fonction $f : x \mapsto \sin x$ est définie sur $\mathbb{R}$.
- La fonction sinus est **périodique** de période 2π :

$$\forall x \in \mathbb{R}, x+2\pi \in \mathbb{R}, \text{ et } \sin(x+2\pi) = \sin x.$$

On peut donc se contenter d'étudier la fonction sinus sur un intervalle de longueur 2π : soit $[0 ; 2\pi]$ ou $[-\pi ; \pi]$.

- La fonction sinus est impaire : $\forall x \in \mathbb{R}, -x \in \mathbb{R}$, et $\sin(-x) = -\sin x$.
- Sa représentation graphique admet donc un centre de symétrie qui est l'origine du repère. On peut donc choisir d'étudier la fonction sinus sur $[0 ; \pi]$.

UTILISER LES SYMÉTRIES ET LA PÉRIODICITÉ

On obtient alors la courbe représentative sur $\mathbb{R}$ en commençant par tracer le symétrique de la partie de courbe obtenue sur $[0 ; \pi]$ par rapport à l'origine puis en effectuant des translations de vecteur $2\pi\vec{i}$ (ce qui traduira la périodicité).

b. Étude des variations de la fonction sinus sur $[0 ; \pi]$

- On admet que la fonction sinus est dérivable sur $\mathbb{R}$ et que sa dérivée est $f' : x \mapsto \cos x$.
- Sur $\left[0 ; \frac{\pi}{2}\right]$, $\cos x \geqslant 0$. La fonction sinus est donc strictement croissante sur $\left[0 ; \frac{\pi}{2}\right]$.
- Sur $\left]\frac{\pi}{2} ; \pi\right]$, $\cos x < 0$. La fonction sinus est donc strictement décroissante sur $\left]\frac{\pi}{2} ; \pi\right]$.
- On en déduit le tableau de variations de f sur $[0 ; \pi]$.

x	0		$\frac{\pi}{2}$		π
$f'(x)$		$+$	0	$-$	
$f(x)$	0	↗	1	↘	0

On en déduit la représentation graphique de la fonction f définie par $f(x) = \sin x$ sur $[0 ; \pi]$. Puis on complète sur $[-\pi ; \pi]$ par symétrie par rapport à l'origine, puis sur $\mathbb{R}$, par translation de vecteur $2k\pi\vec{i}$ ($k \in \mathbb{Z}$).

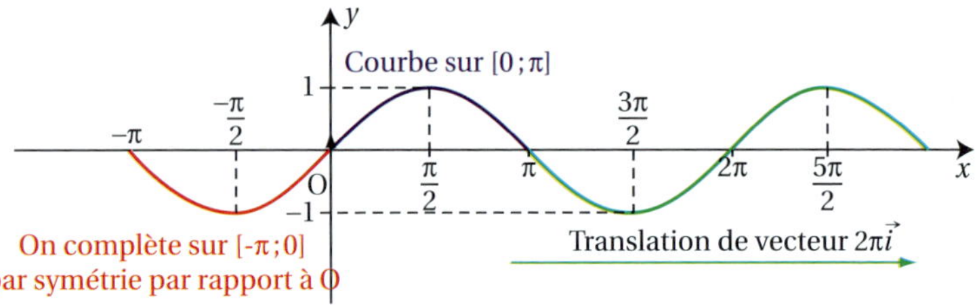

c. Dérivée de $x \mapsto \sin(ax+b)$

La fonction $f : x \mapsto \sin(ax+b)$, avec a et b réels, est dérivable sur $\mathbb{R}$ et a pour dérivée : $f' : x \mapsto a\cos(ax+b)$

Ce théorème est un cas particulier du théorème 2. C. c.

B La fonction cosinus

a. Rappels

- La fonction $x \mapsto \cos x$ est définie sur $\mathbb{R}$.
- La fonction cosinus est **périodique** de période 2π :

$$\forall x \in \mathbb{R}, x+2\pi \in \mathbb{R} \text{ et } \cos(x+2\pi) = \cos x$$

Nous pouvons donc nous contenter de l'étudier sur un intervalle de longueur 2π : par exemple $[0 ; 2\pi]$ ou $[-\pi ; \pi]$.

- La fonction cosinus est **paire** : $\forall x \in \mathbb{R}, -x \in \mathbb{R}$ et $\cos(-x) = \cos x$.

Sa représentation graphique admet donc un axe de symétrie qui sera l'axe des ordonnées. On peut donc choisir d'étudier la fonction cosinus sur $[0 ; \pi]$.

UTILISER LA SYMÉTRIE ET LA PÉRIODICITÉ

On obtient alors la courbe représentative de la fonction cosinus en traçant d'abord la partie de la courbe sur $[0; \pi]$. Puis on trace le symétrique de cette partie par rapport à l'axe des ordonnées. Ensuite on complète sur $\mathbb{R}$ en effectuant des translations de vecteur $2\pi\vec{i}$ (ce qui traduira la périodicité).

b. Étude des variations de la fonction cosinus sur $[0\,;\pi]$

- On admet que la fonction cosinus est dérivable sur $\mathbb{R}$ et que sa dérivée est :

$$f' : x \mapsto -\sin x$$

- Sur $[0\,;\pi]$, $-\sin x \leqslant 0$. La fonction cosinus est donc strictement décroissante sur $[0\,;\pi]$.
- On en déduit le tableau de variations de f sur $[0\,;\pi]$.

x	0	π
$f'(x)$	$-$	
$f(x)$	1 ↘	-1

- On en déduit la représentation graphique sur $[0\,;\pi]$ de la fonction f définie par $f(x) = \cos x$, que l'on complète sur $[-\pi\,;\pi]$ par symétrie par rapport à l'origine, puis sur $\mathbb{R}$, par translation de vecteur $2k\pi\vec{i}$ $(k \in \mathbb{Z})$.

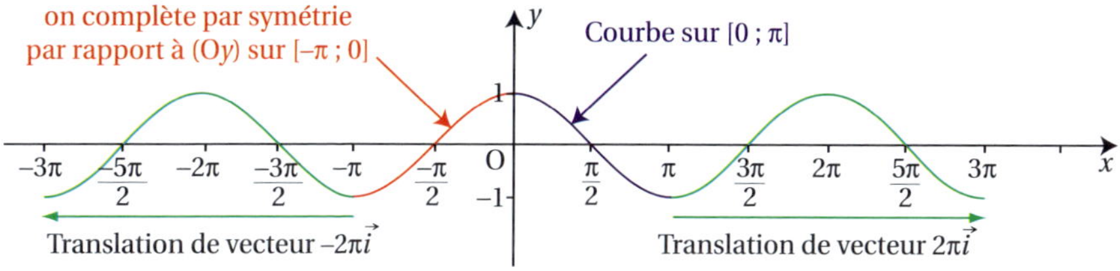

c. Dérivée de $x \mapsto \cos(ax+b)$

La fonction $g : x \mapsto \cos(ax+b)$, avec a et b réels, est dérivable sur $\mathbb{R}$ et a pour dérivée $g' : x \mapsto -a\sin(ax+b)$.

Ce théorème est un cas particulier du théorème 2. C. c.

Démontrer l'existence d'une unique solution à l'équation $f(x)=0$

ÉNONCÉ

Montrer que l'équation (E) $-x^3+x^2-x+2=0$ admet une unique solution dans l'intervalle $[1;2]$.

MÉTHODE

▶ Pour démontrer ce résultat nous allons appliquer le théorème de la bijection avec $k=0$.
▶ Lorsqu'on applique ce théorème à une fonction, il faut s'assurer que la fonction choisie vérifie bien toutes les hypothèses du théorème.

CORRIGÉ

• Appliquons le théorème de la bijection. Pour cela on introduit la fonction f définie par $f(x)=-x^3+x^2-x+2$. Résoudre l'équation (E) équivaut à résoudre $f(x)=0$.
• Il faut s'assurer que la fonction f vérifie toutes les hypothèses du théorème de la bijection. On doit vérifier que :
- f est continue sur $[1;2]$;
- f est strictement monotone sur $[1;2]$;
- 0 est compris entre $f(1)$ et $f(2)$.

• f est une fonction polynôme donc f est continue sur $\mathbb{R}$, et en particulier sur $[1;2]$.
• Pour montrer que f est strictement monotone, déterminons la dérivée de f et montrons qu'elle est de signe constant sur $[1;2]$.

f est une fonction polynôme donc elle est dérivable sur $[1;2]$ et pour tout x de $[1;2]$: $f'(x)=-3x^2+2x-1$.

Pour étudier le signe de $f'(x)$, polynôme du second degré, on calcule Δ:

$$\Delta = 2^2-4(-3)(-1)=-8$$

Comme $\Delta<0$, $f'(x)$ est du même signe que le coefficient de x^2 dans l'expression $-3x^2+2x-1$. Donc $f'(x)$ est négatif.
La fonction f est donc strictement décroissante sur $\mathbb{R}$, et donc sur $[1;2]$.

• $f(1)=-1+1-1+2=1$ et $f(2)=-2^3+2^2-2+2=-8+4=-4$.

$f(1)$ et $f(2)$ sont de signes contraires donc 0 est bien compris entre $f(2)=-4$ et $f(1)=1$.

• On conclut alors, d'après le théorème de la bijection, que l'équation $f(x)=0$ admet une unique solution. Autrement dit, l'équation (E) $-x^3+x^2-x+2=0$ admet une unique solution dans l'intervalle $[1;2]$.

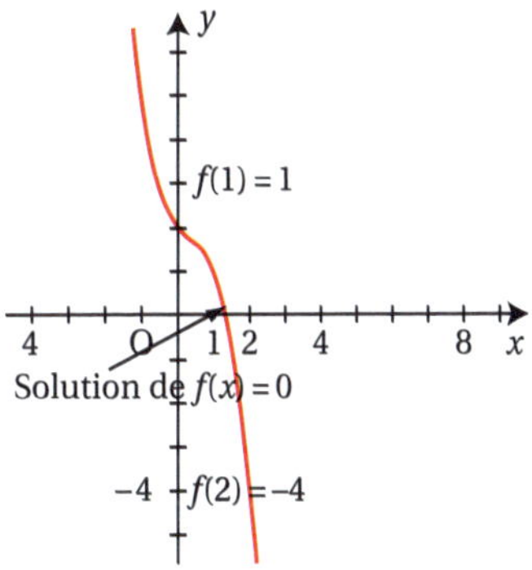

On peut remarquer ici que f étant décroissante sur $[1;2]$, l'image par f de $[1;2]$ est $[f(2);f(1)]=[-4;1]$.

Recherche d'une valeur approchée d'une solution de $f(x)=k$

ÉNONCÉ

Une fonction f définie sur $[-1;2]$ possède le tableau de variations suivant.

x	-1	α	2
$f(x)$	8 ↘	0 ↘	-19

D'après ce tableau, f est strictement décroissante sur $[1;2]$, négative en 2 ($f(2)=-19$) et positive en -1 ($f(-1)=8$). Elle s'annule donc une seule fois entre -1 et 2.

On cherche une valeur approchée du réel α qui annule f par la méthode de dichotomie. Observer l'algorithme suivant.

Code de l'algorithme

```
VARIABLES
a EST_DU_TYPE NOMBRE
b EST_DU_TYPE NOMBRE
ecart EST_DU_TYPE NOMBRE
milieu EST_DU_TYPE NOMBRE
image EST_DU_TYPE NOMBRE
DEBUT_ALGORITHME
a PREND_LA_VALEUR -1
b PREND_LA_VALEUR 2
ecart PREND_LA_VALEUR b-a
TANT_QUE (ecart>0.001) FAIRE
        DEBUT_TANT_QUE
        milieu PREND_LA_VALEUR (a+b)/2
        image PREND_LA_VALEUR F(milieu)
        AFFICHER image
        SI (F(milieu)>0) ALORS
            DEBUT_SI
            a PREND_LA_VALEUR milieu
            FIN_SI
      SINON
            DEBUT_SINON
            b PREND_LA_VALEUR milieu
            FIN_SINON
      ecart PREND_LA_VALEUR b-a
      FIN_TANT_QUE
AFFICHER "La valeur qui annule la fonction est proche de :"
AFFICHER milieu
FIN_ALGORITHME
```

On fait maintenant tourner l'algorithme avec la fonction $f(x)=2x^3-3x^2+1$.
On obtient les résultats suivants :

Résultats

```
–5,5
3,781 25
–0,542 968 75
1,737 793
0,622 131 35
0,0451 431 27
–0,247 599 6
–0,100 890 28
–0,027 787 879
0,008 699 199 2
–0,009 538 9651
–0,000 418 536 86
La valeur qui annule la fonction est proche de : 0,081 787 109
```

1 Pourquoi a-t-on appelé *milieu* une des variables ?

2 Que fait l'algorithme si $f(milieu)>0$?

3 Sachant que $a=-1$ et $b=2$, que vaut la variable *ecart* au départ ? Que vaut la variable *milieu* ? Que vaut $f(milieu)$? Qui, de a ou b prendra la valeur *milieu* ? Quelle sera la valeur de *ecart* ? Refera-t-on un nouveau calcul de *milieu* ?

Refaire une simulation du calcul.

MÉTHODE

▶ Les lignes 1 à 8 sont les lignes de déclaration des variables et d'initialisation de certaines d'entre elles (ici *a*, *b*).

▶ Les lignes 9 à 25 sont les lignes concernant le calcul.

▶ Les dernières lignes sont les lignes d'édition des résultats.

▶ On retrouve la structure habituelle d'un algorithme.

• Dans la partie calcul, on utilise une boucle conditionnelle (TANT_QUE), et des instructions conditionnelles (SI ... ALORS ... SINON).

• La boucle conditionnelle fonctionne de la manière suivante : le processeur doit suivre certaines consignes répétitives de calcul, jusqu'à ce qu'une condition ne soit plus remplie. Ici, la condition concerne la grandeur de la variable *ecart* : TANT_QUE (*ecart* > 0.001)

• Les instructions conditionnelles sont plus claires. Si une certaine condition est remplie, on effectue un calcul donné, sinon un autre.

CORRIGÉ

1 La variable s'appelle *milieu* car, sur la droite réelle, le point d'abscisse *milieu* est le milieu du segment dont les bornes sont *a* et *b*.

2 Si $f(milieu) > 0$, d'après le tableau de variations, cela signifie que *milieu* est inférieur à α, α est donc dans l'intervalle $[milieu\,;b]$, de longueur moitié de $[a\,;b]$. On change alors *a* en *milieu*.

3 Avant le premier passage, la variable *ecart* vaut $b-a$ (c'est-à-dire $2-(-1)=3$). Donc *milieu* vaut $\frac{2+(-1)}{2}=0{,}5$; $f(0{,}5)$ vaut –5,5.
En observant l'instruction conditionnelle, on déduit que *a* prend la valeur *milieu*. Puis *ecart* vaut $\frac{3}{2} > 0{,}001$. On recalcule la valeur de *milieu* avec $a=0{,}5$ et $b=2$, donc *milieu* vaut 1,25. $f(milieu)=3{,}48125$. Comme $f(milieu)>0$ est positif, *b* devient *milieu*. Et ainsi de suite.

SE TESTER QUIZ

1 Répondre par vrai ou faux en justifiant la réponse.

Soit f une fonction numérique définie sur l'intervalle $[-1\,;3]$ et a un réel de cet intervalle.

- ☐ **a.** Si f est continue sur $[-1\,;1]$ et sur $[1\,;3]$ alors f est continue sur $[-1\,;3]$.
- ☐ **b.** Si f est continue sur $[-1\,;3]$, elle est dérivable sur $[-1\,;3]$.
- ☐ **c.** Si f est dérivable en a elle est continue en a.
- ☐ **d.** Si f est dérivable sur $[-1\,;1]$ et sur $[1\,;3]$ alors f est continue sur $[-1\,;3]$.

2 On a tracé la courbe représentative d'une fonction f sur $[-5\,;5]$.

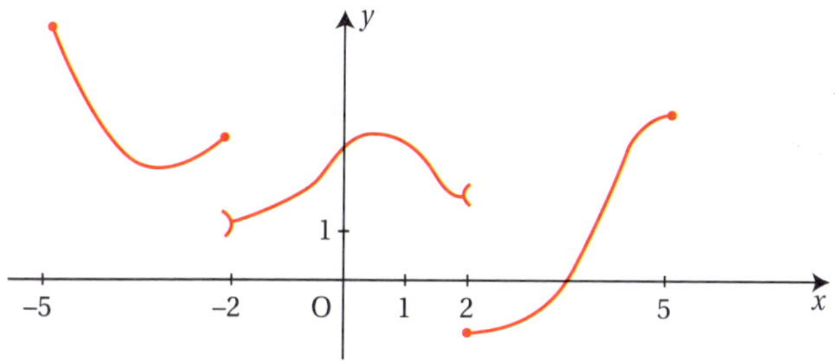

Par lecture graphique, dire si les propositions suivantes sont vraies.

- ☐ **a.** La fonction f n'est pas continue en 2.
- ☐ **b.** La fonction f est continue en -2.
- ☐ **c.** La fonction f est continue sur $[-2\,;3]$.
- ☐ **d.** La fonction f est continue sur $]-2\,;2[$.
- ☐ **e.** La fonction f et continue sur $[2\,;4[$.

3 Répondre par vrai ou faux.

- ☐ **a.** La fonction $x \mapsto |x|$ est dérivable sur $\mathbb{R}$.
- ☐ **b.** La fonction $x \mapsto x\sqrt{x}$ est dérivable en 0.

4 Soit f la fonction définie sur $\mathbb{R}$ par $f(x)=\left(2x^2+3\right)^3$. La fonction dérivée de f est :

- ☐ **a.** $f' : x \mapsto 3(2x^2+3)^2$
- ☐ **b.** $f' : x \mapsto 6(2x^2+3)^2$
- ☐ **c.** $f' : x \mapsto 12x(2x^2+3)^2$

TRAITER UNE QUESTION DE COURS

5 On suppose connu le théorème des valeurs intermédiaires. Démontrer que si f est une fonction continue et strictement monotone sur un intervalle $[a\,;b]$ alors pour tout réel k compris entre $f(a)$ et $f(b)$, l'équation $f(x)=k$ a une solution unique dans $[a\,;b]$.

6 Soit u une fonction dérivable sur un intervalle I, avec $u(x)>0$.
Montrer que la fonction $f: x \mapsto \sqrt{u(x)}$ est dérivable sur I et a pour dérivée $f': x \mapsto \dfrac{u'(x)}{2\sqrt{u(x)}}$.

On utilisera la limite du taux d'accroissement.

S'ENTRAÎNER

Fonctions continues et équations

7 Tracer les courbes représentant les fonctions suivantes et dire si les fonctions sont continues sur $\mathbb{R}$. (On précisera les intervalles considérés.)

a. $f: x \mapsto \begin{cases} x+1 & \text{si } x<0 \\ x^2 & \text{si } x \geqslant 0 \end{cases}$ **b.** $f: x \mapsto \begin{cases} x^2+3x+2 & \text{si } x<0 \\ x+2 & \text{si } x \geqslant 0 \end{cases}$

8 La fonction f est continue et strictement croissante sur $]-\infty : -2]$ et sur $[2\,;+\infty[$, elle est strictement décroissante sur $[-2\,;2]$.

On donne son tableau de variations.

x	$-\infty$		-2		2		$+\infty$
f	0	↗	4	↘	2	↗	$+\infty$

Combien l'équation $f(x)=1$ admet-elle de solutions sur $\mathbb{R}$?

9 Soit f la fonction définie sur $\mathbb{R}$ par $f(x)=-x^3-2x^2+4x+3$.

Montrer que l'équation $f(x)=2$ admet trois solutions sur $\mathbb{R}$.

On se placera sur chacun des intervalles sur lequel f est strictement monotone (voir méthode p. 76).

10 f est une fonction continue sur l'intervalle $[0\,;\,1]$ à valeurs dans l'intervalle $[m\,;\,M]$ strictement inclus dans l'intervalle $[0\,;\,1]$. Démontrer que l'équation $f(x)=x$ admet au moins une solution dans $[0\,;\,1]$.

On se ramènera à $g(x)=0$, où g est une fonction à déterminer (voir cours p. 67).

11 Démontrer que tout polynôme de degré impair à coefficients réels admet au moins une racine réelle.

Fonctions dérivables

12 Voici les courbes représentatives de quatre fonctions. Sur chaque courbe, A est le point d'abscisse 2. En vert, on a tracé les tangentes ou demi-tangentes à la courbe au point A.

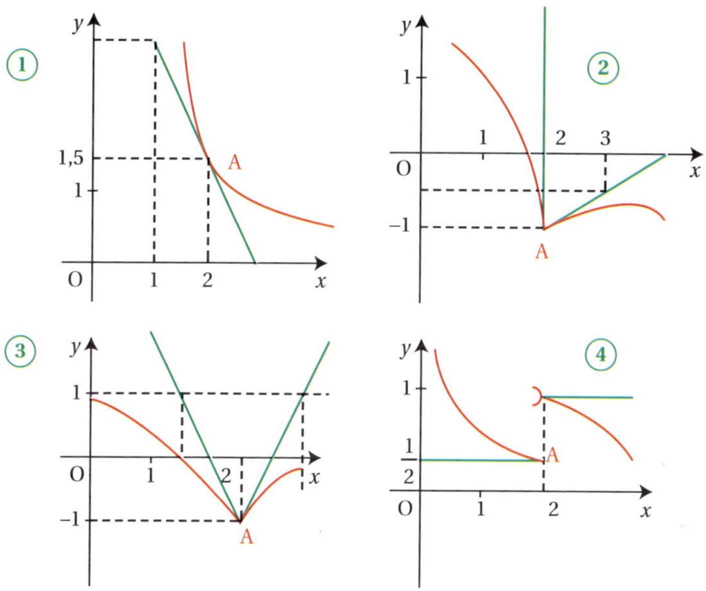

a. Parmi ces fonctions lesquelles sont continues ?

b. Lesquelles sont dérivables en 2 ?

c. Lorsque la fonction n'est pas dérivable en 2, précisez, si possible, les nombres dérivés à droite et à gauche en 2.

13 Soit f la fonction définie sur $[0\,;\,1]$ par $f(-x)=\sqrt{x-x^2}$.

La fonction f est-elle dérivable en 0 et en 1 ?

Calculs de dérivées

Dans les exercices 14 à 19, déterminer les fonctions dérivées des fonctions données après avoir donné leur ensemble de dérivabilité.

14 a. $f: x \mapsto x+3-\dfrac{1}{2x+2}$ b. $f: x \mapsto \sqrt{x}+3+\dfrac{3}{x-2}$

15 a. $f: x \mapsto \sqrt{x}+2+\dfrac{1}{\sqrt{x}-4}$ b. $f: x \mapsto \dfrac{3x^2-2x+1}{x^2-1}$

Ex. 16 : On pensera à utiliser la formule donnant la dérivée de u^n.

16 a. $f: x \mapsto (x^2-2x+3)^3$ b. $f: x \mapsto \left(\dfrac{x-1}{3x^2+1}\right)^3$

On utilisera la formule donnant la dérivée de $\sqrt{u}$.

17 a. $f: x \mapsto \sqrt{4x^2-5x+1}$ b. $f: x \mapsto \sqrt{\dfrac{3-6x}{x^2+1}}$

Pour les exercices 18 et 19, pensez aux dérivées de $x \mapsto \sin(ax+b)$ et $x \mapsto \cos(ax+b)$.

18 a. $f: x \mapsto \sin(2x)$ b. $f: x \mapsto \cos(5x+3)$

c. $f: x \mapsto \sin 4x \cos 4x$

19 a. $f: x \mapsto \cos^2(2x)$ b. $f: x \mapsto \dfrac{\cos x}{\sin x}$

20 Déterminer les limites suivantes :

a. $\lim\limits_{x \to 0} \dfrac{\cos x - 1}{x}$ b. $\lim\limits_{x \to 0} \dfrac{\sin x}{x}$

On pourra utiliser la définition du nombre dérivé en 0.

21 Déterminer les limites suivantes :

a. $\lim\limits_{x \to 0} \dfrac{\tan x}{x}$ (On rappelle que $\tan x = \dfrac{\sin x}{\cos x}$.)

b. $\lim\limits_{x \to 0} \dfrac{\cos x - 1}{x^2}$

On utilisera les formules de trigonométrie vues en première et les résultats de l'exercice précédent.

OBJECTIF BAC

22 On considère la fonction f définie sur $\mathbb{R}$ par

$f(x) = \dfrac{2x^3}{3} - \dfrac{x^2}{2} - x + 3.$

Montrer que l'équation $f(x) = 0$ admet une unique solution sur $\mathbb{R}$.

On se placera sur chacun des intervalles où f est strictement monotone.

SE TESTER

1 a. **Vrai.**

b. **Faux,** car les nombres dérivés à droite et à gauche en 1 peuvent être différents.

c. **Vrai.**

d. **Faux,** car les nombres dérivés à droite et à gauche peuvent être différents.

2 a. **Vrai,** car on« lève » le crayon de la feuille pour tracer la courbe au voisinage de 2.

b. **Faux,** car on lève le crayon de la feuille pour tracer la courbe au voisinage de – 2

c. **Faux,** car on « lève « le crayon de la feuille pour tracer la courbe sur $[-2\,;3]$.

d. **Vrai.**

e. **Vrai.**

3 a. **Faux.** En effet sur la courbe on voit que les tangentes en 0 à droite et à gauche ont des coefficients directeurs différents.

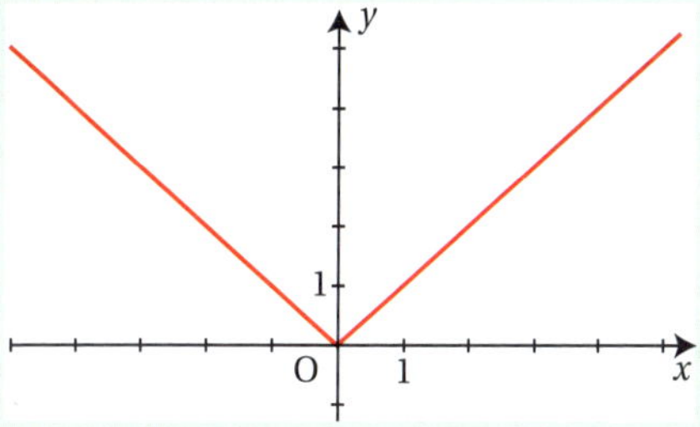

b. **Vrai.** On peut le vérifier en calculant la limite du taux d'accroissement de f en 0. On obtient : $\lim\limits_{h\to+0}\dfrac{f(0+h)-f(0)}{h}=\lim\limits_{h\to+0}\dfrac{f(h)}{h}=\lim\limits_{h\to+0}\sqrt{h}=0.$

La fonction est donc dérivable et son nombre dérivé est $f'(0)=0$.

4 **Réponse c.** f est dérivable sur $\mathbb{R}$ car f est de la forme u^n avec u dérivable sur $\mathbb{R}$ et n un entier naturel. D'après le théorème du cours (§ 2.C.b.) la dérivée de f est de la forme $f'=3u'u^2$ avec, pour tout x réel : $u'(x)=4x$.

Ainsi pour tout x réel : $f'(x)=3.4x(2x^2+3)^2$, soit $f'(x)=12x(2x^2+3)^2$.

TRAITER UNE QUESTION DE COURS

5 Pour démontrer ce résultat nous avons deux choses à établir : l'existence et l'unicité de la solution de l'équation $f(x)=k$.

f est une fonction définie et continue sur un intervalle $[a\,;b]$; d'après le théorème des valeurs intermédiaires, il existe au moins une valeur c dans $[a\,;b]$ telle que $f(c)=k$. L'existence est donc acquise il nous reste à prouver l'unicité.

Faisons la démonstration dans le cas où f est strictement croissante sur $[a\,;\,b]$ par exemple. Le cas où f est strictement décroissante s'obtiendrait de la même manière.

Soit x un élément de $[a\,;b]$.

- Si $x<c$ alors $f(x)<f(c)$ car f est strictement croissante sur $[a\,;b]$ donc $f(x)<k$.
- Si $x>c$ alors $f(x)>f(c)$ car f est strictement croissante sur $[a\,;b]$ donc $f(x)>k$.

Il y a contradiction avec le fait que $f(x)=k$, donc x n'est pas solution de $f(x)=k$ ainsi l'équation n'admet qu'une seule solution qui est c.

6 Pour montrer le résultat, déterminons la limite du taux d'accroissement de f entre a et $a+h$, où h est un réel non nul tel que $a+h$ soit dans I.

Ce taux d'accroissement s'écrit : $t(h)=\dfrac{f(a+h)-f(a)}{h}=\dfrac{\sqrt{u(a+h)}-\sqrt{u(a)}}{h}$

Cherchons la limite de t lorsque h tend vers 0, nous remarquons qu'il y a une forme indéterminée « $\dfrac{0}{0}$ ».

En multipliant le dénominateur et le numérateur par la quantité conjuguée, nous obtenons alors :

$$t(h)=\frac{(\sqrt{u(a+h)}-\sqrt{u(a)})(\sqrt{u(a+h)}-\sqrt{u(a)})}{h(\sqrt{u(a+h)}+\sqrt{u(a)})}=\frac{u(a+h)-u(a)}{h(\sqrt{u(a+h)}+\sqrt{u(a)})}$$

Nous pouvons encore écrire ce quotient sous la forme :

$$t(h)=\frac{u(a+h)-u(a)}{h}.\frac{1}{\sqrt{u(a+h)}+\sqrt{u(a)}}$$

> Pour lever l'indétermination, on multiplie numérateur et dénominateur par la forme conjuguée du numérateur à savoir : $\sqrt{u(a+h)}+\sqrt{u(a)}$. Cette expression est non nulle car $u(a)>0$ et $\sqrt{u(a+h)}\geqslant 0$.

Nous allons maintenant utiliser le fait que u est dérivable sur I donc le rapport $\dfrac{u(a+h)-u(a)}{h}$ a pour limite $u'(a)$ quand h tend vers 0. De plus la limite quand h tend vers 0 de $\sqrt{u(a+h)}+\sqrt{u(a)}$ est égale à $2\sqrt{u(a)}$.

Ainsi $\lim\limits_{h \to 0} t(h) = \dfrac{u'(a)}{2\sqrt{u(a)}}$. La fonction f est donc dérivable sur I et sa dérivée est $f' : x \mapsto \dfrac{u'(x)}{2\sqrt{u(x)}}$.

S'ENTRAÎNER

7 **a.** Pour tracer cette courbe, on trace d'abord la droite d'équation $y = x + 1$ en se limitant aux valeurs de x négatives, puis on trace la parabole en se limitant aux valeurs de x strictement positives.

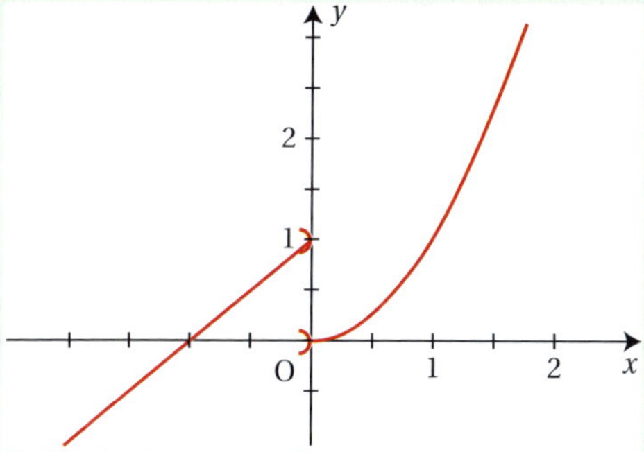

On remarque que f est continue sur $]-\infty\,;0]$ et sur $]0\,;+\infty[$, car ces portions de courbes peuvent être tracées sans lever le crayon. Cependant f n'est pas continue en 0.

b. On procède comme dans le **a.**

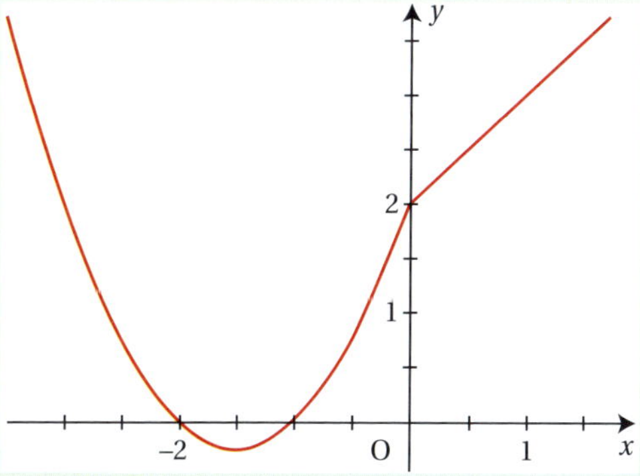

Cette fonction est continue sur $\mathbb{R}$. Sa courbe se trace sans lever le crayon de la feuille.

Cette fonction est continue en 0, mais n'est pas dérivable en 0.

8 Nous allons utiliser le corollaire du théorème des valeurs intermédiaires (voir cours page 67).
Nous nous placerons donc sur trois intervalles différents $]-\infty\,;-2]$, $[-2\,;2]$ et $[2\,;+\infty[$.

> Pour utiliser ce corollaire, la fonction doit être monotone sur les intervalles considérés.

• Si on se place sur l'intervalle $]-\infty\,;-2]$, f est continue et strictement croissante, de plus 1 est compris entre $\lim\limits_{x\to-\infty} f(x)=0$ et $f(2)=4$ donc l'équation considérée admet une unique solution sur cet intervalle.

> L'intervalle $]-\infty\,;-2]$, ayant une borne infinie, on a utilisé la limite de f en $-\infty$.
> On peut dire que l'image par f de l'intervalle $]-\infty\,;-2]$ est l'intervalle $]\lim\limits_{x\to-\infty} f(x)\,;f(-2)]$, c'est-à-dire $]0\,;4]$.

• Si on se place sur l'intervalle $[-2\,;-2]$, f est continue et strictement décroissante, de plus 1 n'est pas compris entre $f(-2)=4$ et $f(2)=2$ donc l'équation considérée n'admet pas de solution sur cet intervalle.
• Plaçons nous maintenant sur $[2\,;+\infty[$, f est continue et strictement décroissante. Le réel 1 n'est pas dans l'intervalle $[2\,;+\infty[$ (intervalle image de $[2\,;+\infty[$ par f), donc l'équation n'a donc aucune solution sur cet intervalle.

En conclusion l'équation $f(x)=1$ admet une unique solution sur $\mathbb{R}$.

9 Pour montrer que l'équation $f(x)=2$ admet trois solutions dans $\mathbb{R}$, nous allons utiliser le corollaire du théorème des valeurs intermédiares et procéder comme à l'exercice précédent. La fonction f est une fonction continue sur $\mathbb{R}$ car c'est une fonction polynôme.

Ici le tableau de variations de f n'étant pas donné, nous allons étudier les variations de f sur $\mathbb{R}$. Pour cela il nous faut déterminer le signe de la dérivée f' de f.

f est dérivable en tant que fonction polynôme et pour tout x réel on a :

$$f'(x)=-3x^2-4x+4$$

Calculons : $\Delta=(-4)^2-4(-3)(4)=16+48=64$.
L'équation $f'(x)=0$ a donc deux racines $x_1=\dfrac{4-8}{-6}=\dfrac{2}{3}$ et $x_2=\dfrac{4+8}{-6}=-2$.

On en déduit que $f'(x)>0$ si $x\in\left]-2\,;\dfrac{2}{3}\right[$ et $f'(x)\leqslant 0$ si $x\in]-\infty\,;-2]\cup\left[\dfrac{2}{3}\,;+\infty\right[$.

De plus : $f(-2)=-5$ et $f\left(\frac{2}{3}\right)=\frac{169}{27}$. Les limites de f en $-\infty$ et $+\infty$ sont égales à la limite en $-\infty$ et $+\infty$ de leur monôme de plus haut degré, c'est-à-dire $\lim\limits_{x\to-\infty} f(x)=\lim\limits_{x\to-\infty}(-x^3)=+\infty$.

De même, $\lim\limits_{x\to+\infty} f(x)=\lim\limits_{x\to+\infty}(-x^3)=-\infty$.

On obtient donc le tableau de variations de f sur $\mathbb{R}$

x	$-\infty$		-2		$\frac{2}{3}$		$+\infty$
$f'(x)$		$-$	0	$+$	0	$-$	
$f(x)$	$+\infty$	↘	-5	↗	$\frac{169}{27}$	↘	$-\infty$

On remarque que f est continue et strictement monotone sur chacun des intervalles $]-\infty\,;-2]$, $\left[-2\,;\frac{2}{3}\right]$ et $\left[\frac{2}{3},+\infty\right[$, de plus le réel 2 appartient à chacun des trois intervalles image donc l'équation $f(x)=2$ admet exactement une solution sur chaque intervalle donc trois solutions sur $\mathbb{R}$.

10 Comme dans l'exercice précédent, nous allons utiliser le corollaire du théorème des valeurs intermédiaires. Pour cela nous allons nous ramener à une équation du type $g(x)=0$.

> Pour utiliser le corollaire du théorème des valeurs intermédiaires, l'équation doit être du type $f(x)=c^{te}$.

En effet $f(x)=x \Leftrightarrow f(x)-x=0$.

Il suffit donc de poser $g(x)=f(x)-x$.

f est continue sur $[0\,;1]$ donc g aussi comme différence de deux fonctions continues sur $[0\,;1]$. De plus $g(0)=f(0)-0=f(0)$ et $g(1)=f(1)-1$.

Par hypothèse $f([0\,;1])=[m\,;M]$ c'est-à-dire que pour tout $x\in[0\,;1]$, $f(x)\in[m\,;M]$.

Or $[m\,;M]\subset[0\,;1]$ ce qui signifie que $0\leqslant m<M\leqslant 1$ donc $f(x)\in[0\,;1]$.

Nous en déduisons le signe de $g(0)$ et de $g(1)$, $g(0)$ est donc positif et $g(1)=f(1)-1$ est donc négatif.

0 appartient donc à l'intervalle $[g(0)\,;g(1)]$; l'équation $g(x)=0$ admet donc une unique solution sur $[0\,;1]$, par équivalence l'équation $f(x)=x$ également.

11 Une fonction polynôme est continue sur $\mathbb{R}$.

Si le polynôme P est de degré impair, sa limite en $+\infty$ est $+\infty$ et sa limite en $-\infty$ est $-\infty$.

On sait que $0 \in \left] \lim_{x \to -\infty} P(x) \, ; \lim_{x \to +\infty} P(x) \right[$, donc d'après le théorème des valeurs intermédiaires, il existe au moins un réel c tel que $P(c)=0$.

12 **a.** Les fonctions 1, 2 et 3 sont continues sur leur ensemble de définition, cependant la fonction représentée par la courbe 4 n'est pas continue sur $\mathbb{R}$ car il y a un « saut » en 2.

b. La fonction représentée par la courbe 1 est dérivable en 2, en revanche les trois autres ne le sont pas car les demi-tangentes à droite et à gauche en 2 sont distinctes.

c. Par lecture graphique, on remarque que, pour la courbe 2, la demi-tangente à gauche est verticale, son coefficient directeur est infini (pas de nombre dérivé à gauche en 2, mais une demi-tangente verticale).

La demi-tangente en 2 à droite a pour coefficient directeur $\frac{1}{2}$ donc le nombre dérivé en 2 à droite est $\frac{1}{2}$.

> Le nombre dérivé de f en un point est égal, quand il existe, au coefficient directeur de la tangente en ce point.

On procède de la même façon pour la courbe 3 et on obtient que le nombre dérivé à gauche en 2 est -2 et le nombre dérivé à droite en 2 est $\frac{3}{2}$.

En ce qui concerne la dernière courbe, on peut dire que le nombre dérivé de f en 2 à gauche est 0 (tangente horizontale), de même que le nombre dérivée à droite.

13 f est définie sur $[0\,;1]$, f est dérivable sur cet intervalle (voir tableau des dérivées). Le problème de la dérivabilité se pose donc en 0 (à droite) et en 1 (à gauche).

• Étude de la dérivabilité de f en 0

NOMBRES DÉRIVÉS À DROITE ET À GAUCHE

Pour étudier la dérivabilité de f en 0, il faut étudier les nombres dérivés à droite et à gauche en 0, c'est-à-dire déterminer, si elles existent, les limites suivantes :

$$\lim_{h \to 0^+} \left(\frac{f(0+h)-f(0)}{h} \right) \text{ et } \lim_{h \to 0^-} \left(\frac{f(0+h)-f(0)}{h} \right).$$

Étudions $\lim_{h \to 0^+} \left(\frac{f(h)-f(0)}{h} \right)$.

$$\lim_{h\to 0^+}\left(\frac{f(h)-f(0)}{h}\right)=\lim_{h\to 0^+}\left(\frac{\sqrt{h-h^2}}{h}\right)$$

Nous obtenons une forme indéterminée.

Pour lever l'indétermination factorisons par h^2 « sous » la racine.

$$\lim_{h\to 0^+}\left(\frac{\sqrt{h-h^2}}{h}\right)=\lim_{h\to 0^+}\frac{\sqrt{h^2\left(\frac{1}{h}-1\right)}}{h}=\lim_{h\to 0^+}\frac{|h|\sqrt{\frac{1}{h}-1}}{h}$$

Attention $\sqrt{h^2}=|h|$.

Ici h est positif donc $|h|=h$ ainsi :

$$\lim_{h\to 0^+}\frac{|h|\sqrt{\frac{1}{h}-1}}{h}=\lim_{h\to 0^+}\frac{h\sqrt{\frac{1}{h}-1}}{h}=\lim_{h\to 0^+}\sqrt{\frac{1}{h}-1}=+\infty$$

f n'est donc pas dérivable en 0, la courbe admet une demi-tangente verticale.

• Étude de la dérivabilité de f en 1

Étudions $\lim_{h\to 0^-}\left(\frac{f(1+h)-f(1)}{h}\right)$.

En utilisant la même méthode que précédemment nous obtenons :

$$\lim_{h\to 0^-}\left(\frac{f(1+h)-f(1)}{h}\right)=\lim_{h\to 0^-}\frac{\sqrt{1+h-(1+h)^2}-0}{h}=\lim_{h\to 0^-}\frac{\sqrt{-h-h^2}}{h}$$

$$=\lim_{h\to 0^-}\frac{|h|\sqrt{-\frac{1}{h}-1}}{h}=\lim_{h\to 0^-}\frac{-h\sqrt{-\frac{1}{h}-1}}{h}=\lim_{h\to 0^-}-\sqrt{-\frac{1}{h}-1}=-\infty$$

f n'est donc pas dérivable en 1, la courbe admet une demi-tangente verticale.

Attention ici h est négatif donc $|h|=-h$.

14 **a.** f est dérivable sur $]-\infty\,;-1[$ et sur $]-1\,;+\infty[$.

f est la différence de deux fonctions u et v avec $u(x)=x+3$ donc $u'(x)=1$ et $v(x)=\frac{1}{2x+2}$ donc $v'(x)=\frac{-2}{(2x+2)^2}$ d'où $f'(x)=1+\frac{2}{(2x+2)^2}$.

b. f est dérivable sur $]2,+\infty[$, f est de la forme $u+v$ avec $u(x)=\sqrt{x}+3$ donc $u'(x)=\frac{1}{2\sqrt{x}}$ et $v(x)=\frac{3}{x-2}$ donc $v'(x)=\frac{-3}{(x-2)^2}$.

Ainsi $f'(x)=\frac{1}{2\sqrt{x}}+\frac{-3}{(x-2)^2}$.

15 **a.** f est dérivable sur $[0\,;16[$ et $]16,+\infty[$, f est de la forme $u+v$ avec $u(x)=\sqrt{x}+2$ donc $u'(x)=\frac{1}{2\sqrt{x}}$ et $v(x)=\frac{1}{\sqrt{x}-4}$ donc :

$v'(x)=\frac{-\frac{1}{2\sqrt{x}}}{(\sqrt{x}-4)^2}=\frac{-1}{2\sqrt{x}(\sqrt{x}-4)^2}$. Ainsi : $f'(x)=\frac{1}{2\sqrt{x}}-\frac{1}{2\sqrt{x}(\sqrt{x}-4)^2}$.

b. f est dérivable sur $]\infty\,;-1[$, sur $]-1\,;1[$ et sur $]1\,;\infty\,[$, f est de la forme $\frac{u}{v}$ avec $u(x)=3x^2-2x+1$, donc $u'(x)=6x-2$ et $v(x)=x^2-1$ donc $v'(x)=2x$.

On a alors $f'(x)=\frac{(6x-2)(x^2-1)-(3x^2-2x+1)(2x)}{(x^2-1)^2}$.

Soit : $f'(x)=\frac{2x^2-8x+2}{(x^2-1)^2}$.

16 **a.** f est dérivable sur $\mathbb{R}$ car $x\mapsto x^2-2x+3$ est dérivable sur $\mathbb{R}$. f est de la forme u^3 avec $u : x\mapsto x^2-2x+3$. Donc pour tout x réel, $u'(x)=2x-2$ ainsi pour tout x réel : $f'(x)=3(2x-2)(x^2-2x+3)^2$.

b. La fonction $x\mapsto\frac{(x-1)}{3x^2+1}$ est dérivable sur $\mathbb{R}$ comme quotient de fonctions dérivables sur $\mathbb{R}$. f est donc dérivable sur $\mathbb{R}$.

f est de la forme u^3 avec $u : x\mapsto\frac{(x-1)}{3x^2+1}$ donc :

$$u'(x)=\frac{(3x^2+1)-(x-1)(6x)}{(3x^2+1)^2}=\frac{-3x^2+6x+1}{(3x^2+1)^2}$$

Ainsi $f'(x)=3\frac{-3x^2+6x+1}{(3x^2+1)^2}\left(\frac{x-1}{3x^2+1}\right)^2$.

17 **a.** La fonction $x\mapsto\sqrt{4x^2-5x+1}$ est dérivable pour tout x tel que $4x^2-5x+1>0$.

Déterminons les racines de ce trinôme. $\Delta=(-5)^2-4\times4\times1=9$ on a donc deux racines réelles distinctes $x_1=\frac{5-3}{8}=\frac{1}{4}$ et $x_2=\frac{5+3}{8}=1$.

$4x^2-5x+1>0 \Leftrightarrow x\in\left]-\infty\,;\,\frac{1}{4}\right[\cup]1\,;+\infty[$ f est donc dérivable sur $\left]-\infty\,;\,\frac{1}{4}\right[$ et sur $]1\,;+\infty[$.

f est de la forme $\sqrt{u}$ avec $u: x\mapsto 4x^2-5x+1$ donc $f': x\mapsto \dfrac{8x-5}{2\sqrt{4x^2-5x+1}}$.

b. La fonction $x\mapsto\sqrt{\dfrac{3-6x}{x^2+1}}$ est dérivable pour tout x tel que $\dfrac{3-6x}{x^2+1}>0$, c'est-à dire pour tout x de $\left]-\infty\,;\,\frac{1}{2}\right[$.

f est de la forme $\sqrt{u}$ avec $u: x\mapsto \dfrac{3-6x}{x^2+1}$ donc $u': x\mapsto \dfrac{-6(x^2+1)-(3-6x)(2x)}{(x^2+1)^2}$

ou encore $u': x\mapsto \dfrac{6x^2-6x-6}{(x^2+1)^2}$.

Ainsi : $f': x\mapsto \dfrac{\dfrac{6x^2-6x-6}{(x^2+1)^2}}{2\sqrt{\dfrac{3-6x}{x^2+1}}}$ ou encore $f': x\mapsto \dfrac{3x^2-3x-3}{(x^2+1)^2}\sqrt{\dfrac{x^2+1}{3-6x}}$.

18 **a.** f est dérivable sur $\mathbb{R}$. Pour tout x réel, on a $f'(x)=2\cos(2x)$.

b. f est dérivable sur $\mathbb{R}$. Pour tout x réel, on a $f'(x)=-5\sin(5x+3)$.

c. f est dérivable sur $\mathbb{R}$. f est de la forme $f=uv$ avec $u(x)=\sin 4x$ et $v(x)=\cos 4x$ donc $u'(x)=4\cos 4x$ et $v'(x)=-4\sin 4x$.

D'où pour tout x réel on a :

$$f'(x)=(4\cos 4x)(\cos 4x)+(\sin 4x)(-4\sin 4x)=4\cos^2(4x)-4\sin^2(4x)$$

19 **a.** f est dérivable sur $\mathbb{R}$. f est de la forme u^n avec $u: x\mapsto\cos 2x$ et $n=2$.

On a donc pour tout x réel, $f'(x)=nu'(x)u(x)$ avec $u'(x)=-2\sin 2x$.

D'où pour tout x réel, $f'(x)=2(-2\sin 2x)\cos 2x=-4\sin 2x\cos 2x=-2\sin 4x$.

b. f est définie sur $D_f=\mathbb{R}-\{k\pi, k\in\mathbb{Z}\}$ $(\sin x\neq 0)$.

f est dérivable sur tout intervalle de $\mathbb{R}-\{k\pi, k\in\mathbb{Z}\}$, f est de la forme $\dfrac{u}{v}$ avec $u(x)=\cos x$ et $v(x)=\sin x$ et $u'(x)=-\sin x$, $v'(x)=\cos x$. Pour tout x de D_f, on a :

$$f'(x)=\frac{-\sin x\sin x-\cos x\cos x}{\sin^2 x}=\frac{-(\sin^2 x+\cos^2 x)}{\sin^2 x}=\frac{-1}{\sin^2 x}$$

20 **a.** Remarquons tout d'abord que $\lim_{x \to 0}(\cos x - 1) = 0$ et que $\lim_{x \to 0} x = 0$, on est donc en présence d'une forme indéterminée. Il nous faut donc lever cette indétermination.

Pour cela remarquons que $\cos 0 = 1$, le quotient $\dfrac{\cos x - 1}{x}$ peut donc s'écrire $\dfrac{\cos x - \cos 0}{x - 0}$.

Si on pose $f : x \mapsto \cos x$, on s'aperçoit que $\dfrac{\cos x - \cos 0}{x - 0} = \dfrac{f(x) - f(0)}{x - 0}$.

On reconnaît le taux d'accroissement qui permet de déterminer, quand il existe, le nombre dérivé de f en 0.

On sait de plus que la fonction cosinus est dérivable en zéro et que son nombre dérivé en zéro est $-\sin 0$, c'est-à-dire 0.

On a donc $\lim_{x \to 0} \dfrac{\cos x - 1}{x} = 0$.

b. On procède de la même façon. On sait que $\lim_{x \to 0}(\sin x) = 0$ et que $\lim_{x \to 0} x = 0$, on a donc une forme indéterminée. Il nous faut donc lever cette indétermination.

Pour cela remarquons que $\sin 0 = 0$ donc le quotient $\dfrac{\sin x}{x}$ peut s'écrire $\dfrac{\sin x - \sin 0}{x - 0}$.

Si on pose $f : x \mapsto \sin x$, on s'aperçoit que $\dfrac{\sin x - \sin 0}{x - 0} = \dfrac{f(x) - f(0)}{x - 0}$.

On sait de plus que la fonction sinus est dérivable en 0 et que son nombre dérivé en 0 est $\cos 0$, c'est-à-dire 1. On a donc $\lim_{x \to 0} \dfrac{\sin x}{x} = 1$.

21 **a.** La fonction tangente est définie pour tout x réel tel que $\cos x \neq 0$, donc pour tout $x \neq \dfrac{\pi}{2} + k\pi \, (k \in Z)$.

$$\frac{\tan x}{x} = \frac{\frac{\sin x}{\cos x}}{x} = \frac{\sin x}{x \cos x} = \frac{\sin x}{x} \frac{1}{\cos x}$$

Or $\lim_{x \to 0} \dfrac{\sin x}{x} = 1$ de plus $\lim_{x \to 0} \dfrac{1}{\cos x} = 1$ donc $\lim_{x \to 0} \dfrac{\tan x}{x} = 1$.

b. On utilise la formule de duplication suivante : $\cos x - 1 = -2\sin^2\left(\dfrac{x}{2}\right)$.

On a alors $\dfrac{\cos x - 1}{x^2} = \dfrac{-2\sin^2\left(\dfrac{x}{2}\right)}{x^2}$.

On va alors utiliser que $\lim\limits_{x\to 0}\dfrac{\sin x}{x}=1$.

Pour cela transformons le quotient $\dfrac{-2\sin^2\left(\dfrac{x}{2}\right)}{x^2}$.

Il vient : $\dfrac{-2\sin^2\left(\dfrac{x}{2}\right)}{x^2}=-2\dfrac{\left(\sin\left(\dfrac{x}{2}\right)\right)^2}{4\left(\dfrac{x}{2}\right)^2}=-\dfrac{1}{2}\left(\dfrac{\sin\left(\dfrac{x}{2}\right)}{\left(\dfrac{x}{2}\right)}\right)^2$.

Si x tend vers 0 alors $\dfrac{x}{2}$ tend aussi vers 0 et donc $\lim\limits_{x\to 0}\dfrac{\sin\left(\dfrac{x}{2}\right)}{\dfrac{x}{2}}=1$,

ainsi $\lim\limits_{x\to 0}\left(\dfrac{\sin\left(\dfrac{x}{2}\right)}{\left(\dfrac{x}{2}\right)}\right)^2=1$ par conséquent $\lim\limits_{x\to 0}\dfrac{\cos x-1}{x^2}=-\dfrac{1}{2}$.

OBJECTIF BAC

22 La fonction f est une fonction polynôme donc continue sur $\mathbb{R}$. Pour montrer que l'équation $f(x)=0$ admet une unique solution sur $\mathbb{R}$, appliquons le corollaire du théorème des valeurs intermédiaires sur chaque intervalle où f est strictement monotone. Pour cela commençons par étudier les variations de f sur $\mathbb{R}$.

f est dérivable sur $\mathbb{R}$ et pour tout x réel : $f'(x)=2x^2-x-1$.

Étudions alors le signe de $f'(x)$.

$\Delta=1+8=9$, il y a deux racines réelles distinctes $x_1=\dfrac{1-3}{4}=-\dfrac{1}{2}$ et $x_2=\dfrac{1+3}{4}=1$.

Ainsi :

$$f'(x)\geq 0 \Leftrightarrow x\in\left]-\infty\,;-\frac{1}{2}\right]\cup[1\,;+\infty[$$

$$f'(x)<0 \Leftrightarrow x\in\left]-\frac{1}{2}\,;1\right[$$

On en déduit le tableau de variations de f sur $\mathbb{R}$:

x	$-\infty$		$-\frac{1}{2}$		1		$+\infty$
$f'(x)$		$+$	0	$-$	0	$+$	
$f(x)$	$-\infty$	↗	$\frac{79}{24}$	↘	$\frac{13}{6}$	↗	$+\infty$

On a $f(1)=\dfrac{13}{6}$ et $f\left(-\dfrac{1}{2}\right)=\dfrac{79}{24}$. De plus $\lim\limits_{x\to+\infty} f(x)=\lim\limits_{x\to+\infty}\left(\dfrac{2}{3}x^3\right)=+\infty$ de même $\lim\limits_{x\to-\infty} f(x)=-\infty t$.

f est strictement monotone sur trois intervalles.

• f est strictement croissante et continue sur $I_1=\left]-\infty\,;-\dfrac{1}{2}\right[$, or 0 appartient à $f(I_1)=\left]-\infty\,;\dfrac{79}{24}\right[$ (image de I_1 par f) donc d'après le corollaire du théorème des valeurs intermédiaires on peut affirmer que l'équation $f(x)=0$ admet une unique solution sur I_1.

• f est strictement décroissante et continue sur $I_2=\left]-\dfrac{1}{2}\,;1\right[$, or 0 n' appartient pas à $f(I_2)=\left]\dfrac{79}{24}\,;\dfrac{13}{6}\right[$, l'équation $f(x)=0$ n'admet donc pas de solution sur I_2.

• f est strictement croissante et continue sur $I_3=[1\,;+\infty[$, or 0 n' appartient pas à $f(I_3)=\left]\dfrac{13}{6}\,;-+\infty\right[$, l'équation $f(x)=0$ n'admet donc pas de solution sur I_3.

Finalement $f(x)=0$ n'admet qu'une seule solution sur $\mathbb{R}$, cette solution se trouve dans l'intervalle $\left]-\infty\,;-\dfrac{1}{2}\right[$.

www.annabac.com

CHAPITRE

4 Étude de fonction

Une étude de fonction rassemble, dans une même étude, de nombreuses notions d'analyse. Ainsi, les techniques isolées décrites dans les autres chapitres, notamment concernant le comportement à l'infini, l'étude des tangentes, l'étude des variations, la représentation graphique, concourent toutes à la meilleure connaissance de la fonction qu'il faut étudier.

Étudier la fonction *f* signifie qu'il faut étudier les propriétés de *f*, en commençant par la façon dont elle est définie et en allant jusqu'à tracer sa courbe représentative. Pour cela, il est recommandé de procéder avec méthode et dans un certain ordre, c'est-à-dire de respecter un plan d'étude précis.

1 Recherche de l'ensemble de définition

- L'**ensemble de définition** d'une fonction est l'ensemble des valeurs de x pour lesquelles on peut calculer $f(x)$.

Exemples

1. Soit $f : x \mapsto \dfrac{2x-3}{4x^2+2x-6}$.

$f(x)$ est définie si et seulement si $4x^2+2x-6 \neq 0$.

Résolvons $4x^2+2x-6=0$: on a $\Delta = 4+4\times4\times6=100$. L'équation admet donc deux racines $x_1 = \dfrac{-3}{2}$ et $x_2 = 1$.

L'ensemble de définition de f est donc $D_f = \mathbb{R} - \left\{\dfrac{-3}{2}\,;1\right\}$

que l'on peut encore écrire sous la forme :

$D_f = \left]-\infty\,;\dfrac{-3}{2}\right[\cup \left]\dfrac{-3}{2}\,;1\right[\cup \left]1\,;+\infty\right[$.

La dernière écriture de D_f est très utile car elle permet de visualiser les limites qu'il faudra calculer.

2. Soit $f : x \mapsto \sqrt{(2x+1)(x-3)}$. $f(x)$ est définie si et seulement si $(2x+1)(x-3) \geqslant 0$.

Étudions le signe de $(2x+1)(x-3)$. Pour cela faisons un tableau de signes.

x	$-\infty$		$-\frac{1}{2}$		3		$+\infty$
$2x+1$		$-$	0	$+$		$+$	
$x-3$		$-$		$-$	0	$+$	
$(2x+1)(x-3)$		$+$	0	$-$	0	$+$	

On remarque que $(2x+1)(x-3)$ et positif pour x appartenant à $\left]-\infty\,;\,-\frac{1}{2}\right]$ et à $[3\,;+\infty[$.

On en déduit que : $D_f = \left]-\infty\,;-\frac{1}{2}\right] \cup [3\,;+\infty[$.

Attention $\sqrt{0}$ existe et vaut 0. Les valeurs $\left(-\frac{1}{2}\right)$ et 3 font donc partie de l'ensemble de définition.

2 Recherche des symétries éventuelles de la courbe

Dans certains cas, on peut réduire l'intervalle d'étude d'une fonction car cette fonction a des propriétés particulières notamment des propriétés de parité ou de périodicité.

- Une fonction est **paire** si et seulement si, pour tout x de D_f, $-x$ est dans D_f et $f(-x) = f(x)$.

Conséquence graphique : La courbe représentant f est alors symétrique par rapport à l'axe des ordonnées.

- Une fonction est **impaire** si et seulement si, pour tout x de D_f, $-x$ est dans D_f et $f(-x) = -f(x)$.

Conséquence graphique : La courbe représentant f est alors symétrique par rapport à l'origine du repère.

On peut alors, dans ces deux cas réduire l'intervalle d'étude à $\mathbb{R}^+ \cap D_f$. On obtiendra la courbe sur D_f en faisant une symétrie par rapport à l'axe des ordonnées ou bien par rapport à l'origine du repère.

Une fonction est **périodique** de période T si et seulement si, pour tout x de D_f, $x+T$ est dans D_f et $f(x+T)=f(x)$.
On peut alors étudier la courbe sur un intervalle de longueur T.

COURBE D'UNE FONCTION PÉRIODIQUE

La courbe est obtenue sur $\mathbb{R}$ par des translations de vecteurs $kT\vec{i}$ $(k \in \mathbb{Z})$ du morceau tracé. L'étude de la périodicité est examinée dans le chapitre 3 concernant les fonctions trigonométriques.

Exemples

1. Soit $f: x \mapsto \sin(x)+\cos(x)$. f est définie sur $\mathbb{R}$,
pour tout x dans $\mathbb{R}$, $-x$ est dans $\mathbb{R}$.
$f(-x)=\sin(-x)+\cos(-x)=-\sin x+\cos x$

Une fonction peut être ni paire ni impaire.

f n'est ni paire ni impaire.
Remarquons que pour tout x dans $\mathbb{R}$, $x+2\pi$ est dans $\mathbb{R}$ et :

$$f(x+2\pi)=\sin(x+2\pi)+\cos(x+2\pi)=\sin x+\cos x$$

f est donc périodique de période 2π.
L'étude se fera sur un intervalle de longueur 2π, soit par exemple $[0\,;\,2\pi]$.

2. Soit $f: x \mapsto \sin x \cos x$. f est définie sur $\mathbb{R}$, on peut remarquer que pour tout x dans $\mathbb{R}$, $x+\pi$ est dans $\mathbb{R}$.
De plus : $f(x+\pi)=\sin(x+\pi)\cos(x+\pi)=(-\sin x)(-\cos x)=\sin x\cos x=f(x)$.
f est donc périodique de période π. On peut donc étudier f sur un intervalle de longueur π. On peut par exemple choisir l'intervalle $\left[-\frac{\pi}{2}\,;\,\frac{\pi}{2}\right]$.
Pour tout x dans $\mathbb{R}$, $-x$ est dans $\mathbb{R}$. $f(-x)=\sin(-x)\cos(-x)=-\sin(x)\cos(x)$, f est donc impaire.
Nous allons maintenant utiliser le fait que f est impaire pour réduire l'intervalle d'étude à $\left[-\frac{\pi}{2}\,;\,\frac{\pi}{2}\right]\cap\mathbb{R}^+$, soit $\left[0\,;\,\frac{\pi}{2}\right]$.

On choisit un intervalle qui permet de tenir compte de toutes les propriétés de la fonction (on peut pour cela s'aider de la courbe tracée à la calculatrice).

3 Limites aux bornes de D_f

L'ensemble de définition D_f d'une fonction f est une réunion d'intervalles dont les extrémités sont les bornes de D_f. On détermine les limites aux bornes de l'ensemble de définition de la fonction.

Du calcul de ces limites on déduit l'existence éventuelle d'asymptotes parallèles aux axes.

- Si $\lim\limits_{x \to +\infty} f(x) = l$ (resp. $\lim\limits_{x \to -\infty} f(x) = l$) alors la droite d'équation $y = l$ est asymptote à la courbe quand x tend vers $+\infty$ (resp $-\infty$).
- Si $\lim\limits_{x \to a^+} f(x) = +\infty$ (resp. $\lim\limits_{x \to a^+} f(x) = -\infty$) alors la droite d'équation $x = a$ est asymptote à la courbe quand x tend vers a^+.

On a le même résultat pour x tend vers a^-.

Exemple : Soit $f : x \mapsto \dfrac{2x^2 - 3}{x - 1}$.

f est définie sur $D_f = \mathbb{R} - \{1\}$ ou encore

$D_f =]-\infty\,;1[\cup]1\,;+\infty[$.

Cette dernière écriture de D_f permet de voir les quatre limites à calculer : en $-\infty$, en $+\infty$, en 1^- et en 1^+ qui sont les bornes de D_f.

- $\lim\limits_{x \to +\infty} f(x) = \lim\limits_{x \to +\infty} \dfrac{2x^2}{x} = \lim\limits_{x \to +\infty} 2x = +\infty$
- De même en $-\infty$, on obtient :

$$\lim_{x \to -\infty} f(x) = \lim_{x \to -\infty} \frac{2x^2}{x} = \lim_{x \to -\infty} 2x = -\infty.$$

- $\begin{cases} \lim\limits_{x \to 1^-} (2x^2 - 3) = -1 \\ \lim\limits_{x \to 1^-} (x - 1) = 0^- \end{cases}$ donc $\lim\limits_{x \to 1^-} f(x) = +\infty$.
- $\begin{cases} \lim\limits_{x \to 1^+} (2x^2 - 3) = -1 \\ \lim\limits_{x \to 1^+} (x - 1) = 0^+ \end{cases}$ donc $\lim\limits_{x \to 1^+} f(x) = -\infty$.

De ces deux limites on déduit que la droite d'équation $x = 1$ est asymptote à la courbe représentant f.

4 Étude de la dérivabilité et fonction dérivée

- On détermine l'ensemble sur lequel f est dérivable.
- On détermine ensuite la dérivée de f sur cet ensemble.

Exemple : Soit $f : x \mapsto \dfrac{2x^2-3}{x-1}$. f est dérivable sur $]-\infty\,;1[$ et sur $]1\,;+\infty[$.

f est de la forme $\dfrac{u}{v}$ avec $u(x)=2x^2-3$ et $v(x)=x-1$,

d'où : $u'(x)=4x$ et $v'(x)=1$.

Ainsi $f'(x)=\dfrac{4x(x-1)-(2x^2-3)}{(x-1)^2}=\dfrac{2x^2-4x+3}{(x-1)^2}$.

On factorise au maximum les dérivées pour l'étude du signe et des variations de la fonction.

5 Étude du signe de la dérivée et tableau de variations

- On étudie rigoureusement le signe de la dérivée de f et on dresse le tableau de variations de f sans oublier de tenir compte de l'ensemble de définition.
- On regroupe dans ce tableau les résultats des limites et les autres valeurs remarquables (extrema, etc.).

Exemple : Dans l'exemple précédent, on s'aperçoit que $f'(x)$ est du signe de $2x^2-4x+3$ car $(x-1)^2$ est toujours positif.

On étudie ce signe : $\Delta=16-24=-8<0$ donc $2x^2-4x+3$ est toujours positif.

On a donc le tableau de variations suivant :

x	$-\infty$		1		$+\infty$
$f'(x)$		+	‖	+	
$f(x)$	$-\infty$ ↗	$+\infty$	‖	$-\infty$ ↗	$+\infty$

6 Tracé de la courbe

Pour obtenir la courbe représentant f sur D_f on commence par tracer les asymptotes éventuelles, les points particuliers (extrema), les tangentes horizontales, puis on trace la courbe représentant f sur l'intervalle d'étude. On peut ensuite être amené à faire des symétries ou des translations si la fonction étudiée est paire, impaire ou périodique.

Les extrema sont les points où la dérivée s'annule et change de signe.
Les tangentes horizontales sont les tangentes aux points où la dérivée s'annule.

Étudier une fonction

ÉNONCÉ

Étudier la fonction $f : x \mapsto \dfrac{2x^2}{4x^2-4}$.

MÉTHODE

On applique le plan d'étude du cours.

CORRIGÉ

Reprenons l'un après l'autre tous les points du plan d'étude.

- **Ensemble de définition**

$f(x)$ est définie si et seulement si $4x^2-4\neq 0$.

Or $4x^2-4=4(x^2-1)=4(x-1)(x+1)$.

$4(x-1)(x+1)=0 \Leftrightarrow x=1$ ou $x=-1$. L'ensemble de définition de f est donc $D_f=\mathbb{R}-\{-1\,;1\}$ ou encore $D_f=]-\infty\,;-1[\cup]-1\,;1[\cup]1\,;+\infty[$.

- **Limites aux bornes de l'ensemble de définition**

$$\lim_{x\to-\infty} f(x)=\lim_{x\to-\infty}\frac{2x^2}{4x^2-4}=\lim_{x\to-\infty}\frac{2x^2}{4x^2}=\lim_{x\to-\infty}\frac{1}{2}=\frac{1}{2}$$

$$\lim_{x\to+\infty} f(x)=\lim_{x\to+\infty}\frac{2x^2}{4x^2-4}=\lim_{x\to+\infty}\frac{2x^2}{4x^2}=\lim_{x\to+\infty}\frac{1}{2}=\frac{1}{2}$$

On déduit de ces deux limites que la droite d'équation $y=\dfrac{1}{2}$ est asymptote à la courbe au voisinage de $+\infty$ et de $-\infty$.

$$\begin{cases}\lim\limits_{x\to-1}(2x^2)=2\\ \lim\limits_{x\to-1^-}(4x^2-4)=0^+\end{cases}\quad\text{donc}\quad \lim_{x\to-1^-} f(x)=+\infty.$$

$$\begin{cases}\lim\limits_{x\to-1^+}(2x^2)=2\\ \lim\limits_{x\to-1^+}(4x^2-4)=0^-\end{cases}\quad\text{donc}\quad \lim_{x\to-1^+} f(x)=-\infty.$$

La droite d'équation $x=-1$ est asymptote à la courbe.

$$\begin{cases}\lim\limits_{x\to1^-}(2x^2)=2\\ \lim\limits_{x\to1^-}(4x^2-4)=0^-\end{cases}\quad\text{donc}\quad \lim_{x\to1^-} f(x)=-\infty.$$

$\begin{cases} \lim\limits_{x \to 1^+} (2x^2) = 2 \\ \lim\limits_{x \to 1^+} (4x^2 - 4) = 0^+ \end{cases}$ donc $\lim\limits_{x \to 1^+} f(x) = +\infty$.

La droite d'équation $x = 1$ est asymptote à la courbe.

- **Étude de la dérivabilité et détermination de la dérivée**

f est dérivable sur $]-\infty\,;-1\,[$, sur $]-1\,;1[$ et sur $]1\,;+\infty[$.

Pour tout x de D_f on a $f'(x) = \dfrac{4x(4x^2-4)-(2x^2)(8x)}{(4x^2-4)^2} = \dfrac{-8x}{(4x^2-4)^2}$.

- **Étude du signe de la dérivée et tableau de variations**

$f'(x)$ est du signe de $-8x$ car $(4x^2-4)^2$ est toujours positif.

$$f'(x) \leqslant 0 \Leftrightarrow x \in [0\,;1[\cup]1\,;+\infty[$$

$$f'(x) > 0 \Leftrightarrow x \in]-\infty\,;-1[\cup]-1\,;0[$$

Attention à l'ensemble de définition et aux deux valeurs interdites – 1 et 1.

Nous en déduisons le tableau de variations de f.

x	$-\infty$		-1		0		1		$+\infty$
$f'(x)$		$+$	‖	$+$	0	$-$	‖	$-$	
$f(x)$	$\frac{1}{2}$	↗	$+\infty$ ‖ $-\infty$	↗	0	↘	$-\infty$ ‖ $+\infty$	↘	$\frac{1}{2}$

- **Tracé de la courbe**

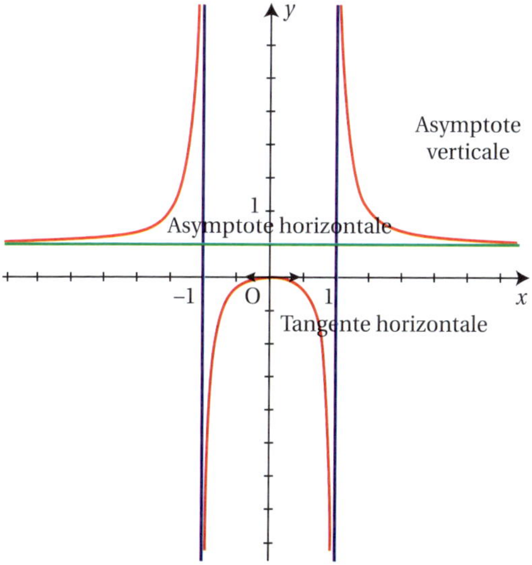

SE TESTER QUIZ

Dans les exercices 1 à 5 on répondra par vrai ou faux et on justifiera.

1 Soit f une fonction numérique et $\mathscr{C}_f$ sa courbe représentative dans le plan muni du repère $(O ; \vec{i} ; \vec{j})$.

a. Si la tangente à la courbe $\mathscr{C}_f$ au point $A(0; 2)$ est la droite d'équation $y=2$ alors $f'(0)=2$.

b. Si $f(-1)=0$ et si $f'(-1)=3$ alors la tangente à $\mathscr{C}_f$ au point d'abscisse -1 a pour équation $y=3x$.

c. Si la tangente à $\mathscr{C}_f$ au point $B(1 ; 5)$ est parallèle à la droite d'équation $y=2x+1$ alors $f'(1)=2$.

2 Soit f une fonction dérivable sur $\mathbb{R}$. La courbe de sa dérivée est donnée ci-dessous.

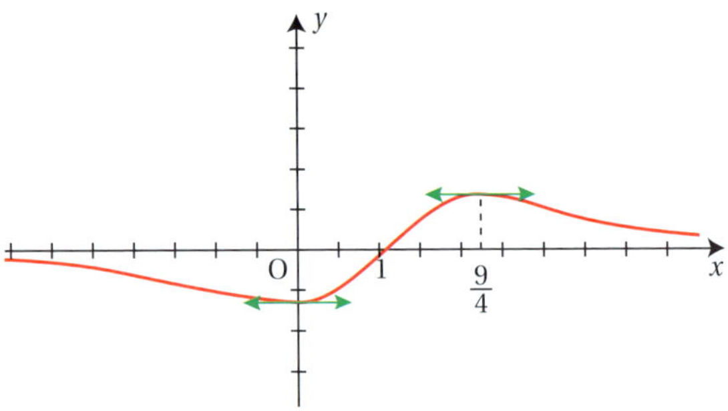

a. f admet un maximum en $x=\frac{9}{4}$.

b. f est strictement décroissante sur $]-\infty ; 1[$.

c. f admet un minimum en $x=1$.

3 La fonction dérivée de $x \mapsto \sqrt{x^2+1}$ est toujours positive.

4 Une fonction L définie et dérivable sur $]0 ; +\infty[$ telle que pour tout réel x de $]0 ; +\infty[$: $L'(x)=\frac{1}{x}$ et $L(1)=0$

est négative sur $]0 ; 1[$ et positive sur $]1 ; +\infty[$.

5 La fonction A définie et dérivable sur $[0 ; 1]$ telle que, pour tout x de $[0 ; 1]$, $A'(x)=\frac{2x}{(1+x^2)^2}$, est positive sur $\mathbb{R}$.

S'ENTRAÎNER

Dans les exercices 6 à 8 on déterminera l'ensemble de définition de *f*, l'ensemble de dérivabilité de *f*, la fonction dérivée de *f* et on étudiera le signe de cette fonction dérivée.

6 a. $f : x \mapsto \dfrac{2x+4}{x-1}$ b. $f : x \mapsto \dfrac{1}{x} + \dfrac{1}{x^2} + \dfrac{1}{x^3}$ c. $f : x \mapsto \cos^2 x$

7 a. $f : x \mapsto x+4+\dfrac{1}{2x+1}$ b. $f : x \mapsto \sqrt{x^2-3x+2}$

8 a. $f : x \mapsto \sin(2x)$ b. $f : x \mapsto \sin^2 x \cos^2 x$

9 Soit f la fonction définie sur $\mathbb{R}$ par : $f(x)=\dfrac{3x^2+4x+3}{x^2+1}$.

a. Déterminer deux réels α et β tels que pour tout x réel on ait :

$$f(x)=\alpha+\frac{\beta x}{x^2+1}$$

> Voir plan d'étude dans le cours.

b. Étudier la fonction f.

c. Déterminer une équation de la tangente au point I de $\mathscr{C}$ de coordonnées $(0\,;3)$.

d. Soit D la droite d'équation $y = 4x + 3$, étudier la position relative de D par rapport à la courbe $\mathscr{C}$ représentant f.

e. Construire la courbe $\mathscr{C}$ ainsi que la droite D dans un repère orthonormé.

10 Soit f la fonction définie par $f(x)=\dfrac{ax^2+bx+c}{x^2+dx+3}$.

Déterminer les réels *a, b, c* et *d* sachant que la représentation graphique de f dans un repère :

- admet la droite d'équation $x=1$ comme asymptote verticale ;
- admet la droite d'équation $y=2$ comme asymptote horizontale ;
- passe par le point $A(2\,;-11)$ et admet en ce point une tangente de coefficient directeur –9.

11 La fonction tangente

Soit f la fonction définie par $f(x)=\tan x=\dfrac{\sin x}{\cos x}$.

a. Déterminer l'ensemble de définition D de f.

b. Montrer que f est périodique de période π (voir chap. 3).

c. Montrer que f est impaire.

d. En déduire que l'on peut réduire le domaine d'étude à un intervalle I que l'on précisera.

e. Étudier les variations de f sur I et les limites aux bornes de I. En déduire les asymptotes éventuelles.

On calculera $f(-x)$ après s'être assuré de son existence. (Voir cours page 98.)

f. Expliquer comment on peut obtenir la courbe de f sur D en la connaissant sur I.

g. Tracer la courbe représentant f sur $[-2\pi\,;2\pi]$.

12 1. On désigne par g la fonction définie sur $[0\,;\pi]$ par :

$$g(x)=x\cos x-\sin x$$

Étudier g et dresser son tableau de variation.

En déduire le signe de $g(x)$ sur $[0\,;\pi]$.

2. Soit f la fonction définie sur $[0\,;\pi]$ par : $\begin{cases} f(0)=1 \\ f(x)=\dfrac{\sin x}{x} \text{ si } x\in\,]0\,;\pi] \end{cases}$

Étudier les variations de f sur $]0\,;\pi]$.

3. **Étude de f en 0**

On rappelle que $\lim\limits_{x\to 0}\dfrac{\sin x}{x}=1$.

a. Prouver que, pour tout x de $]0\,;\pi]$ on a :

$$0\leqslant x-\sin x\leqslant\frac{x^3}{6}$$

(*Indication* : On pourra introduire la fonction φ définie sur $]0\,;\pi]$ par :

$\varphi(x)=\sin x-x+\dfrac{x^3}{6}$, puis déterminer φ', φ'' et $\varphi^{(3)}$ et en déduire le signe de φ. On rappelle que φ'' est la dérivée de φ' et $\varphi^{(3)}$ la dérivée de φ''.)

b. Prouver que f est dérivable en 0 et calculer $f'(0)$.

4. Construire la courbe représentative $\mathscr{C}$ de f dans un repère orthonormé $(O;\vec{i}\,;\vec{j})$. (On prendra 3 cm pour unité.)

13 a, b, c sont trois réels, g est la fonction définie sur $]0\,;+\infty[$ par :

$$g(x)=\frac{ax^2+bx+c}{x^2}$$

a. On sait que $\lim\limits_{x\to+\infty}g(x)=1$. Déterminer a.

b. Sachant que $g(1)=0$ et $g(3)=0$, déterminer b et c.

c. Déterminer la limite de g en 0.

d. Préciser les asymptotes à la courbe représentative de g.

14 Soit f la fonction définie sur $\mathbb{R}$ par : $f(x) = -4x^3 + 6x^2 - 6x + 2$.

a. Étudier les variations de f sur $\mathbb{R}$. On calculera les limites en $+\infty$ et $-\infty$.

b. Déterminer le nombre de solutions de l'équation $f(x) = 0$ sur $\mathbb{R}$.

c. En utilisant la calculatrice, déterminer une valeur approchée de la (ou les) solution(s) de cette équation.

d. Déduire des questions précédentes le signe de f sur $\mathbb{R}$.

e. Soit g la fonction définie sur $\mathbb{R}$ par $g(x) = -x^4 + 2x^3 - 3x^2 + 2x$.

Déterminer le sens de variation de g. (On pourra utiliser les résultats précédents.)

En déduire que pour tout x réel, $g(x) \leqslant \frac{7}{16}$.

15 Soit f la fonction définie sur $\mathbb{R}$ par :

$$f(x) = 3x^5 + 5x^4 + 15x$$

a. Déterminer le sens de variations de f' et calculer $f'(-1)$.

b. En déduire le sens de variations de f.

On utilise le sens de variations de la dérivée pour déterminer son signe et ensuite on détermine les variations de la fonction.

OBJECTIF BAC

16 Résoudre une équation ou une inéquation

On note (E) l'équation $x^3 - 15x - 4 = 0$ et (I) l'inéquation $x^3 - 15x - 4 > 0$.

1. Étude d'une fonction

f est la fonction définie sur $\mathbb{R}$ par $f(x) = x^3 - 15x - 4$ et $\mathscr{C}$ est sa courbe représentative dans un repère.

a. Justifier la continuité de f sur $\mathbb{R}$.

b. Étudier les limites de f en $+\infty$ et $-\infty$.

c. Déterminer les variations de f et dresser son tableau de variations.

d. Démontrer que l'équation $f(x) = 0$ admet exactement trois solutions sur $\mathbb{R}$.

e. L'une des solutions est un nombre entier, donner un encadrement d'amplitude 10^{-2} de chacune des autres solutions α et β avec $\alpha < \beta$.

f. Étudier le signe de la fonction f. En déduire l'ensemble des solutions de (I).

2. Méthode algébrique

a. Déterminer les réels a, b, c tels que pour tout x réel :

$$x^3 - 15x - 4 = (x - 4)(ax^2 + bx + c)$$

b. Résoudre (E). **c.** Résoudre (I).

SE TESTER

1 **a. Faux**, en effet la tangente au point de la courbe d'abscisse 0 a pour équation $y=2$, le coefficient directeur de cette droite est donc nul. Par ailleurs, on sait que ce coefficient directeur est égal à $f'(0)$. On a donc $f'(0)=0$.

b. Faux, La tangente au point d'abscisse –1 de la courbe a pour équation $y=f'(-1)(x+1)+f(-1)$ ou encore $y=3(x+1)+0$, soit $y=3x+3$.

c. Vrai. La tangente à la courbe au point d'abscisse 1 a pour coefficient directeur 2 puisque cette tangente est parallèle à la droite d'équation $y=2x+1$. Cette tangente à également $f'(1)$ comme coefficient directeur. On a donc bien $f'(1)=2$.

> Deux droites sont parallèles si et seulement si elles ont même coefficient directeur.

2 **a. Faux.** $\frac{9}{4}$ est un maximum de f', pas de f.

b. Vrai. Sur $]-\infty\,;1[$, la courbe représentant f' est au dessous de l'axe des abscisses, donc $f'(x)<0$, ainsi f est décroissante.

c. Vrai. $f'(x)<0$ sur $]-\infty\,;1[$; $f'(x)>0$, sur $[1;+\infty[$, donc f admet un minimum en 1.

3 **Faux**. La fonction $x\mapsto\sqrt{x^2+1}$ est définie et dérivable sur $\mathbb{R}$. Cette fonction est de la forme $x\mapsto\sqrt{u(x)}$ avec $u(x)=x^2+1$ et donc $u'(x)=2x$.

Ainsi $f'(x)=\dfrac{u'(x)}{2\sqrt{u(x)}}=\dfrac{2x}{2\sqrt{x^2+1}}=\dfrac{x}{\sqrt{x^2+1}}$.

Le signe de $f'(x)$ est donc le signe de x.

4 **Vrai.** La fonction L étant dérivable sur $]0\,;+\infty[$, sa dérivée est définie sur $]0\,;+\infty[$. Puisque pour tout x de $]0\,;+\infty[$, $L'(x)=\frac{1}{x}$, on en déduit que $L'(x)>0$ sur $]0\,;+\infty[$. La fonction L est donc strictement croissante sur $]0\,;+\infty[$. D'après la définition d'une fonction croissante on déduit que : si $x>1$ alors $L(x)>L(1)$ et si $x<1$ alors $L(x)<L(1)$. D'où le résultat annoncé.

> Dire que f est croissante sur I signifie que les images sont rangées dans le même ordre que les antécédents. Ou encore que : Si $a<b$ alors $f(a)<f(b)$, pour a et b dans I.

5 Faux. La dérivée de la fonction A est strictement positive sur $[0;1]$. La fonction A est donc strictement croissante sur $[0;1]$. Mais pas forcément positive.

Par exemple la fonction A définie sur $[0;1]$ par $A(x)=\frac{-1}{1+x^2}-3$ a pour dérivée la fonction A' définie par $A'(x)=\frac{2x}{(1+x^2)^2}$ et est toujours négative sur $[0;1]$.

En effet A est croissante sur $[0;1]$ et est telle que $A(1)=-\frac{7}{2}$. Pour tout x de $[0;1]$, $A(x)<0$.

Ne pas confondre signe et variations d'une fonction !

S'ENTRAÎNER

6 a. f est dérivable sur $]-\infty;1[$ et sur $]1;+\infty[$. f est de la forme $\frac{u}{v}$ avec $u(x)=2x+4$ et $v(x)=x-1$. On a donc $f'=\frac{u'v-uv'}{v^2}$ soit pour tout $x\neq 1$:

$$f'(x)=\frac{2(x-1)-1(2x+4)}{(x-1)^2}=\frac{2x-2-2x-4}{(x-1)^2}=\frac{-6}{(x-1)^2}$$

Le dénominateur est toujours positif, f' est donc du signe du numérateur, c'est-à-dire négative.

b. f est dérivable sur $]-\infty;0[$ et sur $]0;+\infty[$.

Pour tout $x\neq 0$, $f'(x)=\frac{-1}{x^2}+\frac{-2}{x^3}+\frac{-3}{x^4}$.

On a donc $f'(x)=\frac{-x^2-2x-3}{x^4}$.

On utilisera la formule donnant la dérivée de $x\mapsto\frac{1}{x^n}$.
Pour étudier le signe de $f'(x)$ on réduit tous les quotients au même dénominateur.

Le signe de $f'(x)$ s'obtient en étudiant le signe du numérateur car, pour tout x non nul, x^4 est positif. Le numérateur est un polynôme du second degré, $-x^2-2x-3$.

Determinons ses racines éventuelles. $\Delta=(-2)^2-4(-1)(-3)=4-12=-8$.

L'équation n'a pas de solution donc le trinôme est toujours du signe de $a=-1$, c'est-à-dire négatif.

c. f est dérivable sur $\mathbb{R}$. f est de la forme u^n avec $u(x)=\cos x$ et $u'(x)=-\sin x$ et $n=2$. Pour tout réel x, on a : $f'(x)=nu'(x)u^{n-1}(x)$, c'est-à-dire ici :

$$f'(x)=-2\sin x\cos x$$

Étudions le signe de $f'(x)$.

Les fonctions sinus et cosinus étant périodiques de période 2π, il suffit d'étudier le signe de $f'(x)$ sur un intervalle de longueur 2π, soit $[0\,;\,2\pi]$.

Faisons un tableau de signes.

Nous connaissons le signe de $\sin x$ sur $[0\,;2\pi]$ (voir chap 3), le signe de $-2\sin x$ sera le signe opposé.

x	0		$\frac{\pi}{2}$		π		$\frac{3\pi}{2}$		2π
$-2\sin x$	0	$-$		$-$	0	$+$		$+$	0
$\cos x$		$+$	0	$-$		$-$	0	$+$	
$f'(x)$	0	$-$	0	$+$	0	$-$	0	$+$	0

Nous en déduisons que :

$$f'(x) \leqslant 0 \text{ si } x \in \left[0\,;\frac{\pi}{2}\right] \cup \left[\pi\,;\frac{3\pi}{2}\right] \text{ et } f'(x) \geqslant 0 \text{ si } x \in \left[\frac{\pi}{2}\,;\pi\right] \cup \left[\frac{3\pi}{2}\,;2\pi\right].$$

7 a. f est définie sur $\mathbb{R} - \left\{-\frac{1}{2}\right\}$ et dérivable sur $\left]-\infty\,;-\frac{1}{2}\right[$ et sur $\left]-\frac{1}{2}\,;+\infty\right[$.

f est de la forme $u + \frac{1}{v}$ avec $u(x) = x + 4$ et $v(x) = 2x + 1$.

On a donc $f' = u' - \frac{v'}{v^2}$, c'est-à-dire $f'(x) = 1 - \frac{2}{(2x+1)^2}$.

En réduisant au même dénominateur, on obtient :

$$f'(x) = \frac{(2x+1)^2 - 2}{(2x+1)^2} = \frac{(2x+1-\sqrt{2})(2x+1+\sqrt{2})}{(2x+1)^2}$$

Pour étudier le signe de $f'(x)$, on transforme l'expression de façon à obtenir des formes factorisées : en réduisant au même dénominateur.

Pour tout $x \neq -\frac{1}{2}$, $(2x+1)^2$ est strictement positif donc $f'(x)$ est du signe de $(2x+1-\sqrt{2})(2x+1+\sqrt{2})$.

x	$-\infty$		$\frac{-1-\sqrt{2}}{2}$		$-\frac{1}{2}$		$\frac{-1+\sqrt{2}}{2}$		$+\infty$
$f'(x)$		$+$	0	$-$	‖	$-$	0	$+$	

$f'(x)$ est donc positif sur $\left]-\infty\,;\frac{-1-\sqrt{2}}{2}\right[$ et sur $\left]\frac{-1+\sqrt{2}}{2}\,;+\infty\right[$ et négatif sur $\left]\frac{-1-\sqrt{2}}{2}\,;-\frac{1}{2}\right[$ et sur $\left]-\frac{1}{2}\,;\frac{-1+\sqrt{2}}{2}\right[$.

b. $f(x)$ est définie si et seulement si $x^2-3x+2\geqslant 0$.

x^2-3x+2 est un polynôme du second degré dont les racines sont 1 et 2.

L'ensemble de définition de f est donc $]-\infty\,;1]\cup[2\,;+\infty[$, cependant f est dérivable sur $]-\infty\,;1[$ et sur $]2\,;+\infty[$.

f est de la forme $\sqrt{u}$ avec $u(x)=x^2-3x+2$ et $u'(x)=2x-3$,

donc $f'=\dfrac{u'}{2\sqrt{u}}$, c'est-à-dire : $f'(x)=\dfrac{2x-3}{2\sqrt{x^2-3x+2}}$.

Pour tout x de $]-\infty\,;1[\cup]2\,;+\infty[$, $\sqrt{x^2-3x+2}$ est strictement positif donc $f'(x)$ est du signe de $2x-3$. On en déduit que $f'(x)\geqslant 0 \Leftrightarrow x\in]2\,;+\infty[$, car $2x-3>0\Leftrightarrow x>\dfrac{3}{2}$, et que $f'(x)\leqslant 0 \Leftrightarrow x\in]-\infty\,;1[$.

Attention : f n'est pas définie sur $[1\,;2]$.

8 **a.** f est dérivable sur $\mathbb{R}$ et pour tout x réel on a $f'(x)=2\cos 2x$.

f est π-périodique, en effet pour tout x réel, $x+\pi$ est réel et $\sin(2(x+\pi))=\sin(2x+2\pi)=\sin 2x$.

On peut donc étudier le signe de $f'(x)$ sur $[0\,;\pi]$.

Si $x\in[0\,;\pi]$ alors $2x\in[0\,;2\pi]$, on a donc le tableau de signe suivant :

x	0		$\frac{\pi}{4}$		$\frac{3\pi}{4}$		π
$u=2x$	0		$\frac{\pi}{2}$		$\frac{3\pi}{2}$		2π
$2\cos u=2\cos 2x$		$+$	0	$-$	0	$+$	

$f'(x)$ est donc positif sur $\left[0\,;\frac{\pi}{4}\right]$ et sur $\left[\frac{3\pi}{4}\,;2\pi\right]$ et $f'(x)$ est donc négatif sur $\left[\frac{\pi}{4};\frac{3\pi}{4}\right]$. Ce signe se répète sur tout intervalle de longueur 2π.

b. f est dérivable sur $\mathbb{R}$. f est de la forme uv avec $u(x)=\sin^2 x$ et $v(x)=\cos^2 x$.

On a alors $u'(x)=2\sin x\cos x$ et $v'(x)=-2\sin x\cos x$.

Pour tout x réel on a :

$$f'(x)=2\sin x\cos x\cos^2 x+\sin^2 x(-2\sin x\cos x)=2\sin x\cos^3 x-2\sin^3 x\cos x$$

Factorisons davantage pour étudier le signe de $f'(x)$:

$$f'(x)=2\sin x\cos x(\cos^2 x-\sin^2 x)=2\sin x\cos x\cos 2x$$

Rappel : Pour tout x réel on a $\cos^2 x-\sin^2 x=\cos 2x$.

Remarquons que f est π-périodique, on peut donc étudier le signe de $f'(x)$ sur $[0\,;\pi]$.

x	0		$\frac{\pi}{4}$		$\frac{\pi}{2}$		$\frac{3\pi}{4}$		π
$2x$	0		$\frac{\pi}{2}$				$\frac{3\pi}{2}$		2π
$\sin x$		+		+		+		+	
$\cos x$		+		+	0	−		−	
$\cos 2x$		+	0	−		−	0	+	
$f'(x)$		+	0	−	0	+	0	−	

$f'(x)$ est donc positif sur $\left[0\,;\frac{\pi}{4}\right]$ et sur $\left[\frac{\pi}{2}\,;\frac{3\pi}{4}\right]$ et $f'(x)$ est négatif sur $\left[\frac{\pi}{4}\,;\frac{\pi}{2}\right]$ et sur $\left[\frac{3\pi}{4}\,;2\pi\right]$.

Ce signe se répète sur tout intervalle de longueur 2π.

Remarque : On aurait pu remarquer que $f(x)=\frac{1}{4}\sin^2(2x)$.

9 **a.** Pour tout x réel : $f(x)=\alpha+\frac{\beta x}{x^2+1}=\frac{\alpha(x^2+1)+\beta x}{x^2+1}=\frac{\alpha x^2+\beta x+\alpha}{x^2+1}$

$\frac{\alpha x^2+\beta x+\alpha}{x^2+1}=\frac{3x^2+4x+3}{x^2+1}\Leftrightarrow\begin{cases}\alpha=3\\\beta=4\\\alpha=3\end{cases}$. On a donc $f(x)=3+\frac{4x}{x^2+1}$.

ÉGALITÉ DE DEUX POLYNÔMES

On utilise l'unicité des coefficients d'un polynôme. On réduit l'expression de f au même dénominateur et on compare les numérateurs.
Les coefficients des termes de même degré doivent être égaux.

b. Reprenons le plan d'étude d'une fonction.

- f est définie sur $\mathbb{R}$.
- f n'a pas de parité.
- **Étude des limites de f en $-\infty$ et en $+\infty$**

f est une fonction rationnelle, donc sa limite en $-\infty$ ou en $+\infty$ est égale à la limite du rapport de ses monômes de plus haut degré soit :

$$\lim_{x\to+\infty} f(x)=\lim_{x\to+\infty}\frac{3x^2}{x^2}=\lim_{x\to+\infty} 3=3$$

On obtient le même résultat en $-\infty$. On en déduit que la droite d'équation $y=3$ est asymptote à la courbe représentant f en $-\infty$ et en $+\infty$.

- f est dérivable sur $\mathbb{R}$ et pour tout x réel on a :

$$f'(x)=\frac{4(x^2+1)-4x(2x)}{(x^2+1)^2}=\frac{-4x^2+4}{(x^2+1)^2}$$

- Étudions le signe de $f'(x)$: pour tout x réel, $(x^2+1)^2$ est positif, $f'(x)$ est donc du signe de $-4x^2+4$.

On utilise la seconde écriture de f, celle du **a.**

Les racines de ce polynôme sont -1 et 1, on a donc :

$f'(x)<0 \Leftrightarrow x\in]-\infty;-1[\cup]1;+\infty[$ et $f'(x)\geq 0 \Leftrightarrow x\in[-1;1]$.

On en déduit le tableau de variations suivant :

x	$-\infty$		-1		1		$+\infty$
$f'(x)$		$-$	0	$+$	0	$-$	
$f(x)$	3	↘	1	↗	5	↘	3

D'après ce tableau, nous pouvons remarquer que f admet deux extrema, l'un en -1 qui vaut 1 et l'autre en 1 qui vaut 5.

c. Une équation de la tangente au point I de $\mathscr{C}$ de coordonnées $(0;3)$ est $y=f'(0)x+f(0)$, soit $y=4x+3$.

d. Pour étudier la position relative de D et $\mathscr{C}$, il suffit d'étudier le signe de $f(x)-(4x+3)$.

Pour tout réel on a :

$$f(x)-(4x+3)=3+\frac{4x}{x^2+1}-(4x+3)=\frac{4x}{x^2+1}-4x=\frac{-4x^3}{x^2+1}$$

$f(x)-(4x+3)$ est donc du signe de $-4x^3$ car x^2+1 est toujours positif;

$f(x)-(4x+3)\geqslant 0 \Leftrightarrow x\leqslant 0$, $\mathscr{C}$ est donc au-dessus de D sur $]-\infty\,;0]$;

$f(x)-(4x+3)<0 \Leftrightarrow x>0$, $\mathscr{C}$ est au-dessous de D sur $]0\,;+\infty[$.

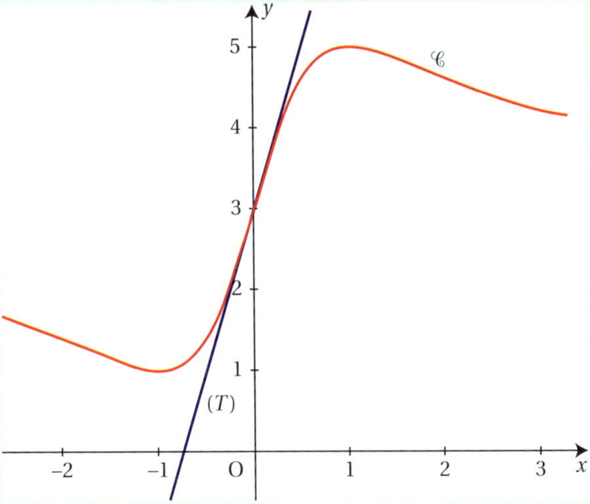

10 Traduisons chacune des conditions données.

Soit $\mathscr{C}$ la courbe représentative de f.

- $x=1$ est asymptote verticale donc $\lim\limits_{x\to 1} f(x)=+\infty$ ou $\lim\limits_{x\to 1} f(x)=-\infty$.
- $y=2$ est asymptote horizontale donc $\lim\limits_{x\to +\infty} f(x)=2$.
- $A(2\,;-11)\in\mathscr{C} \Leftrightarrow f(2)=-11$
- La tangente à $\mathscr{C}$ au point A a pour coefficient directeur - 9 donc $f'(2)=-9$.

Traduisons maintenant chacune des conditions par une équation.

- Si $\lim\limits_{x\to 1} f(x)=+\infty$ ou $\lim\limits_{x\to 1} f(x)=-\infty$ alors x^2+dx+3 s'annule pour $x=1$

mais ax^2+bx+c ne s'annule pas pour $x=1$.

On a donc $1+d+3=0$ d'où $d=-4$ et $a+b+c\neq 0$.

• $\lim_{x\to+\infty} f(x)=2 \Leftrightarrow 2=\lim_{x\to+\infty}\frac{ax^2}{x^2}=\lim_{x\to+\infty} a=a$. On a donc $a=2$.

• $f(2)=-11 \Leftrightarrow \frac{4a+2b+c}{4+2d+3}=-11$

$\Leftrightarrow 4a+2b+c=-11(4+2d+3) \Leftrightarrow 4a+2b+c+22d=-77$

Or $a=2$ et $d=-4$ donc l'équation s'écrit
$8+2b+c-88=-77 \Leftrightarrow 2b+c=3$.

f est une fonction rationnelle donc sa limite en l'infini est égale à celle du rapport de ses monômes de plus haut degré.

• Déterminons la dérivée de f, f est dérivable sur son ensemble de définition et pour tout x de cet ensemble on a :

$$f'(x)=\frac{(2ax+b)(x^2+dx+3)-(ax^2+bx+c)(2x+d)}{(x^2+dx+3)^2}$$

$$=\frac{(ad-b)x^2+(6a-2c)x+3b-cd}{(x^2+dx+3)^2}$$

En remplaçant a par 2 et d par -4 on obtient :

$$f'(2)=-9 \Leftrightarrow \frac{-32-4b+24-4c+3b+4c}{(-1)^2}=-9 \Leftrightarrow -b-8=-9 \Leftrightarrow b=1$$

On sait de plus d'après la troisième condition que $2b+c=3$ donc $c=-1$.
Remarquons que $a+b+c=2+1-1=2\neq 0$, ainsi la fonction f cherchée est donc $f: x \mapsto \frac{2x^2+x-1}{x^2-4x+3}$.

11 **a.** $f(x)$ est définie si et seulement si $\cos x \neq 0$, soit pour tout x : $x \neq \frac{\pi}{2}+k\pi$ avec k entier relatif.
Les intervalles de la forme $\left]-\frac{\pi}{2};\frac{\pi}{2}\right[$, $\left]-\frac{3\pi}{2};-\frac{\pi}{2}\right[$, $\left]\frac{\pi}{2};\frac{3\pi}{2}\right[$ sont des intervalles sur lesquels la fonction est définie.
D'une manière générale l'ensemble de définition peut s'écrire comme l'union des intervalles $\left]-\frac{\pi}{2}+k\pi;\frac{\pi}{2}+k\pi\right[$ avec k entier relatif.

b. Pour montrer que f est périodique de période π, montrons que pour tout x de D_f, $\tan(x+\pi)=\tan x$.

Or $\tan(x+\pi)=\frac{\sin(x+\pi)}{\cos(x+\pi)}=\frac{-\sin x}{-\cos x}=\tan x$.

La fonction est donc bien périodique de période π.

Revoir les propriétés des fonctions sinus et cosinus vues en première.

c. Pour montrer que f est impaire, montrons que pour tout x de D_f :

$$\tan(-x) = -\tan x$$

Or $\tan(-x) = \dfrac{\sin(-x)}{\cos(-x)} = \dfrac{-\sin x}{\cos x} = -\tan x$.

La fonction f est donc impaire.

d. La fonction tangente étant périodique de période π, on peut l'étudier sur un intervalle de longueur π. Par exemple $\left]-\dfrac{\pi}{2} ; \dfrac{\pi}{2}\right[$.

De plus cette fonction est impaire, on peut réduire l'étude aux valeurs de x positives. Il suffit donc d'étudier la fonction sur $I = \left]0 ; \dfrac{\pi}{2}\right[$.

e. f est dérivable sur I comme quotient de fonctions dérivables sur I. Pour tout x de I, on a:

> On rappelle que $(\cos x)' = -\sin x$ et que $(\sin x)' = \cos x$.

$$f'(x) = \frac{\cos x \cos x + \sin x \sin x}{\cos^2 x} = \frac{\cos^2 x + \sin^2 x}{\cos^2 x} = \frac{1}{\cos^2 x}$$

> **UNE IDENTITÉ À RETENIR**
>
> Nous pouvons remarquer que la dérivée peut également s'écrire :
>
> $$f'(x) = \frac{\cos^2 x + \sin^2 x}{\cos^2 x} = \frac{\cos^2 x}{\cos^2 x} + \frac{\sin^2 x}{\cos^2 x} = 1 + \frac{\sin^2 x}{\cos^2 x} = 1 + \tan^2 x$$
>
> On retiendra donc que $1 + \tan^2 x = \dfrac{1}{\cos^2 x}$.

Pour tout x de I, $\cos^2 x$ est strictement positif, la fonction tangente est donc strictement croissante sur I.

f. Étudions la limite en $\dfrac{\pi}{2}^-$ car on travaille sur $I = \left[0 ; \dfrac{\pi}{2}\right[$.

$\lim\limits_{x \to \frac{\pi}{2}^-} \sin x = 1$ et $\lim\limits_{x \to \frac{\pi}{2}^-} \cos x = 0^+$ donc $\lim\limits_{x \to \frac{\pi}{2}^-} \tan x = +\infty$.

De cette limite, on peut déduire que la droite d'équation $x = \dfrac{\pi}{2}$ est asymptote à la courbe.

g. Pour obtenir la courbe sur tout l'ensemble de définition, on commence par faire une symétrie de centre O de la courbe obtenue sur I (traduction du fait que la fonction est impaire) puis des translations de vecteur $\pi\vec{i}$ et $-\pi\vec{i}$.

h.

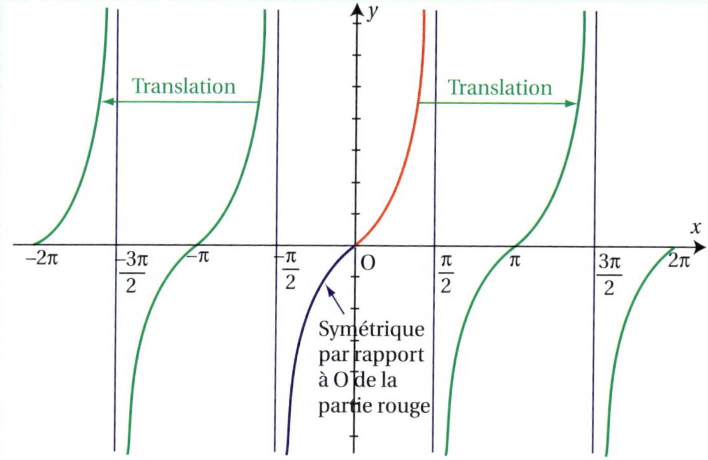

12 **1.** g est dérivable sur $[0\,;\pi]$, pour tout x de $[0\,;\pi]$ on a :

$$g'(x) = \cos x - x\sin x - \cos x = -x\sin x$$

Sur $[0\,;\pi]$, $\sin x$ est positif et x également, donc pour tout x de $[0;\pi]$, $g'(x)$ est négatif. g est donc décroissante sur $[0\,;\pi]$. De plus $g(0) = 0$ donc pour tout x de $[0\,;\pi]$, $g(x) \leqslant 0$.

D'où le tableau de variations suivant :

x	0		π
$g'(x)$	0	$-$	0
$g(x)$	0	↘	$-\pi$

Remarquons que $f(0)$ étant donné, f est bien définie sur $[0\,;\pi]$.

2. f est dérivable sur $]0\,;\pi]$, et pour tout x de $]0\,;\pi]$ on a :

$$f'(x) = \frac{x\cos x - \sin x}{x^2} = \frac{g(x)}{x^2}$$

x^2 étant toujours positif, nous en déduisons que $f'(x)$ est du signe de $g(x)$, soit négatif. Ainsi f est décroissante sur $]0\,;\pi]$.

3. a. Suivons l'indication et étudions la fonction φ sur $]0\,;\pi]$.

φ est dérivable sur $[0\,;\pi[$ et pour tout x de $[0\,;\pi[$ on a :

$$\varphi'(x)=\cos x-1+\frac{3x^2}{6}=\cos x-1+\frac{x^2}{2}$$

De plus φ' est dérivable sur $]0\,;\pi]$ et pour tout x de $]0\,;\pi]$ on a : $\varphi''(x)=-\sin x+x$.

φ'' est dérivable sur $]0\,;\pi]$ et pour tout x de $]0\,;\pi]$ on a : $\varphi^{(3)}(x)=-\cos x+1$.

À partir de $\varphi^{(3)}$ nous allons déterminer le signe de φ'.

x	0		π
$\varphi^{(3)}(x)$	+	+	
$\varphi''(x)$	0	$\nearrow$	π
$\varphi'(x)$	0	$\nearrow$	$-2+\dfrac{\pi^2}{2}$

D'après ce tableau de variations, on voit que, $\varphi^{(3)}$ étant positive sur $]0\,;\pi]$, φ'' est croissante et $\varphi''(0)=0$. Donc φ'' est positive sur $]0\,;\pi]$. φ' est donc croissante sur $]0\,;\pi]$ et puisque $\varphi'(0)=0$, on en déduit que pour tout x de $]0\,;\pi]$ $\varphi'(x)$ est positive. φ est donc croissante sur $]0\,;\pi]$. $\varphi(0)=0$, la fonction φ est donc positive sur $[0\,;\pi]$.

Ceci se traduit par $0\leqslant x-\sin x\leqslant\dfrac{x^3}{6}$.

b. Pour montrer que f est dérivable en 0, étudions la limite du taux d'accroissement :

$$\lim_{h\to 0}\frac{f(0+h)-f(0)}{h}=\lim_{h\to 0}\frac{\frac{\sin h}{h}-1}{h}=\lim_{h\to 0}\frac{\sin h-h}{h^2}$$

On obtient une forme indéterminée. Pour lever l'indétermination, utilisons l'encadrement obtenu à la question précédente.

En effet, on a montré que $0\leqslant x-\sin x\leqslant\dfrac{x^3}{6}$ pour x dans $]0\,;\pi]$. On a donc $-\dfrac{x^3}{6}\leqslant\sin x-x\leqslant 0$ et donc $-\dfrac{x}{6}\leqslant\dfrac{\sin x-x}{x^2}\leqslant 0$.

On sait que $\lim\limits_{h\to 0}-\dfrac{h}{6}=0$.

D'après le théorème d'encadrement des limites (ou théorème des gendarmes), on déduit que :

$$\lim_{h\to 0}\frac{\sin h-h}{h^2}=0$$

La fonction f est donc dérivable en 0 et son nombre dérivé en 0 vaut 0.

4.

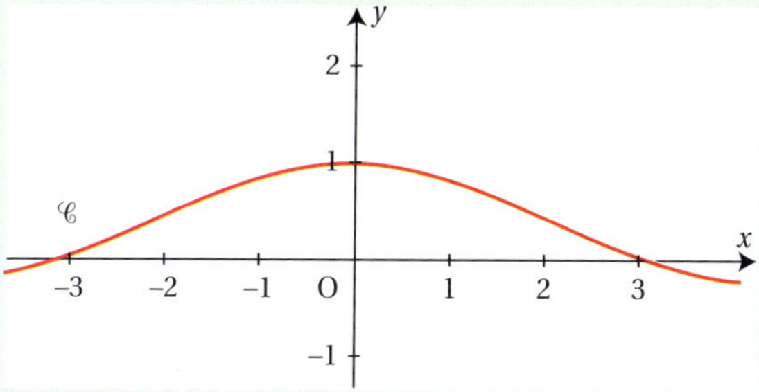

13 Traduisons chacune des conditions.

a. g est une fonction rationnelle donc sa limite en $+\infty$ est égale à la limite en $+\infty$ du rapport de ses monômes de plus haut degré. On a donc :

$$\lim_{x \to +\infty} g(x) = \lim_{x \to +\infty} \frac{ax^2}{x^2} = \lim_{x \to +\infty} a = a, \text{ d'où } a = 1.$$

b. $g(1) = 0 \Leftrightarrow a + b + c = 0 \Leftrightarrow b + c = -1$

$g(3) = 0 \Leftrightarrow 9a + 3b + c = 0 \Leftrightarrow 3b + c = -9$

b et c vérifient donc le système suivant :

$$\begin{cases} b + c = -1 \\ 3b + c = -9 \end{cases} \Leftrightarrow \begin{cases} b + c = -1 \\ -2b = 8 \end{cases} \Leftrightarrow \begin{cases} b = -4 \\ c = 3 \end{cases}$$

On a : $g(x) = \dfrac{x^2 - 4x + 3}{x^2}$.

c. $\begin{cases} \lim\limits_{x \to 0}(x^2 - 4x + 3) = 3 \\ \lim\limits_{x \to 0}(x^2) = 0^+ \end{cases}$ donc $\lim\limits_{x \to 0} g(x) = +\infty$.

Il est inutile ici d'envisager les limites en 0^-.

d. Puisque $\lim\limits_{x \to +\infty} g(x) = 1$, la droite d'équation $y = 1$ est asymptote à la courbe.

De plus $\lim\limits_{x \to 0} g(x) = +\infty$ donc la droite d'équation $x = 0$ est asymptote à la courbe.

14 **a.** f est définie et dérivable sur $\mathbb{R}$. Pour tout x de $\mathbb{R}$, $f'(x) = -12x^2 + 12x - 6$, le discriminant de ce polynôme du second degré est négatif. Donc pour tout x réel, $f'(x) < 0$. f est donc strictement décroissante sur $\mathbb{R}$.

Les limites en l'infini de f sont égales aux limites en l'infini de son monôme de plus haut degré car f est une fonction polynôme.On a donc :

$$\lim_{x \to +\infty} f(x) = \lim_{x \to +\infty} (-4x^3) = -\infty \text{ et } \lim_{x \to -\infty} f(x) = \lim_{x \to -\infty} (-4x^3) = +\infty.$$

b. La fonction f est continue sur $\mathbb{R}$, strictement décroissante sur $\mathbb{R}$. 0 appartient à $\left]\lim_{x\to+\infty} f(x) ; \lim_{x\to-\infty} f(x)\right[$ donc d'après le théorème des valeurs intermédiaires, on peut affirmer que l'équation $f(x)=0$ admet une unique solution sur $\mathbb{R}$.

c. À la calculatrice on trouve $x=\frac{1}{2}$. On se reportera à l'exercice 16 pour l'utilisation de la calculatrice.

d. f est décroissante sur $\mathbb{R}$ et s'annule en $\frac{1}{2}$, on a donc :

$$f(x) \geqslant 0 \text{ si } x \leqslant \frac{1}{2} \text{ et } f(x) < 0 \text{ si } x > \frac{1}{2}$$

Le signe de $g'(x)$ sera donné par le signe de $f(x)$. Attention ne pas confondre signe et variations de f.

e. g est dérivable sur $\mathbb{R}$, et pour tout x de $\mathbb{R}$, $g'(x)=-4x^3+6x^2-6x+2=f(x)$.

D'après la question précédente, nous pouvons donner le tableau de signe de $g'(x)$ et donc le tableau de variations de g.

x	$-\infty$		$\frac{1}{2}$		$+\infty$
$g'(x)$		$+$	0	$-$	
$g(x)$	$-\infty$	↗	$\frac{7}{16}$	↘	$-\infty$

g admet un maximum en $\frac{1}{2}$ qui vaut $\frac{7}{16}$ donc pour tout x réel, donc $g(x) \leqslant \frac{7}{16}$.

15 **1. a.** f est dérivable sur $\mathbb{R}$ et pour tout x de $\mathbb{R}$ on a : $f'(x)=15x^4+20x^3+15$.

Pour étudier les variations de f', il nous faut le signe de sa dérivée. Nous allons donc déterminer f''.

Pour tout x réel on a : $f''(x)=60x^3+60x^2=60x^2(x+1)$.

$f''(x)$ est donc du signe de $(x+1)$ et nul en 0.

x	$-\infty$		-1		0		$+\infty$
$f'(x)$		$-$	0	$+$	0	$+$	
$f''(x)$		↘	50	↗		↗	

f' admet un minimum en -1 qui vaut 50 donc pour tout x réel $f'(x) \geqslant 50$.

b. f sera donc croissante sur $\mathbb{R}$.

16 1. Étude d'une fonction

a. f est continue sur $\mathbb{R}$ car f est une fonction polynôme.

b. f est une fonction polynôme donc ses limites en l'infini sont égales aux limites en l'infini de son monôme de plus haut degré :

$$\lim_{x\to+\infty} f(x) = \lim_{x\to+\infty} (x^3) = +\infty \text{ et } \lim_{x\to-\infty} f(x) = \lim_{x\to-\infty} (x^3) = -\infty.$$

c. f est dérivable sur $\mathbb{R}$ et pour tout x de $\mathbb{R}$ on a $f'(x) = 3x^2 - 15$.

$$f'(x) \geqslant 0 \Leftrightarrow x \in]-\infty\ ;\ -\sqrt{5}] \cup [\sqrt{5}\ ;\ +\infty[$$

$$f'(x) < 0 \Leftrightarrow x \in]-\sqrt{5}\ ;\ \sqrt{5}[$$

x	$-\infty$		$-\sqrt{5}$		$\sqrt{5}$		$+\infty$
$f'(x)$		$+$	0	$-$	0	$+$	
$f(x)$	$-\infty$	↗	$10\sqrt{5}-4$	↘	$-10\sqrt{5}-4$	↗	$+\infty$

d. Sur $]-\infty\,;-\sqrt{5}[$, f est continue et strictement croissante.

$0 \in \left]\lim_{x\to-\infty} f(x)\,;10\sqrt{5}-4\right[$ donc d'après le corollaire du théorème des valeurs intermédiaires, l'équation $f(x) = 0$ admet une unique solution sur cet intervalle.

On procède de la même façon sur $]-\sqrt{5}\,;\sqrt{5}[$ et sur $[\sqrt{5}\,;+\infty[$.

Finalement l'équation $f(x) = 0$ admet trois solutions sur $\mathbb{R}$.

e. À la calculatrice, on trouve que $\alpha = -3{,}73$ à 10^{-2} par excès et $\beta = -0{,}27$ à 10^{-2} par excès. La solution entière est 4.

f. $f(x) \geq 0 \Leftrightarrow x \in [\alpha\,;\beta] \cup [4\,;+\infty[$

$f(x) < 0 \Leftrightarrow x \in]-\infty\,;\alpha[\cup]\beta\,;4[$

Les solutions de l'inéquation (I) sont donc $]\alpha\,;\beta[\cup]4\,;+\infty[$.

2. Méthode algébrique

a. $x^3 - 15x - 4 = (x-4)(ax^2 + bx + c)$

$\Leftrightarrow x^3 - 15x - 4 = ax^3 + bx^2 + cx - 4ax^2 - 4bx - 4c$

$\Leftrightarrow x^3 - 15x - 4 = ax^3 + (b-4a)x^2 = (c-4b)x - 4c$ (E)

Les réels a,b,c vérifient donc le système suivant :

$$\begin{cases} a=1 \\ b-4a=0 \\ c-4b=-15 \\ -4c=-4 \end{cases} \Leftrightarrow \begin{cases} a=1 \\ c=1 \\ b=4a=4 \\ c=-15+4b=-15+16=1 \end{cases}$$

Deux polynômes sont égaux si et seulement si les coefficients de leurs monômes de mêmes degrés sont égaux.

On a donc $x^3-15x-4=(x-4)(x^2+4x+1)$.

b. Résolvons alors $x^3-15x-4=0$.

$$x^3-15x-4=0 \Leftrightarrow (x-4)(x^2+4x+1)=0 \Leftrightarrow x-4=0 \text{ ou } x^2+4x+1=0$$

Résolvons $x^2+4x+1=0$. $\Delta=4^2-4=12$ donc les solutions sont :

$$x_1=\frac{-4-\sqrt{12}}{2}=-2-\sqrt{3} \text{ et } x_2=-2+\sqrt{3}$$

Les solutions de (E) sont donc $x_1=-2-\sqrt{3}$, $x_2=-2+\sqrt{3}$ et $x_3=4$.

c. Pour résoudre (I) dressons un tableau de signes.

x	$-\infty$		$-2-\sqrt{3}$		$-2+\sqrt{3}$		4	$+\infty$
$x-4$		$-$		$-$		$-$	0	$+$
x^2+4x+1		$+$	0	$-$	0	$+$		$+$
$g(x)$		$-$	0	$+$	0	$-$	0	$+$

On retrouve bien les solutions obtenues dans la première partie.

www.annabac.com

CHAPITRE

5 La fonction exponentielle

La fonction exponentielle permet de modéliser certaines évolutions très rapides. Par exemple, la croissance des bactéries dans un milieu, la croissance démographique dans certains pays. On dit alors que ces croissances sont exponentielles. En outre la fonction exponentielle possède des propriétés algébriques remarquables, qu'il faut étudier en détail, avant de mener une étude de fonction complète .

1 Définition

Théorème

Il existe une unique fonction f, dérivable sur $\mathbb{R}$, telle que :

$$f' = f \text{ et } f(0) = 1.$$

Cette fonction est appelée **fonction exponentielle** et est notée exp. On note $\exp : x \mapsto \exp(x)$.

Ce théorème sera en partie démontré à l'exercice 7 : on admettra l'existence et on démontrera l'unicité.

Cette fonction ne s'annule pas sur $\mathbb{R}$.

Conséquences immédiates

- La fonction exponentielle est dérivable, donc continue, sur $\mathbb{R}$:

$$\forall x \in \mathbb{R},\ (\exp)'(x) = \exp x$$

- $\exp 0 = 1$
- $\exp x > 0$
- La fonction exponentielle est strictement croissante sur $\mathbb{R}$.
- La fonction exponentielle est définie sur $\mathbb{R}$ à valeurs dans $]0\,;+\infty[$.

Le dernier point signifie que pour tout x réel, $\exp x$ appartient à $]0\,;+\infty[$.

Théorème : Dérivée de $\exp(u)$

Soit u une fonction dérivable sur un intervalle I, la fonction $x \mapsto \exp(u(x))$ est dérivable sur I et sa dérivée est $x \mapsto u'(x)\exp(u(x))$.

(On utilise les résultats du chapitre 3 p. 72.)

Exemple : Déterminons la dérivée de $f : x \mapsto \exp(-3x^2)$.

f est dérivable sur $\mathbb{R}$.

On remarque que f est de la forme $\exp u$, avec $u(x) = -3x^2$. On a $u'(x) = -6x$,

d'où : pour tout x réel, $f'(x) = -6x\exp(-3x^2)$.

2 Propriétés algébriques

A Relation fondamentale

Pour tous x et y réels : $\exp(x+y) = (\exp x) \times (\exp y)$.

B Autres propriétés

- Pour tous a et b réels : $\exp a < \exp b \Leftrightarrow a < b$.
- $\exp a = \exp b \Leftrightarrow a = b$
- Pour tout x réel : $\exp(-x) = \dfrac{1}{\exp x}$.
- Pour tous x et y réels : $\exp(x-y) = \dfrac{\exp x}{\exp y}$.
- Pour tout $x_1, x_2, \ldots, x_n$ réels,

$$\exp(x_1 + x_2 + \ldots + x_n) = \exp x_1 \exp x_2 \ldots \exp x_n.$$

- Pour tout n dans $\mathbb{Z}$ et tout x réel on a : $(\exp x)^n = \exp(nx)$.

- La 1re propriété traduit la croissance de exp sur $\mathbb{R}$.
- La 2e traduit le fait que exp est une bijection.

C Notation définitive

Les dernières propriétés permettent de constater que la fonction exp possède des propriétés similaires à celles des puissances sur les nombres réels.
On sait que pour tout entier relatif n on a : $[\exp(1)]^n = \exp(n)$

Par convention, on étend cette dernière relation à tout réel x.

On pose $e = \exp 1$. On a alors $\exp(x) = [\exp(1)]^x = e^x$.

Désormais, la fonction exponentielle se notera :

$$\exp : x \mapsto e^x$$

$e = \exp 1$ est un nombre réel dont une première approximation est $e = 2,718$.

Voir la méthode (p. 128) pour le calcul d'une valeur approché du nombre *e*, appelé nombre de Neper.

On peut alors donner une nouvelle écriture des propriétés de la fonction exponentielle.

Pour tous nombres réels x, y :

- $e^0 = 1$
- $e^{-x} = \dfrac{1}{e^x}$
- $e^{x+y} = e^x e^y$
- $e^{x-y} = \dfrac{e^x}{e^y}$
- Pour tout n de $\mathbb{N}$: $(e^x)^n = e^{nx}$.

Il est beaucoup plus facile de les retenir sous cette forme car elles font penser aux règles de calcul des fonctions puissance.

La fonction exponentielle est dérivable sur $\mathbb{R}$ et sa dérivée est $x \mapsto e^x$.

Si u est une fonction dérivable sur I alors la fonction $x \mapsto e^{u(x)}$ est dérivable sur I de dérivée $x \mapsto u'(x)e^{u(x)}$.

3 Étude de la fonction exponentielle

Ensemble de définition

La fonction exponentielle est définie et continue sur $\mathbb{R}$.

Comportement asymptotique

On démontre que $\lim\limits_{x \to +\infty} e^x = +\infty$ et $\lim\limits_{x \to -\infty} e^x = 0$.

Voir l'exercice 8 pour une démonstration.

Nous déduisons de ces limites que la courbe représentant cette fonction admet l'axe des abscisses comme asymptote horizontale.

Variations

On sait que la fonction exponentielle est dérivable sur $\mathbb{R}$ et que $[\exp(x)]' = \exp(x) > 0$.

La fonction exponentielle est strictement croissante sur $\mathbb{R}$.

Nous pouvons alors dresser le tableau de variations suivant :

x	$-\infty$		$+\infty$
e^x		+	
e^x	0	↗	$+\infty$

Équation des tangentes aux points d'abscisses 0 et 1

La tangente en 0 a pour équation $y = e^0 x + e^0$, c'est-à-dire $y = x + 1$.

La tangente en 1 a pour équation $y = e^1(x-1) + e^1 = e^1 x$ (cette tangente passe par l'origine du repère).

Courbe représentative

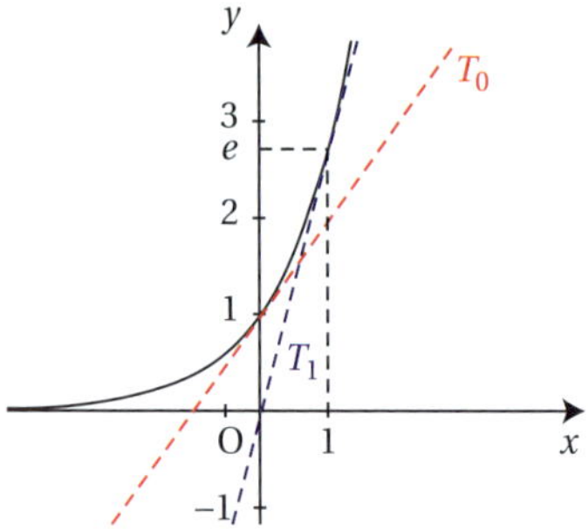

4 Quelques limites classiques

Certaines limites aboutissent à des formes inderterminées si on tente de les calculer directement. Ces formes indéterminées peuvent être levées.

On retiendra les résultats suivants.

- $\lim\limits_{x \to +\infty} \dfrac{e^x}{x} = +\infty$
- $\lim\limits_{x \to -\infty} xe^x = 0$
- Pour tout n de $\mathbb{R}$, $\lim\limits_{x \to +\infty} \dfrac{e^x}{x^n} = +\infty$.
- Pour tout n de $\mathbb{N}$, $\lim\limits_{x \to -\infty} x^n e^x = 0$.

En conclusion nous pouvons donc écrire, pour tout n de $\mathbb{R}$:

$$\lim_{x \to +\infty} \frac{e^x}{x^n} = +\infty \quad \text{et} \quad \lim_{x \to -\infty} x^n e^x = 0.$$

$\lim\limits_{x \to 0} \dfrac{e^x - 1}{x} = 1$

Remarquons que le quotient $\dfrac{e^x - 1}{x}$ n'est autre que le taux d'accroissement de la fonction exponentielle en 0. Ce taux a une limite finie car la fonction exponentielle est dérivable sur $\mathbb{R}$, donc en particulier en 0. Sa limite est donc égale au nombre dérivé de $x \mapsto e^x$ en 0, c'est à dire $e^0 = 1$.

> Certains de ces résultats seront démontrés dans l'exercice 9.

> Pour n entier négatif, il n'y a pas de forme indéterminée et : $\lim\limits_{x \to +\infty} \dfrac{e^x}{x^n} = +\infty$ et $\lim\limits_{x \to -\infty} x^n e^x = 0$.

> On dit que la fonction exponentielle « l'emporte » sur la fonction puissance.

Résoudre une équation ou une inéquation comportant la fonction exponentielle

ÉNONCÉ

Résoudre dans $\mathbb{R}$ les équations et l'inéquation suivantes.

1 $e^{x^2} = e^{5x}e^{-4}$

2 $4e^{2x} - e^x - 3 = 0$

3 $e^{3x} \geqslant 1$

MÉTHODE

1 On utilise les règles de calcul algébrique pour transformer les écritures et se ramener à une équation du type $e^a = e^b$.

2 On se ramène à une équation du second degré en effectuant un changement de variable.

3 On utilise les règles de calcul algébrique pour transformer les écritures et se ramener à une inéquation du type $e^a \geqslant e^b$.

Pour une équation ou une inéquation contenant des exponentielles, on utilise souvent le fait que la fonction exponentielle est strictement croissante sur $\mathbb{R}$.

CORRIGÉ

1 $e^{x^2} = e^{5x}e^{-4} \Leftrightarrow e^{x^2} = e^{5x-4}$ (E)

$(E) \Leftrightarrow x^2 = 5x - 4 \Leftrightarrow x^2 - 5x + 4 = 0$

Résolvons cette équation du second degré :

$$\Delta = (-5)^2 - 4(1)(4) = 9$$

On a deux racines réelles $x_1 = \dfrac{5-3}{2} = 1$ et $x_2 = 4$.

Les solutions de (E) sont donc 1 et 4.

Pour tous x et y réels,
- $e^x e^y = e^{x+y}$
- $e^x = e^y \Leftrightarrow x = y$

2 Remarquons que l'équation s'écrit $4(e^x)^2 - e^x - 3 = 0$ (F).

Nous allons donc nous ramener à une équation du second degré en posant : $X = e^x$.

L'équation (F) s'écrit alors :

$$\begin{cases} X = e^x \\ 4X^2 - X - 3 = 0 \end{cases} \Leftrightarrow \begin{cases} X = e^x \\ X = 1 \text{ ou } X = \dfrac{-3}{4} \end{cases}$$

Il nous reste donc à déterminer x.

Remarquons que $e^x = \dfrac{-3}{4}$ est impossible car une exponentielle est toujours positive. Résolvons donc $e^x = 1$.

$e^x = 1 \Leftrightarrow x = 0$ ainsi (F) admet une seule solution qui est 0.

3 Ramenons-nous à une inéquation du type $e^a \geqslant e^b$.

On sait que $e^0 = 1$.

$e^{3x} \geqslant 1 \Leftrightarrow e^{3x} \geqslant e^0$.

Puisque la fonction exponentielle est strictement croissante sur $\mathbb{R}$, on a donc :

$$e^{3x} \geqslant e^0 \Leftrightarrow 3x \geqslant 0 \Leftrightarrow x \geqslant 0$$

Les solutions de l'inéquation sont donc $S = [0\,; +\infty[$.

Trouver une valeur approchée de *e*

ÉNONCÉ

On se propose d'obtenir une valeur approchée du nombre e grâce à une suite de nombres réels. On note $n!$, le produit des entiers non nuls de 1 à n.

Par exemple, $2! = 1 \times 2 = 2\,; 5! = 1 \times 2 \times 3 \times 4 \times 5 = 120$. $n!$ se dit « n factorielle ».

On admet que la constante de Neper, e, peut être définie par :

$$e = \frac{1}{0!} + \frac{1}{1!} + \frac{1}{2!} + \frac{1}{3!} + \dots$$

Cela veut dire que e est la limite, quand n tend vers l'infini, de la somme des $\dfrac{1}{k!}$ pour tous les k compris entre 0 et n.

On pose donc $U_n = \dfrac{1}{0!} + \dfrac{1}{1!} + \dfrac{1}{2!} + \dots \dfrac{1}{n!}$ avec $U_0 = 1$.

1 Écrire un algorithme donnant U_n pour $n = 5$.

2 On l'appliquera ensuite pour calculer U_{10} puis U_{20}. Que remarque-t-on ?

3 Conclure.

MÉTHODE

1 ▶ On se donne $U_0 = 1$, et on calcule, grâce à une boucle, les termes successifs de la suite U_n en remarquant que :

$$U_{n+1} = U_n + \frac{1}{(n+1)!}$$

▶ On utilisera ensuite une instruction « TANT_QUE » pour calculer les différentes factorielles. On créera une variable F destinée à calculer les factorielles de i. À chaque stade, la variable F est remplacée par la valeur $i \times F$.

> Pour calculer F, il suffit de remarquer que : $(i+1)! = i! \times (i+1)$.

CORRIGÉ

1 • Tout algorithme débute par une phase de déclaration des variables.
• L'instruction « TANT_QUE » est assortie d'une condition déterminant l'exécution des instructions qui suivent dans la boucle : si la condition est remplie, les calculs qui suivent sont effectués, sinon on sort de la boucle « TANT_QUE ».
• Noter qu'il est nécessaire d'incrémenter soi-même la variable i (de la changer en $i + 1$), car dans ces boucles, contrairement aux boucles « pour i de … à … », l'incrémentation n'est pas automatique.
La variable U, quant à elle, désigne le terme de la suite de rang i.

Code de l'algorithme

```
VARIABLES
    U EST_DU_TYPE NOMBRE
    i EST_DU_TYPE NOMBRE
    n EST_DU_TYPE NOMBRE
    F EST_DU_TYPE NOMBRE
DEBUT_ALGORITHME
    n PREND_LA_VALEUR 5
    U PREND_LA_VALEUR 1
    F PREND_LA_VALEUR 1
    i PREND_LA_VALEUR 1
    TANT_QUE (i<n) FAIRE
        DEBUT_TANT_QUE
        U PREND_LA_VALEUR U+1/F
```

```
        i PREND_LA_VALEUR i+1
        F PREND_LA_VALEUR F*i
        FIN_TANT_QUE
    AFFICHER « Le terme de rang »
    AFFICHER n
    AFFICHER « vaut : »
    AFFICHER U
    FIN ALGORITHME
```

Résultats

```
***Algorithme lancé***
Le terme de rang 5 vaut : 2.7083333
***Algorithme terminé***
```

2 Pour calculer un plus grand nombre de termes de la somme U_n, dans l'algorithme, il suffit de changer la valeur de n choisie.
On obtient successivement pour $n = 10$, $U_{10} = 2{,}7182815$ et pour $n = 20$, $U_{20} = 2{,}7182818$.
On remarque qu'en calculant la suite U_n pour un entier n assez grand, on se rapproche d'une valeur. La suite des valeurs $U_n = \frac{1}{0!} + \frac{1}{1!} + \frac{1}{2!} + \dots \frac{1}{n!}$ s'en approche d'autant mieux que n est grand.

3 D'après l'énoncé, on obtient ainsi une valeur approchée de e.
Donc : $e = 2{,}718$ à 10^{-3} près.

SE TESTER QUIZ

1 Pour chaque question, une et une seule des réponses proposées est exacte.

1. Dans $\mathbb{R}$, l'équation $e^{2x}-3e^{x}-4=0$ admet :

☐ **a.** aucune solution. ☐ **b.** une seule solution. ☐ **c.** deux solutions.

2. L'expression $-e^{-x}$:

☐ **a.** n'est jamais négative. ☐ **b.** est toujours négative.

☐ **c.** n'est négative que si x positif. ☐ **d.** n'est négative que si x négatif.

3. $\lim\limits_{x\to+\infty}\dfrac{2e^{x}-1}{e^{x}+2}$ est égale à :

☐ **a.** $-\dfrac{1}{2}$ ☐ **b.** 1 ☐ **c.** 2 ☐ **d.** $+\infty$

2 L'expression $e^{x}(2e^{-x}-1)$ est égale à :

☐ **a.** $2e^{-x^2}-e^{x}$ ☐ **b.** $2-e^{x}$ ☐ **c.** $-2(e^{x})^2-e^{x}$

3 La fonction $x\mapsto e^{-x}$ est :

☐ **a.** croissante sur $\mathbb{R}$. ☐ **b.** négative sur $\mathbb{R}$. ☐ **c.** décroissante sur $\mathbb{R}$.

4 $\lim\limits_{x\to+\infty} e^{-2x}$ est égale à :

☐ **a.** $-\infty$ ☐ **b.** $+\infty$ ☐ **c.** 0

5 Soient f et g les fonctions définies sur $\mathbb{R}$ par :

$f(x)=(x+1)e^{2x}$ et $g(x)=\dfrac{1-x}{e^{2x}}$.

Dans les questions suivantes une seule réponse est exacte.

1. Pour tout réel x on a :

☐ **a.** $f'(x)=2(x+1)f(x)$ ☐ **b.** $f'(x)=2f(x)$ ☐ **c.** $f'(x)-2f(x)=e^{2x}$

2. On a :

☐ **a.** $\lim\limits_{x\to-\infty} f(x)=-\infty$ ☐ **b.** $\lim\limits_{x\to-\infty} g(x)=0$ ☐ **c.** $\lim\limits_{x\to-\infty}(f(x)+g(x))=+\infty$

3. L'équation $f(x)=1$ admet dans $\mathbb{R}$:

☐ **a.** une unique solution. ☐ **b.** deux solutions. ☐ **c.** aucune solution.

6 Répondre par vrai ou faux.

Penser aux identités remarquables.

☐ **a.** Pour tous réels a et b, $e^{a+b}=\sqrt{e^{2a}e^{2b}}$.

☐ **b.** Pour tous réels a et b, $2e^{a+b}=e^{2a}+e^{2b}$.

☐ **c.** Il existe un réel a et un réel b tels que $2e^{a+b}=e^{2a}+e^{2b}$.

☐ **d.** Il existe un réel a et un réel b tels que $e^{2a}+e^{2b}<2e^{a+b}$.

TRAITER UNE QUESTION DE COURS

7 On suppose qu'il existe une fonction f définie et dérivable sur $\mathbb{R}$ telle que $f'=f$ et $f(0)=1$.
Démontrez que cette fonction est unique.
On commencera par démontrer que f ne s'annule pas sur $\mathbb{R}$ en considérant la fonction g définie sur $\mathbb{R}$ par $g(x)=f(x)f(-x)$ et en montrant que g est constante.

On pourra déterminer g' et montrer que pour tout x réel $g'(x)=0$.

8 Démontrer que pour tout x réel, $e^x > x$.

En déduire que $\lim\limits_{x\to+\infty} e^x = +\infty$ puis que $\lim\limits_{x\to-\infty} e^x = 0$.

On pourra étudier rapidement la fonction $x \mapsto e^x - x$.

9 On suppose connu le résultat suivant :

$$\lim_{x\to+\infty} \frac{e^x}{x} = +\infty.$$

Démontrer que $\lim\limits_{x\to+\infty} xe^{-x} = 0$.

10 Montrer que $\lim\limits_{x\to 0} \dfrac{e^x-1}{x} = 1$.

On pensera au nombre dérivé de « exp » en 0.

S'ENTRAÎNER

Propriétés algébriques

11 Simplifier les expressions suivantes :

a. $\dfrac{\sqrt{e}}{ee^{-2}}$ **b.** $\dfrac{(2e^{-2})^2}{3e^{-3}}$

12 Simplifier les expressions suivantes :

a. $\left(\dfrac{e^x+e^{-x}}{2}\right)^2$ **b.** $\left(\dfrac{e^x+e^{-x}}{2}\right)^2-\left(\dfrac{e^x-e^{-x}}{2}\right)^2$

13 Vérifier que pour tout x réel,

a. $\dfrac{e^{-x}-1}{e^x-e^{-x}} = \dfrac{1-e^x}{e^{2x}-1}$ **b.** $\dfrac{e^x-1}{e^x+1} = \dfrac{1-e^{-x}}{1+e^{-x}} = 1-\dfrac{2}{e^x+1}$

Équations et inéquations

On utilisera la croissance de la fonction exponentielle et le fait que cette fonction est une bijection.

14 Résoudre dans $\mathbb{R}$ les équations et inéquations suivantes :

a. $e^{2x} \leqslant 1$ b. $e^{x^2} = e$

c. $e^{1-x^2} \leqslant 0$ d. $e^{2x} - e^x = 0$

15 Résoudre les équations et inéquations suivantes :

Voir méthode p. 125 pour le a.

a. $e^{2x} + 2e^x - 3 = 0$ b. $3e^x - 7e^{-x} + 4 = 0$

c. $e^{\frac{-1}{x}} \geqslant e^{x-2}$

Calculs de limites

Pour lever les éventuelles formes indéterminées, on essaiera d'utiliser les limites classiques du cours.

Dans les exercices 16 à 19, trouver les limites éventuelles en *a*, en $+\infty$ ou en $-\infty$ des fonctions données.

16 a. $x \mapsto x - e^x$ en $+\infty$ b. $x \mapsto (1+5x)e^{2x}$ en $-\infty$ et $+\infty$.

17 a. $x \mapsto \dfrac{e^x+1}{e^x-1}$ en $+\infty$, $-\infty$ et 0. b. $x \mapsto \dfrac{e^x}{2x+1}$ en $+\infty$.

18 a. $x \mapsto \dfrac{x+1}{e^x-1}$ en $+\infty$ et en 0. b. $x \mapsto e^{2x} - 2e^x$ en $+\infty$.

19 a. $x \mapsto \dfrac{e^{ax}-1}{x}$ en 0. b. $x \mapsto \dfrac{e^{2x+1}}{x}$ en $-\infty$.

Pour le a., pensez au nombre dérivé.

Calculs de dérivées

Dans les exercices 20 à 22, déterminer la dérivée des fonctions données après avoir donné leurs ensembles de définition et de dérivabilité.

20 a. $f : x \mapsto xe^x$ b. $f : x \mapsto \dfrac{e^x}{x}$ c. $f : x \mapsto e^x + e$

21 a. $f : x \mapsto \dfrac{e^{2x}}{2x+1}$ b. $f : x \mapsto \dfrac{e^{3x}-1}{e^{3x}+1}$ c. $f : x \mapsto (2x+1)e^{-x}$

22 a. $f : x \mapsto \dfrac{x}{e^{2x}-1}$ b. $f : x \mapsto xe^{\frac{1}{x}}$ c. $f : x \mapsto e^{\frac{x}{x^2-4}}$

Études de fonctions

> Penser à la croissance de la fonction exponentielle et à $e^0 = 1$.

23 1. Résoudre dans $\mathbb{R}$ les deux inéquations suivantes :

$$e^{2x-1} \leqslant 1 \text{ et } e^{2x-1} \geqslant 1.$$

2. On considère la fonction f définie par $f : x \mapsto e^{2x-1} - 2x + 3$.

a. Déterminer la limite de f en $-\infty$ et en $+\infty$.

b. Étudier les variations de f et dresser son tableau de variations.

24 On considère la fonction f définie sur $\mathbb{R}$ par $f(x) = \frac{1}{2}\left(x + (1-x)e^{2x}\right)$.

On note $\mathscr{C}$ la courbe représentative de f dans un repère orthonormal $(O; \vec{i}; \vec{j})$. (Unité graphique 2 cm.)

> Pour la limite en $-\infty$, on pourra développer. En $+\infty$, factoriser par e^{2x}.

1. Déterminer les limites de f en $-\infty$ et en $+\infty$.
2. Démontrer que f est dérivable sur $\mathbb{R}$ et calculer $f'(x)$.
3. Soit u la fonction définie sur $\mathbb{R}$ par :

$$u(x) = 1 + (1-2x)e^{2x}$$

a. Étudier le sens de variations de u.

b. Démontrer que l'équation $u(x) = 0$ possède une solution unique α dans l'intervalle $[0;1]$.

Déterminer une valeur décimale approchée par excès de α à 10^{-2} près.

c. Déterminer le signe de $u(x)$ suivant les valeurs de x.

4. Étudier le sens de variation de f, puis dresser son tableau de variations.

OBJECTIF BAC

25 On considère la fonction f définie sur $\mathbb{R}$ par :

$$\begin{cases} f(0) = 1 \\ f(x) = \dfrac{xe^x}{e^x - 1} \ (x \neq 0) \end{cases}$$

On note $\mathscr{C}$ la courbe représentative de f dans un repère orthonormal $(O; \vec{i}; \vec{j})$.

1. **a.** Déterminer la limite de f en $-\infty$. Que peut-on en déduire ?

b. Établir que, pour tout nombre réel x non nul, on a $f(x) = x\left(1 + \dfrac{1}{e^x - 1}\right)$.

En déduire la limite de f en $+\infty$.

2. Donner, sans démontrer, la limite suivante : $\lim\limits_{x\to 0}\dfrac{e^x-1}{x}$ et démontrer que f est continue en 0.

3. a. Démontrer que, pour tout nombre réel x, on a : $e^x \geqslant x+1$ et que l'égalité n'a lieu que pour $x=0$.

b. Déterminer la dérivée f' de la fonction f et déterminer la fonction g telle que, pour tout nombre réel x non nul, $f'(x)=\dfrac{e^x g(x)}{(e^x-1)^2}$.

c. Donner le tableau de variations de f.

4. Soient x un nombre réel non nul et les points $M(x\,;f(x))$ et $P'(-x\,;f(-x))$ de la courbe.

a. Établir que $f(-x)=\dfrac{x}{e^x-1}$, puis déterminer le coefficient directeur de la droite (MP).

b. On admet que la fonction f est dérivable en 0. Que suggère alors le résultat précédent ?

SE TESTER

1 1. **Réponse b.** Pour résoudre cette équation on s'inspire de la méthode du cours. On s'aperçoit que l'on peut se ramener à une équation du second degré en posant $X = e^x$.

L'équation s'écrit alors $\begin{cases} X = e^x \\ X^2 - 3X - 4 = 0 \end{cases}$

Calculons le discriminant : $\Delta = 25$. L'équation $X^2 - 3X - 4 = 0$ a donc deux solutions $X_1 = -1$ et $X_2 = 4$.

Il nous reste donc à déterminer x. Il vient : $e^x = -1$ ce qui est impossible car une exponentielle est toujours positive, puis $e^x = 4$ qui donnera une valeur de x.

L'équation de départ a donc une seule solution.

2. **Réponse b.** On sait que pour tout x réel e^{-x} est positif donc $-e^{-x}$ est négatif.

> Attention, même si l'exposant a est négatif, e^a est strictement positif.

3. **Réponse c.** Regardons les limites du numérateur et du dénominateur :

$\lim\limits_{x \to +\infty} (2e^x - 1) = +\infty$ et $\lim\limits_{x \to +\infty} (e^x + 2) = +\infty$, on a donc une forme indéterminée. On la lève en factorisant numérateur et dénominateur par le terme qui impose la limite, à savoir e^x. On obtient alors :

$$\frac{2e^x - 1}{e^x + 2} = \frac{e^x\left(2 - \frac{1}{e^x}\right)}{e^x\left(1 + \frac{2}{e^x}\right)} = \frac{\left(2 - \frac{1}{e^x}\right)}{\left(1 + \frac{2}{e^x}\right)}$$

Or $\lim\limits_{x \to +\infty} e^x = +\infty$ donc $\lim\limits_{x \to +\infty} \frac{1}{e^x} = 0$ ainsi la limite cherchée est égale à 2.

2 **Réponse b.** Posons $A = e^x(2e^{-x} - 1)$.

$A = 2e^x e^{-x} - e^x = 2e^{x-x} - e^x = 2e^0 - e^x = 2 - e^x$

3 **Réponse c.** La fonction $f : x \mapsto e^{-x}$ ne prend que des valeurs positives (voir exercice 2).

On veut donc savoir si elle est croissante ou décroissante sur $\mathbb{R}$. Pour cela, déterminons sa fonction dérivée. Cette fonction est dérivable sur $\mathbb{R}$ et pour tout x réel on a : $f'(x) = -e^{-x}$.

D'après l'exercice 2, on sait que pour tout x réel $f'(x) < 0$, donc f est décroissante sur $\mathbb{R}$.

4 **Réponse c.** Remarquons que pour tout x réel :

$$e^{-2x} = (e^{-x})^2 = \left(\frac{1}{e^x}\right)^2 = \left(\frac{1}{e^x}\right)^2$$

Or d'après le cours, on sait que $\lim\limits_{x\to+\infty} e^x = +\infty$ donc $\lim\limits_{x\to+\infty} \frac{1}{e^x} = 0$.
Ainsi $\lim\limits_{x\to+\infty} e^{-2x} = 0$.

5 1. **Réponse c.** Déterminons la dérivée de f.

f est dérivable sur $\mathbb{R}$, f est de la forme $f = uv$ avec $u(x) = x+1$ et $v(x) = e^{2x}$ d'où $u'(x) = 1$ et $v'(x) = 2e^{2x}$. On a donc :

$$f'(x) = e^{2x} + (x+1)2e^{2x} = (1+2x+2)e^{2x} = (2x+3)e^{2x}$$

Nous voyons que les réponses **a.** et **b.** ne sont pas exactes.
On a cependant $f'(x) - 2f(x) = (2x+3)e^{2x} - (2x+2)e^{2x} = e^{2x}$.

2. **Réponse c.** On peut écrire $f(x)$ sous la forme :

$$f(x) = (x+1)e^{2x} = xe^{2x} + e^{2x} = (xe^x)(e^x) + e^{2x}$$

Or $\lim\limits_{x\to-\infty} xe^x = 0$, de plus $\lim\limits_{x\to-\infty} e^x = 0$ et $\lim\limits_{x\to-\infty} e^{2x} = 0$, donc $\lim\limits_{x\to-\infty} f(x) = 0$.

3. **Réponse a.** D'après la question **1.** on peut dire que la fonction est continue et strictement croissante sur $\left[-\frac{3}{2};+\infty\right[$, $f\left(-\frac{3}{2}\right) = \frac{-1}{2}e^{-3} < 1$.
De plus $\lim\limits_{x\to+\infty} f(x) = +\infty$.
D'après le théorème « de la bijection » (page 67), on sait qu'il existe un unique réel c appartenant à $\left[-\frac{3}{2};+\infty\right[$ tel que $f(c) = 1$.
Reste à vérifier qu'il n'y a pas de solution sur $\left]-\infty;-\frac{3}{2}\right[$. Sur cet intervalle la fonction f est décroissante et sa limite en $-\infty$ est nulle, donc $f(x) < 0$.
L'équation $f(x) = 1$ n'a donc pas de solution sur $\left]-\infty;-\frac{3}{2}\right[$.

6 a. **Vrai.** En effet pour tous réels a et b,
$\sqrt{e^{2a}e^{2b}} = \sqrt{e^{2a}}\sqrt{e^{2b}} = \sqrt{(e^a)^2}\sqrt{(e^b)^2} = e^a e^b = e^{a+b}$.

$\sqrt{(e^a)^2} = e^a$ car $e^a > 0$.

b. **Faux.** Il suffit de choisir un contre exemple.
Prenons $a = 0$ et $b = 1$.

On a alors $2e^{a+b}=2e$ et $e^{2a}+e^{2b}=1+e^2$. Ces deux nombres sont différents.

Lorsqu'une propriété est fausse, il suffit de donner un contre exemple pour justifier la réponse.

c. Vrai. En effet si on choisit $a=0$ et $b=0$ alors $2e^{a+b}=2e^0=2$ et $e^{2a}+e^{2b}=e^0+e^0=2$.

UN PEU DE LOGIQUE

Bien faire la différence entre « **il existe** » et « **pour tout** ».
Dans **c.** il suffit de trouver des valeurs particulières de a et b qui satisfont l'égalité. Dans **b.** il s'agit de vérifier que l'égalité est vraie pour **toutes** les valeurs de a et b.

d. Faux. Remarquons que $e^{2a}=(e^a)^2$ de même $e^{2b}=(e^b)^2$. Étudions alors le signe de $e^{2a}+e^{2b}-2e^{a+b}$.

On a $e^{2a}+e^{2b}-2e^{a+b}=(e^a)^2+(e^b)^2-2e^{a+b}=(e^a-e^b)^2$.

Cette expression est toujours positive donc il n'est pas possible d'avoir $e^{2a}+e^{2b}<2e^{a+b}$.

TRAITER UNE QUESTION DE COURS

7 On admet l'existence d'une telle fonction et on va démontrer son unicité. Pour cela, on va commencer par montrer que cette fonction ne s'annule pas sur $\mathbb{R}$.

Considérons la fonction g definie sur $\mathbb{R}$ par $g(x)=f(x)f(-x)$. Pour montrer que g est constante sur $\mathbb{R}$ montrons que pour tout x réel $g'(x)=0$.

Une fonction est constante si et seulement si sa dérivée est nulle.

- g est dérivable sur $\mathbb{R}$ car f l'est. Pour tout x de $\mathbb{R}$ on a :

$$g'(x)=f'(x)f(-x)-f(x)f'(-x)$$

- Par hypothèse, pour tout x réel $f'(x)=f(x)$, donc $g'(x)=0$. La fonction g est donc constante.

- Pour déterminer sa valeur, il suffit de calculer $g(0)$. $g(0)=1$, donc pour tout x réel $g(x)=1$. On en déduit que $f(x)f(-x)=1$, ce qui implique que la fonction f ne peut pas s'annuler sur $\mathbb{R}$.

Pour montrer qu'une fonction est unique, on suppose qu'il existe une autre fonction vérifiant les mêmes hypothèses et montrons que les deux fonctions sont égales.

• Montrons que f est unique. Pour cela supposons qu'il existe une autre fonction h vérifiant $h' = h$ et $h(0) = 1$.

h ne s'annulant pas sur $\mathbb{R}$, pour tout x réel, la fonction $\frac{f}{h}$ est dérivable sur $\mathbb{R}$ et $\left(\frac{f}{h}\right)'(x) = \frac{f'(x)h(x) - f(x)h'(x)}{h^2(x)} = 0$.

La fonction $\frac{f}{h}$ est donc constante sur $\mathbb{R}$. Il existe donc une constante C telle que, sur $\mathbb{R}$, $f = C \times h$. Déterminons C.

On sait que $f(0) = h(0) = 1$ donc $C = 1$. D'où $f = h$ sur $\mathbb{R}$.

8 Étudions la fonction f définie sur $\mathbb{R}$ par $f(x) = e^x - x$.

• f est dérivable sur $\mathbb{R}$ et pour tout x réel on a : $f'(x) = e^x - 1$.

• Étudions le signe de $f'(x)$.

$$f'(x) \geqslant 0 \Leftrightarrow e^x \geqslant 1 \Leftrightarrow e^x \geqslant e^0 \Leftrightarrow x \geqslant 0$$

• f est donc croissante sur $[0\,;+\infty[$ et décroissante sur $]-\infty\,;0]$, de plus $f(0) = 1$ donc pour tout x réel $e^x - x \geqslant 1$. On peut donc en déduire que $e^x - x \geqslant 0$ ou encore $e^x \geqslant x$.

• Utilisons le théorème des gendarmes (chapitre 2), on sait que $\lim\limits_{x \to +\infty} x = +\infty$, on en déduit donc que $\lim\limits_{x \to +\infty} e^x = +\infty$.

Pour montrer que $\lim\limits_{x \to -\infty} e^x = 0$, faisons un changement de variable en posant $X = -x$. On remarque que si x tend vers $-\infty$ alors X tend vers $+\infty$.

On a donc $\lim\limits_{x \to -\infty} e^x = \lim\limits_{X \to +\infty} e^{-X} = \lim\limits_{X \to +\infty} \frac{1}{e^X} = 0$ d'après le résultat précedent.

9 Remarquons que $xe^{-x} = \frac{x}{e^x} = \frac{1}{\frac{e^x}{x}}$. Or $\lim\limits_{x \to +\infty} \frac{e^x}{x} = +\infty$,

On peut supposer $x \neq 0$ car x tend vers $+\infty$.

donc $\lim\limits_{x \to +\infty} \frac{1}{\frac{e^x}{x}} = 0$ (voir chapitre 2, opération sur les limites).

10 Remarquons que : $\dfrac{e^x-1}{x}=\dfrac{e^x-e^0}{x-0}$. On reconnait alors le taux d'accroissement de la fonction exp en 0. On sait que la fonction exponentielle est dérivable sur $\mathbb{R}$, donc en particulier en 0. La limite de ce taux d'accroissement existe donc et est égal au nombre dérivé de la fonction exponentielle en 0, qui est e^0, donc 1.

S'ENTRAÎNER

11 Utilisons les règles de calcul sur la fonction exponentielle.

Notation : $\sqrt{e}=e^{1/2}$.

a. On a donc $\dfrac{\sqrt{e}}{ee^{-2}}=\dfrac{e^{1/2}}{e^{1-2}}=\dfrac{e^{1/2}}{e^{-1}}=e^{1+1/2}=e^{3/2}$.

Voir cours sur les propriétés algébriques.

b. $\dfrac{(2e^{-2})^2}{3e^{-3}}=\dfrac{4e^{-4}}{3e^{-3}}=\dfrac{4}{3e}$

12 **a.** $\left(\dfrac{e^x+e^{-x}}{2}\right)^2=\dfrac{e^{2x}+2e^xe^{-x}+e^{-2x}}{4}=\dfrac{e^{2x}+2+e^{-2x}}{4}$

b. $A=\left(\dfrac{e^x+e^{-x}}{2}\right)^2-\left(\dfrac{e^x-e^{-x}}{2}\right)^2$

On reconnaît une différence de deux carrés.

$=\dfrac{(e^x+e^{-x})-(e^x-e^{-x})}{2}\times\dfrac{(e^x+e^{-x})+(e^x-e^{-x})}{2}$

$=\dfrac{(2e^{-x})(2e^x)}{4}=\dfrac{4e^0}{4}=1$

13 **a.** $\dfrac{e^{-x}-1}{e^x-e^{-x}}=\dfrac{\dfrac{1}{e^x}-1}{e^x-\dfrac{1}{e^x}}=\dfrac{\dfrac{1-e^x}{e^x}}{\dfrac{e^xe^x-1}{e^x}}=\dfrac{1-e^x}{e^x}.\dfrac{e^x}{e^xe^x-1}=\dfrac{1-e^x}{e^{2x}-1}$

b. On a : $1-\dfrac{2}{e^x+1}=\dfrac{e^x+1}{e^x+1}-\dfrac{2}{e^x+1}=\dfrac{e^x+1-2}{e^x+1}=\dfrac{e^x-1}{e^x+1}$.

On a également $\dfrac{1-e^{-x}}{1+e^{-x}}=\dfrac{1-\dfrac{1}{e^x}}{1+\dfrac{1}{e^x}}=\dfrac{\dfrac{e^x-1}{e^x}}{\dfrac{e^x+1}{e^x}}=\dfrac{e^x-1}{e^x}.\dfrac{e^x}{e^x+1}=\dfrac{e^x-1}{e^x+1}$.

D'où l'égalité : $\dfrac{e^x-1}{e^x+1}=\dfrac{1-e^{-x}}{1+e^{-x}}=1-\dfrac{2}{e^x+1}$.

14 a. $e^{2x} \leqslant 1 \Leftrightarrow e^{2x} \leqslant e^0 \Leftrightarrow 2x \leqslant 0 \Leftrightarrow x \leqslant 0$ (on utilise la stricte croissance de la fonction exponentielle sur $\mathbb{R}$). Ainsi $S =]-\infty\,;0]$.

b. $e^{x^2} = e \Leftrightarrow e^{x^2} = e^1 \Leftrightarrow x^2 = 1 \Leftrightarrow x = 1$ ou $x = -1$ (on a utilisé le fait que exp est une bijection). $S = \{-1\ ;\ 1\}$.

c. $e^{1-x^2} \leqslant 0$. Cette inégalité est impossible car une exponentielle est toujours strictement positive. Donc $S = \varnothing$.

d. $e^{2x} - e^x = 0 \Leftrightarrow e^x(e^x - 1) = 0 \Leftrightarrow e^x = 0$ ou $e^x - 1 = 0$

$\Leftrightarrow e^x = 0$ ou $e^x = 1 \Leftrightarrow e^x = 0$ ou $e^x = e^0$.

Or pour tout x réel e^x ne s'annule jamais, donc la seule solution est $x = 0$. Ainsi $S = \{0\}$.

Attention $(e^x)^2 \neq e^{x^2}$.

15 a. Remarquons que $e^{2x} = (e^x)^2$.

L'équation proposée est donc une équation du second degré.

Posons $X = e^x$, cette équation devient alors :

$$\begin{cases} X = e^x \\ X^2 + 2X - 3 = 0 \end{cases}$$

Résolvons l'équation $X^2 + 2X - 3 = 0$. On a $\Delta = (-2)^2 - 4(1)(-3) = 16$.

L'équation a donc deux racines réelles $X_1 = -3$ et $X_2 = 1$.

Pour déterminer x, résolvons le système : $\begin{cases} e^x = -3 \\ e^x = 1 \end{cases}$

La première équation est impossible car une exponentielle est toujours positive et la seconde équation nous donne $x = 0$. On a donc $S = \{0\}$.

b. $3e^x - 7e^{-x} + 4 = 0 \Leftrightarrow 3e^x - 7\dfrac{1}{e^x} + 4 = 0 \Leftrightarrow \dfrac{3(e^x)^2 - 7 + 4e^x}{e^x} = 0$

$$\Leftrightarrow 3(e^x)^2 - 7 + 4e^x = 0$$

Nous obtenons une équation du second degré.

Posons $X = e^x$, cette équation devient alors : $\begin{cases} X = e^x \\ 3X^2 + 4X - 7 = 0 \end{cases}$

Résolvons $3X^2 + 4X - 7 = 0$. Après calculs, on démontre que cette équation admet deux racines $X_1 = \dfrac{-7}{3}$ et $X_2 = 1$. Résolvons alors $\begin{cases} e^x = -\dfrac{7}{3} \\ e^x = 1 \end{cases}$

La première équation est impossible car une exponentielle est toujours positive et la seconde équation nous donne $x = 0$. On a donc $S = \{0\}$.

c. Remarquons que $x \neq 0$.

Pour tout $x \neq 0$, $e^{\frac{-1}{x}} \geqslant e^{x-2} \Leftrightarrow \frac{-1}{x} \geqslant x-2 \Leftrightarrow \frac{-1}{x} - \frac{x^2-2x}{x} \geqslant 0$

$$\Leftrightarrow \frac{-x^2+2x-1}{x} \geqslant 0 \Leftrightarrow \frac{-(x-1)^2}{x} \geqslant 0$$

On a le tableau de signes suivant :

x	$-\infty$		0		1		$+\infty$
x		$-$	0	$+$		$+$	
$-(x-1)^2$		$-$		$-$	0	$-$	
$\frac{-(x-1)^2}{x}$		$+$	$\|\|$	$-$	0	$-$	

On en déduit que $S =]-\infty\ ; 0[\cup \{1\}$.

16 **a.** $\lim\limits_{x \to +\infty} x = +\infty$ et $\lim\limits_{x \to +\infty} e^x = +\infty$, on a donc une forme indéterminée. On factorise par e^x pour faire apparaître une limite classique.

Pour lever l'indétermination, on factorise par le terme prépondérant.

On obtient alors : $x - e^x = e^x\left(\frac{x}{e^x} - 1\right)$.

On sait que $\lim\limits_{x \to +\infty} \frac{e^x}{x} = +\infty$ donc $\lim\limits_{x \to +\infty} \left(\frac{x}{e^x}\right) = 0$ et $\lim\limits_{x \to +\infty} \left(\frac{x}{e^x} - 1\right) = -1$.

De plus $\lim\limits_{x \to +\infty} e^x = +\infty$ donc $\lim\limits_{x \to +\infty} (x - e^x) = \lim\limits_{x \to +\infty} e^x\left(\frac{x}{e^x} - 1\right) = -\infty$.

b. • $\lim\limits_{x \to +\infty} (1+5x) = +\infty$ et $\lim\limits_{x \to +\infty} e^{2x} = +\infty$

donc par produit $\lim\limits_{x \to +\infty} (1+5x)e^{2x} = +\infty$.

• $\lim\limits_{x \to -\infty} (1+5x) = -\infty$ et $\lim\limits_{x \to -\infty} e^{2x} = 0$. On a donc une forme indéterminée. Essayons en développant de faire apparaître des limites classiques.

$$(1+5x)e^{2x} = e^{2x} + 5xe^{2x} = e^{2x} + 5xe^x e^x$$

Or $\lim\limits_{x \to -\infty} e^{2x} = 0$, de plus $\lim\limits_{x \to -\infty} xe^{x} = 0$ et $\lim\limits_{x \to -\infty} e^{x} = 0$, ainsi par addition et multiplication de limites, on en déduit que $\lim\limits_{x \to -\infty} (1+5x)e^{2x} = 0$.

17 **a.** • On remarque que numérateur et dénominateur tendent vers $+\infty$ lorsque x tend vers $+\infty$. On a donc une forme indéterminée. Pour lever l'indétermination, factorisons numérateur et dénominateur par e^x. Il vient :

$$\frac{e^x+1}{e^x-1} = \frac{e^x\left(1+\dfrac{1}{e^x}\right)}{e^x\left(1-\dfrac{1}{e^x}\right)} = \frac{1+\dfrac{1}{e^x}}{1-\dfrac{1}{e^x}}$$

On sait que $\lim\limits_{x \to +\infty} \dfrac{1}{e^x} = 0$ donc $\lim\limits_{x \to +\infty} \dfrac{e^x+1}{e^x-1} = 1$.

• En $-\infty$, il n'y a pas de problème car l'exponentielle tend vers 0. Ainsi :

$$\lim_{x \to -\infty} (e^x+1) = 1 \text{ et } \lim_{x \to -\infty} (e^x-1) = 1, \text{ d'où } \lim_{x \to -\infty} \frac{e^x+1}{e^x-1} = 1.$$

• En 0, le numérateur a pour limite 2 et le dénominateur tend vers 0. Il faut donc distinguer les limites en 0^+ ou bien en 0^-. Nous allons donc envisager deux limites : $\lim\limits_{x \to 0^-} (e^x-1)$ et $\lim\limits_{x \to 0^+} (e^x-1) = 0$.

Si x tend vers 0^- alors $e^x - 1$ est négatif, donc le numérateur tendant vers la valeur positive 2, on a : $\lim\limits_{x \to 0^-} \dfrac{e^x+1}{e^x-1} = -\infty$.

Si x tend vers 0^+ alors $e^x - 1$ est positif. Donc, le numérateur tendant vers la valeur positive 2, on a : $\lim\limits_{x \to 0^+} \dfrac{e^x+1}{e^x-1} = +\infty$.

b. Le numérateur et le dénominateur tendent vers $+\infty$ quand x tend vers $+\infty$
• Nous avons donc une forme indéterminée. Pour lever l'indétermination factorisons par x au dénominateur :

$$\frac{e^x}{2x+1} = \frac{e^x}{x\left(2+\dfrac{1}{x}\right)} = \frac{e^x}{x}\,\frac{1}{\left(2+\dfrac{1}{x}\right)}$$

Or $\lim\limits_{x \to +\infty} \dfrac{e^x}{x} = +\infty$ et $\lim\limits_{x \to +\infty} \dfrac{1}{\left(2+\dfrac{1}{x}\right)} = \dfrac{1}{2}$, donc $\lim\limits_{x \to +\infty} \dfrac{e^x}{2x+1} = +\infty$.

18 **a.** • Le numérateur et le dénominateur tendent vers $+\infty$ quand x tend vers $+\infty$. Nous avons donc une forme indéterminée. Pour lever l'indétermination factorisons par x au numérateur et au dénominateur :

$$\frac{x+1}{e^x-1}=\frac{e^x\left(\frac{x}{e^x}+\frac{1}{e^x}\right)}{e^x\left(1-\frac{1}{e^x}\right)}=\frac{\frac{x}{e^x}+\frac{1}{e^x}}{1-\frac{1}{e^x}}$$

Or $\lim\limits_{x\to+\infty}\frac{e^x}{x}=+\infty$. Donc $\lim\limits_{x\to+\infty}\frac{x}{e^x}=0$ et $\lim\limits_{x\to+\infty}\frac{1}{e^x}=0$.

Donc $\lim\limits_{x\to+\infty}\left(\frac{x}{e^x}+\frac{1}{e^x}\right)=0$. De plus $\lim\limits_{x\to+\infty}\left(1-\frac{1}{e^x}\right)=1$, donc par quotient

$\lim\limits_{x\to+\infty}\frac{x+1}{e^x-1}=0$.

• Étudions la limite en 0. En utilisant le raisonnement fait à l'exercice précédent, on envisage les limites en 0^+ et 0^-. Le numérateur tend vers 1 lorsque x tend vers 0 et est donc positif.

De plus $\lim\limits_{x\to0^-}(e^x-1)=0^-$ et $\lim\limits_{x\to0^+}(e^x-1)=0^+$ on en déduit que :

$$\lim_{x\to0^+}\frac{x+1}{e^x-1}=+\infty \text{ et } \lim_{x\to0^-}\frac{x+1}{e^x-1}=-\infty.$$

b. Là encore nous avons une forme indéterminée car e^{2x} tend vers $+\infty$ quand x tend vers $+\infty$ et $-e^x$ tend vers $-\infty$ quand x tend vers $+\infty$.

Factorisons par e^x, on obtient : $e^{2x}-2e^x=e^x(e^x-2)$. Chacun des termes du produit tend vers $+\infty$ quand x tend vers $+\infty$. La limite cherchée est donc $\lim\limits_{x\to+\infty}(e^{2x}-2e^x)=+\infty$.

19 **a.** On remarque que $\frac{e^{ax}-1}{x}=\frac{e^{ax}-e^0}{x-0}$. Ce quotient n'est autre que le taux d'accroissement de la fonction $x\mapsto e^{ax}$ en 0. Ce taux d'accroissement a une limite quand x tend vers 0 car la fonction $x\mapsto e^{ax}$ est dérivable sur $\mathbb{R}$, donc en particulier en 0, et sa dérivée est $x\mapsto ae^{ax}$.

Le nombre dérivé de $x\mapsto e^{ax}$ en 0 est donc a.

Ainsi $\lim\limits_{x\to0}\frac{e^{ax}-1}{x}=a$.

> Pensez à la définition du nombre dérivé de $x\mapsto e^{ax}$ en 0.

b. $\lim\limits_{x \to -\infty} e^{2x+1} = 0$ et $\lim\limits_{x \to -\infty} x = -\infty$ donc $\lim\limits_{x \to -\infty} \dfrac{e^{2x+1}}{x} = 0$.

20 **a.** f est dérivable sur $\mathbb{R}$ comme produit de fonctions dérivables sur $\mathbb{R}$.

f est de la forme uv avec $u(x) = x$ et $v(x) = e^x$, donc $u'(x) = 1$ et $v'(x) = e^x$.

Pour tout x de $\mathbb{R}$, on a : $f'(x) = e^x + xe^x = (1+x)e^x$.

b. f est dérivable sur $]-\infty\,;0[$ et sur $]0\,;+\infty[$ comme quotient de fonctions dérivables sur $\mathbb{R}$.

f est de la forme $\dfrac{u}{v}$ avec $u(x) = e^x$ et $v(x) = x$ donc $u'(x) = e^x$ et $v'(x) = 1$.

Pour tout x de $\mathbb{R}$ on a : $f'(x) = \dfrac{xe^x - e^x}{x^2} = \dfrac{(x-1)e^x}{x^2}$.

c. f est dérivable sur $\mathbb{R}$ et pour tout x de $\mathbb{R}$ on a $f'(x) = e^x$.

> Attention e est un réel. C'est une constante, donc sa dérivée est nulle.

21 **a.** f est dérivable sur $\left]-\infty\,;\dfrac{1}{2}\right[$ et sur $\left]-\dfrac{1}{2}\,;+\infty\right[$.

f est de la forme $\dfrac{u}{v}$ avec $u(x) = e^{2x}$, $v(x) = 2x+1$ et $u'(x) = 2e^{2x}$, $v'(x) = 2$.

> $(e^{2x})' = 2e^{2x}$

On a donc $f'(x) = \dfrac{2e^{2x}(2x+1) - 2e^{2x}}{(2x+1)^2} = \dfrac{4xe^{2x} + 2e^{2x} - 2e^{2x}}{(2x+1)^2}$

$= \dfrac{4xe^{2x}}{(2x+1)^2}$

b. f est dérivable sur $\mathbb{R}$ comme quotient de fonctions dérivables sur $\mathbb{R}$ ($e^{3x}+1$ ne s'annule pas sur $\mathbb{R}$).

f est de la forme $\dfrac{u}{v}$ avec $u(x) = e^{3x} - 1$ et $v(x) = e^{3x} + 1$. On a $u'(x) = 3e^{3x}$ et $v'(x) = 3e^{3x}$. D'où pour tout x réel :

$$f'(x) = \frac{3e^{3x}(e^{3x}+1) - 3e^{3x}(e^{3x}-1)}{(e^{3x}+1)^2} = \frac{6e^{3x}}{(e^{3x}+1)^2}$$

c. f est dérivable sur $\mathbb{R}$ comme produit de fonctions dérivables sur $\mathbb{R}$. f est de la forme $u.v$ avec $u(x) = 2x+1$, $v(x) = e^{-x}$ et $u'(x) = 2$ et $v'(x) = -e^{-x}$.

Pour tout x réel :

$$f'(x) = 2e^{-x} + (2x+1)(-e^{-x}) = 2e^{-x} - 2xe^{-x} - e^{-x} = (-2x+1)e^{-x}$$

22 **a.** f est dérivable sur $]-\infty;0[$ et sur $]0;+\infty[$ comme quotient de fonctions dérivables sur $\mathbb{R}$ avec $v(x)=e^{2x}-1$ ne s'annulant pas.

f est de la forme $\dfrac{u}{v}$ avec $u(x)=x$ et $v(x)=e^{2x}-1$ donc $u'(x)=1$ et $v'(x)=2e^{2x}$.
On a donc pour tout x non nul :

$$f'(x)=\frac{(e^{2x}-1)-x(2e^{2x})}{(e^{2x}-1)^2}=\frac{-2xe^{2x}+e^{2x}-1}{(e^{2x}-1)^2}$$

b. f est dérivable sur $]-\infty;0[$ et sur $]0;+\infty[$ comme produit de fonctions dérivables sur $]-\infty;0[$ et sur $]0;+\infty[$. f est de la forme $u.v$, avec $u(x)=x$ et $v(x)=e^{\frac{1}{x}}$. On a donc $u'(x)=1$ et $v'(x)=\dfrac{-1}{x^2}e^{\frac{1}{x}}$.

On utilise : $(e^V)'=V'e^V$.

Pour tout réel x non nul on a : $f'(x)=e^{\frac{1}{x}}+x\left(\dfrac{-1}{x^2}e^{\frac{1}{x}}\right)=e^{\frac{1}{x}}\left(1-\dfrac{1}{x}\right)=e^{\frac{1}{x}}\left(\dfrac{x-1}{x}\right)$.

c. f est dérivable sur $]-\infty;-2[$, $]-2;2[$ et sur $]2;+\infty[$.

f est de la forme e^u avec $u(x)=\dfrac{x}{x^2-4}$ et $u'(x)=\dfrac{(x^2-4)-x(2x)}{(x^2-4)^2}=\dfrac{-x^2-4}{(x^2-4)^2}$.

Donc pour tout x, $x\neq-2$ et $x\neq 2$, $f'(x)=\dfrac{-x^2-4}{(x^2-4)^2}e^{\frac{x}{x^2-1}}$.

23 **1.** $e^{2x-1}\geqslant 1\Leftrightarrow e^{2x-1}\geqslant e^0\Leftrightarrow 2x-1\geqslant 0\Leftrightarrow x\geqslant\dfrac{1}{2}$

On obtient de même, $e^{2x-1}\leqslant 1\Leftrightarrow x\leqslant\dfrac{1}{2}$ (car la fonction exponentielle est croissante sur $\mathbb{R}$).

2. a. $\lim\limits_{x\to+\infty} e^{2x-1}=+\infty$ et $\lim\limits_{x\to+\infty} -2x=-\infty$. On a donc une forme indéterminée. Factorisons $f(x)$ par $2x$.
On a alors :

$$f(x)=2x\left(\frac{e^{2x-1}}{2x}-1+\frac{3}{2x}\right)=2x\left(\frac{e^{2x}}{2x}\times\frac{1}{e}-1+\frac{3}{2x}\right)$$

On fait apparaître $\lim\limits_{X\to+\infty}\dfrac{e^X}{X}$ et on utilise que $e^{2x-1}=e^{2x}\dfrac{1}{e}$.

Or $\lim\limits_{x\to+\infty}\dfrac{e^{2x}}{2x}=+\infty$ et $\lim\limits_{x\to+\infty}\dfrac{3}{2x}=0$ donc $\lim\limits_{x\to+\infty}f(x)=+\infty$.

$\lim\limits_{x\to-\infty}e^{2x-1}=0$ et $\lim\limits_{x\to-\infty}2x=-\infty$ donc $\lim\limits_{x\to-\infty}f(x)=+\infty$.

b. f est dérivable sur $\mathbb{R}$ et pour tout x de $\mathbb{R}$ on a : $f'(x)=2e^{2x-1}-2$.

Étudions les variations de f sur $\mathbb{R}$.

$f'(x)\geqslant 0 \Leftrightarrow 2e^{2x-1}-2\geqslant 0 \Leftrightarrow 2e^{2x-1}\geqslant 2 \Leftrightarrow e^{2x-1}\geqslant 1 \Leftrightarrow x\geqslant \frac{1}{2}$ (d'après 1.)

D'où le tableau de variations de f :

x	$-\infty$		$\frac{1}{2}$		$+\infty$
$f'(x)$		$-$	0	$+$	
$f(x)$	$+\infty$	↘	3	↗	$+\infty$

24 **1.** $f(x)=\frac{1}{2}(x+(1-x)e^{2x})=\frac{1}{2}x+\frac{1}{2}e^{2x}-\frac{1}{2}xe^{2x}$

• $\lim\limits_{x\to-\infty}\frac{1}{2}xe^{2x}=\lim\limits_{x\to-\infty}\frac{1}{2}\left(\frac{1}{2}2xe^{2x}\right)=0$

De plus $\lim\limits_{x\to-\infty}\frac{1}{2}e^{2x}=0$, donc $\lim\limits_{x\to-\infty}f(x)=-\infty$.

On utilise : $\lim\limits_{X\to-\infty}Xe^{X}=0$ avec $X=2x$.

• En $+\infty$ on obtient une forme indéterminée. En effet

$\lim\limits_{x\to+\infty}(1-x)e^{2x}=-\infty$ et $\lim\limits_{x\to+\infty}x=+\infty$.

Pour lever cette indétermination factorisons par e^{2x} :

$$f(x)=e^{2x}\left(\frac{1}{2}\frac{x}{e^{2x}}+\frac{1}{2}-\frac{1}{2}x\right)$$

Or $\lim\limits_{x\to+\infty}\frac{1}{2}\frac{x}{e^{2x}}=0$ et $\lim\limits_{x\to+\infty}-\frac{1}{2}x=-\infty$ d'où $\lim\limits_{x\to+\infty}f(x)=-\infty$.

2. f est dérivable sur $\mathbb{R}$ comme somme de fonctions dérivables sur $\mathbb{R}$. Pour tout x de $\mathbb{R}$ on a :

$$f'(x)=\frac{1}{2}+\frac{1}{2}[-e^{2x}+(1-x)2e^{2x}]=\frac{1}{2}-\frac{1}{2}e^{2x}+e^{2x}-xe^{2x}=\frac{1}{2}+\frac{1}{2}e^{2x}-xe^{2x}$$
$$=\frac{1}{2}[1+(1-2x)e^{2x}]$$

3. **a.** u est dérivable sur $\mathbb{R}$ et pour tout x de $\mathbb{R}$ on a :

$$u'(x) = -2e^{2x} + (1-2x)(2e^{2x}) = -4xe^{2x}$$

$u'(x)$ est du signe de $-4x$ donc $u'(x) \geqslant 0 \Leftrightarrow x \leqslant 0$ et $u'(x) < 0 \Leftrightarrow x > 0$.
Sur $[0\,;1]$, u est continue et strictement décroissante.

b. $u(0) = 2 > 0$ et $u(1) = 1 - e^2 < 0$.

$0 \in [u(1)\,;u(0)]$, donc d'après le théorème de la bijection, l'équation $u(x) = 0$ admet une unique solution α sur $[0\,;1]$. À la calculatrice on obtient $\alpha = 0{,}64$ à 10^{-2} près par excès.

c. On déduit de ce qui précède que $u(x) \geq 0 \Leftrightarrow x \leq \alpha$ et $u(x) < 0 \Leftrightarrow x > \alpha$.

4. L'étude de la fonction u nous a permis de déterminer le signe de $f'(x)$.

On remarque que $f'(x) = \dfrac{1}{2}u(x)$. f' et u ont donc le même signe. On en déduit le tableau de variations de f :

x	$-\infty$		α		$+\infty$
$f'(x)$		$+$	0	$-$	
$f(x)$	$-\infty$	↗	$f(\alpha)$	↘	$-\infty$

OBJECTIF BAC

25 **1.** **a.** $\lim\limits_{x \to -\infty} xe^x = 0$ et $\lim\limits_{x \to -\infty} (e^x - 1) = -1$ donc $\lim\limits_{x \to -\infty} f(x) = 0$.
On en déduit que la droite d'équation $y = 0$ est asymptote à la courbe représentant f.

b. Développons : $x\left(1 + \dfrac{1}{e^x - 1}\right) = x\left(\dfrac{e^x - 1}{e^x - 1} + \dfrac{1}{e^x - 1}\right) = x\left(\dfrac{e^x}{e^x - 1}\right) = f(x)$

$$\lim_{x \to +\infty} \frac{e^x}{e^x - 1} = \lim_{x \to +\infty} \frac{e^x}{e^x\left(1 - \dfrac{1}{e^x}\right)} = \lim_{x \to +\infty} \frac{1}{\left(1 - \dfrac{1}{e^x}\right)} = 1$$

On factorise par e^x pour lever l'indétermination.

De plus $\lim\limits_{x \to +\infty} x = +\infty$ ainsi $\lim\limits_{x \to +\infty} f(x) = +\infty$.

2. D'après le cours, on sait que $\lim\limits_{x \to 0} \dfrac{e^x - 1}{x} = 1$.

Remarquons que $f(x) = e^x \dfrac{1}{\dfrac{e^x - 1}{x}}$, de plus $\lim\limits_{x \to 0} \dfrac{1}{\dfrac{e^x - 1}{x}} = 1$ et $\lim\limits_{x \to 0} e^x = 1$.

Donc $\lim\limits_{x \to 0} f(x) = 1 = f(0)$.

On peut donc en déduire que f est continue en 0.

3. a. Posons $g(x) = e^x - x - 1$, g est dérivable sur $\mathbb{R}$ et pour tout x réel on a : $g'(x) = e^x - 1$.

$g'(x) \geqslant 0 \Leftrightarrow e^x \geqslant e^0 \Leftrightarrow x \geqslant 0$

$g'(x) < 0 \Leftrightarrow e^x < e^0 \Leftrightarrow x < 0$

De plus $g(0) = 0$ donc g admet un minimum en 0 qui vaut 0, pour tout x réel $g(x) \geqslant 0$.

D'où $e^x \geqslant x + 1$ pour tout x réel.

L'égalité n'a bien lieu que pour $x = 0$ car g et strictement croissante sur $]0\,;+\infty[$ et strictement décroissante sur $]-\infty\,;0[$.

> Pour montrer que $e^x \geqslant x+1$, on peut considérer la fonction $g : x \mapsto e^x - x - 1$ et étudier son signe.

b. f est dérivable sur $]0\,;+\infty[$ et sur $]-\infty\,;0[$.

$$f'(x) = \frac{(e^x + xe^x)(e^x - 1) - xe^x e^x}{(e^x - 1)^2} = \frac{e^{2x} - e^x + xe^x e^x - xe^x - xe^x e^x}{(e^x - 1)^2}$$

$$= \frac{e^{2x} - e^x - xe^x}{(e^x - 1)^2}$$

$$= \frac{e^x(e^x - 1 - x)}{(e^x - 1)^2}$$

Donc $f'(x) = \dfrac{e^x g(x)}{(e^x - 1)^2}$ avec $g(x) = e^x - 1 - x$.

c. D'après la question précédente, on sait que $g(x)>0$ donc pour tout x réel $f'(x)\geqslant 0$.

x	$-\infty$	$+\infty$
$f'(x)$	+	
$f(x)$	0 ↗	$+\infty$

4. a. $f(-x)=\dfrac{-xe^{-x}}{e^{-x}-1}=\dfrac{-x\dfrac{1}{e^x}}{\dfrac{1}{e^x}-1}=\dfrac{-x}{1-e^x}=\dfrac{x}{e^x-1}$

Le coefficient directeur de (MP) est :

$$\frac{y_P-y_M}{x_P-x_M}=\frac{f(-x)-f(x)}{-x-x}=\frac{\dfrac{x}{e^x-1}-\dfrac{xe^x}{e^x-1}}{-2x}=\frac{\dfrac{x(1-e^x)}{e^x-1}}{-2x}=\frac{1}{2}$$

b. Quand x se rapproche de 0, M et P tendent vers le point O en restant sur la courbe, (MP) tend vers la tangente à la courbe au point O de coefficient directeur $\frac{1}{2}$. Si on suppose que f est dérivable en 0, on peut dire que son nombre dérivé en 0 est $\frac{1}{2}$.

CHAPITRE

6 Fonction logarithme népérien

C'est John Neper (1550–1617) qui introduit les logarithmes pour simplifier les calculs trop longs ou faisant intervenir de trop grandes valeurs. En effet, contrairement à la fonction exponentielle, le logarithme népérien a une croissance très lente. Ses liens avec la fonction exponentielle sont néanmoins très étroits et il possède, lui aussi, des propriétés remarquables.

1 Définitions

- On sait que la fonction exponentielle est continue et strictement croissante sur $\mathbb{R}$ à valeurs dans $]0\,;+\infty[$.

D'après le théorème de la bijection, on peut dire que, pour tout réel m strictement positif, l'équation $e^x = m$ admet une unique solution sur $\mathbb{R}$.

Voir le chapitre 3.

- On appelle **logarithme népérien** du réel m strictement positif l'unique solution de l'équation $e^x = m$.

Cette solution est notée $\ln m$ et se lit logarithme népérien de m.

- La fonction logarithme népérien est la fonction définie sur $]0\,;+\infty[$ par : $x \mapsto \ln x$.

(L'ensemble de définition est $]0\,;+\infty[$ car d'après la définition $m > 0$.)

• Attention dans cette définition x est strictement positif mais $\ln x$ est un nombre réel et peut être négatif.
• Sur la calculatrice la touche correspondante est ln et non log.

2 Propriétés

Propriétés immédiates

- On a l'équivalence : $\forall x$ réel, $y \in]0\,;+\infty[$, $y = e^x \Leftrightarrow x = \ln y$
- $e^0 = 1 \Leftrightarrow \ln 1 = 0$
- $e^1 = e \Leftrightarrow \ln e = 1$

Autres propriétés

- Pour tout réel x, $\ln(\exp x) = x$.
- Pour tout $x > 0$, $\exp(\ln x) = x$.
- La fonction « ln » est continue sur $]0\,;+\infty[$.
- La fonction « ln » est dérivable sur $]0\,;+\infty[$ et sa dérivée est $x \mapsto \dfrac{1}{x}$ (ce résultat sera montré à l'exercice 8).
- La fonction « ln » est strictement croissante sur $]0\,;+\infty[$,

on en déduit donc que :

$*$ pour tous a et b de $]0\,;+\infty[$, $a < b \Leftrightarrow \ln a < \ln b$.

$*$ $0 < x < 1 \Leftrightarrow \ln x < 0$

$*$ $x > 1 \Leftrightarrow \ln x > 0$

On dit que la fonction logarithme népérien est la fonction réciproque de la fonction exponentielle.

- « ln » est une bijection de $]0\,;+\infty[$ dans $\mathbb{R}$,

donc pour tous a et b de $]0\,;+\infty[$, $\ln a = \ln b \Leftrightarrow a = b$.

Ces deux dernières propriétés donnent le signe de ln sur $]0\,;+\infty[$.

Dérivée de la fonction ln(u)

Soit u une fonction dérivable et strictement positive sur un intervalle I, la fonction $x \mapsto \ln(u(x))$ est dérivable sur I et a pour dérivée :

$$x \mapsto \frac{u'(x)}{u(x)}$$

Exemple : Soit $f : x \mapsto \ln(x^2+2)$. f est dérivable sur $\mathbb{R}$ et est de la forme $\ln u$ avec $u : x \mapsto x^2+2$ $(u(x)>0)$ et $u' : x \mapsto 2x$. Ainsi pour tout x de $\mathbb{R}$, $f'(x) = \dfrac{2x}{x^2+2}$.

3 Propriétés algébriques

Relation fondamentale

Pour tous x et y de $]0\,;+\infty[$, $\ln(xy) = \ln x + \ln y$.

Autres propriétés

- Pour tout a de $]0\,;+\infty[$, $\ln\dfrac{1}{a} = -\ln a$.
- Pour tous a et b de $]0\,;+\infty[$, $\ln\dfrac{a}{b} = \ln a - \ln b$.

- Attention l'hypothèse a et b strictement positifs est essentielle.
- La démonstration sera faite à l'exercice 9.

- Pour tous $a_1, a_2, ..., a_n$ de $]0\,;+\infty[$: $\ln(a_1 a_2 ... a_n) = \ln a_1 + \ln a_2 + ... + \ln a_n$.
- Pour tout n de $\mathbb{N}$ et tout a de $]0\,;+\infty[$, $\ln a^n = n \ln a$.

On peut étendre ce résultat à n dans $\mathbb{Z}$.

- Pour tout $a \in]0\,;+\infty[$, $\ln\sqrt{a} = \frac{1}{2}\ln a$.

4 Étude de la fonction logarithme népérien

Ensemble de définition

La fonction logarithme népérien est définie et continue sur $]0\,;+\infty[$.

Variations

On sait que la fonction logarithme népérien est dérivable sur $]0\,;+\infty[$ et que, pour tout x de $]0\,;+\infty[$, $(\ln x)' = \frac{1}{x}$.

x étant positif, $(\ln x)' = \frac{1}{x}$ l'est aussi et on en déduit que la fonction logarithme népérien est strictement croissante sur $]0\,;+\infty[$.

Comportement asymptotique en 0

- $\lim\limits_{x \to +\infty} \ln x = +\infty$
- $\lim\limits_{x \to 0^+} \ln x = -\infty$

On déduit de ces limites que la courbe représentant la fonction «ln» admet l'axe des ordonnées comme asymptote verticale.

Nous pouvons alors dresser le tableau de variations :

x	0	$+\infty$
$(\ln x)'$	‖	$+$
$\ln x$	‖ $-\infty$	↗ $+\infty$

Équation des tangentes aux points d'abscisses 1 et e

La tangente T_1 au point d'abscisse 1 a pour équation $y = x - 1$.

La tangente T_e au point d'abscisse e a pour équation $y = \frac{1}{e}(x-e)+1 = \frac{1}{e}x$.

Courbe représentative

Les fonctions logarithme népérien et exponentielle étant réciproques, on peut montrer que leurs courbes représentatives sont symétriques par rapport à la première bissectrice du repère, c'est-à-dire la droite d'équation $y = x$.

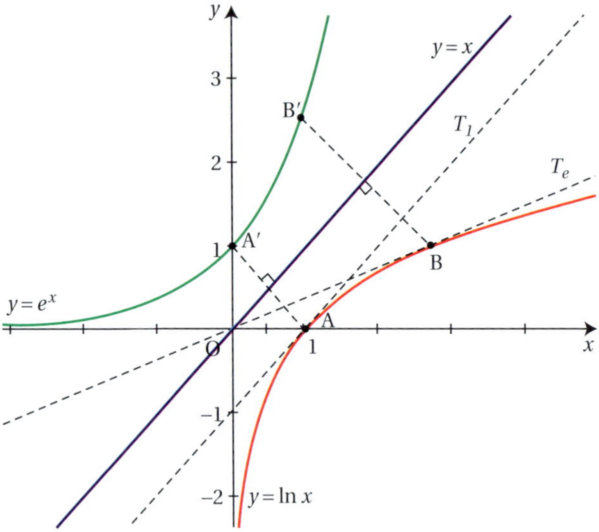

On peut remarquer que les points A et A' d'une part et B et B' d'autre part sont symétriques par rapport à la droite d'équation $y = x$.

5 Quelques limites classiques

Certaines limites aboutissent à des formes inderterminées si on tente de les calculer directement. Ces formes indéterminées peuvent être levées. On retiendra les résultats suivants.

- $\lim_{x \to +\infty} \frac{\ln x}{x} = 0$ et $\lim_{x \to 0^+} x \ln x = 0$.
- Pour tout n de $\mathbb{N}^*$, $\lim_{x \to +\infty} \frac{\ln x}{x^n} = 0$.
- Pour tout n de $\mathbb{N}^*$, $\lim_{x \to 0^+} x^n \ln x = 0$.

En conclusion, nous pouvons donc écrire que, pour tout n de $\mathbb{N}$:

$\lim_{x \to +\infty} \frac{\ln x}{x^n} = 0$ et $\lim_{x \to 0^+} x^n \ln x = 0$.

On remarquera que pour n entier négatif, il n'y a pas de forme indéterminée et $\lim\limits_{x \to +\infty} \dfrac{\ln x}{x^n} = +\infty$ puis $\lim\limits_{x \to 0^+} x^n \ln x = -\infty$.
On dit que la fonction puissance « l'emporte » sur la fonction logarithme népérien.

- $\lim\limits_{x \to 0^+} \dfrac{\ln(x+1)}{x} = 1$

Remarque : Le quotient $\dfrac{\ln(x+1)}{x}$ n'est autre que le taux d'accroissement de la fonction $x \mapsto \ln(x+1)$ en 0. Ce taux a une limite finie car la fonction $x \mapsto \ln(x+1)$ est dérivable sur $]-1\,;+\infty[$ donc en particulier en 0. Sa limite est donc égale au nombre dérivé de $x \mapsto \ln(x+1)$ en 0. Or la dérivée de $x \mapsto \ln(x+1)$ est $x \mapsto \dfrac{1}{x+1}$.
Donc $\lim\limits_{x \to 0^+} \dfrac{\ln(x+1)}{x} = 1$.

6 La fonction logarithme décimal

À partir de la fonction logarithme népérien, on peut construire d'autres fonctions logarithmes qui sont utiles dans de nombreux domaines. Nous verrons ici l'une de ces fonctions.

Définition

La fonction **logarithme décimal**, notée log, est la fonction définie sur $]0\,;+\infty[$ par :

$$\log(x) = \frac{\ln x}{\ln 10}$$

Sur la calculatrice on utilise la touche log.

- On a $\log 1 = \ln 1 = 0$ mais $\log 10 = 1$.

Remarque : Les propriétés algébriques de la fonction log sont les mêmes que celles de la fonction ln.

- Étant donné que $\ln 10$ est strictement positif, la fonction log possède le même tableau de variations que la fonction ln.
- La fonction log est dérivable sur $]0\,;+\infty[$ et sa dérivée est $x \mapsto \dfrac{1}{x \ln 10}$.

Cette fonction est utilisée dans beaucoup d'autres disciplines (en chimie par exemple pour les calculs de pH).

Résoudre une équation ou une inéquation comportant la fonction logarithme népérien

ÉNONCÉ

Résoudre les équations et l'inéquation suivantes :

1 $\ln(2-x)=2\ln(3)$

2 $\ln(5-x)>2\ln(x+1)$

3 $(\ln x)^2-4\ln x+3\geqslant 0$

MÉTHODE

- On commence **toujours** par déterminer l'ensemble D sur lequel l'équation ou l'inéquation est définie.
- On utilise les règles de calcul algébrique pour transformer les écritures et se ramener à une équation du type $\ln a=\ln b$ ou une inéquation du type $\ln a\geqslant\ln b$.
On peut aussi se ramener à une équation du second degré en effectuant un changement de variable $(X=\ln x)$.
- Ensuite on utilise le fait que la fonction ln est une bijection.
- On ne garde que les solutions appartenant à l'ensemble de définition de l'équation ou de l'inéquation.

Ce point est vraiment le premier à traiter avant de faire quelque transformation d'écriture que ce soit.

CORRIGÉ

1 L'équation a un sens si et seulement si $2-x>0$, car ln n'est définie que sur $]0\,;+\infty[$. Or $2-x>0\Leftrightarrow 2>x\Leftrightarrow x\in]-\infty\,;2[$, donc $D=]-\infty\,;2[$.

Pour résoudre cette équation, on se ramène à une équation du type $\ln a=\ln b$.

On sait que, pour tout a strictement positif, $n\ln a=\ln(a^n)\;(n\in\mathbb{N})$.

On a donc $2\ln(3)=\ln(3^2)=\ln 9$, l'équation devient :

$$\ln(2-x)=2\ln(3)\Leftrightarrow\ln(2-x)=\ln 9$$
$$\ln(2-x)=2\ln(3)\Leftrightarrow 2-x=9$$
$$\ln(2-x)=2\ln(3)\Leftrightarrow x=-7$$

La fonction « ln » est une bijection. Pour tous a et b strictement positifs, $\ln a=\ln b\Leftrightarrow a=b$.

On remarque que -7 est dans D' l'équation admet donc une unique solution qui est $x=-7$. Conclusion : $S=\{-7\}$.

2 L'inéquation a un sens si et seulement si $5-x>0$ et $x+1>0$.

$$\begin{cases} x+1>0 \\ 5-x>0 \end{cases} \Leftrightarrow \begin{cases} x>-1 \\ x<5 \end{cases} \Leftrightarrow -1<x<5 \text{ donc } D=]-1\,;5[.$$

Les deux conditions doivent être réalisées simultanément.

Transformons le second membre de l'inéquation on a :
$2\ln(x+1)=\ln[(x+1)^2]$

$$\ln(5-x)>2\ln(x+1) \Leftrightarrow \ln(5-x)>\ln[(x+1)^2 \Leftrightarrow \ln\left[(x+1)^2\right]$$
$$\Leftrightarrow 5-x>(x+1)^2 \Leftrightarrow 5-x>x^2+2x+1$$
$$\Leftrightarrow x^2+3x-4<0$$

Les racines du trinôme x^2+3x-4 sont $x_1=1$ et $x_2=-4$. Les solutions de $x^2+3x-4<0$ sont donc les réels de $]-4\,;1[$, cependant les solutions doivent également appartenir à D. Il faut donc déterminer l'intersection de $]-4\,;1[$ et de D, qui est $]-1\,;1[$. L'ensemble solution est donc $S=]-1\,;1[$.

Il faut vérifier que ces solutions appartiennent à *D*.

3 L'inéquation a un sens si et seulement si $x>0$, donc $D=]0\,;+\infty[$.

On effectue un changement de variable en posant $X=\ln x$.

L'inéquation devient :

$$(\ln x)^2-4\ln x+3\geqslant 0 \Leftrightarrow \begin{cases} X=\ln x \\ X^2-4X+3\geqslant 0 \end{cases} \Leftrightarrow \begin{cases} X=\ln x \\ X\in]-\infty\,;1]\cup[3\,;+\infty[\end{cases}$$

Résolvons alors $\ln x\leqslant 1$ et $\ln x\geqslant 3$:

$\ln x\leqslant 1 \Leftrightarrow \ln x\leqslant \ln e \Leftrightarrow x\leqslant e$.
Cependant $x>0$, donc finalement $0<x\leqslant e$.

La fonction exponentielle étant croissante sur $\mathbb{R}$, donc sur $[3\,;+\infty[$ on a:

$$\ln x\geqslant 3 \Leftrightarrow x\geqslant e^3$$

En regroupant les deux résultats nous obtenons que l'ensemble solution est $S=]0\,;e]\cup[e^3\,;+\infty[$.

Pensez bien à ne prendre que les solutions se trouvant dans l'ensemble de définition déterminé au début de la résolution

SE TESTER QUIZ

1 L'égalité $e^{\ln x} = x$ est vrai pour tout x appartenant à :

- [ ] **a.** $\mathbb{R}$
- [ ] **b.** $]0\,;+\infty[$
- [ ] **c.** $[0\,;+\infty[$

2 L'inéquation $\ln(x-1)<1$ est vérifiée pour :

- [ ] **a.** $x>1$
- [ ] **b.** $x<1+e$
- [ ] **c.** $1<x<1+e$

3 L'équation $e^x = 2$ a pour solution :

- [ ] **a.** e^2
- [ ] **b.** $\ln 2$
- [ ] **c.** $\ln\frac{1}{2}$

4 L'inéquation $e^x \leqslant 4$ a pour solution :

- [ ] **a.** $]-\infty;\ln 4]$
- [ ] **b.** $]0\,;\ln 4]$
- [ ] **c.** $]0\,;4]$

5 La représentation graphique de la fonction logarithme népérien admet :

- [ ] **a.** une asymptote verticale.
- [ ] **b.** une asymptote horizontale.
- [ ] **c.** une tangente horizontale.

6 Soit f la fonction définie par $f(x)=\ln(x^2)$.

L'ensemble de définition de f est :

- [ ] **a.** $\mathbb{R}$
- [ ] **b.** $]0\,;+\infty[$
- [ ] **c.** $\mathbb{R}^*$

7 Soit f la fonction définie sur $]0\,;+\infty[$ par $f(x)=x^2\ln x$.
Le nombre dérivé de f en e est :

- [ ] **a.** $3e$
- [ ] **b.** 0
- [ ] **c.** e^2

TRAITER UNE QUESTION DE COURS

8 Montrer que la dérivée de $x \mapsto \ln x$ est $x \mapsto \frac{1}{x}$.

> On pensera à utiliser la limite du taux d'accroissement.

9 Prérequis : « La fonction $x \mapsto \ln(mx+p)$ est dérivable sur $\left]\frac{-p}{m};+\infty\right[$ et sa fonction dérivée est $x \mapsto \frac{m}{mx+p}$.
On sait de plus que $\ln 1 = 0$. »

a. Démontrer que pour tous réels strictement positifs a et x : $\ln(ax)=\ln a+\ln x$.

b. Utiliser le résultat précédent pour démontrer que, pour tous a et b strictement positifs : $\ln\left(\frac{1}{b}\right)=-\ln b$ et $\ln\left(\frac{a}{b}\right)=\ln a-\ln b$.

> On pourra considérer la fonction définie sur $]0\,;+\infty[$ par $f(x)=\ln(ax)$ et sa dérivée.

S'ENTRAÎNER

Ensemble de définition

10 Déterminer les ensembles de définition des fonctions suivantes :

a. $x \mapsto \dfrac{1}{\ln x}$ **b.** $x \mapsto \ln \dfrac{x-2}{x+2}$ **c.** $x \mapsto \ln(x-2)-\ln(x+2)$

11 Pour tout x différent de 3, a-t-on $\ln(x-3)^2 = 2\ln(x-3)$?

12 Déterminer les ensembles de définition des fonctions suivantes :

a. $x \mapsto \sqrt{5-e^x}$ **b.** $x \mapsto \dfrac{e^{2x}-1}{e^{x-2}-2}$

On pensera à utiliser pour tout $y>0$ et x réel : $y=e^x \Leftrightarrow x=\ln y$.

Propriétés algébriques

13 Simplifier les expressions suivantes :

a. $\ln e^3 + \ln e^2$ **b.** $\ln e^{-3} + \ln \sqrt{e}$ **c.** $\ln(e^4\sqrt{e})$

d. $e^{\ln 2} + e^{\ln 3}$ **e.** $e^{-\ln 3} + e^{\ln 5}$

Voir propriétés algébriques (cours page 152).

14 Écrire le plus simplement possible les nombres suivants :

a. $\dfrac{\ln 9 - \frac{1}{2}\ln 3}{\ln 36 - \ln 4}$ **b.** $\ln(\sqrt{3}-1)+\ln 3-\ln 12+\ln(\sqrt{3}+1)$ **c.** $e^{2\ln 3}.e^{\frac{-1}{2}\ln 36}$

Équations et inéquations

15 Résoudre les équations suivantes :

a. $\ln x = \ln 5 + 3\ln 2$ **b.** $\ln x = -5$ **c.** $e^x = 2$

POUR RÉSOUDRE UNE ÉQUATION

On commencera par déterminer l'ensemble de définition.
Ensuite on se ramènera à une équation de la forme $\ln a = \ln b$, ou bien on utilisera l'équivalence : $e^y = x \Leftrightarrow y = \ln x$ $(x>0)$.

16 Résoudre les équations suivantes :

a. $\ln^2 x + 5\ln x - 6 = 0$ **b.** $\ln(x-2)+\ln(x-32) = 6\ln 2$

c. $\ln[(x-2)(x-32)] = 6\ln 2$

17 Résoudre les inéquations suivantes :

a. $e^{-2x} > \dfrac{4}{25}$ b. $16 - \ln^2 x < 0$ c. $-2\ln^2 x - \ln\left(\dfrac{1}{x}\right) - 1 < 0$

18 Résoudre le système suivant : $\begin{cases} x + y = 30 \\ \ln x + \ln y = 3\ln 5 \end{cases}$

Fonctions logarithmes

Dans les exercices 19 à 21, déterminer les dérivées des fonctions suivantes après avoir donné leur ensemble de dérivabilité.

19 a. $f : x \mapsto x\ln(x) - x$ b. $f : x \mapsto \ln(x^2 + 1)$ c. $f : x \mapsto \ln(2 - 3x)$

20 a. $f : x \mapsto \ln(1 + e^x)$ b. $f : x \mapsto \ln^2 x - \ln x + 1$

c. $f : x \mapsto \dfrac{\ln(1 + x)}{x}$

On utilisera la formule donnant la dérivée de ln *u*.

21 a. $f : x \mapsto \ln(\ln x)$ b. $f : x \mapsto \dfrac{1}{\ln x}$

c. $f : x \mapsto \ln\dfrac{2 + x}{2 - x}$

Dans les exercices 22 à 23, déterminer les limites de *f* aux bornes de son ensemble de définition.

22 a. $f : x \mapsto \dfrac{x^2}{\ln x}$ b. $f : x \mapsto \dfrac{x}{x - \ln x}$

23 a. $f : x \mapsto x\ln\left(\dfrac{1}{x}\right)$ b. $f : x \mapsto x - \ln(1 + e^x)$

24 Déterminer les limites des fonctions suivantes en a.

a. $f : x \mapsto \dfrac{x\ln x}{x - 1}$ en $a = 1$. b. $f : x \mapsto \dfrac{\ln(1 - x)}{x}$ en $a = 0$.

c. $f : x \mapsto \dfrac{\ln(1 + \alpha x)}{x}$ en $a = 0$ (α est un réel non nul).

On pensera aux nombres dérivés de fonctions bien choisies.

25 Lorsqu'on administre un médicament antibiotique par voie intraveineuse, la concentration de cette substance augmente dans le sang jusqu'à un certain moment et diminue par la suite. Dans le cas d'une pneumonie à mycoplasme, la concentration sanguine de l'antibiotique approprié est donnée par :

$$C(t) = 0{,}3(e^{-0{,}18t} - e^{-1{,}2t})$$

où t représente le nombre d'heures après l'injection.

a. Comment évolue la concentration à long terme ?

b. Au bout de combien de temps la concentration est-t-elle maximale ?

26 La fonction f est définie sur $]0\,;+\infty[$ par : $f(x)=\dfrac{1+\ln x}{x^2}$.

a. Déterminer la dérivée f' de f et en déduire les variations de f sur $]0\,;+\infty[$.

b. Étudier les limites de f aux bornes de son ensemble de définition. En déduire les asymptotes éventuelles à la courbe représentative de f. Dresser le tableau de variations de f.

c. Déterminer une équation de la tangente à la courbe représentative de f au point d'intersection de la courbe avec l'axe des abscisses.

d. Tracer la courbe représentative de f.

OBJECTIF BAC

27 On se propose d'étudier la fonction f définie sur $]0\,;+\infty[$ par :

$$f(x)=x+\frac{1}{x}+\frac{\ln x}{x^2}$$

Partie A

1. Soit g la fonction définie sur h par : $g(x)=x^3-x-2\ln x+1$.

a. Montrer que la fonction g est dérivable et que, pour tout x de $]0\,;+\infty[$:

$$g'(x)=\frac{(x-1)(3x^2+3x+2)}{x}$$

b. Étudier les variations de la fonction g puis déterminer le signe de $g(x)$.

2. a. Déterminer les limites de f en 0 et en $+\infty$.

b. Montrer que, pour tout $x>0$: $f'(x)=\dfrac{g(x)}{x^3}$ puis donner le tableau de variation de f.

Partie B

$\mathscr{C}$ désigne la représentation graphique de la fonction f dans un repère orthonormal $(\mathrm{O}\,;\vec{i}\,;\vec{j})$ (unité graphique : 2 cm).

1. Soit h la fonction définie sur $]0\,;+\infty[$ par $h(x)=x+\ln x$.

a. Étudier le sens de variation de h, puis montrer que l'équation $h(x)=0$ admet une solution unique α sur l'intervalle $[0{,}4\,;0{,}7]$.

b. Montrer que l'on a : $e^{-\alpha}=\alpha$.

2. Soit D la droite d'équation $y=x$.

En utilisant les résultats de la question **1. a** déterminer les positions relatives de $\mathscr{C}$ et D.

3. Construire $\mathscr{C}$ et D dans le repère orthonormal $(\mathrm{O}\,;\vec{i}\,;\vec{j})$.

SE TESTER

1 **Réponse b.** $\ln x$ est défini si et seulement si $x > 0$, donc l'égalité est vraie pour $x \in]0\,;+\infty[$.

2 **Réponse c.** L'inéquation a un sens si et seulement si $x-1>0$, soit $x>1$. Donc $D=]1\,;+\infty[$. Résolvons $\ln(x-1)<1$.

$\ln(x-1)<1 \Leftrightarrow \ln(x-1)<\ln e \Leftrightarrow x-1<e \Leftrightarrow x<1+e$. Ainsi $S=]1\,;1+e[$.

> On sait que $\ln(e)=1$.

3 **Réponse b.** D'après le cours on sait que
$\forall y \in]0\,;+\infty[,\ e^x = y \Leftrightarrow x = \ln y$.
On a donc $e^x = 2 \Leftrightarrow x = \ln 2$.

4 **Réponse a.** $e^x \leqslant 4 \Leftrightarrow \ln e^x \leqslant \ln 4 \Leftrightarrow x \leqslant \ln 4$

> La fonction ln est strictement croissante sur $]0\,;+\infty[$ et exp est la réciproque de ln.

5 **Réponse a.** On sait que $\lim\limits_{x\to 0} \ln x = -\infty$ donc la courbe représentant la fonction logarithme népérien admet une asymptote verticale, l'axe des ordonnées.

6 **Réponse c.** $f(x)=\ln(x^2)$ est définie si et seulement si $x^2>0$. Or x^2 est toujours positif ou éventuellement nul. La seule condition est donc $x \neq 0$, ainsi f est définie sur $\mathbb{R}^*$.

7 **Réponse a.** f est dérivable sur $]0\,;+\infty[$. f est de la forme $f=uv$ avec $u(x)=x^2$ et $v(x)=\ln x$ d'où $u'(x)=2x$ et $v'(x)=\dfrac{1}{x}$.

On a alors pour tout x de $]0\,;+\infty[$: $f'(x)=2x\ln x + x^2\dfrac{1}{x}=2x\ln x + x$.
D'où : $f'(e)=2e\ln e + e = 2e+e=3e$.

TRAITER UNE QUESTION DE COURS

8 Étudions la limite du taux d'accroissement en A.
Ce taux d'accroissement s'écrit :

$$t(X)=\frac{\ln X - \ln A}{X-A}$$

Posons $X=e^x$ et $A=e^a$, on a alors $\dfrac{\ln X-\ln A}{X-A}=\dfrac{x-a}{e^x-e^a}$.
On peut remarquer que lorsque x tend vers a alors X tend vers A, ainsi : $\lim\limits_{X\to A}\dfrac{\ln X-\ln A}{X-A}=\lim\limits_{x\to a}\dfrac{x-a}{e^x-e^a}$

> On remarque que $\dfrac{x-a}{e^x-e^a}=\dfrac{1}{\dfrac{e^x-e^a}{x-a}}$.

La fonction exponentielle étant dérivable sur $\mathbb{R}$, on sait que cette limite existe et est égale à l'inverse du nombre dérivé de la fonction exponentielle en a, soit $\dfrac{1}{e^a}$. D'où $\lim\limits_{X \to A} \dfrac{\ln X - \ln A}{X - A} = \dfrac{1}{A}$. On en déduit donc que la fonction logarithme népérien est dérivable sur $]0\,;+\infty[$. Son nombre dérivé en A est $\dfrac{1}{A}$.
On peut donc écrire que la dérivée de $x \mapsto \ln x$ est $x \mapsto \dfrac{1}{x}$ sur $\mathbb{R}^*$.

9 **a.** Considérons la fonction f définie par $f(x) = \ln(ax)$ cette fonction est dérivable sur $]0\,;+\infty[$ et sa dérivée est $x \mapsto \dfrac{a}{ax}$, soit encore $x \mapsto \dfrac{1}{x}$.
De plus si on pose, pour tout x de $]0\,;+\infty[$, $g(x) = \ln a + \ln x$ alors g est dérivable sur $]0\,;+\infty[$ et pour tout x de $]0\,;+\infty[$ on a : $g'(x) = \dfrac{1}{x}$.
Les dérivées de f et g sont égales sur $\mathbb{R}^*$, les fonctions f et g sont donc égales à une constante près. Nous avons donc pour tout x de $]0\,;+\infty[$, $f(x) = g(x) + k$.
Il nous reste à déterminer k. Pour cela on compare les deux fonctions en $x = 1$.
On obtient : $\ln a = \ln a + k$ donc $k = 0$.
Pour tout x de $]0\,;+\infty[$, on a : $\ln(ax) = \ln a + \ln x$.

b. De cette manière on peut demontrer aussi que $\ln\dfrac{1}{b} = -\ln b$. Il suffit de poser $a = \dfrac{1}{b}$ et $x = b$. De même, en remarquant que $\dfrac{a}{b} = a\dfrac{1}{b}$, on obtient :

$$\ln\left(\frac{a}{b}\right) = \ln\left(a\frac{1}{b}\right) = \ln a + \ln\left(\frac{1}{b}\right) = \ln a - \ln b$$

S'ENTRAÎNER

10 **a.** $\dfrac{1}{\ln x}$ est défini si et seulement si $\ln x \neq 0$ et $x > 0$.
$\ln x - 0 \Leftrightarrow \ln x = \ln 1 \Leftrightarrow x = 1$.
On en déduit que l'ensemble de définition est $D -]0\,;1[\cup]1\,;+\infty[$.

b. $\ln\dfrac{x-2}{x+2}$ est défini si et seulement si $\dfrac{x-2}{x+2} > 0$ et $x + 2 \neq 0$.

Pour étudier le signe de $\dfrac{x-2}{x+2}$ faisons un tableau de signes.

x	$-\infty$		-2		2		$+\infty$
$x-2$		$-$		$-$	0	$+$	
$x+2$		$-$	0	$+$		$+$	
$\dfrac{x-2}{x+2}$		$+$	$\Vert$	$-$	0	$+$	

Ainsi $D=]-\infty;-2[\cup]2;+\infty[$.

c. $\ln(x-2)-\ln(x+2)$ est défini si et seulement si $x-2>0$ et $x+2>0$.

$$\begin{cases} x-2>0 \\ x+2>0 \end{cases} \Leftrightarrow \begin{cases} x>2 \\ x>-2 \end{cases} \Leftrightarrow x>2 \text{ donc } D=]2\,;+\infty[.$$

ENSEMBLE DE DÉFINITION ET ÉGALITÉ DE DEUX EXPRESSIONS

Remarquons qu'ici nous n'avons pas $\ln\dfrac{x-2}{x+2}=\ln(x-2)-\ln(x+2)$, car $\ln(x-2)$ et $\ln(x+2)$ n'ont pas le même ensemble de définition. Cependant, si on se place sur $D=]2\,;+\infty[$, alors on peut écrire l'égalité $\ln\dfrac{x-2}{x+2}=\ln(x-2)-\ln(x+2)$.

11 Déterminons l'ensemble de définition. On doit avoir $x-3>0$, donc $x>3$. L'égalité ne peut donc être vérifiée pour $x>3$. Par contre, sur $D=]3\,;+\infty[$, on peut utiliser les propriétés algébriques de ln et l'égalité est vérifiée.

Conclusion : l'égalité n'est pas vraie pour tout $x\neq 3$ mais elle est vraie sur $D=]3\,;+\infty[$.

12 **a.** $\sqrt{5-e^x}$ est défini si et seulement si $5-e^x\geqslant 0$.

$$5-e^x\geqslant 0 \Leftrightarrow e^x\leqslant 5$$

On a : $e^x\leqslant 5 \Leftrightarrow x\leqslant \ln 5$ donc $D=]-\infty\,;\ln 5[$.

La fonction logarithme népérien est strictement croissante sur $]0\,;+\infty[$.

b. $\dfrac{e^{2x}-1}{e^{x-2}-2}$ est défini si et seulement si $e^{x-2}-2\neq 0$. Résolvons $e^{x-2}-2=0$.

$e^{x-2}-2=0 \Leftrightarrow e^{x-2}=2 \Leftrightarrow x-2=\ln 2 \Leftrightarrow x=2+\ln 2$

Ainsi $D=\mathbb{R}-\{2+\ln 2\}$.

13 a. $\ln e^3 + \ln e^2 = 3 + 2 = 5$

b. $\ln e^{-3} + \ln\sqrt{e} = -3\ln e + \frac{1}{2}\ln e = -3 + \frac{1}{2} = -\frac{5}{2}$

c. $\ln(e^4\sqrt{e}) = \ln e^4 + \ln\sqrt{e} = 4 + \frac{1}{2} = \frac{9}{2}$

d. $e^{\ln 2} + e^{\ln 3} = 2 + 3 = 5$

e. $e^{-\ln 3} + e^{\ln 5} = \frac{1}{e^{\ln 3}} + 5 = \frac{1}{3} + 5 = \frac{16}{3}$

> Pour x réel : $\ln e^x = x$.

> $\ln e = 1$ et $\ln\sqrt{a} = \frac{1}{2}\ln a$ pour $a > 0$.

> • Pour tous x et y strictement positifs $\ln(xy) = \ln x + \ln y$.
> • Pour tout x réel : $e^{-x} = \frac{1}{e^x}$.

14 a. $\dfrac{\ln 9 - \frac{1}{2}\ln 3}{\ln 36 - \ln 4} = \dfrac{\ln 3^2 - \frac{1}{2}\ln 3}{\ln(4\times 9) - \ln 4}$

$$= \frac{2\ln 3 - \frac{1}{2}\ln 3}{\ln 4 + \ln 9 - \ln 4} = \frac{\frac{3}{2}\ln 3}{\ln 3^2} = \frac{\frac{3}{2}\ln 3}{2\ln 3} = \frac{3}{4}$$

b. $\ln(\sqrt{3} - 1) + \ln 3 - \ln 12 + \ln(\sqrt{3} + 1)$

$= \ln\left(\left(\sqrt{3} - 1\right)\left(\sqrt{3} + 1\right)\right) + \ln\frac{3}{12}$

$= \ln(3 - 1) + \ln\frac{1}{4} = \ln 2 - \ln 4 = \ln 2 - 2\ln 2 = -\ln 2$

> On regroupe les termes contenant les racines carrées pour faire apparaître un produit remarquable.

c. $e^{2\ln 3}\, e^{\frac{-1}{2}\ln 36} = e^{\ln 9}\, e^{-\ln\sqrt{36}} = 9\,\frac{1}{e^{\ln\sqrt{36}}} = 9\,\frac{1}{e^{\ln 6}} = \frac{9}{6} = \frac{3}{2}$

15 a. L'équation $\ln x = \ln 5 + 3\ln 2$ a un sens si et seulement si $x > 0$, donc $D =]0\,;+\infty[$.

Or $3\ln 2 = \ln 2^3 = \ln 8$. De plus $\ln 5 + 3\ln 2 = \ln 5 + \ln 8 = \ln(5\times 8) = \ln 40$.

L'équation devient : $\ln x = \ln 5 + 3\ln 2 \Leftrightarrow \ln x = \ln 40 \Leftrightarrow x = 40$.

Or 40 est bien dans D, donc $S = \{40\}$.

b. L'équation $\ln x = -5$ a un sens si et seulement si $x > 0$ donc $D =]0 ; +\infty[$.

On sait que pour tout $x > 0$, $\ln x = y$ équivaut à $x = e^y$.

On a donc $\ln x = -5 \Leftrightarrow x = e^{-5} = \dfrac{1}{e^5}$. Or $\dfrac{1}{e^5} \in D$ donc $S = \left\{\dfrac{1}{e^5}\right\}$.

c. L'équation $e^x = 2$ a un sens pour tout x dans $\mathbb{R}$.

$e^x = 2 \Leftrightarrow x = \ln 2$ donc $S = \{\ln 2\}$.

16 **a.** L'équation a un sens si et seulement si $x > 0$, donc $D =]0 ; +\infty[$.

Faisons un changement de variable en posant $X = \ln x$.

L'équation devient : $\ln^2 x + 5\ln x - 6 = 0 \Leftrightarrow \begin{cases} X = \ln x \\ X^2 + 5X - 6 = 0 \end{cases}$

L'équation du second degré a pour racines $X_1 = 1$ et $X_2 = -6$.

On en déduit les valeurs de x correspondantes $x_1 = e^1 = e$ et $x_2 = e^{-6}$ les deux solutions sont dans D, donc $S = \{e^{-6} ; e\}$.

b. L'équation a un sens si et seulement si $x - 2 > 0$ et $x - 32 > 0$, soit $x > 2$ et $x > 32$. Finalement $D =]32 ; +\infty[$.

$$\begin{aligned} \ln(x-2) + \ln(x-32) = 6\ln 2 &\Leftrightarrow \ln[(x-2)(x-32)] = 6\ln 2 = \ln 2^6 \\ &\Leftrightarrow (x-2)(x-32) = 64 \\ &\Leftrightarrow x^2 - 34x = 0 \\ &\Leftrightarrow x = 0 \text{ ou } x = 34 \end{aligned}$$

Seule la solution 34 convient car 0 n'appartient pas à D, donc $S = \{34\}$.

c. L'équation a un sens si et seulement si $(x-2)(x-32) > 0$.

$(x-2)(x-32) > 0 \Leftrightarrow x \in]-\infty ; 2[\cup]32 ; +\infty[$

On remarque que l'on obtient la même équation que dans le **b.**, mais avec des ensembles de définition différents :

$$\ln[(x-2)(x-32)] = 6\ln 2 \Leftrightarrow x = 0 \text{ ou } x = 34$$

Dans ce cas les deux solutions conviennent, on a donc $S = \{0 ; 34\}$.

Le trinôme est du signe de « a » à l'extérieur des racines.

Attention à l'ensemble de définition dans une résolution d'équation ou d'inéquation.

17 **a.** L'inéquation a un sens quelque soit x réel :

$$e^{-2x} > \frac{4}{25} \Leftrightarrow -2x > \ln\frac{4}{25} \Leftrightarrow x < \frac{-1}{2}\ln\frac{4}{25} \Leftrightarrow x < \ln\frac{5}{2}$$

Donc $S = \left]-\infty ; \ln\frac{5}{2}\right[$.

En effet $\frac{-1}{2}\ln\frac{4}{25} = \frac{1}{2}\ln\frac{25}{4} = \ln\sqrt{\frac{25}{4}} = \ln\frac{5}{2}$.

b. L'inéquation a un sens quelque soit x réel strictement positif. On remarque que l'on a une différence de deux carrés, l'inéquation s'écrit donc :

$$16 - \ln^2 x < 0 \Leftrightarrow (4 - \ln x)(4 + \ln x) < 0$$

Attention : ne pas confondre $\ln^2 x$ et $\ln x^2$. $\ln^2 x = (\ln x)(\ln x)$ alors que $\ln x^2 = \ln(x.x)$.

Or $4 - \ln x < 0 \Leftrightarrow \ln x > 4 \Leftrightarrow \forall x \in D,\ x > e^4$.

$4 + \ln x < 0 \Leftrightarrow \ln x > -4 \Leftrightarrow \forall x \in D,\ x > e^{-4}$

On peut donc récapituler les résultats dans un tableau de signes.

x	$-\infty$		e^{-4}		e^4		$+\infty$
$4 - \ln x$		$+$		$+$	0	$-$	
$4 + \ln x$		$-$	0	$+$		$+$	
$(4 - \ln x)(4 + \ln x)$		$-$	0	$+$	0	$-$	

Ainsi les valeurs de x solutions doivent être strictement positives et appartenir à $]-\infty ; e^{-4}[\cup]e^4 ; +\infty[$. On en déduit que $S =]0 ; e^{-4}[\cup]e^4 ; +\infty[$.

c. L'inéquation a un sens quelque soit x réel strictement positif.

$$-2\ln^2 x - \ln\left(\frac{1}{x}\right) - 1 < 0 \Leftrightarrow -2\ln^2 x + \ln(x) - 1 < 0$$

On effectue un changement de variable en posant $X = \ln(x)$, l'inéquation devient $-2X^2 + X - 1 < 0$. Le discriminant de ce trinôme est négatif donc le trinôme est toujours du signe de « a », c'est-à-dire négatif. L'inéquation est donc toujours vérifiée mais pour x strictement positif. Ainsi $S =]0 ; +\infty[$.

18 Ce système a un sens pour x et y réels strictement positifs. On transforme le système en utilisant les propriétés algébriques de ln :

$$\begin{cases} x+y=30 \\ \ln x+\ln y=3\ln 5 \end{cases} \Leftrightarrow \begin{cases} x+y=30 \\ \ln(xy)=\ln(5^3) \end{cases} \Leftrightarrow \begin{cases} x+y=30 \\ xy=5^3 \end{cases}$$

$$\Leftrightarrow \begin{cases} y=30-x \\ x(30-x)=125 \end{cases} \Leftrightarrow \begin{cases} y=30-x \\ -x^2+30x-125=0 \end{cases}$$

Résolvons l'équation $-x^2+30x-125=0$. $\Delta=400$, donc il y a deux racines $x_1=5$ et $x_2=25$. Nous pouvons en déduire les valeurs de y correspondantes :

- si $x_1=5$ alors $y_1=25$;
- et si $x_2=25$ alors $y_2=5$.

Le système admet donc deux couples solutions $(5\,;25)$ et $(25\,;5)$, donc $S=\{(5\,;25),(25\,;5)\}$.

19 **a.** f est dérivable sur $]0\,;+\infty[$. f est de la forme $f=uv-w$ donc $f'=u'v+uv'-w'$ avec : $u(x)=x$, $v(x)=\ln x$ et $w(x)=x$.

On a donc $u'(x)=1$, $v'(x)=\dfrac{1}{x}$ et $w'(x)=1$.

Pour tout x de $]0\,;+\infty[$, $f'(x)=\ln x+x\times\dfrac{1}{x}-1=\ln x$.

Nous verrons dans le chapitre 7 que f est une primitive de $x\mapsto \ln x$.

b. f est dérivable sur $\mathbb{R}$ car pour tout x de $\mathbb{R}$, x^2+1 est strictement positif.

f est de la forme $f=\ln u$, donc $f'=\dfrac{u'}{u}$ avec $u(x)=x^2+1$ et $u'(x)=2x$.

Pour tout x de $\mathbb{R}$, $f'(x)=\dfrac{2x}{x^2+1}$.

c. f est dérivable pour tout x tel que $2-3x>0$, donc sur $\left]-\infty\,;\dfrac{2}{3}\right[$.

f est de la forme $f=\ln u$, donc $f'=\dfrac{u'}{u}$ avec $u(x)=2-3x$ et $u'x)=-3$.

Pour tout x de $\left]-\infty,\dfrac{2}{3}\right[$, $f'(x)=\dfrac{-3}{2-3x}$.

Attention, l'ensemble de dérivabilité se cherche avant de déterminer la dérivée et n'est pas forcément l'ensemble de définition de la dérivée !

20 **a.** Pour tout x réel $1+e^x>0$ donc f est dérivable sur $\mathbb{R}$. f est de la forme $f=\ln u$ donc $f'=\dfrac{u'}{u}$ avec $u(x)=1+e^x$ et $u'(x)=e^x$.

Donc pour tout x réel : $f'(x)=\dfrac{e^x}{1+e^x}$.

b. f est dérivable sur $]0\,;+\infty[$. Déterminons la dérivée de $g: x\mapsto \ln^2 x$.
Remarquons que g est de la forme u^n avec $u(x)=\ln(x)$ et $n=2$, donc sa dérivée sera $2u'u$, avec $u'(x)=\dfrac{1}{x}$.

Cette fonction admet donc pour dérivée $x\mapsto 2\dfrac{1}{x}\ln x$.

On utilise la formule donnant la dérivée de u^n.

Pour tout x de $]0\,;+\infty[$ on a donc : $f'(x)=\dfrac{2}{x}\ln x-\dfrac{1}{x}$.

c. f est dérivable pour tout x tel que $1+x>0$ et $x\neq 0$, c'est-à-dire sur $]-1\,;0[$ et sur $]0\,;+\infty[$.

f est de la forme $\dfrac{u}{v}$ avec $u(x)=\ln(x+1)$, $v(x)=x$ et $u'(x)=\dfrac{1}{x+1}$, $v'(x)=1$.

Pour tout x de $]-1\,;0[\cup]0\,;+\infty[$, $f'(x)=\dfrac{\dfrac{1}{x+1}x-\ln(x+1)}{x^2}=\dfrac{x-(x+1)\ln(x+1)}{x^2(x+1)}$.

21 **a.** f est dérivable pour tout x tel que $\ln x>0$ et $x>0$, c'est-à-dire $x>1$ et $x>0$. L'ensemble de dérivabilité de f est donc $]1\,;+\infty[$.

f est de la forme $f=\ln u$, donc $f'=\dfrac{u'}{u}$ avec $u(x)=\ln x$ et $u'(x)=\dfrac{1}{x}$.

Pour tout x de $]1\,;+\infty[$, $f'(x)=\dfrac{\dfrac{1}{x}}{\ln x}=\dfrac{1}{x\ln x}$.

b. f est dérivable pour tout x tel que $x>0$ et $\ln x\neq 0$, c'est-à-dire pour $x>0$ et $x\neq 1$. Ainsi l'ensemble de dérivabilité de f est $]0\,;1[\cup]1\,;+\infty[$.

f est de la forme $\dfrac{1}{u}$, donc $f'=\dfrac{-u'}{u^2}$ avec $u(x)=\ln x$ et $u'(x)=\dfrac{1}{x}$.

Pour tout x de $]0\,;1[\cup]1\,;+\infty[$ on a donc : $f'(x)=\dfrac{-\dfrac{1}{x}}{(\ln x)^2}=\dfrac{-1}{x(\ln x)^2}$.

c. f est dérivable pour tout x tel que $\dfrac{2+x}{2-x}>0$ et $2-x\neq 0$.

Or $\dfrac{2+x}{2-x}>0 \Leftrightarrow x\in]-2,2[$, ainsi l'ensemble de dérivabilité est $]-2,2[$.

f est de la forme $f = \ln u$, donc $f' = \dfrac{u'}{u}$ avec $u(x) = \dfrac{2+x}{2-x}$

et $u'(x) = \dfrac{(2-x)-(2+x)(-1)}{(2-x)^2} = \dfrac{4}{(2-x)^2}$.

Pour tout x de $]-2,2[$, $f'(x) = \dfrac{\dfrac{4}{(2-x)^2}}{\dfrac{2+x}{2-x}} = \dfrac{4}{(2-x)(2+x)}$.

$(\ln u)' = \dfrac{u'}{u}$

22 **a.** f est définie pour tout x tel que $x > 0$ et $\ln x \neq 0$, c'est-à-dire pour $x > 0$ et $x \neq 1$, ainsi l'ensemble de définition de f est $]0\,;1[\cup]1\,;+\infty[$.

- $\begin{cases} \lim\limits_{x\to 0} \ln x = -\infty \\ \lim\limits_{x\to 0} x^2 = 0 \end{cases}$ donc $\lim\limits_{x\to 0} f(x) = 0$.

- $\begin{cases} \lim\limits_{x\to 1^-} x^2 = 1 \\ \lim\limits_{x\to 1^-} \ln x = 0^- \end{cases}$ donc $\lim\limits_{x\to 0} f(x) = -\infty$.

$\begin{cases} \lim\limits_{x\to 1^+} x^2 = 1 \\ \lim\limits_{x\to 1^+} \ln x = 0^+ \end{cases}$ donc $\lim\limits_{x\to 0} f(x) = +\infty$.

- Si $x < 1$, $\ln x < 0$ donc $\lim\limits_{x\to 1^-} \ln x = 0^-$.
- Si $x > 1$, $\ln x > 0$ donc $\lim\limits_{x\to 1^+} \ln x = 0^+$.

- $\lim\limits_{x\to+\infty} \dfrac{x^2}{\ln x} = \lim\limits_{x\to+\infty} \dfrac{1}{\dfrac{\ln x}{x^2}} = +\infty$

En $+\infty$, $\ln x > 0$ et x^2 également, donc $\lim\limits_{x\to+\infty} \dfrac{1}{\dfrac{\ln x}{x^2}} = +\infty$.

b. f est définie sur $]0\,;+\infty[$ car $x - \ln x$ ne s'annule pas sur $\mathbb{R}$.

Pour la limite en $+\infty$ on essaie de faire apparaître une limite classique du cours (voir page 154).

$\begin{cases} \lim\limits_{x\to 0} x = 0 \\ \lim\limits_{x\to 0} (x - \ln x) = +\infty \end{cases}$ donc $\lim\limits_{x\to 0} f(x) = 0$.

$f(x) = \dfrac{x}{x - \ln x} = \dfrac{x}{x\left(1 - \dfrac{\ln x}{x}\right)} = \dfrac{1}{1 - \dfrac{\ln x}{x}}$

On sait que $\lim\limits_{x\to+\infty} \dfrac{\ln x}{x} = 0$ donc $\lim\limits_{x\to+\infty} f(x) = 1$.

TRAITER UNE FORME INDETERMINÉE

Pour la limite en $+\infty$ on obtient une forme indéterminée. Pour la lever, factorisons par le terme prépondérant, c'est-à-dire ici par x au numérateur et au dénominateur, de façon à faire apparaître une limite classique.

23 **a.** f est définie pour tout x tel que $\dfrac{1}{x} > 0$ et $x \neq 0$. On a donc $D_f =]0\,;+\infty[$.

• $\begin{cases} \lim\limits_{x\to+\infty} x = +\infty \\ \lim\limits_{x\to+\infty} \ln\dfrac{1}{x} = \lim\limits_{x\to+\infty} -\ln x = -\infty \end{cases}$ donc $\lim\limits_{x\to+\infty} f(x) = -\infty$.

• On remarque que $f(x)$ peut s'écrire $f(x) = -x\ln x$, on reconnaît alors une limite classique du cours en 0.

En effet $\lim\limits_{x\to 0}(-x\ln x) = 0$, donc $\lim\limits_{x\to 0} f(x) = 0$.

b. f est définie sur $\mathbb{R}$ car $1 + e^x > 0$.

• $\begin{cases} \lim\limits_{x\to-\infty} (1+e^x) = 1 \\ \lim\limits_{X\to 1}(\ln X) = 0 \end{cases}$ donc $\lim\limits_{x\to-\infty} \ln(1+e^x) = 0$.

De plus $\lim\limits_{x\to-\infty} x = -\infty$, donc $\lim\limits_{x\to-\infty} f(x) = -\infty$.

• En $+\infty$ nous obtenons une forme indéterminée, factorisons par e^x dans le logarithme.

$$f(x) = x - \ln(1+e^x) = x - \ln\left[e^x\left(\frac{1}{e^x}+1\right)\right]$$

Chacun des facteurs e^x et $\dfrac{1}{e^x}+1$ est positif sur $\mathbb{R}$, on peut donc écrire :

$$\ln\left[e^x\left(\frac{1}{e^x}+1\right)\right] = \ln(e^x) + \ln\left(\frac{1}{e^x}+1\right) = x + \ln\left(\frac{1}{e^x}+1\right)$$

On en déduit que pour tout x réel : $f(x)=x-x-\ln\left(\dfrac{1}{e^x}+1\right)=-\ln\left(\dfrac{1}{e^x}+1\right)$.

$$\left\{\begin{array}{l}\lim\limits_{x\to+\infty}\left(\dfrac{1}{e^x}+1\right)=1\\ \lim\limits_{X\to1}(\ln X)=0\end{array}\right. \text{ donc } \lim_{x\to+\infty} f(x)=0.$$

24 **a.** f est définie sur $]0\,;1[\cup]1\,;+\infty[$.

En 1, on obtient une forme indéterminée.

Remarquons que :

$$f(x)=\frac{x\ln x}{x-1}=x\frac{\ln x-\ln 1}{x-1}$$

Le quotient $\dfrac{\ln x-\ln 1}{x-1}$ est le taux d'accroissement de la fonction $x\mapsto \ln x$ en 1.

La fonction logarithme népérien est dérivable sur $]0\,;+\infty[$, donc en particulier en 1, et sa dérivée est $x\mapsto\dfrac{1}{x}$. On en déduit que la limite de ce taux d'accroissement existe et est égale au nombre dérivé de $x\mapsto\ln x$ en 1, soit 1.

Nous en déduisons que $\lim\limits_{x\to1}\dfrac{x\ln x}{x-1}=1$.

b. La fonction est définie sur $]-\infty\,;0[\cup]0\,;1[$.

Comme $\ln 1=0$, on peut écrire :

$$\frac{\ln(1-x)}{x}=\frac{\ln(1-x)-\ln(1-0)}{x-0}$$

Ce quotient est le taux d'accroissement de $x\mapsto\ln(1-x)$ en 0.

La fonction $x\mapsto\ln(1-x)$ est dérivable sur $]-\infty\,;1[$, donc en particulier en 0, sa dérivée est $x\mapsto\dfrac{-1}{1-x}$ donc la limite de $\dfrac{\ln(1-x)}{x}$ quand x tend vers 0 existe et est égale au nombre dérivé de $x\mapsto\ln(1-x)$ en 0, soit -1.

On a donc $\lim\limits_{x\to0}\dfrac{\ln(1-x)}{x}=-1$.

c. Là encore essayons de faire apparaître un taux d'accroissement. On remarque que $\dfrac{\ln(1+\alpha x)}{x}=\dfrac{\ln(1+\alpha x)-\ln(1+0)}{x-0}$. On reconnaît le taux d'accroissement de la fonction $x\mapsto\ln(1+\alpha x)$ en 0. La fonction $x\mapsto\ln(1+\alpha x)$ est dérivable, de dérivée $x\mapsto\dfrac{\alpha}{1+\alpha x}$. La limite de ce taux d'accroissement existe donc et est égale au nombre dérivé de $x\mapsto\ln(1+\alpha x)$ en 0, soit α.

25 **a.** Pour déterminer la concentration à long terme, il suffit de déterminer la limite de la fonction quand t tend vers $+\infty$.

$\lim\limits_{t\to+\infty} e^{-0,18t}=0$ et $\lim\limits_{t\to+\infty} e^{-1,2t}=0$

On en déduit qu'à long terme la concentration de cette substance tend à devenir nulle. À long terme la substance tend à disparaître.

b. Pour déterminer le temps au bout duquel la concentration est maximale, étudions la fonction et regardons si elle admet un maximum.

Déterminons la fonction dérivée de C. C est dérivable sur $\mathbb{R}$ donc en particulier sur $[0\,;+\infty[$.

On a $C'(t)=0,3(-0,18e^{-0,18t}+1,2e^{-1,2t})$. Étudions le signe de $C'(t)$.

$$C'(t)\geqslant 0 \Leftrightarrow -0,18e^{-0,18t}+1,2e^{-1,2t}\geqslant 0 \Leftrightarrow 1,2e^{-1,2t}\geqslant 0,18e^{-0,18t}$$

$$\Leftrightarrow \frac{e^{-1,2t}}{e^{-0,18t}}\geqslant\frac{0,18}{1,2}\Leftrightarrow e^{-1,02t}\geqslant 0,15$$

$$\Leftrightarrow -1,02t\geqslant \ln 0,15 \Leftrightarrow t\leqslant\frac{\ln 0,15}{-1,02}$$

t	0		$\frac{\ln 0,15}{-1,02}$		$+\infty$
$C'(t)$		$+$	0	$-$	
$C(t)$	0	↗		↘	0

La concentration est maximale au bout de $\dfrac{\ln 0,15}{-1,02}$ heures, soit environ 1,86 h, ou encore 1 h 51 minutes environ.

26 **a.** f est dérivable sur $]0\,;+\infty[$. Pour tout x de $]0\,;+\infty[$:

$$f'(x)=\frac{\frac{1}{x}x^2-(1+\ln x)(2x)}{(x^2)^2}=\frac{x-2x-2x\ln x}{x^4}=\frac{-x-2x\ln x}{x^4}=\frac{x(-1-2\ln x)}{x^4}$$

x^4 et x sont toujours strictement positifs sur $]0;+\infty[$ donc $f'(x)$ est du signe de $-1-2\ln x$.

Étudions le signe de $-1-2\ln x$.

$$-1-2\ln x>0\Leftrightarrow -1>2\ln x\Leftrightarrow \ln x<\frac{-1}{2}\Leftrightarrow x<e^{-1/2}$$

On en déduit que f est croissante sur $]0\,;e^{-1/2}]$ et décroissante sur $[e^{-1/2}\,;+\infty[$.

Pour étudier le signe d'une expression contenant des logarithmes, on résout une inéquation.

b. • Déterminons les limites en 0 et $+\infty$.

• $\begin{cases} \lim\limits_{x \to 0}(1+\ln x) = -\infty \\ \lim\limits_{x \to 0} x^2 = 0^+ \end{cases}$ donc $\lim\limits_{x \to 0} f(x) = -\infty$.

On déduit de cette limite que la droite d'équation $x=0$ est asymptote à la courbe représentative de f.

• En $+\infty$ nous obtenons une forme indéterminée car numérateur et dénominateur tendent vers $+\infty$. Transformons l'écriture de $f(x)$:

$$f(x) = \frac{1+\ln x}{x^2} = \frac{1}{x^2} + \frac{\ln x}{x^2}$$

$\begin{cases} \lim\limits_{x \to +\infty} \dfrac{1}{x^2} = 0 \\ \lim\limits_{x \to +\infty} \left(\dfrac{\ln x}{x^2}\right) = 0 \end{cases}$ donc $\lim\limits_{x \to +\infty} f(x) = 0$.

On en déduit que la droite d'équation $y=0$ est asymptote à la courbe représentative de f.

• On peut dresser le tableau de variations de f.

x	0		$e^{\frac{-1}{2}}$		$+\infty$
$-1-2\ln x$		$+$	0	$-$	
$f(x)$	0	↗	$\frac{e}{2}$	↘	0

$$f(e^{-1/2}) = \frac{1+\ln e^{-\frac{1}{2}}}{(e^{-\frac{1}{2}})^2} = \frac{1-\frac{1}{2}}{e^{-1}} = \frac{\frac{1}{2}}{\frac{1}{e}} = \frac{e}{2}$$

c. Commençons par déterminer l'abscisse du point d'intersection de la courbe avec l'axe des abscisses. Les coordonnées de ce point vérifient le système suivant :

$$\begin{cases} f(x) = y \\ y = 0 \end{cases} \Leftrightarrow \begin{cases} 1+\ln x = 0 \\ y = 0 \end{cases} \Leftrightarrow \begin{cases} \ln x = -1 \\ y = 0 \end{cases} \Leftrightarrow \begin{cases} x = e^{-1} \\ y = 0 \end{cases}$$

Donc le point d'intersection a pour coordonnées $(e^{-1}\,;0)$.

Déterminons la tangente à la courbe au point d'abscisse e^{-1}. Cette tangente a pour équation :

$$y = f'(e^{-1})(x - e^{-1}) + f(e^{-1})$$

On a : $f'(e^{-1}) = \dfrac{e^{-1}(-1-2\ln e^{-1})}{e^{-4}} = \dfrac{e^{-1}(-1+2)}{e^{-4}} = e^3$

et $f(e^{-1}) = 0$, d'où $y = e^3(x - e^{-1}) = e^3x - e^2$.

On rappelle que l'équation de la tangente en un point d'abscisse a de la courbe représentant une fonction f est donnée par $y = f'(a)(x-a) + f(a)$.

d.

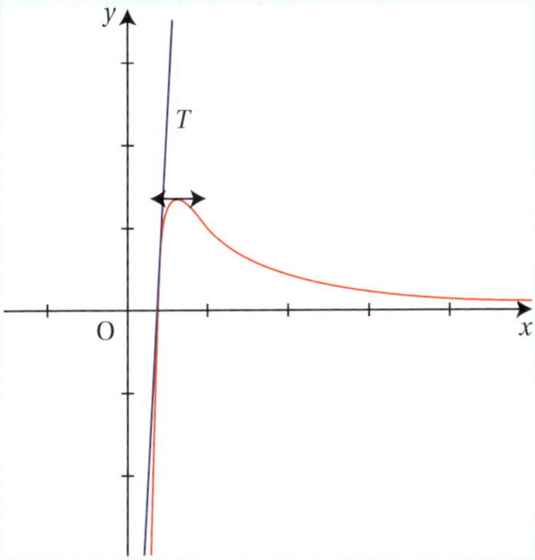

OBJECTIF BAC

27 Partie A

1. a. g est dérivable sur $]0\,;+\infty[$ comme somme de fonctions dérivables sur $]0\,;+\infty[$.

Pour tout x de $]0\,;+\infty[$, $g'(x) = 3x^2 - 1 - \dfrac{2}{x} = \dfrac{3x^3 - x - 2}{x}$.

Développons $(x-1)(3x^2+3x+2)$. On a :

$$(x-1)(3x^2+3x+2) = 3x^3 + 3x^2 + 2x - 3x^2 - 3x - 2 = 3x^3 - x - 2$$

Donc pour tout x de $]0\,;+\infty[$ on a bien :

$$g'(x)=\frac{3x^3-x-2}{x}=\frac{(x-1)(3x^2+3x+2)}{x}$$

b. $g'(x)$ est du signe de $(x-1)(3x^2+3x+2)$ car $x>0$. On remarque que le discriminant de $3x^2+3x+2$ est négatif, donc $3x^2+3x+2$ est toujours du signe de $a=3$, donc positif. Ainsi $g'(x)$ est du signe de $x-1$.
On a donc le tableau de variations suivant :

x	0		1		$+\infty$
$g'(x)$	‖	$-$	0	$+$	
$g(x)$	‖	↘	1	↗	

g admet un minimum en 1 qui vaut 1, donc pour tout x de $]0\,;+\infty[$, $g(x)>1$.
Donc $g(x)$ est strictement positif sur $]0\,;+\infty[$.

2. a. Pour la limite en 0, nous avons une forme indéterminée. Pour lever l'indétermination, factorisons par $\frac{1}{x}$, il vient :

$$f(x)=x+\frac{1}{x}+\frac{\ln x}{x^2}=x+\frac{1}{x}\left(1+\frac{\ln x}{x}\right)$$

Or $\lim\limits_{x\to 0^+}\frac{\ln x}{x}=-\infty$ et $\lim\limits_{x\to 0^+}\frac{1}{x}=+\infty$ donc $\lim\limits_{x\to 0^+}f(x)=-\infty$.

En $+\infty$ on a : $\lim\limits_{x\to+\infty}\frac{\ln x}{x^2}=0$ et $\lim\limits_{x\to+\infty}\frac{1}{x}=0$ donc $\lim\limits_{x\to+\infty}f(x)=+\infty$.

b. f est dérivable sur $]0\,;+\infty[$, pour tout x de $]0\,;+\infty[$:

$$f'(x)=1-\frac{1}{x^2}+\frac{\frac{1}{x}x^2-2x\ln x}{x^4}=1-\frac{1}{x^2}+\frac{x-2x\ln x}{x^4}$$

$$=\frac{x^4-x^2+x-2x\ln x}{x^3}=\frac{x^3-x+1-2\ln x}{x^3}=\frac{g(x)}{x^3}$$

On sait d'après la question précédente que $g(x)$ est toujours positif donc $f'(x)$ également. On a donc le tableau de variation suivant.

x	0	$+\infty$
$g(x)$	‖ +	
$f(x)$	‖ $-\infty$ ↗	$+\infty$

Attention, on utilise le signe de $g(x)$ pour obtenir celui de $f'(x)$.

Partie B

1. a. h est dérivable sur $]0\,;+\infty[$, pour tout x de $]0\,;+\infty[$, $h'(x)=1+\dfrac{1}{x}$.

Pour tout x de $]0\,;+\infty[$, $h'(x)>0$ donc h est strictement croissante sur $]0\,;+\infty[$.

$h(0,4)\approx -3,18<0$ et $h(0,7)\approx 3,34>0$.

h est continue car dérivable sur $]0\,;+\infty[$, h est strictement croissante sur $]0\,;+\infty[$ et $0\in[h(0,4);h(0,7)]$. Donc d'après le théorème de la bijection l'équation $h(x)=0$ admet une solution unique α sur l'intervalle $[0,4\,;0,7]$.

On utilise le théorème de la bijection pour montrer que l'équation $h(x)=0$ admet une solution unique α sur l'intervalle $[0,4\,;0,7]$.

b. α vérifie $h(\alpha)=0$.

Or $h(\alpha)=0 \Leftrightarrow \alpha+\ln\alpha=0 \Leftrightarrow \ln\alpha=-\alpha \Leftrightarrow \alpha=e^{-\alpha}$.

2. Pour étudier la position relative de deux courbes, on étudie le signe de la différence entre les ordonnées de deux points de même abscisse des courbes représentant ces deux fonctions :

$$f(x)-x=x+\frac{1}{x}+\frac{\ln x}{x^2}-x=\frac{1}{x}+\frac{\ln x}{x^2}=\frac{x+\ln x}{x^2}=\frac{h(x)}{x^2}$$

Cette différence est du signe de $h(x)$. Or h est strictement croissante et s'annule en α donc :

$$h(x)>0 \text{ si } x>\alpha \text{ et } h(x)<0 \text{ si } 0<x<\alpha.$$

La courbe représentant f est donc au-dessus de D sur $[\alpha\,;+\infty[$ et au-dessous sur $]0\,;\alpha[$.

3.

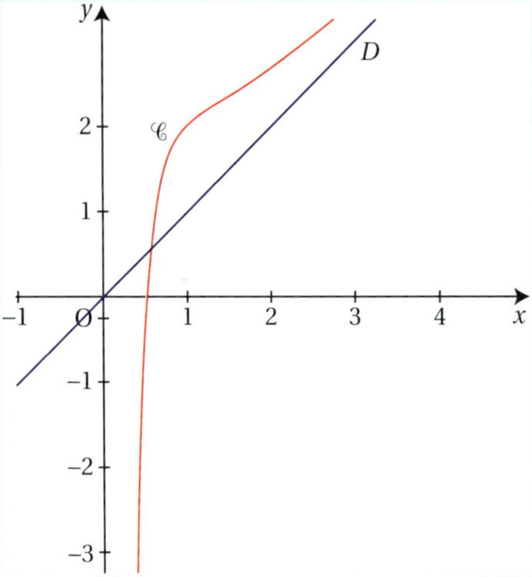

www.annabac.com

CHAPITRE

7 Primitives et intégrales

On sait calculer l'aire des figures élémentaires comme le triangle, le trapèze et le disque et certains polygones, en les découpant en triangles ou en quadrilatères. Mais comment calculer l'aire d'une figure dont un « côté » est courbe ? Le grand Archimède (~ 287–212 av. J.-C.) lui-même en rêvait, le calcul intégral l'a fait...

Dans toute la suite on note $\mathscr{C}_f$ la courbe représentant une fonction f dans un repère orthogonal $(O; \vec{i}, \vec{j})$.

1 Intégrale d'une fonction continue et positive

A Définition

- On considère une fonction f continue et positive sur un intervalle I et a et b $(a \leqslant b)$ deux points de I.
- On appelle **intégrale de f sur $[a;b]$** et on note $\int_a^b f(x)\mathrm{d}x$, $\int_a^b f(t)\mathrm{d}t$ etc., ou simplement $\int_a^b f$, l'aire du domaine compris entre la courbe $\mathscr{C}_f$, l'axe des abscisses et les droites d'équations $x=a$ et $x=b$.

Exemples : Pour tous réels a et b:

- la surface colorée en violet a pour aire $\int_a^b f$.
- $\int_a^b 0 = 0$ car $\mathscr{C}_f$ est confondue avec l'axe des abscisses et $\int_a^a f = 0$ car le domaine considéré est un segment dont l'aire est nulle.

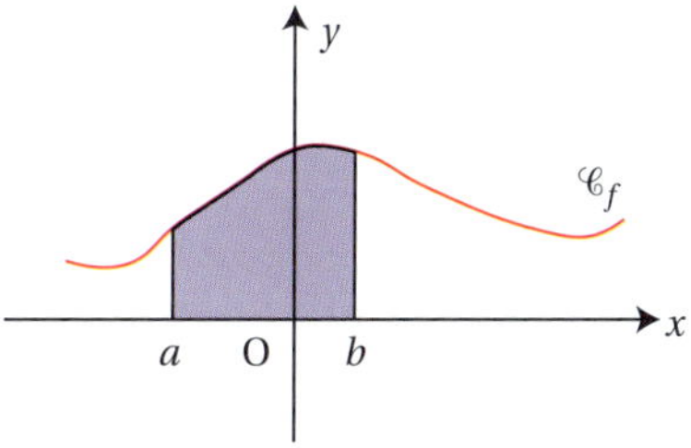

• Soit k une constante positive. Alors $\int_a^b k = k(b-a)$.

En effet l'aire du rectangle coloré est égale à $k(b-a)$.

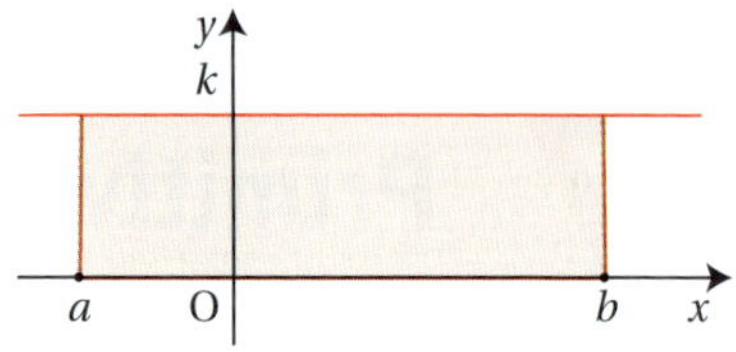

• $\int_0^1 x\mathrm{d}x = \frac{1}{2}$. En effet l'aire du triangle coloré est égale à la moitié de l'aire du carré unité.

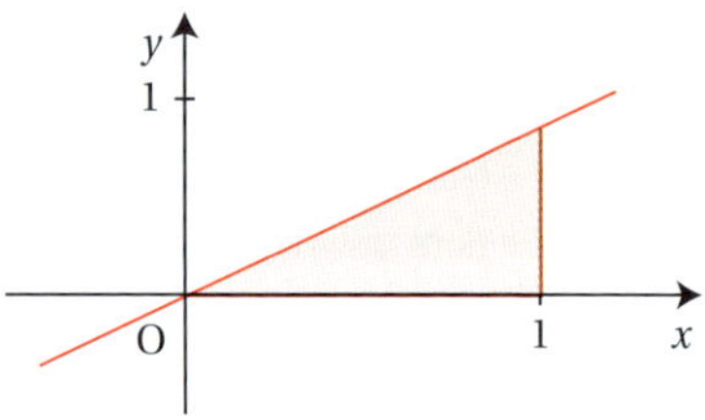

Pour certaines courbes simples, le calcul de l'intégrale est très simple car la forme du domaine est connue. Pour d'autres il est nécessaire de recourir aux primitives.

B Propriété fondamentale

Théorème

Soit f une fonction continue et positive sur un intervalle I. Soient a et b deux points de I tels que $a \leqslant b$. Alors la fonction F définie sur $[a\,;b]$ par $F(x) = \int_a^x f$ est dérivable sur $[a\,;b]$ et a pour dérivée f.

Exemple : Dans les exemples ci-dessous $a=0$ et $b=1$, puis $b=3$. On a représenté les domaines dont l'aire est égale à $F(1)$ puis $F(3)$.

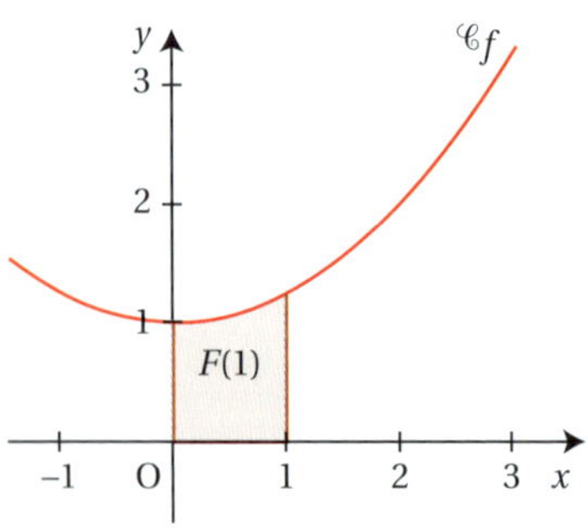

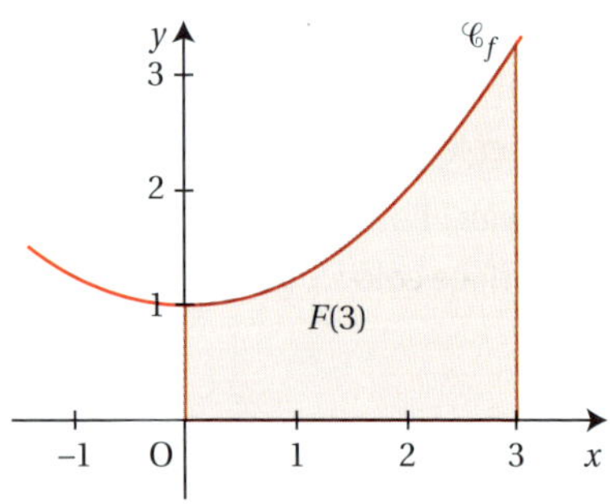

Le résultat précédent est surprenant : on considère un domaine dont une frontière est une courbe $\mathscr{C}_f$. La dérivée de l'aire de ce domaine est précisément la fonction f !

Remarque : On peut aussi écrire $F(x)=\int_a^x f(t)\mathrm{d}t$ en prenant soin de distinguer la variable t qui concerne f et la variable x qui concerne F.

Preuve : Voici le schéma de la démonstration dans le cas d'une fonction f croissante. Pour étudier la dérivabilité de F en un point x_0, on étudie le rapport $\dfrac{F(x_0+h)-F(x_0)}{h}$ et sa limite lorsque h tend vers 0.

Dans le cas où $h>0$, ce rapport est égal à l'aire du domaine rose ci-dessous. De plus h est la largeur de ce domaine. Donc, lorsque h tend vers 0, on démontre par encadrement que ce domaine se rétrécit jusqu'à ce que son aire se rapproche de $f(x_0)$.

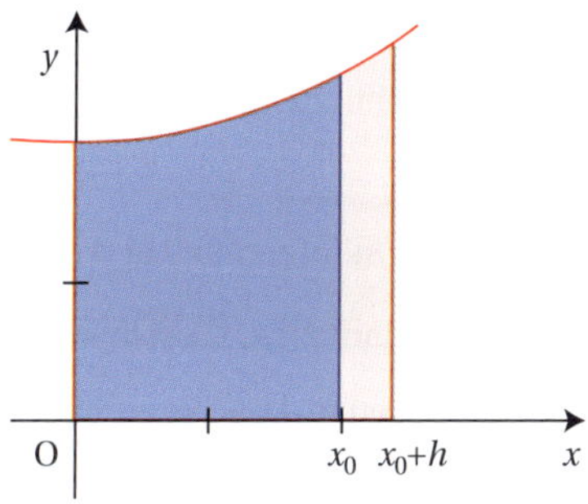

Il faudrait ensuite examiner le cas où $h<0$ et le cas où f n'est pas monotone.

2 Primitives d'une fonction continue sur un intervalle

A Définition et premières propriétés

Définition

Soit f une fonction continue sur un intervalle I. Dire que F est une **primitive** de f sur I signifie que F est dérivable et que, pour tout $x \in I$:

$$F'(x)=f(x)$$

Exemples

1. Si $f(x)=1$ alors on peut choisir $F(x)=x$ car la dérivée de x est 1.

2. Si $f(x)=\cos x$ alors on peut choisir $F(x)=\sin x$ car la dérivée de la fonction sinus est la fonction cosinus.

3. On a vu que, dans les conditions du paragraphe précédent, la fonction $x \mapsto \int_a^x f$ est une primitive de f sur I.

Théorème 1

Toute fonction continue sur un intervalle $[a, b]$ $(a \leq b)$ y admet des primitives.

Ce théorème est admis.

Théorème 2

Soit F une primitive de f sur I. Alors toute primitive de f est de la forme $x \mapsto F(x)+k$, où k est une constante arbitraire.

Preuve : Soit G une primitive de f sur I. Par définition, pour tout $x \in I$:

$$G'(x) = f(x)$$

Donc $(G-F)'(x) = 0$. Il en résulte que la fonction $G-F$ est constante sur I puisque sa dérivée y est nulle. Par conséquent il existe une constante k telle que pour tout $x \in I$: $G(x)-F(x)=k$, ce qu'il fallait démontrer.

Toute fonction continue sur un intervalle a donc une infinité de primitives.

Théorème 3

Soit f une fonction continue sur un intervalle I et a un point de I. Il existe une et une seule primitive de f s'annulant en a. C'est la fonction $x \mapsto \int_a^x f$.

Ce théorème est admis (voir la preuve dans l'exercice 5).

B Primitives usuelles

On peut lire les primitives de fonctions par lecture inverse d'un tableau de dérivées. On peut également apprendre le tableau suivant (on peut ajouter n'importe quelle constante à la primitive donnée dans le tableau) :

$f(x)$	Primitive $F(x)$	Remarques
$au(x)+bv(x)$	$aU(x)+bV(x)$	$a \in \mathbb{R}$, $b \in \mathbb{R}$. U et V sont des primitives de u et v
x^n	$\dfrac{x^{n+1}}{n+1}$	$n \in \mathbb{Q}-\{-1\}$ et $x \neq 0$ éventuellement
$\dfrac{1}{x}$	$\ln x$	$x > 0$
$(ax+b)^n$	$\dfrac{1}{a}\dfrac{(ax+b)^{n+1}}{n+1}$	$a \in \mathbb{R}^*$, $b \in \mathbb{R}$, $n \in \mathbb{Q}-\{-1\}$ et $ax+b \neq 0$

$f(x)$	Primitive $F(x)$	Remarques
$\dfrac{1}{ax+b}$	$\dfrac{1}{a}\ln(ax+b)$	$a\in\mathbb{R}^*, b\in\mathbb{R}, n\in\mathbb{Q}-\{-1\}$ et $ax+b>0$
$u'(x)u(x)^n$	$\dfrac{u(x)^{n+1}}{n+1}$	$n\in\mathbb{Q}-\{-1\}$ et $u(x)\neq 0$ ou $u(x)>0$
$\dfrac{u'(x)}{\sqrt{u(x)}}$	$2\sqrt{u(x)}$	Cas particulier de $u'u^n$ avec $n=\dfrac{1}{2}$; $u(x)>0$
$\dfrac{u'(x)}{u(x)}$	$\ln(u(x))$	$u(x)>0$
e^{ax+b}	$\dfrac{1}{a}e^{ax+b}$	$a\neq 0$
$u'(x)e^{u(x)}$	$e^{u(x)}$	
$\sin(ax+b)$	$-\dfrac{1}{a}\cos(ax+b)$	$a\neq 0$
$\cos(ax+b)$	$\dfrac{1}{a}\sin(ax+b)$	$a\neq 0$

Une primitive de $u+v$ est $U+V$, mais il n'y a pas de résultat analogue pour le produit uv ni pour le quotient $\dfrac{u}{v}$.

Remarque : Toute fonction continue sur un intervalle y admet des primitives. Certes. Mais il n'est pas rare que l'on doive créer des fonctions nouvelles pour exprimer ces primitives. C'est le cas de $x\mapsto\dfrac{1}{x}$ pour laquelle on a créé la fontion ln (voir chapitre 6) et la fonction $x\mapsto e^{-\frac{x^2}{2}}$ liée à la loi normale (voir chapitre 13).

3 Calcul intégral

A Intégrale d'une fonction continue de signe quelconque

Définition

Soient f une fonction continue sur un intervalle I, a et b deux points de I.

L'intégrale de f entre a et b se note $\int_a^b f(x)\mathrm{d}x$ ou $\int_a^b f(t)\mathrm{d}t$ ou simplement $\int_a^b f$

et, quelle que soit la primitive F choisie, on a: $\int_a^b f = F(b) - F(a)$.

Notation

On note aussi $\int_a^b f = [F]_a^b$.

Exemple : $\int_{-\pi}^{\frac{\pi}{2}} \sin x \,\mathrm{d}x = [-\cos x]_{-\pi}^{\frac{\pi}{2}} = -\cos\left(\frac{\pi}{2}\right) + \cos(-\pi) = -1$

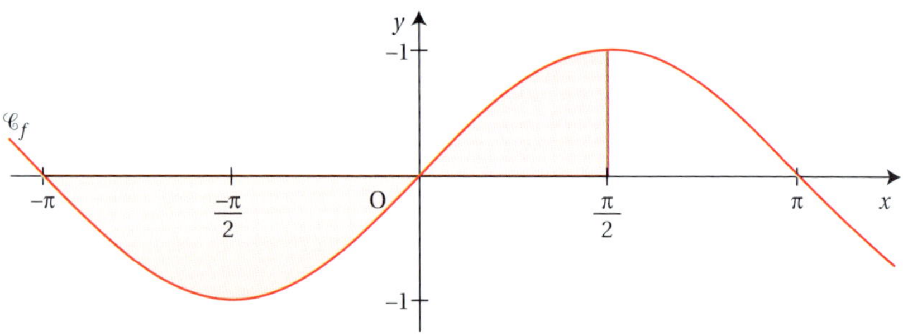

Remarques

1. D'après l'exemple, on voit que l'intégrale d'une fonction n'est pas nécessairement l'aire d'un domaine compris entre une courbe, l'axe des abscisses et deux verticales. Le domaine coloré n'a pas pour aire –1. Une intégrale est un nombre qu'on calcule sans qu'il ait d'interprétation géométrique particulière lorsque la fonction f n'a pas un signe constant.

> Le nombre $\int_a^b f$ mesure une aire dans le cas où f est positive ET $a \leqslant b$.

2. On peut très bien calculer $\int_a^b f$ en supposant $a > b$.

3. La définition précédente contient en fait un petit théorème. En effet il faut démontrer que le nombre $F(b)-F(a)$ est indépendant de la primitive F choisie. Voici : si G est une autre primitive de f on sait qu'il existe une constante k telle que pour tout $x \in I,\ F(x)=G(x)+k$. Alors :

$$F(b)-F(a)=G(b)+k-(G(a)+k)=G(b)-G(a)$$

Ce qu'il fallait démontrer.

4. $\int_b^a f=-\int_a^b f$. En effet $\int_b^a f=F(a)-F(b)=-(F(b)-F(a))=-\int_a^b f$.

B Propriétés des intégrales

Dans cette section on considère des fonctions continues sur un intervalle I et trois points a, b et c de I.

Théorème 1 (*linéarité*)

Soient f et g deux fonctions continues et α et β deux réels.

Alors :

$$\int_a^b (\alpha f+\beta g)=\alpha\int_a^b f+\beta\int_a^b g$$

Preuve : voir l'exercice 4.

Théorème 2 (*positivité*)

Si pour tout $x \in I,\ f(x) \geqslant 0$ et si $a \leqslant b$ alors : $\int_a^b f \geqslant 0$.

En particulier si pour tout $x \in I,\ g(x) \leqslant h(x)$ alors $\int_a^b g \leqslant \int_a^b h$.

Preuve : Le premier volet du théorème est admis. Démontrons le second en utilisant le premier. On a, pour tout $x \in I$:

$$g(x) \leqslant h(x) \Rightarrow h(x)-g(x) \geqslant 0 \Rightarrow \int_a^b (h-g) \geqslant 0 \Rightarrow \int_a^b h-\int_a^b g \geqslant 0$$

Ce qu'il fallait démontrer.

Théorème 3 (relation de Chasles)

$$\int_a^b f + \int_b^c f = \int_a^c f$$

La relation de Chasles pour les intégrales est analogue à celle des vecteurs. Il y a les deux extrêmes *a* et *c* et l'intermédiaire *b*. Le raccourci ne comporte que les deux extrêmes.

Preuve : $\int_a^b f + \int_b^c f = F(b) - F(a) + F(c) - F(b)$
$= F(c) - F(a) = \int_a^c f.$

Ce qu'il fallait démontrer.

4 Calcul d'aires

A Unité d'aire

L'aire du domaine compris entre la parabole d'équation $y = x^2$, l'axe des abscisses et les droites d'équations $x = 0$ et $x = 1$ est égale à $\int_0^1 x^2 \mathrm{d}x = \left[\frac{x^3}{3}\right]_0^1 = \frac{1}{3}$.

D'accord, mais $\frac{1}{3}$ de quoi ? Réponse : $\frac{1}{3}$ d'unité d'aire. Certes, mais quelle est cette unité d'aire ? Eh bien c'est l'aire du rectangle unité, c'est-à-dire le rectangle dont les côtés sont les vecteurs unitaires.

Le rectangle unité est un carré dans le cas où le repère est orthonormé.

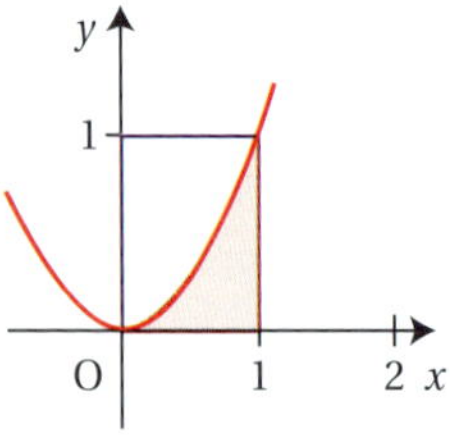

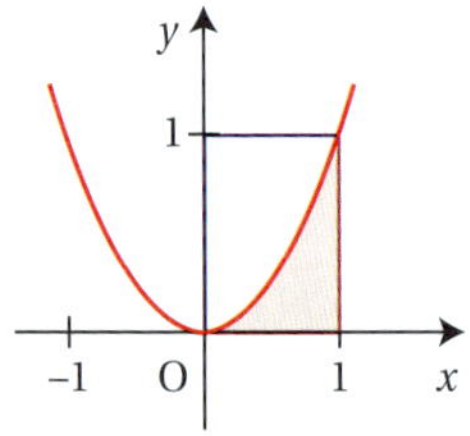

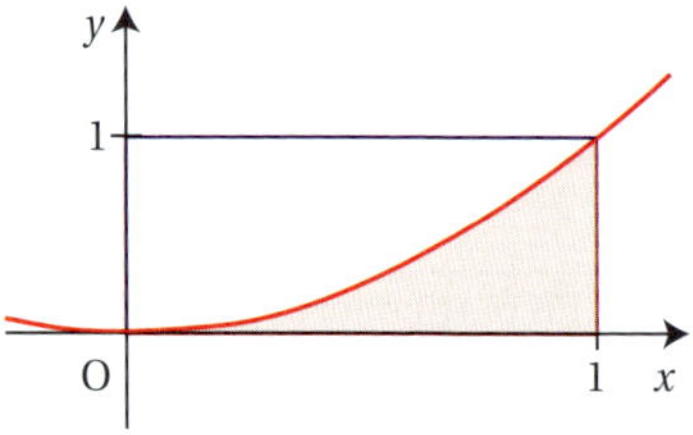

Sur chacune des figures l'aire colorée en rouge est égale à $\frac{1}{3}$ d'unité d'aire.

L'aire unité est l'aire du rectangle unité. Autrement dit, sur chaque figure, on peut théoriquement mettre dans le domaine rouge, en faisant des découpages très fins, un tiers du rectangle unité.

Si l'unité sur l'axe des abscisses mesure 5 cm et 2 cm sur l'axe des ordonnées, l'unité d'aire mesure 10 cm^2 et l'aire du domaine violet est égale à $\frac{1}{3} \times 10$ cm^2.

B Calculs pratiques

Soient f une fonction continue sur un intervalle I, a et b deux nombres réels de I tels que $a \leqslant b$.

- Si f est positive sur $[a\ ;\ b]$, l'aire du domaine coloré vaut en unités d'aire :

$$\int_a^b f$$

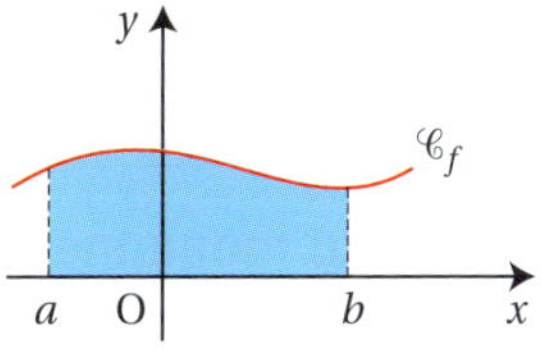

- Si f est négative sur $[a\ ;\ b]$, l'aire du domaine coloré vaut en unités d'aire :

$$-\int_a^b f$$

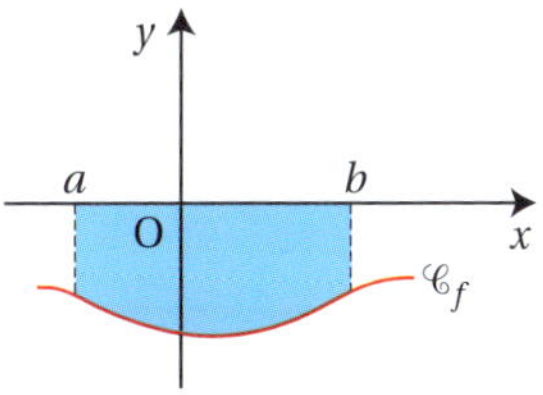

- Plus généralement, l'aire du domaine coloré mesurée en unités d'aire vaut :

$$\int_a^b f - \int_b^c f + \int_c^d f \text{ ou encore } \int_a^d |f|$$

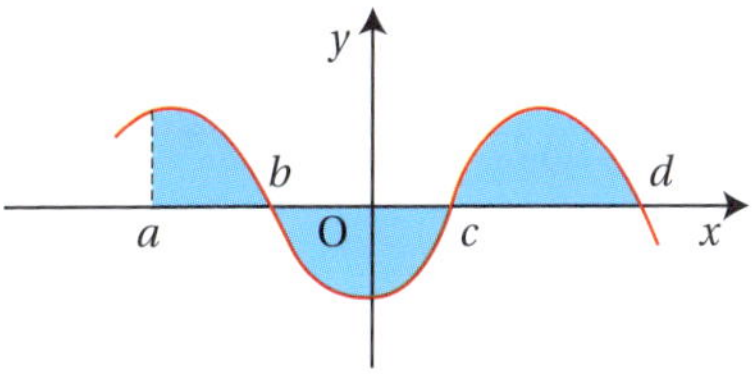

$\int_a^b f$ est un réel que vous pouvez toujours calculer. Mais ce réel peut ne pas se rattacher à une aire : cela dépend de l'ordre des bornes, du signe de $f(x)$ entre a et b notamment.

- Si l'on veut trouver l'aire d'un domaine compris entre deux courbes d'équations respectives $y = f(x)$ et $y = g(x)$, les signes de $f(x)$ et $g(x)$ n'interviennent pas. Seules les positions respectives de $\mathscr{C}_f$ et $\mathscr{C}_g$ comptent.

L'aire du domaine coloré mesurée en unités d'aire vaut :

$$\int_a^b (f-g) + \int_b^c (g-f) + \int_c^d (f-g)$$

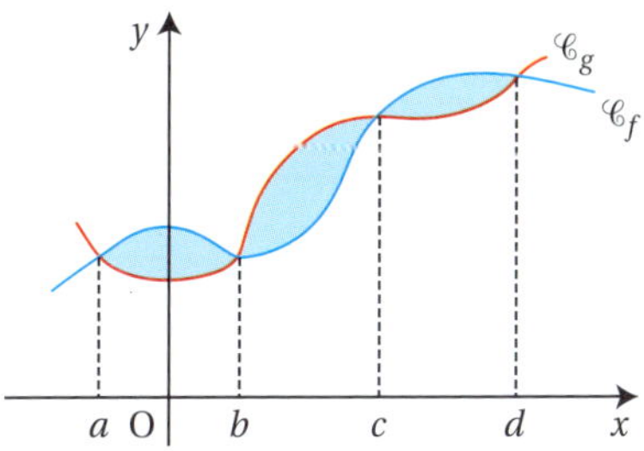

UNE FORMULE CONDENSÉE

Le principe consiste à prendre des intégrales de fonctions positives sur les intervalles considérés : sur $[a\,;b]$, $f(x) \geqslant g(x)$, sur $[b\,;c]$, $g(x) \geqslant f(x)$, etc.

On peut condenser la formule en : $\int_a^b |f-g|$.

C Valeur moyenne d'une fonction

Définition

Soient a et b deux points d'un intervalle I. La **valeur moyenne entre a et b** d'une fonction continue sur I est égale à :

$$\frac{1}{b-a}\int_a^b f$$

Dans le cas où $a < b$ et $f(x) \geqslant 0$ sur $[a\,;b]$, la valeur moyenne de f entre a et b est le nombre m tel que le rectangle de dimensions m et $b-a$ ait la même aire que le domaine coloré. En effet :

$$m = \frac{1}{b-a}\int_a^b f \Rightarrow m(b-a) = \int_a^b f$$

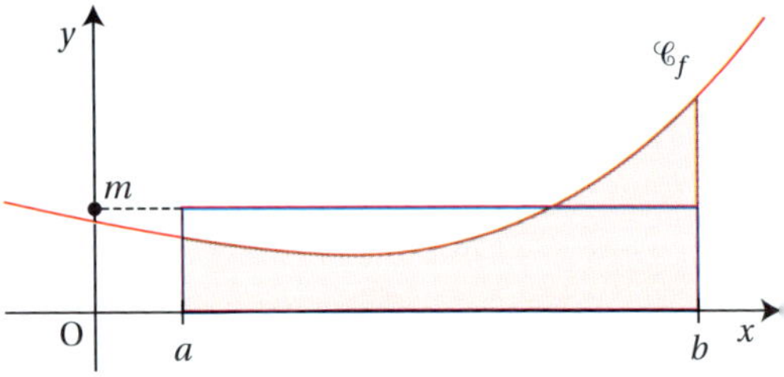

D Trucs et astuces

Lorsqu'on veut encadrer une intégrale d'une fonction dont on connaît la représentation graphique il est souvent commode de l'utiliser. Cela évite des développements pénibles.

Par exemple, sur l'intervalle $[-1\,;2]$ la fonction f est minorée par 0,88 et majorée par 3,64. On en déduit graphiquement que :

$$3 \times 0{,}88 \leqslant \int_{-1}^{2} f \leqslant 3 \times 3{,}64$$

En effet l'aire en rouge est comprise entre les aires des rectangles ABCD et AEFB. Ils ont pour base $2-(-1)$, c'est-à-dire 3.

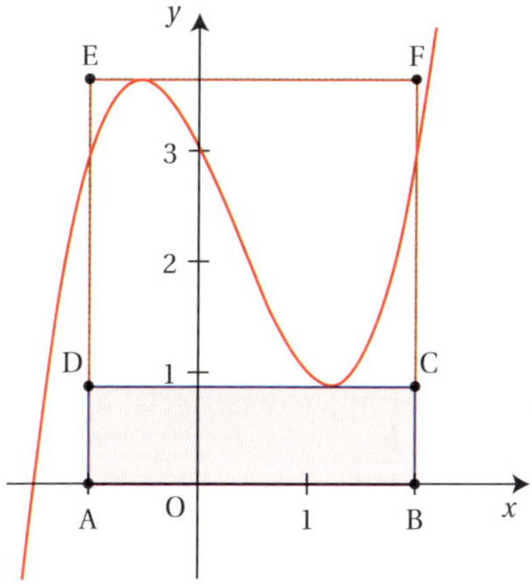

- Si une fonction f est impaire alors, pour tout $a \in D_f$:

$$\int_{-a}^{a} f = 0$$

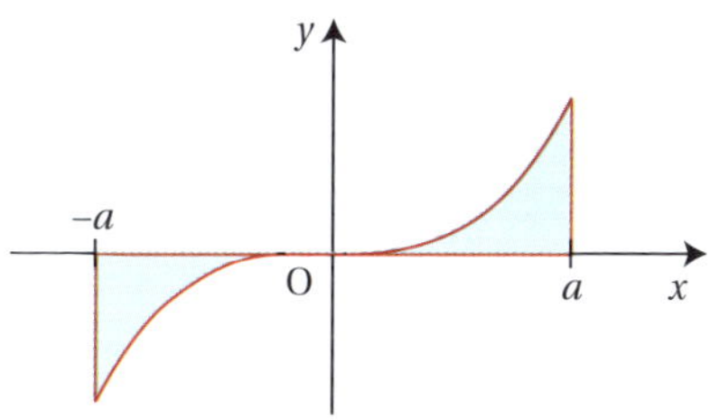

Les deux domaines symétriques par rapport à l'origine du repère ont la même aire et f a des signes contraires sur $[-a\,;0]$ et $[0\,;a]$.

- Si une fonction f est paire alors, pour tout $a \in D_f$:

$$\int_{-a}^{a} f = 2\int_{0}^{a} f = 2\int_{-a}^{0} f$$

Les deux domaines symétriques par rapport à l'origine du repère ont la même aire.

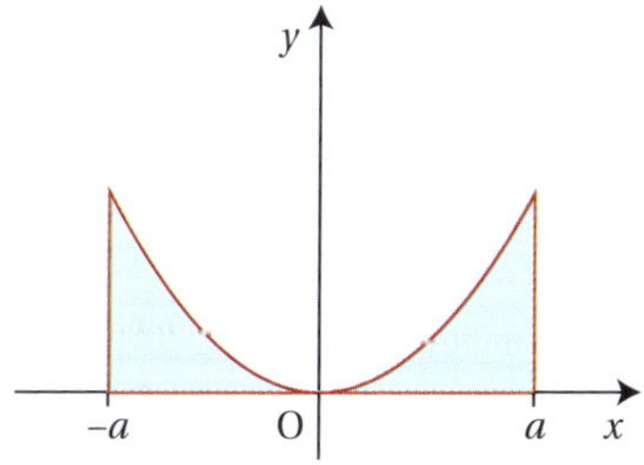

Calculer des primitives

ÉNONCÉ

Déterminer une primitive de chacune des fonctions définies ci-dessous.

1 $f(x)=\dfrac{3}{x^2}+2x-5$

2 $f(x)=(2x+1)(x^2+x+3)^3$

3 $f(x)=\dfrac{-x-5}{(x-3)(x+1)}$

(Pour le **3**., on pourra déterminer deux réels a et b tels que pour tout $x\in\,]3\,;+\infty[$, $f(x)=\dfrac{a}{x+1}+\dfrac{b}{x-3}$.)

MÉTHODE

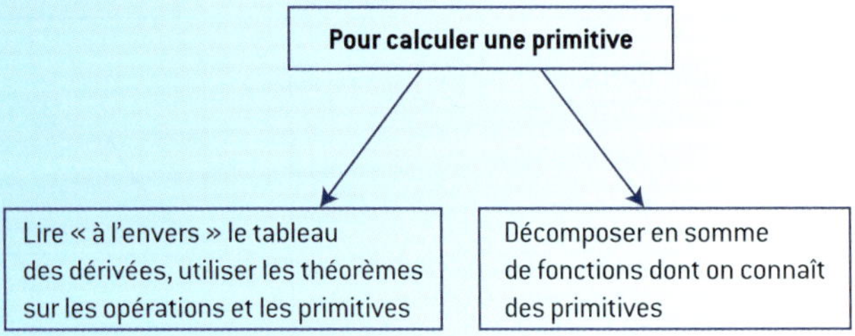

CORRIGÉ

1 Une primitive de $x\mapsto -\dfrac{1}{x^2}$ est $x\mapsto\dfrac{1}{x}$; une primitive de $x\mapsto\dfrac{3}{x^2}$ est $x\mapsto -\dfrac{3}{x}$. Une primitive de $x\mapsto 2x-5$ est $x\mapsto x^2-5x$. D'après les théorèmes sur les opérations et primitives, on obtient $F(x)=-\dfrac{3}{x}+x^2-5x$.

2 Posons $u(x)=x^2+x+3$; alors $u'(x)=2x+1$ et f est de la forme $u'u^3$. Or une primitive de $u'u^n$ est $\dfrac{u^{n+1}}{n+1}$. Par conséquent une primitive de $u'u^3$ est $\dfrac{u^4}{4}$ et on obtient $F(x)=\dfrac{\left(x^2+x+3\right)^4}{4}$.

3 En réduisant au même dénominateur et en identifiant les coefficients a et b, on obtient $f(x)=\dfrac{1}{x+1}-\dfrac{2}{x-3}$. Une primitive de $\dfrac{u'}{u}$ est $\ln u$ si $u>0$. Sur $]3\,;+\infty[$, $x+1>0$, et une primitive de $x\mapsto\dfrac{1}{x+1}$ est $x\mapsto\ln(x+1)$.

De même $\dfrac{2}{x-3} = 2\times\dfrac{1}{x-3}$; une primitive de $x \mapsto \dfrac{2}{x-3}$ est donc $x \mapsto 2\ln(x-3)$ et $F(x) = \ln(x+1) - 2\ln(x-3)$.

> Évidemment, toute fonction du type $x \mapsto F(x)+k$, où k est une constante est encore une primitive de la fonction f.

Encadrer une intégrale à l'aide d'un algorithme

ÉNONCÉ

Démontrer que l'algorithme ci-dessous permet d'encadrer $\displaystyle\int_1^4 \frac{1}{x}\mathrm{d}x$.

```
DEBUT_ALGORITHME
    n PREND_LA_VALEUR 100
    pas PREND_LA_ VALEUR 3/n
    a PREND_LA_VALEUR 1
    b PREND_LA_VALEUR a+pas
    aire1 PREND_LA_VALEUR 0
    aire2 PREND_LA_VALEUR 0
    k PREND_LA_VALEUR 0
  TANT_QUE (k<n) FAIRE
      DEBUT_TANT_QUE
      aire1 PREND_LA_VALEUR  aire1+pas*F1(b)
      aire2 PREND_LA_VALEUR  aire2+pas*F1(a)
      a PREND_LA_VALEUR  a+pas
      b PREND_LA_VALEUR  b+pas
      k PREND_LA_VALEUR  k+1
      FIN_TANT_QUE
  AFFICHER « L'aire inférieure (aire1) est égale à : »
  AFFICHER aire1
  AFFICHER « L'aire supérieure (aire2) est égale à : »
  AFFICHER aire2
FIN_ALGORITHME
Fonction numérique utilisée :
F1(x)=1/x
```

MÉTHODE

L'énoncé est un peu sec, convenons-en. La figure ci-dessous sert de guide (mais pas de solution !).

▶ L'aire sous la courbe est encadrée par deux suites de rectangles : les bleus qui lui sont supérieurs et les rouges qui lui sont inférieurs. Ils ont tous la même largeur, qui est le pas de la subdivision du segment $[1;4]$.

▶ En observant les valeurs successives prises par les variables *aire*1 et *aire*2 on peut voir ce que contiennent ces deux variables.

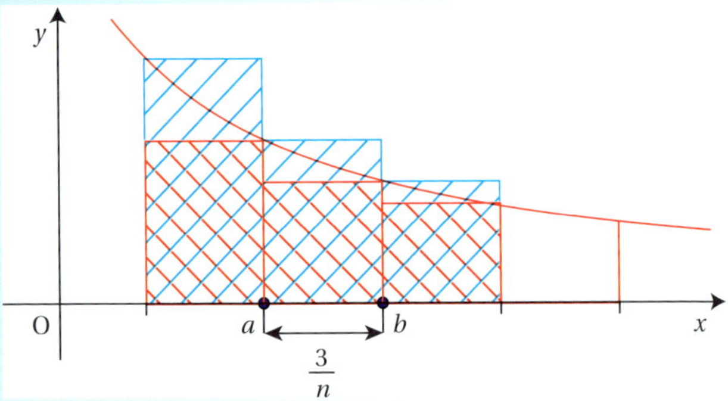

CORRIGÉ

• L'algorithme impose au programme de faire une boucle : tant que le contenu de la variable k (qui contient 0 au départ : ligne 8) est inférieure à 100 (car $n=100$: ligne 2) on répète la même action. À chaque étape de la boucle TANT_QUE, les variables *aire*1, *aire*2, *a*, *b* et *k* changent de contenu.

La variable *aire*1 contient sa valeur actuelle augmentée de $\frac{3}{n}\times\frac{1}{b}$ (ligne 11) car $F_1(x)=\frac{1}{x}$ (ligne 23) et *pas* contient la valeur $\frac{3}{n}$ (ligne 11) qui reste la largeur commune de tous les rectangles. La variable *aire*2 contient sa valeur actuelle augmentée de $\frac{3}{n}\times\frac{1}{a}$ (ligne 12). Par conséquent *aire*1 contient la somme des aires des rectangles inférieurs (rouge) et *aire*2 la somme des aires des rectangles supérieurs (bleus).

Voici l'amorce du processus de calcul :

Étape	*aire*1	*aire* 2	*a*	*b*	*k*
Initialisation	0	0	1	$1+\frac{3}{n}$	0
1	$0+\frac{3}{n}\times\frac{1}{1+\frac{3}{n}}$	$0+\frac{3}{n}\times 1$	$1+\frac{3}{n}$	$1+\frac{6}{n}$	1
2	Valeur précédente + $\frac{3}{n}\times\frac{1}{1+\frac{6}{n}}$	Valeur précédente + $\frac{3}{n}\times\frac{1}{1+\frac{3}{n}}$	$1+\frac{6}{n}$	$1+\frac{9}{n}$	2

Ce processus s'arrête lorsque $k=100$. À ce moment *aire*1 contient (avec $n=100$) : $\frac{3}{n}\sum_{i=1}^{n} f\left(1+i\times\frac{3}{n}\right)$ et *aire*2 contient : $\frac{3}{n}\sum_{i=0}^{n-1} f\left(1+i\times\frac{3}{n}\right)$.

On a bien obtenu un encadrement de l'aire du domaine compris entre la courbe, l'axe des abscisses et les droites d'équations $x=1$ et $x=4$. donc de $\int_1^4 \frac{1}{x}\mathrm{d}x$.

Le lancement du programme fournit les résultats suivants :

```
***Algorithme lancé***
L'aire inférieure  (aire1) est égale à : 1.3751147
L'aire supérieure  (aire2) est égale à : 1.3976147
***Algorithme lancé***
```

On sait que $\int_1^4 \frac{1}{x}\mathrm{d}x = \ln 4$ et la calculatrice fournit $\ln 4 \approx 1{,}38629$. On peut améliorer la précision donnée par l'algorithme en choisissant n encore plus grand.

SE TESTER QUIZ

1 Répondre par vrai ou faux à chaque question.

On pose $u(x)=x^5$ et $v(x)=-\frac{1}{x^2}$. Sur $]0\,;+\infty[$, on a $U(x)=\frac{x^6}{6}$ et $V(x)=\frac{1}{x}$. Alors :

a. $U(x)V(x)=\frac{x^5}{6}$ est une primitive de $u(x)v(x)$.

b. $\frac{U(x)}{V(x)}=\frac{x^7}{6}$ est une primitive de $\frac{u(x)}{v(x)}$.

2 Répondre par vrai ou faux sans calculer les intégrales.

a. $\int_0^{\frac{\pi}{2}}\sin^4 x\,\mathrm{d}x \geqslant 0$

b. $\int_{\frac{\pi}{2}}^{\pi}\cos^3 x\,\mathrm{d}x \geqslant 0$

c. $\int_0^{2\pi}\sin x\,\mathrm{d}x$ est égale à l'aire, exprimée en unités d'aire, du domaine limité par la courbe d'équation $y=\sin x$, l'axe des abscisses et les droites d'équations $x=0$ et $x=2\pi$ dans un repère orthogonal.

3 Soit f la fonction définie sur $[-1\,;5]$ par $f(x)=\ln(x+2)$ et soit F la primitive de f sur $[-1\,;5]$ qui s'annule en -1. Alors :

a. $F(x)=\int_{-1}^{x}\ln(t+2)\,\mathrm{d}t$

b. $F'(x)=\frac{1}{x+2}$

c. F est décroissante sur $[-1\,;5]$.

TRAITER UNE QUESTION DE COURS

4 Démontrer le théorème sur la linéarité de l'intégrale (§ 3. B.).

5 Démontrer le théorème suivant :

Soit f une fonction continue sur un intervalle I et a un point de I. Il existe une et une seule primitive de f s'annulant en a. C'est la fonction $F : x \mapsto \int_a^x f$.

Pour cela, montrer que s'il existe une autre primitive G répondant à la question, alors $F=G$.

S'ENTRAÎNER

Calculs de primitives

6 Déterminer les primitives des fonctions suivantes sur un intervalle à préciser.

a. $f(x)=2x^2+3x-1+\dfrac{1}{x^2}-\dfrac{1}{x^3}$ b. $f(x)=\dfrac{2}{\sqrt{x}}+x^{\frac{2}{3}}+\dfrac{3}{x}$

7 Déterminer les primitives des fonctions suivantes sur un intervalle à préciser.

a. $f(x)=\cos(2x+3)$ b. $f(x)=\sin(-x+5)$

8 Déterminer la primitive F de la fonction f qui vérifie la condition proposée.

a. $f(x)=(2x+1)(x^2+x-7)^3$, $F(0)=0$ b. $f(x)=\dfrac{(2x+1)}{(x^2+x-7)^3}$, $F(10)=1$

9 Déterminer la primitive F de la fonction f qui vérifie la condition proposée.

a. $f(x)=\dfrac{x+1}{x^2+2x+2}$, $F(1)=3$

b. $f(x)=-6x^2e^{x^3+1}$, $F(0)=1$

10 Déterminer les primitives des fonctions f suivantes sur un intervalle à préciser dans chaque cas :

a. $x\mapsto\tan^2 x$ b. $x\mapsto\dfrac{\sin x}{\cos^2 x}$

Pour l'exercice 10 a.: on pourra au préalable démontrer que la dérivée de la fonction tangente est $x\mapsto 1+\tan^2 x$.

Calculs d'intégrales

Dans les exercices 11 à 15, calculer les intégrales données.

11 a. $\displaystyle\int_2^4 \frac{1}{\sqrt{u}}\mathrm{d}u$ b. $\displaystyle\int_1^e \frac{1}{t}\mathrm{d}t$ c. $\displaystyle\int_0^1 2\mathrm{e}^x\mathrm{d}x$

12 a. $\displaystyle\int_1^4 \sqrt{x}\mathrm{d}x$ b. $\displaystyle\int_0^{\frac{\pi}{2}} \sin 3t\,\mathrm{d}t$ c. $\displaystyle\int_{-2}^{-1} \frac{t^3+t+1}{t}\,\mathrm{d}t$

La variable d'intégration peut se noter x, t ou u.

13 a. $\int_{-1}^{0} 5x^2(x^3+4)^2\,dx$ b. $\int_{-2}^{-1} \frac{6x-9}{(x^2-3x+2)^2}\,dx$

14 a. $\int_{1}^{5} \frac{x+1}{(x^2+2x+2)}\,dx$ b. $\int_{1}^{5} \frac{6x+1}{\sqrt{3x^2+x}}\,dx$ c. $\int_{1}^{e} \frac{\ln t}{t}\,dt$

15 a. $\int_{-1}^{1} \frac{e^x+1}{(e^x+x+2)}\,dx$ b. $\int_{0}^{\pi} \sin x e^{\cos x}\,dx$

16 Trouver le signe des intégrales suivantes, sans chercher à en calculer les valeurs :

> Bien observer les bornes de l'intégrale.

a. $\int_{1}^{4} (x^2-5x+4)e^{-4x}\,dx$ b. $\int_{1}^{\frac{1}{2}} (\ln x)^3\,dx$ c. $\int_{-\frac{\pi}{2}}^{0} (\sin 2x)e^x\,dx$

17 Donner les valeurs numériques des intégrales suivantes (observer les bornes) :

> Observer les bornes et la parité des fonctions que l'on intègre.

a. $\int_{-\frac{\pi}{2}}^{\frac{\pi}{2}} (\sin x)^{1789}\,dx$ b. $\int_{-\frac{\pi}{6}}^{\frac{\pi}{6}} (\tan x)^7(\sin x)^2\,dx$

18 Posons $I = \int_{0}^{\frac{\pi}{2}} (\cos x)^2\,dx$ et $J = \int_{0}^{\frac{\pi}{2}} (\sin x)^2\,dx$.

Calculer $I+J$, $I-J$ et en déduire I et J.

Dans les exercices 19 à 21, calculer les valeurs numériques exactes des intégrales données.

19 a. $\int_{0}^{\frac{\pi}{2}} (\sin x)^3 \cos x\,dx$ b. $\int_{0}^{\frac{\pi}{6}} \frac{\sin x}{(\cos x)^3}\,dx$

c. $\int_{\frac{\pi}{6}}^{\frac{\pi}{3}} \frac{\sin^2 x}{\sin 2x}\,dx$

20 a. $\int_{0}^{1} \frac{x}{x^2+1}\,dx$ b. $\int_{0}^{\ln 2} \frac{e^x}{e^x+3}\,dx$ c. $\int_{0}^{1} \frac{xe^{x^2}}{e^{x^2}+3}\,dx$

21 a. Déterminer la dérivée de la fonction F définie par :

$$F(x)=\left(-x^2+4x+1\right)e^{-2x+1}$$

b. En déduire la valeur exacte de $\int_0^1\left(x^2-5x+1\right)e^{-2x+1}\mathrm{d}x$.

On rappelle que $\sin 2x=2\sin x\cos x$.

Dans les exercices 22 à 23, trouver les valeurs exactes des aires des domaines Δ définis.

22 $f: x\mapsto e^x-1$. Δ est le domaine limité par la courbe de f, l'axe des abscisses et les droites d'équations $x=-2$ et $x=1$.

23 On pose $f(x)=\sin x$ et $g(x)=\cos x$. Δ est le domaine compris entre les courbes $\mathscr{C}_f$ et $\mathscr{C}_g$ et les droites d'équations $x=0$ et $x=\pi$.

On pourra tracer rapidement les courbes pour visualiser ces domaines.

24 On considère une fonction f dont la représentation graphique est donnée ci-dessous.

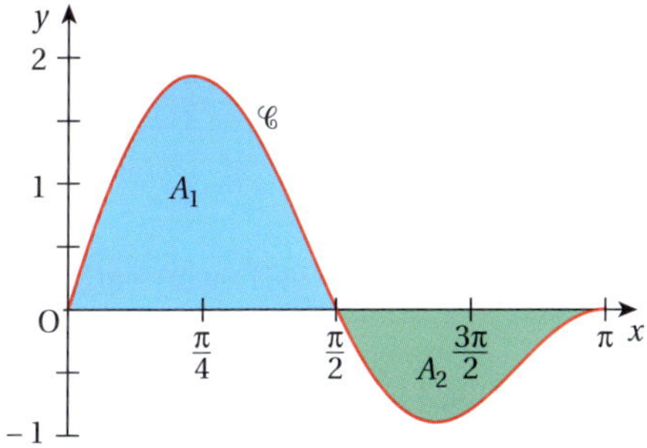

Si A_1 et A_2 sont respectivement les aires exprimées en unités d'aire des domaines limités par la courbe $\mathscr{C}$, l'axe des abscisses, les droites d'équations $x=0$ et $x=\dfrac{\pi}{2}$ d'une part et $x=\dfrac{\pi}{2}$ et $x=\pi$ d'autre part, alors la valeur moyenne m de f entre 0 et π est :

a. $\dfrac{1}{\pi}(A_1+A_2)$ b. $\dfrac{1}{\pi}(A_1-A_2)$ c. $(A_1-A_2)\times\pi$ d. 0

25 Calculer la valeur moyenne sur $\left[0\,;\dfrac{\pi}{2}\right]$ des fonctions suivantes :

a. $f(x)=\sin x$ b. $f(x)=\cos^2 x\sin x$

Pour le b. : $\cos^2 x\sin x$ est de la forme $-u'u^2$.

OBJECTIF BAC

26 Augustin demande à ses amis Leonhard et Carl si, théoriquement, il pourrait remplir d'eau indéfiniment des cubes dont les côtés mesurent respectivement 1 cm, $\frac{1}{2}$ cm, $\frac{1}{3}$ cm, $\frac{1}{4}$ cm, etc., et ensuite les empiler les uns sur les autres.
Carl dit qu'il ne pourrait pas trouver assez d'eau pour les remplir. Quant à lui Leonhard affirme qu'il pourrait trouver une salle assez haute pour empiler tous les cubes. Qui a raison ? Pour répondre à cette angoissante question, il vous faudra aller au bout du problème...

• Notations

Soit f la fonction sur $]0\,;+\infty[$ par $f(x)=\frac{1}{x}$.

Soit (H_n) la suite définie sur $\mathbb{N}^*$ par :

$$H_n=\sum_{k=1}^{n} f(k)=f(1)+f(2)+f(3)+\ldots+f(n)$$

Soit g la fonction définie sur $]0\,;+\infty[$ par $g(x)=\frac{1}{x^3}$.

Soit (V_n) la suite définie sur $\mathbb{N}^*$ par : $V_n=\sum_{k=1}^{n} g(k)=g(1)+g(2)+g(3)+\ldots+g(n)$

• Partie A

a. Soit k un entier naturel non nul. Justifier l'inégalité : $\int_k^{k+1} f(x)\mathrm{d}x<f(k)$.

Le tracé de la courbe $\mathscr{C}_f$ sur l'intervalle $[k\,;k+1]$ et l'interprétation géométrique de l'intégrale pourront être fort utiles.

b. En déduire que : $\int_1^{n+1} f(x)\mathrm{d}x<H_n$.

c. Calculer $\int_1^{n+1} f(x)\mathrm{d}x$ et dire si Leonhard a raison.

> Utiliser la relation de Chasles pour calculer l'intégrale $\int_1^{n+1} f$.

• Partie B

d. Soit n un entier au moins égal à 2. En s'inspirant de la méthode précédente montrer que : $V_n-1<\int_1^{n} g(x)\mathrm{d}x$.

e. Calculer $\int_1^{n} g(x)\mathrm{d}x$ et en déduire que pour tout $n\in\mathbb{N}$, $V_n\leqslant\frac{3}{2}$.

f. Peut-on savoir si Carl a raison ?

SE TESTER

1 a. **Faux.** $U(x)V(x)=\dfrac{x^5}{6}$ n'est pas une primitive de $u(x)v(x)=-x^3$ car $\left(\dfrac{x^5}{6}\right)'=\dfrac{5x^4}{6}\neq -x^3$ sur $]0\,;+\infty[$.

b. **Faux.** $\dfrac{U(x)}{V(x)}=\dfrac{x^7}{6}$ n'est pas une primitive de $\dfrac{u(x)}{v(x)}=-x^7$; en effet $\left(\dfrac{x^7}{6}\right)'=\dfrac{7x^6}{6}\neq -x^7$ sur $]0\,;+\infty[$.

2 a. **Vrai** car $0\leqslant\dfrac{\pi}{2}$ et $\sin^4 x\geqslant 0$ sur $\left[0\,;\dfrac{\pi}{2}\right]$.

b. **Faux** car $\cos^3 x\leqslant 0$ sur $\left[\dfrac{\pi}{2}\,;\pi\right]$, donc $\displaystyle\int_{\frac{\pi}{2}}^{\pi}\cos^3 x\;\mathrm{d}x\leqslant 0$.

c. **Faux.** $\displaystyle\int_0^{2\pi}\sin x\,\mathrm{d}x=[-\cos x]_0^{2\pi}=0$, alors que l'aire est égale à :

$$\int_0^{\pi}\sin x\,\mathrm{d}x+\int_{\pi}^{2\pi}-\sin x\,\mathrm{d}x$$
$$=\int_0^{\pi}\sin x\,\mathrm{d}x-\int_{\pi}^{2\pi}\sin x\,\mathrm{d}x=[-\cos x]_0^{\pi}-[-\cos x]_{\pi}^{2\pi}$$
$$=4 \text{ unités d'aire.}$$

Quand $f(x)$ est négative sur un intervalle $[a\,;b]$ $(a<b)$ alors l'aire du domaine coloré est l'opposé de $\displaystyle\int_a^b f$.

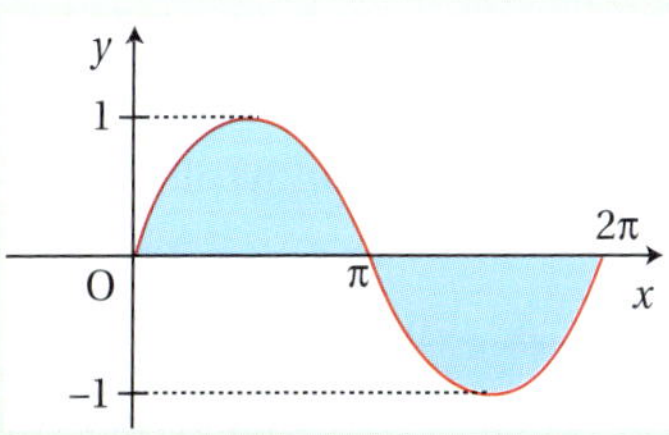

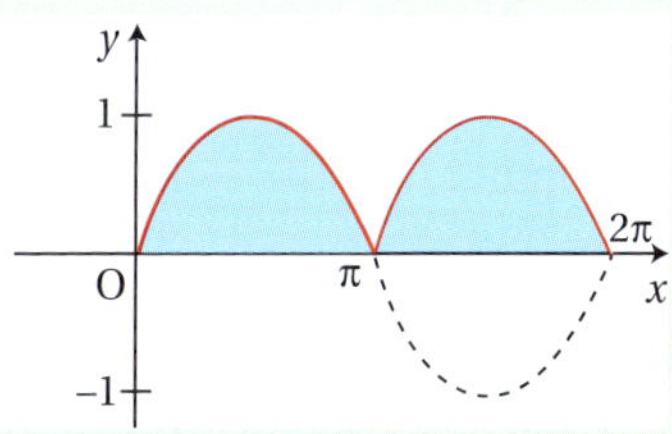

3 a. **Vrai ;** c'est la définition même de la primitive qui prend une valeur donnée en un point donné.

b. **Faux,** $F'(x)=\ln(x+2)$ pour tout $x\in[-1\,;5]$.

c. **Faux,** car $x\geqslant -1,\Rightarrow x+2\geqslant 1\Rightarrow \ln(x+2)\geqslant 0$, donc $F'(x)\geqslant 0$ et F est croissante sur $[-1\,;5]$.

La variable d'intégration est notée t ; alors que la variable de la fonction F est notée x. On aurait pu inverser ces rôles.

TRAITER UNE QUESTION DE COURS

4 On sait qu'une primitive de $\alpha f+\beta g$ est $\alpha F+\beta G$ (voir le tableau du 2. B.).

Donc $\int_a^b(\alpha f+\beta g)=[\alpha F+\beta G]_a^b=\alpha F(b)+\beta G(b)-(\alpha F(a)+\beta G(a))$

$$=\alpha(F(b)-F(a))+\beta(G(b)-G(a))$$

$$=\alpha\int_a^b f+\beta\int_a^b g$$

Ce qu'il fallait démontrer.

Voir le théorème 1 du 3. B.

5 On sait que la fonction $x\mapsto\int_a^x f$ est une primitive de f sur I et qu'elle s'annule en a. Supposons qu'il existe une autre primitive de f sur I s'annulant en a. Nommons-la G. Alors il existe une constante k telle que pour tout $x\in I$, $G(x)=F(x)+k$. Puisque $G(a)=F(a)=0$, on en déduit que $k=0$ et donc $F=G$, ce qu'il fallait démontrer.

S'ENTRAÎNER

6 **a.** f est continue sur $]0\,;+\infty[$.

$f(x)=2x^2+3x-1+x^{-2}-x^{-3}$. Les primitives de f sur $]0\,;+\infty[$ sont les fonctions : $F(x)=\frac{2}{3}x^3+\frac{3}{2}x^2-x+\frac{x^{-1}}{(-1)}-\frac{x^{-2}}{(-2)}+\lambda$, $\lambda\in\mathbb{R}$,

soit : $F(x)=\frac{2}{3}x^3+\frac{3}{2}x^2-x-\frac{1}{x}+\frac{1}{2x^2}+\lambda$ avec $\lambda\in\mathbb{R}$.

b. f est continue sur $]0\,;+\infty[$. Sur cet intervalle une primitive de $x\mapsto\frac{1}{\sqrt{x}}$ est $x\mapsto2\sqrt{x}$, une primitive de $x\mapsto x^{\frac{2}{3}}$ est $x\mapsto\frac{3}{5}x^{\frac{5}{3}}$, une primitive de $x\mapsto\frac{1}{x}$ est $x\mapsto\ln x$. Par conséquent, les primitives de f sur $]0\,;+\infty[$ sont les fonctions F définies par : $F(x)=4\sqrt{x}+\frac{3}{5}x^{\frac{5}{3}}+3\ln x+\lambda$, $\lambda\in\mathbb{R}$.

7 **a.** f est continue sur $\mathbb{R}$, les primitives de f sur $\mathbb{R}$ sont les fonctions F définies par : $F(x)=\frac{1}{2}\sin(2x+3)+\lambda$ avec $\lambda\in\mathbb{R}$.

b. f est continue sur $\mathbb{R}$, les primitives de f sur $\mathbb{R}$ sont les fonctions F définies par : $F(x)=\cos(-x+5)+\lambda,\ \lambda\in\mathbb{R}$.

8 **a.** $f(x)=u'(x)u^3(x)$ avec $u(x)=x^2+x-7$. f est continue sur $\mathbb{R}$.

Une primitive de $x\mapsto u'(x)u^3(x)$ est $x\mapsto\dfrac{1}{4}u^4(x)$.

Les primitives de f sur $\mathbb{R}$ sont les fonctions F définies par :

$$F(x)=\frac{1}{4}(x^2+x-7)^4+\lambda,\ \lambda\in\mathbb{R}$$

$F(0)=0$ équivaut à $\lambda=-\dfrac{2\,401}{4}$, donc $F(x)=\dfrac{1}{4}(x^2+x-7)^4-\dfrac{2\,401}{4}$.

b. $f(x)=u'(x)u^{-3}(x)$ avec $u(x)=x^2+x-7$. u s'annule pour $x_1=\dfrac{-1-\sqrt{29}}{2}$ et $x_2=\dfrac{-1+\sqrt{29}}{2}$ $(\Delta=29)$. f est continue sur $]x_2\,;+\infty[$.

Sur cet intervalle, les primitives de f sont les fonctions F définies par :

$$F(x)=\frac{u^{-2}(x)}{(-2)}+\lambda=-\frac{1}{2u^2(x)}+\lambda=-\frac{1}{2(x^2+x-7)^2}+\lambda,\ \lambda\in\mathbb{R}$$

Comme $F(10)=1$, on en déduit que $-\dfrac{1}{2\times103^2}+\lambda=1$ et $\lambda=\dfrac{21\,219}{21\,218}$.

Par conséquent l'unique primitive de f vérifiant la condition $F(10)=1$ est :

$$F(x)=-\frac{1}{2(x^2+x-7)}+\frac{21\,219}{21\,218}$$

UNE INFINITÉ DE PRIMITIVES

Dans les exercices 8 et 9 on utilise le fait qu'il existe une infinité de primitives de f sur I et qu'elles sont de la forme $x\mapsto F(x)+\lambda$ où F est une primitive quelconque et λ une constante quelconque.

9 **a.** $f(x)=\dfrac{1}{2}\dfrac{u'(x)}{u(x)}$ avec $u(x)=x^2+2x+2$.

$u(x)>0$ pour tout $x\in\mathbb{R}\ (\Delta=-6<0)$. f est continue sur $\mathbb{R}$. Sur $\mathbb{R}$, les primitives de f sont les fonctions F définies par :

$$F(x)=\frac{1}{2}\ln u(x)+\lambda=\frac{1}{2}\ln\,(x^2+2x+2)+\lambda,\ \lambda\in\mathbb{R}$$

$F(1)=3$ équivaut à $\frac{1}{2}\ln 5+\lambda=3$ ou $\lambda=3-\frac{1}{2}\ln 5$.

Par conséquent $F(x)=\frac{1}{2}\ln(x^2+2x+2)+3-\frac{1}{2}\ln 5$.

b. $f(x)=-2u'(x)e^{u(x)}$ avec $u(x)=x^3+1$. f est continue sur $\mathbb{R}$.
Les primitives de la fonction f sur $\mathbb{R}$ sont les fonctions F définies par :

$$F(x)=-2e^{u(x)}+\lambda, \lambda\in\mathbb{R}, \text{ c'est-à-dire } F(x)=-2e^{x^3+1}+\lambda, \lambda\in\mathbb{R}.$$

$F(0)=1$ équivaut à $-2e+\lambda=1$ ou $\lambda=1+2e$.
Par conséquent $F(x)=-2e^{x^3+1}+1+2e$.

10 Les deux fonctions sont définies sur $\mathbb{R}$ privé des points de la forme $\frac{\pi}{2}+k\pi$.

a. Pour tout x de chaque intervalle de D_f, on peut écrire $f(x)=1+\tan^2 x-1$.
Une primitive de $1+\tan^2$ étant tan, nous en déduisons que les primitives cherchées sont de la forme $x\mapsto \tan x-x+\lambda$ $(\lambda\in\mathbb{R})$.

b. f est de la forme $\frac{-u'}{u^2}$ avec $u(x)=\cos x$.
Nous en déduisons la forme des primitives cherchées : $x\mapsto \frac{1}{\cos x}+\lambda$ $(\lambda\in\mathbb{R})$.

11 **a.** $\int_2^4 \frac{1}{\sqrt{u}}\,du=\left[2\sqrt{u}\right]_2^4=4-2\sqrt{2}$

b. $\int_1^e \frac{1}{t}\,dt=[\ln t]_1^e=\ln e-\ln 1=1$

c. $\int_0^1 2e^x dx=\left[2e^x\right]_0^1=2(e-1)$

12 **a.** $\int_1^4 \sqrt{x}\,dx=\int_1^4 x^{\frac{1}{2}}\,dx=\left[\frac{x^{\frac{3}{2}}}{\frac{3}{2}}\right]_1^4=\left[\frac{2}{3}x^{\frac{3}{2}}\right]_1^4=\frac{16}{3}-\frac{2}{3}=\frac{14}{3}$

b. $\int_0^{\frac{\pi}{2}} \sin 3t\,dt=\left[-\frac{1}{3}\cos 3t\right]_0^{\frac{\pi}{2}}=0+\frac{1}{3}=\frac{1}{3}$

c. $\int_{-2}^{-1}\frac{t^3+t+1}{t}\,dt=\int_{-2}^{-1}\left(t^2+1+\frac{1}{t}\right)dt=\left[\frac{t^3}{3}+t+\ln|t|\right]_{-2}^{-1}$

$$=-\frac{4}{3}-\frac{3\ln 2-14}{3}=\frac{10-3\ln 2}{3}$$

13 **a.** $5x^2(x^3+4)^2=\frac{5}{3}u'(x)\,u^2(x)$; une primitive de $x\mapsto\frac{5}{3}u'(x)u^2(x)$ est $x\mapsto\frac{5}{9}u^3(x)$.

$$\int_{-1}^{0}5x^2(x^3+4)^2\,\mathrm{d}x=\left[\frac{5}{9}(x^3+4)^3\right]_{-1}^{0}=\frac{5}{9}(4^3-3^3)=\frac{185}{9}$$

b. $\frac{6x-9}{(x^2-3x+2)^2}=3\frac{u'(x)}{u^2(x)}$ avec $u(x)=x^2-3x+2$

$u(x)\neq 0$ pour tout $x\in[-2\,;-1]$ (les racines de u sont 1 et 2).

Une primitive de $x\mapsto\frac{u'(x)}{u^2(x)}$ est $x\mapsto-\frac{1}{u(x)}$ donc :

$$\int_{-2}^{-1}3\frac{u'(x)}{u^2(x)}\mathrm{d}x=3\int_{-2}^{-1}\frac{u'(x)}{u^2(x)}\mathrm{d}x=3\left[-\frac{1}{u(x)}\right]_{-2}^{-1}$$

$$=3\left(-\frac{1}{u(-1)}+\frac{1}{u(-2)}\right)=-\frac{1}{2}+\frac{1}{4}=-\frac{1}{4}$$

14 **a.** $\frac{x+1}{x^2+2x+2}=\frac{1}{2}\frac{u'(x)}{u(x)}$ avec $u(x)=x^2+2x+2$.

Pour tout $x\in[1\,;5]$, $u(x)>0$ car $\Delta<0$ ($\Delta=-4$).

$$\int_{1}^{5}\frac{x+1}{x^2+2x+2}\mathrm{d}x=\frac{1}{2}\int_{1}^{5}\frac{u'(x)}{u(x)}\mathrm{d}x=\frac{1}{2}[\ln\,u(x)]_1^5$$

$$=\frac{1}{2}(\ln u(5)-\ln u(1))=\frac{1}{2}(\ln 37-\ln 5)=\frac{1}{2}\ln\frac{37}{5}$$

b. $\frac{6x+1}{\sqrt{3x^2+x}}=\frac{u'(x)}{\sqrt{u(x)}}$; avec $u(x)=3x^2+x$; $u(x)>0$ sur $[1\,;5]$.

Une primitive de $x\mapsto\frac{u'(x)}{\sqrt{u(x)}}$ est $x\mapsto 2\sqrt{u(x)}$.

$$\int_{1}^{5}\frac{6x+1}{\sqrt{3x^2+x}}\,\mathrm{d}x=\int_{1}^{5}\frac{u'(x)}{\sqrt{u(x)}}\,\mathrm{d}x=\left[2\sqrt{u(x)}\right]_1^5=2\sqrt{u(5)}-2\sqrt{u(1)}=8\sqrt{5}-4.$$

c. $\dfrac{\ln t}{t}=\dfrac{1}{t}\times\ln t=u'(t)\times u(t)$ avec $u(t)=\ln t$.

Une primitive de $t\mapsto u'(t)\times u(t)$ est $t\mapsto\dfrac{u^2(t)}{2}$.

$$\int_1^e \frac{\ln t}{t}\mathrm{d}t=\left[\frac{u^2(t)}{2}\right]_1^e=\frac{u^2(e)}{2}-\frac{u^2(1)}{2}=\frac{1}{2}.$$

15 **a.** $\dfrac{e^x+1}{e^x+x+2}=\dfrac{u'(x)}{u(x)}$ avec $u(x)=e^x+x+2$; $u(x)>0$ pour tout $x\in[-1\,;1]$,

donc une primitive de $x\mapsto\dfrac{u'(x)}{u(x)}$ est $x\mapsto\ln u(x)$.

$$\int_{-1}^1\frac{e^x+1}{e^x+x+2}\mathrm{d}x=[\ln u(x)]_{-1}^1=\ln(e+3)-\ln\left(\frac{1}{e}+1\right)$$

b. $\sin x e^{\cos x}=-u'(x)e^{u(x)}$ avec $u(x)=\cos x$.

Une primitive de $x\mapsto u'(x)e^{u(x)}$ sur $\mathbb{R}$ est la fonction $x\mapsto e^{u(x)}=e^{\cos x}$.

$$\int_0^x \sin x e^{\cos x}\mathrm{d}x=\left[-e^{\cos x}\right]_0^\pi=-e^{-1}+e^1=\frac{e^2-1}{e}$$

RAPPEL

Si f est continue et positive sur un intervalle I, et si a et b sont deux points de I tels que $a\leqslant b$, alors $\int_a^b f(x)\,\mathrm{d}x\geqslant 0$.

Le résultat inverse $\left(\int_a^b f(x)\,\mathrm{d}x\leqslant 0\right)$ s'établit si f est négative.

16 **a.** Les racines de x^2-5x+4 sont 1 et 4, donc pour tout $x\in[1\,;4]$, $x^2-5x+4\leqslant 0$; nous pouvons également écrire :

Pour tout $x\in[1\,;4],(x^2-5x+4)e^{-4x}\leqslant 0$ (car pour tout $x\in\mathbb{R},e^{-4x}>0$).

Donc: $\int_1^4(x^2-5x+4)e^{-4x}\mathrm{d}x\leqslant 0$.

b. Pour tout $x\in\left[\frac{1}{2};1\right]$, $\ln x\leqslant 0$ donc pour $x\in\left[\frac{1}{2};1\right]$, $(\ln x)^3\leqslant 0$.

Comme $\int_1^{\frac{1}{2}}(\ln x)^3\mathrm{d}x=-\int_{\frac{1}{2}}^1(\ln x)^3\mathrm{d}x$, nous en déduisons : $\int_1^{\frac{1}{2}}(\ln x)^3\mathrm{d}x\geqslant 0$.

c. Pour tout x de $\left[-\frac{\pi}{2};0\right]$, $2x\in[-\pi;0]$; donc $\sin 2x\leqslant 0$; comme $e^x>0$, nous en déduisons $(\sin 2x)e^x\leqslant 0$, donc :

$$\int_{-\frac{\pi}{2}}^{0}(\sin 2x)e^x\mathrm{d}x\leqslant 0$$

Rappel: soit f une fonction continue sur un intervalle $[-a;a]$.
- Si f est paire, alors $\int_{-a}^{a}f(x)\,\mathrm{d}x=2\int_{0}^{a}f(x)\,\mathrm{d}x$.
- Si f est impaire, alors $\int_{-a}^{a}f(x)\,\mathrm{d}x=0$.

17 **a.** $x\mapsto(\sin x)^{1789}$ étant impaire, l'intégrale proposée est nulle.

b. Pour les mêmes raisons qu'en a :

$$\int_{-\frac{\pi}{6}}^{\frac{\pi}{6}}(\tan x)^7(\sin x)^2\mathrm{d}x=0.$$

18 $I+J=\int_{0}^{\frac{\pi}{2}}(\cos^2 x+\sin^2 x)\mathrm{d}x=\int_{0}^{\frac{\pi}{2}}1\mathrm{d}x=\frac{\pi}{2}$

$\cos^2 x-\sin^2 x=\cos 2x$

$$I-J=\int_{0}^{\frac{\pi}{2}}(\cos^2 x-\sin^2 x)\mathrm{d}x=\int_{0}^{\frac{\pi}{2}}\cos 2x\,\mathrm{d}x=\left[\frac{1}{2}\sin 2x\right]_{0}^{\frac{\pi}{2}}=0$$

Nous en déduisons $\begin{cases}I+J=\frac{\pi}{2}\\ I-J=0\end{cases}$ donc, par addition $I=\frac{\pi}{4}$ et par soustraction $J=\frac{\pi}{4}$.

19 **a.** La dérivée de $x\mapsto\sin x$ étant $x\mapsto\cos x$, on a :

$$\int_{0}^{\frac{\pi}{2}}\sin^3 x\cos x\,\mathrm{d}x=\left[\frac{\sin^4 x}{4}\right]_{0}^{\frac{\pi}{2}}=\frac{1}{4}$$

Pour les exercices 19 à 20 : une primitive de $u'u^n$ est $\frac{u^{n+1}}{n+1}$ si $n\neq 1$ et une primitive de $\frac{u'}{u}$ est $\ln u$ si $u>0$.

b. La dérivée de $x\mapsto\cos x$ étant $x\mapsto-\sin x$, on a :

$$\int_{0}^{\frac{\pi}{6}}\frac{\sin x}{\cos^3 x}\mathrm{d}x=-\int_{0}^{\frac{\pi}{6}}(-\sin x)(\cos x)^{-3}\mathrm{d}x$$

Nous trouvons $-\left[\frac{(\cos x)^{-2}}{-2}\right]_{0}^{\frac{\pi}{6}}=\frac{1}{6}$.

$\cos\left(\frac{\pi}{6}\right)=\frac{\sqrt{3}}{2}$

c. Pour tout x, $\sin 2x = 2\sin x\cos x$.

Donc : $\displaystyle\int_{\frac{\pi}{6}}^{\frac{\pi}{3}} \frac{\sin^2 x}{\sin 2x}\,\mathrm{d}x = \int_{\frac{\pi}{6}}^{\frac{\pi}{3}} \frac{\sin x}{2\cos x}\,\mathrm{d}x = \frac{1}{2}[-\ln(\cos x)]_{\frac{\pi}{6}}^{\frac{\pi}{3}}$.

En effet, $-\sin$ est la dérivée de cos.

Nous trouvons $\displaystyle\frac{1}{2}\left(-\ln\frac{1}{2}+\ln\frac{\sqrt{3}}{2}\right)=\frac{1}{2}\ln\sqrt{3}$.

$\cos\left(\dfrac{\pi}{3}\right)=\dfrac{1}{2}$

20 **a.** Utilisons les techniques des exercices 18 et 19 :

$\displaystyle\int_0^1 \frac{x}{x^2+1}\,\mathrm{d}x = \frac{1}{2}\int_0^1 \frac{2x}{x^2+1}\,\mathrm{d}x = \frac{1}{2}\left[\ln(x^2+1)\right]_0^1 = \frac{1}{2}\ln 2.$

b. $\displaystyle\int_0^{\ln 2} \frac{e^x}{e^x+3}\,\mathrm{d}x = \left[\ln(e^x+3)\right]_0^{\ln 2} = \ln 5 - \ln 4 = \ln\left(\frac{5}{4}\right).$

$e^{\ln 2}=2$

c. Nous savons que $\dfrac{\mathrm{d}}{\mathrm{d}x}\left(e^{x^2}\right)=2xe^{x^2}$.

Aussi : $\displaystyle\int_0^1 \frac{xe^{x^2}}{e^{x^2}+3}\,\mathrm{d}x = \frac{1}{2}\int_0^1 \frac{2xe^{x^2}}{e^{x^2}+3}\,\mathrm{d}x = \frac{1}{2}\left[\ln\left(e^{x^2}+3\right)\right]_0^1 = \frac{1}{2}\ln\left(\frac{e+3}{4}\right).$

21 **a.** Pour tout $x\in\mathbb{R}$: $F'(x)=(-2x+4)e^{-2x+1}+\left(-x^2+4x+1\right)(-2)e^{-2x+1}$

donc $F'(x)=\left(2x^2-10x+2\right)e^{-2x+1}$.

b. On a $\displaystyle\int_0^1\left(x^2-5x+1\right)e^{-2x+1}\mathrm{d}x = \frac{1}{2}\int_0^1 F'(x)\,\mathrm{d}x$

$\displaystyle = \frac{1}{2}\big(F(1)-F(0)\big) = \frac{1}{2}\left(4e^{-1}-e\right) = \frac{2}{e}-\frac{e}{2}$

La dérivée de e^u est $u'e^u$.

22 Le signe de e^x-1, et la courbe ci-contre permettent de trouver l'aire désirée :

$\displaystyle A = -\int_{-2}^{0}(e^x-1)\,\mathrm{d}x + \int_0^1 (e^x-1)\,\mathrm{d}x$

$\displaystyle = -\left[e^x-x\right]_{-2}^{0} + \left[e^x-x\right]_0^1 = \frac{1}{e^2}+e-1$

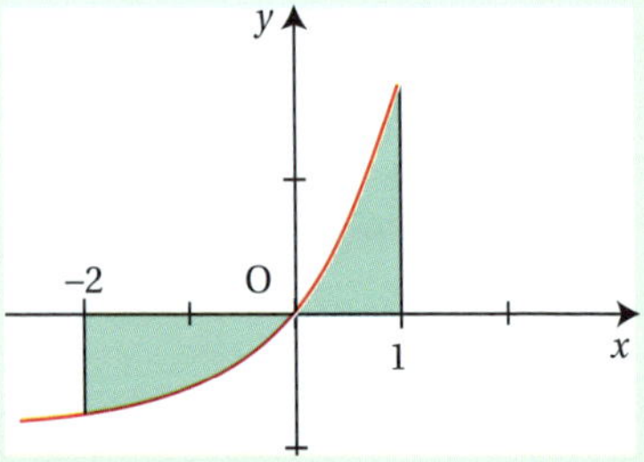

23 La représentation graphique des fonctions sinus (en bleu) et cosinus (en rouge) sur $[0\,;\pi]$ montre leurs positions respectives. Leur point d'intersection a pour abscisse $\dfrac{\pi}{4}$.

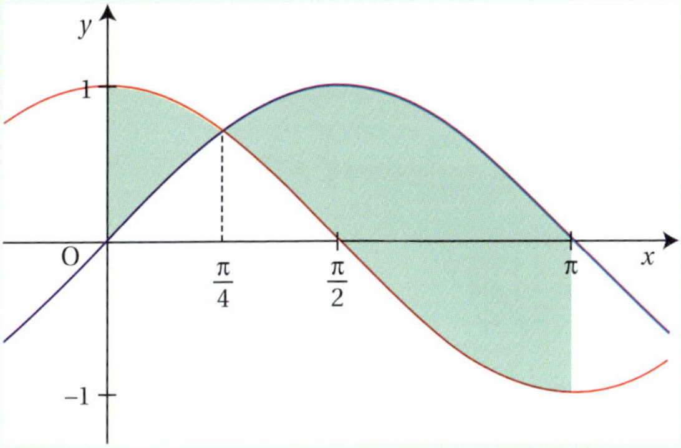

Sur $[0\,;\pi]$ l'équation $\cos x = \sin x$ a pour solution $\dfrac{\pi}{4}$. On se rappelle que $\cos\dfrac{\pi}{4} = \sin\dfrac{\pi}{4} = \dfrac{\sqrt{2}}{2} = \dfrac{1}{\sqrt{2}}$.

L'aire comprise entre deux courbes est parfois appelée aire « sandwich »...

L'aire du domaine coloré est donc égale à : $\displaystyle\int_0^{\frac{\pi}{4}}(\cos x - \sin x)\mathrm{d}x + \int_{\frac{\pi}{4}}^{\pi}(\sin x - \cos x)\mathrm{d}x$

Or $\displaystyle\int_0^{\frac{\pi}{4}}(\cos x - \sin x)\,\mathrm{d}x = [\sin x + \cos x]_0^{\frac{\pi}{4}} = \sqrt{2} - 1$

et $\displaystyle\int_{\frac{\pi}{4}}^{\pi}(\sin x - \cos x)\,\mathrm{d}x = [-\cos x - \sin x]_{\frac{\pi}{4}}^{\pi} = 1 + \sqrt{2}$.

L'aire du domaine coloré est donc égale à $2\sqrt{2}$, en unités d'aire.

24 Réponse **b.** En effet:

$$m=\frac{1}{\pi}\int_0^{\pi} f=\frac{1}{\pi}\left[\int_0^{\frac{\pi}{2}} f+\int_{\frac{\pi}{2}}^{\pi} f\right]=\frac{1}{\pi}\left[A_1-A_2\right]$$

Lorsqu'une fonction est négative sur un intervalle l'aire du domaine coloré est l'opposé de son intégrale.

25 **a.** La valeur moyenne de f sur $\left[0;\frac{\pi}{2}\right]$ est:

$$m=\frac{1}{\frac{\pi}{2}}\int_0^{\frac{\pi}{2}} \sin x\,\mathrm{d}x=\frac{2}{\pi}[-\cos x]_0^{\frac{\pi}{2}}=\frac{2}{\pi}$$

b. La valeur moyenne de f sur $\left[0;\frac{\pi}{2}\right]$ est:

$$m=\frac{2}{\pi}\int_0^{\frac{\pi}{2}}\cos^2 \sin x\,\mathrm{d}x=\frac{2}{\pi}\left[\frac{-\cos^3 x}{3}\right]_0^{\frac{\pi}{2}}=\frac{2}{3\pi}$$

OBJECTIF BAC

26 La courbe ci-aprés peut représenter schématiquement celle de f ou celle de g.

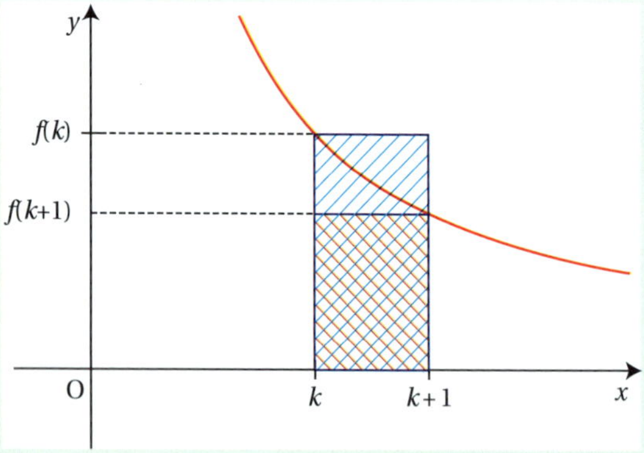

Augustin-Louis Cauchy (1789 – 1857), Leonhardt Euler (1707 – 1783) et Carl Gauss (1777 – 1855) sont trois mathématiciens parmi les plus géniaux de leur époque.

Partie A

1. On sait que $\int_k^{k+1} f$ mesure l'aire du domaine situé entre la courbe, l'axe des abscisses et les droites d'équations $x=k$ et $x=k+1$. Cette aire est inférieure à celle du rectangle bleu. Celui-ci a pour hauteur $f(k)$ et pour base 1 ; son aire est donc égale à $f(k)$. On a donc $\int_k^{k+1} f < f(k)$ ce qu'il fallait démontrer.

2. D'après l'inégalité prouvée à la question précédente, nous avons :

$$\int_1^{n+1} f = \int_1^2 f + \int_2^3 f + \ldots + \int_n^{n+1} f = \sum_{k=1}^{n} \int_k^{k+1} f$$

$$\Rightarrow \sum_{k=1}^{n} \int_k^{k+1} f < \sum_{k=1}^{n} f(k) \Rightarrow \int_1^{n+1} f = \sum_{k=1}^{n} \int_k^{k+1} f < H_n$$

3. On sait que $H_n = 1 + \frac{1}{2} + \frac{1}{3} + \ldots + \frac{1}{n}$.

Par conséquent H_n est la hauteur de l'empilement de n cubes d'arêtes 1, $\frac{1}{2}$, $\frac{1}{3}$ ... $\frac{1}{n}$. Lorsque n augmente indéfiniment, c'est-à-dire lorsque n tend vers $+\infty$, quelle est la limite de H_n ? La réponse à cette question donnera raison ou tort à Leonhardt.

Puisque $f(x) = \frac{1}{x}$, $\int_1^{n+1} f = \int_1^{n+1} \frac{1}{x} \mathrm{d}x = \ln(n+1)$, on en déduit que $\ln(n+1) < H_n$. Puisque $\lim_{n \to +\infty} \ln(n+1) = +\infty$ on en déduit que $\lim_{n \to +\infty} H_n = +\infty$.

On utilise la relation de Chasles de 1 à 2, de 2 à 3, de 3 à 4, … de n à $n+1$.

Hélas, Leonhardt a tort : on ne pourra pas trouver de salle assez haute pour recevoir l'empilement des cubes car sa hauteur tend vers $+\infty$!

Partie B

1. On utilise la même figure, en imaginant que la courbe tracée est celle de g. On sait que $\int_k^{k+1} g$ mesure l'aire du domaine situé entre la courbe, l'axe des abscisses et les droites d'équations $x=k$ et $x=k+1$. Cette aire est supérieure à celle du rectangle rouge. Celui-ci a pour hauteur $g(k+1)$ et pour base 1 ; son aire est donc égale à $g(k+1)$. On a donc $\int_k^{k+1} g > g(k+1)$.

En utilisant la relation de Chasles comme à la question précédente, on trouve :

$$\int_1^n g = \sum_{k=1}^{n-1} \int_k^{k+1} g \Rightarrow \int_1^n g > \sum_{k=1}^{n-1} g(k+1)$$

Or $\sum_{k=1}^{n-1} g(k+1) = \sum_{k=2}^{n} g(k) = V_n - 1$, donc : $\int_1^n g > V_n - 1$.

Si k va de 1 à $n-1$ alors $k+1$ va de 2 à n.

Ce qu'il fallait démontrer.

2. $\int_1^n g = \int_1^n \frac{1}{x^3}\,\mathrm{d}x = \left[-\frac{1}{2}\frac{1}{x^2}\right]_1^n = \frac{1}{2} - \frac{1}{2n^2} \Rightarrow \int_1^n g < \frac{1}{2}$

D'après l'inégalité précédente : $V_n - 1 < \int_1^m g \Rightarrow V_n - 1 < \frac{1}{2} \Rightarrow V_n < \frac{3}{2}$.
Ce qu'il fallait démontrer.

3. Puisque $g(k) = \frac{1}{k^3}$, $g(k)$ mesure le volume d'un cube d'arête $\frac{1}{k}$.

On en déduit que V_n mesure la somme des volumes des cubes d'arêtes $1, \frac{1}{2}, \frac{1}{3}, \ldots, \frac{1}{n}$.

La suite $(V_n)_{n\in\mathbb{N}^*}$ étant croissante et majorée, elle converge et sa limite est inférieure ou égale à $\frac{3}{2}$.

$1{,}5 = \frac{3}{2}$! Pour remplir une pile infinie de cubes, il suffit d'un litre et demi d'eau : *a priori* paradoxal, n'est-ce pas ?

Hélas encore, Carl a tort ! Il pourra trouver assez d'eau pour remplir tous les cubes : un litre et demi suffira.

www.annabac.com

CHAPITRE

8 Les nombres complexes

Il existe un ensemble de nombres plus grand que $\mathbb{R}$, l'ensemble des nombres complexes, noté $\mathbb{C}$, dans lequel on peut définir les quatre opérations pour pouvoir effectuer des calculs algébriques. Initialement introduits au XVIe siècle, les nombres complexes dits aussi nombres imaginaires, après deux siècles de « méfiance » ont acquis une définition rigoureuse et un statut définitif. Outre la résolution d'équations, ils ont de très nombreuses applications, notamment en géométrie.

1 L' ensemble des nombres complexes

A Forme algébrique d'un nombre complexe

Définition

On appelle **nombre complexe** tout élément de la forme $x+\mathrm{i}y$, où x et y sont deux nombres réels et i est tel que $\mathrm{i}^2=-1$.

L'ensemble des nombres complexes est noté $\mathbb{C}$.

On a donc $\mathbb{C}=\{z=x+\mathrm{i}y,(x\,;y)\in\mathbb{R}^2\}$.

Dans l'écriture précédente, x et y sont des réels.

L'écriture $z=x+\mathrm{i}y$, avec x et y réels, est appelée **forme algébrique** du nombre complexe z. Le réel x est appelé **partie réelle** de z et est noté $\mathcal{Re}(z)$. Le réel y est appelé **partie imaginaire** de z et est noté $\mathcal{Im}(z)$.

$\mathcal{Im}(z)$ est un nombre réel.

Exemple : Si $z=5+6\mathrm{i}$ alors $\mathcal{Re}(z)=5$ et $\mathcal{Im}(z)=6$.

Théorème

Soit z un nombre complexe.

- z est réel si et seulement si $\mathcal{Im}(z)=0$;
- z est imaginaire pur si et seulement si $\mathcal{Re}(z)=0$.

Un imaginaire pur s'écrit donc $\mathrm{i}y$, avec y dans $\mathbb{R}$. L'ensemble des imaginaires purs est noté $\mathrm{i}\mathbb{R}$.

Propriétés

Soient z et z' deux nombres complexes dont les formes algébriques sont $z = x + \mathrm{i}y$ et $z' = x' + \mathrm{i}y'$, avec x, x', y, y' réels.

- $z = z' \Leftrightarrow x = x'$ et $y = y'$
- $z = 0 \Leftrightarrow \mathcal{R}e(z) = 0$ et $\mathcal{I}m(z) = 0$

B Opérations sur les nombres complexes

a. Addition et produit

Soient z et z' deux nombres complexes dont les formes algébriques sont $z = x + \mathrm{i}y$ et $z' = x' + \mathrm{i}y'$, avec x, x', y, y' réels.

- $z + z' = (x + x') + \mathrm{i}(y + y')$
- $z - z' = (x - x') + \mathrm{i}(y - y')$
- $zz' = (xx' - yy') + \mathrm{i}(xy' + x'y)$

Les formules précédentes ne sont pas à connaître par cœur mais à retrouver à chaque calcul.

Exemple : Si $z_1 = 1 + \mathrm{i}$ et $z_2 = -2 + 3\mathrm{i}$,
alors $z_1 + z_2 = (1 + \mathrm{i}) + (-2 + 3\mathrm{i}) = 1 + \mathrm{i} - 2 + 3\mathrm{i} = -1 + 4\mathrm{i}$
et $z_1 \times z_2 = (1 + \mathrm{i}) \times (-2 + 3\mathrm{i}) = -2 + 3\mathrm{i} - 2\mathrm{i} + 3\mathrm{i}^2 = -2 + \mathrm{i} - 3 = -5 + \mathrm{i}$.

b. Conjugué d'un nombre complexe

Définition

Soit $z = x + \mathrm{i}y$, avec x et y réels, un nombre complexe. On appelle **conjugué** de z, et on note $\overline{z}$, le nombre complexe défini par :

$$\overline{z} = x - \mathrm{i}y$$

NOMBRE CONJUGUÉ ET NOMBRE OPPOSÉ

- Le **conjugué** d'un nombre complexe s'obtient en prenant l'opposé de sa partie imaginaire.
- Ne pas confondre conjugué de z et opposé de z que l'on note $-z = -x - \mathrm{i}y$.

Exemple : Si $z = 4 + 2\mathrm{i}$ alors $\overline{z} = 4 - 2\mathrm{i}$. Si $z = -\mathrm{i} + 3$ alors $\overline{z} = \mathrm{i} + 3$. Attention ici la partie imaginaire de z est -1.

Remarque : Pour tout nombre complexe z on a $z\overline{z} = x^2 + y^2$ donc $z\overline{z} \in \mathbb{R}^+$.

c. Quotient de deux nombres complexes

Soient z et z' deux nombres complexes dont les formes algébriques sont $z = x + \mathrm{i}y$ et $z' = x' + \mathrm{i}y'$, avec x, x', y, y' réels, x' et y' étant non nuls.

- Le quotient $\frac{z}{z'}$ est défini par :

$$\frac{z}{z'} = \frac{x + \mathrm{i}y}{x' + \mathrm{i}y'}$$

UTILISER LA QUANTITÉ CONJUGUÉE

La forme algébrique du quotient est obtenue en multipliant numérateur et dénominateur par le conjugué de z'. Le dénominateur devient donc réel.

Exemple : Pour donner la forme algébrique de $z = \frac{1+\mathrm{i}}{2+3\mathrm{i}}$, on rend le dénominateur réel en multipliant numérateur et dénominateur par le conjugué de $2+3\mathrm{i}$.

On obtient alors :

$$z = \frac{1+\mathrm{i}}{2+3\mathrm{i}} = \frac{(1+\mathrm{i})(2-3\mathrm{i})}{(2+3\mathrm{i})(2-3\mathrm{i})} = \frac{2+2\mathrm{i}-3\mathrm{i}-3\mathrm{i}^2}{2^2+3^2} = \frac{5-\mathrm{i}}{13} = \frac{5}{13} - \frac{1}{13}\mathrm{i}$$

d. Propriétés des conjugués

- Pour tous nombres complexes $z = x + \mathrm{i}y$ et $z' = x' + \mathrm{i}y'$ avec x, y, x', y' réels, on a :

- $\overline{\overline{z}} = z$
- $z + \overline{z} = 2\mathcal{R}e(z)$ ou encore $\mathcal{R}e(z) = \frac{z+\overline{z}}{2}$
- $z - \overline{z} = 2\mathrm{i}\mathcal{I}m(z)$ ou encore $\mathcal{I}m(z) = \frac{z-\overline{z}}{2\mathrm{i}}$
- $z\overline{z} = x^2 + y^2$
- z est réel si et seulement si $z = \overline{z}$.
- z est imaginaire pur si et seulement si $z = -\overline{z}$.

- $\overline{z+z'}=\overline{z}+\overline{z}'$
- $\overline{zz'}=\overline{z}.\overline{z}'$
- Si $z'\neq 0$, $\overline{\left(\dfrac{z}{z'}\right)}=\dfrac{\overline{z}}{\overline{z}'}$
- Si $n\in\mathbb{N}$, $\overline{z}^n=\overline{z^n}$

Exemples

1. Si $z=2\mathrm{i}(3+3\mathrm{i})$ alors $\overline{z}=-2\mathrm{i}(3-3\mathrm{i})$.

2. Si $z=\dfrac{\mathrm{i}}{\mathrm{i}-2}$ alors $\overline{z}=\dfrac{-\mathrm{i}}{-\mathrm{i}-2}$.

Le dernier résultat se démontre par récurrence sur *n*. Voir le chapitre 1.

C Équations du second degré dans $\mathbb{C}$

Théorème

Soient a, b, c trois nombres réels avec $a\neq 0$.

Soit (E) l'équation $az^2+bz+c=0$ d'inconnue complexe z.

On pose $\Delta=b^2-4ac$.

- **Si** $\Delta>0$, l'équation admet deux racines réelles distinctes :

$$z_1=\frac{-b-\sqrt{\Delta}}{2a} \text{ et } z_2=\frac{-b+\sqrt{\Delta}}{2a}$$

On retrouve les résultats de la résolution d'une telle équation dans $\mathbb{R}$.

- **Si** $\Delta=0$, l'équation admet une racine réelle double :

$$z_0=\frac{-b}{2a}$$

- **Si** $\Delta<0$, l'équation admet deux racines complexes conjuguées :

$$z_1=\frac{-b-\mathrm{i}\sqrt{-\Delta}}{2a} \text{ et } z_2=\frac{-b+\mathrm{i}\sqrt{-\Delta}}{2a}$$

- Pour tout nombre complexe z, az^2+bz+c se factorise sous la forme $a(z-z_1)(z-z_2)$.
- Δ est réel car a, b et c le sont.

Remarque : La relation « $\leqslant$ » définie sur $\mathbb{R}$ ne se prolonge pas dans $\mathbb{C}$. L'une des raisons est qu'un carré peut être négatif.

Exemple: Pour résoudre dans $\mathbb{C}$ l'équation $z^2+6z+25=0$, on calcule $\Delta=36-100=-64$.

$\Delta<0$, l'équation admet deux racines complexes conjuguées :

$$z_1=\frac{-6-\mathrm{i}\sqrt{64}}{2}=-3-4\mathrm{i} \text{ et } z_2=\overline{z}_1=-3+4\mathrm{i}.$$

On a donc $S=\{-3-4\mathrm{i}\,;-3+4\mathrm{i}\}$.

2 Représentation géométrique des nombres complexes

A Lien entre nombres complexes et points du plan

Le plan est rapporté à un repère orthonormal $(\mathrm{O}\,;\vec{u}\,;\vec{v})$.

a. Affixe d'un point

Définition

À tout point M du plan de coordonnées $(x\,;y)$, on associe le nombre complexe $z=x+\mathrm{i}y$ appelé **affixe** du point M.

Réciproquement : Tout nombre complexe $z=x+\mathrm{i}y$ est représenté par le point M de coordonnées $(x\,;y)$ dans le plan muni du repère $(\mathrm{O}\,;\vec{u}\,;\vec{v})$ et appelé plan complexe. M est appelé **image** de $z=x+\mathrm{i}y$.

On choisit de noter le repère $(\mathrm{O}\,;\vec{u}\,;\vec{v})$ et non $(\mathrm{O};\vec{i}\,;\vec{j})$ pour qu'il n'y ait aucune confusion possible avec le nombre i.

Remarque : On dit également que $z=x+\mathrm{i}y$ est l'affixe du vecteur $\overrightarrow{\mathrm{OM}}$. On parle indifféremment de l'affixe d'un point ou d'un vecteur.

On pourra noter $z_{\overrightarrow{OM}}=x+\mathrm{i}y$ ou $z_{\vec{w}}=x+\mathrm{i}y$ ou encore $z_M=x+\mathrm{i}y$.

Plus généralement si un vecteur $\vec{u}$ a pour coordonnées $(a\,;b)$ alors son affixe sera $a+\mathrm{i}b$.

A a pour affixe $z=\frac{9}{4}$ et B a pour affixe $z=\frac{3}{2}\mathrm{i}$.

0 + 0i est à la fois réel et imaginaire pur, il est représenté par l'origine du repère.

b. Affixe d'un vecteur

Soient $\vec{t}$ et $\vec{w}$ deux vecteurs du plan complexe, d'affixes respectives $z_{\vec{t}}$ et $z_{\vec{w}}$,

- Le vecteur $\vec{t}+\vec{w}$ a pour affixe $z_{\vec{t}}+z_{\vec{u}}$.
- Le vecteur $k\vec{t}$ a pour affixe $kz_{\vec{t}}$.
- Soient A et B deux points du plan d'affixes respectives z_A et z_B, le vecteur $\overrightarrow{AB}$ a pour affixe $z_B - z_A$.
- L'affixe du milieu I de [AB] est $z_I = \dfrac{z_A + z_B}{2}$.

B Forme trigonométrique des nombres complexes

a. Module et arguments d'un nombre complexe non nul

- Le point M d'affixe $z = x + \mathrm{i}y$ peut-être repéré dans le plan par son abscisse et son ordonnée mais aussi par la longueur du segment [OM] et l'angle θ (angle orienté entre les vecteurs $\vec{u}$ et $\overrightarrow{OM}$).

En effet on a : $\cos\theta = \dfrac{x}{OM}$ et $\sin\theta = \dfrac{y}{OM}$.

On a donc $x = OM\cos\theta$ et $y = OM\sin\theta$.

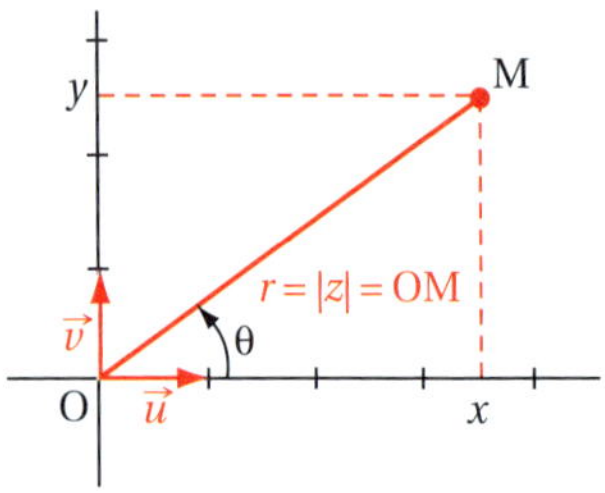

- On peut donc écrire z sous la forme $z = OM\cos\theta + \mathrm{i}OM\sin\theta$ ou encore :

$$z = OM(\cos\theta + \mathrm{i}\sin\theta)$$

- Cette écriture est appelée **forme trigonométrique** de z.

• OM est noté $|z|$ et est appelé **module de** z. On a donc $|z| = \sqrt{x^2 + y^2}$.

• θ est appelé **argument** de z et est noté $\arg z$. θ est une mesure de l'angle $(\vec{u}\,;\overrightarrow{OM})$. θ peut prendre des valeurs à des multiples de 2π près.

QUELQUES CAS PARTICULIERS

Un nombre réel strictement positif a pour argument 0 à 2π près ; un réel strictement négatif a pour argument π à 2π près. Un imaginaire pur dont la partie imaginaire est strictement positive a pour argument $\dfrac{\pi}{2}$ et $-\dfrac{\pi}{2}$ si sa partie imaginaire est strictement négative, à 2π près.

b. Égalité de deux nombres complexes

Deux nombres complexes non nuls sont égaux, si et seulement si ils ont même module et des arguments égaux à un multiple entier relatif de 2π près.

$$z = r(\cos\theta + i\sin\theta) = r'(\cos\theta' + i\sin\theta') \Leftrightarrow r = r' \text{ et } \theta = \theta' + 2k\pi \ (k \in \mathbb{Z})$$

Propriétés

Soient z et z' deux nombres complexes de modules respectifs r et r' dont des arguments sont θ et θ' respectivement.

- $|zz'| = |z||z'|$ et $\arg(zz') = \arg z + \arg z'$, à 2π près.
- Si $z \neq 0$, $\left|\frac{1}{z}\right| = \frac{1}{|z|}$ et $\arg\left(\frac{1}{z}\right) = -\arg(z)$ à 2π près.
- Si $z' \neq 0$, $\left|\frac{z}{z'}\right| = \frac{|z|}{|z'|}$; et $\arg\left(\frac{z}{z'}\right) = \arg z - \arg z'$, à 2π près.
- Pour tout $n \in \mathbb{N}$, $|z^n| = |z|^n$ et $\arg(z^n) = n\arg z$, à 2π près.
- $|\bar{z}| = z$ et $\arg(\bar{z}) = -\arg(z)$ car z et $\bar{z}$ sont les affixes de deux points symétriques par rapport à l'axe des abscisses.

Remarque : Ces propriétés permettent de mémoriser plus facilement les formules de trigonométrie.

> Nous avons vu précédemment que $z\bar{z} = x^2 + y^2 = |z|^2$.
> Retenez que $|z|^2 = z\bar{z}$.

c. Interprétation géométrique de $\arg\left(\frac{z_B - z_A}{z_C - z_A}\right)$

Si A, B et C sont trois points deux à deux distincts du plan d'affixes respectives z_A, z_B, z_C alors :

- $\arg(z_B - z_A)$ est une mesure de l'angle $(\vec{u} ; \overrightarrow{AB})$;
- et $\arg\left(\frac{z_B - z_A}{z_C - z_A}\right)$ représente une mesure de l'angle $(\overrightarrow{AC} ; \overrightarrow{AB})$ à 2π près.

> Voir une démonstration à l'exercice 10.

C Notation exponentielle des nombres complexes

- D'après le § 2. B. b. nous savons que :

$$(\cos\theta+\mathrm{i}\sin\theta)(\cos\theta'+\mathrm{i}\sin\theta')=\cos(\theta+\theta')+\mathrm{i}\sin(\theta+\theta')$$

On en déduit que si $f:\ \theta\mapsto\cos\theta+\mathrm{i}\sin\theta$ alors pour tous θ et θ' :

$$f(\theta+\theta')=f(\theta)f(\theta')$$

On remarque que cette fonction f vérifie la même équation fonctionnelle que la fonction exponentielle. On décide donc de poser :

$$\cos\theta+\mathrm{i}\sin\theta=e^{\mathrm{i}\theta}$$

Remarque : pour tout θ réel $|e^{\mathrm{i}\theta}|=1$.

Définition

Tout nombre complexe z non nul de module r dont un argument est θ admet une écriture exponentielle du type $z=re^{\mathrm{i}\theta}$.

Cette écriture n'est autre que celle de la forme trigonométrique. En effet : $z=re^{\mathrm{i}\theta}=r(\cos\theta+\mathrm{i}\sin\theta)$.

Propriétés

Les propriétés vues précédemment sur le module et les arguments peuvent s'écrire avec cette notation :

- $re^{\mathrm{i}\theta}\times r'e^{\mathrm{i}\theta'}=rr'\times e^{\mathrm{i}(\theta+\theta')}$
- $\dfrac{1}{re^{\mathrm{i}\theta}}=\dfrac{1}{r}e^{-\mathrm{i}\theta}$
- $\dfrac{re^{\mathrm{i}\theta}}{r'^{e^{\mathrm{i}\theta'}}}=\dfrac{r}{r'}e^{\mathrm{i}(\theta-\theta')}$
- $\left(re^{\mathrm{i}\theta}\right)^n=r^ne^{\mathrm{i}n\theta}$

Ces formules aident à retenir les propriétés sur les arguments.

Exemple : Pour donner la forme exponentielle de $z=1-\mathrm{i}$, on commence par chercher le module et un argument de z.

$$|z|=\sqrt{1+(-1)^2}=\sqrt{2}$$

$$\cos\theta=\frac{1}{\sqrt{2}}=\frac{\sqrt{2}}{2}\ \text{ et }\ \sin\theta=-\frac{1}{\sqrt{2}}=-\frac{\sqrt{2}}{2}$$

Un argument de z est donc $-\dfrac{\pi}{4}$. La forme exponentielle de z est donc $z=\sqrt{2}e^{-i\frac{\pi}{4}}$.

Attention, une exponentielle complexe peut-être négative, par exemple : $e^{i\pi}=\cos\pi+\mathrm{i}\sin\pi=-1$.

Passer de la forme algébrique à une forme trigonométrique

ÉNONCÉ

Donner la forme trigonométrique de $z = 2 - 2\mathrm{i}$.

MÉTHODE

- On détermine le module et un argument de z.
- On cherche θ tel que $\cos\theta = \dfrac{\mathcal{R}e(z)}{|z|}$ et $\sin\theta = \dfrac{\mathcal{I}m(z)}{|z|}$.
- On en déduit la forme trigonométrique de z.

> L'argument de z n'est défini qu'à un multiple de 2π près. Par simplicité, on choisit une valeur de θ comprise entre $-\pi$ et π.

CORRIGÉ

• On commence par déterminer le module et un argument de z :

$$|z| = \sqrt{2^2 + (-2)^2} = \sqrt{8} = 2\sqrt{2}$$

• De plus on a : $\cos\theta = \dfrac{\mathcal{R}e(z)}{|z|} = \dfrac{2}{2\sqrt{2}} = \dfrac{1}{\sqrt{2}} = \dfrac{\sqrt{2}}{2}$.

$\sin\theta = \dfrac{\mathcal{I}m(z)}{|z|} = \dfrac{-2}{2\sqrt{2}} = \dfrac{-1}{\sqrt{2}} = \dfrac{-\sqrt{2}}{2}$. On en déduit que $\theta = -\dfrac{\pi}{4}$ à 2π près.

• On en déduit que la forme trigonométrique de z est :

$$z = 2\sqrt{2}\left(\cos\left(-\frac{\pi}{4}\right) + \mathrm{i}\sin\left(-\frac{\pi}{4}\right)\right)$$

Déterminer un ensemble de points dans le plan

ÉNONCÉ

Pour tout nombre complexe z différent de i, on pose $Z = \dfrac{z+1}{z-\mathrm{i}}$.

Déterminer et construire l'ensemble des points M du plan d'affixe z tels que :

1 Z soit réel.

2 Z soit imaginaire pur.

MÉTHODE

- On pose $z = x + \mathrm{i}y$ et $Z = X + \mathrm{i}Y$ avec x, y, X et Y réels.
  On détermine les parties réelle et imaginaire de Z en fonction de x, y.
- On traduit ensuite les conditions pour que Z soit réel, puis Z imaginaire pur.

CORRIGÉ

Remarquons que Z n'est défini que pour $z \neq \mathrm{i}$.

• Déterminons les parties réelles et imaginaires de Z. En posant $z = x + \mathrm{i}y$ on obtient $Z = \dfrac{x + \mathrm{i}y + 1}{x + \mathrm{i}y - \mathrm{i}} = \dfrac{(x+1) + \mathrm{i}y}{x + \mathrm{i}(y-1)}$.

TECHNIQUE DE LA QUANTITÉ CONJUGUÉE

Pour pouvoir déterminer les parties réelles et imaginaires de Z, il faut rendre le dénominateur réel. Pour cela on multiplie le numérateur et le dénominateur par la quantité conjuguée $x + \mathrm{i}(y-1)$, c'est-à-dire $x - \mathrm{i}(y-1)$.

$$Z = \frac{(x+1) + \mathrm{i}y}{x + \mathrm{i}(y-1)} = \frac{[(x+1) + \mathrm{i}y][x - \mathrm{i}(y-1)]}{[x + \mathrm{i}(y-1)][x - \mathrm{i}(y-1)]}$$

$$= \frac{\big(x(x+1) + y(y-1)\big) + \mathrm{i}\big(yx - (x+1)(y-1)\big)}{x^2 + (y-1)^2} = \frac{(x^2 + y^2 + x - y) + \mathrm{i}(x - y + 1)}{x^2 + (y-1)^2}$$

On déduit de ce calcul que $X = \mathcal{R}e(Z) = \dfrac{x^2 + y^2 + x - y}{x^2 + (y-1)^2}$

et $Y = \mathcal{I}m(Z) = \dfrac{x - y + 1}{x^2 + (y-1)^2}$ avec $z \neq \mathrm{i}$, c'est-à-dire $(x\,;y) \neq (0\,;1)$.

1 Traduisons maintenant la condition pour que Z soit réel :

$$Z \in \mathbb{R} \Leftrightarrow \mathcal{I}m(Z) = 0 \Leftrightarrow \frac{x - y + 1}{x^2 + (y-1)^2} \text{ avec } (x\,;y) \neq (0\,;1)$$

$$\Leftrightarrow x - y + 1 = 0 \text{ et } (x\,;y) \neq (0\,;1)$$

L'ensemble des point $\mathrm{M}(x\,;y)$ vérifiant $x - y + 1 = 0$ et $(x\,;y) \neq (0\,;1)$ est la droite D d'équation $y = x + 1$ privée du point $\mathrm{A}(0\,;\,1)$.

2 Traduisons la condition Z est imaginaire pur :

$$Z \in i\mathbb{R} \Leftrightarrow \mathcal{R}e(Z)=0$$

$$\Leftrightarrow \frac{x^2+y^2+x-y}{x^2+(y-1)^2}=0 \text{ avec } x\neq 0 \text{ et } y\neq 1$$

$$\Leftrightarrow x^2+y^2+x-y=0 \text{ et } x\neq 0 \text{ et } y\neq 1$$

Pensez à enlever le point d'affixe i de l'ensemble considéré, car ce point peut être dans l'ensemble D alors que c'est une valeur interdite.

On reconnaît l'équation d'un cercle, essayons de le caractériser en utilisant la forme canonique :

$$x^2+x=(x+1)^2-1 \text{ de même, } y^2-y=(y-1)^2-1$$

$$\text{d'où } x^2+y^2+x-y=\left(x+\frac{1}{2}\right)^2-\frac{1}{4}+\left(y-\frac{1}{2}\right)^2-\frac{1}{4}.$$

On en déduit que :

$$Z\in \mathrm{i}\mathbb{R} \Leftrightarrow \left(x+\frac{1}{2}\right)^2+\left(y-\frac{1}{2}\right)^2-\frac{1}{2}=0 \text{ avec } x\neq 0 \text{ et } y\neq 1$$

$$\Leftrightarrow (x+1)^2+(y-1)^2=\frac{1}{2} \text{ avec } x\neq 0 \text{ et } y\neq 1$$

On reconnaît le cercle de centre $\mathrm{I}(-1\,;1)$ de rayon $\frac{\sqrt{2}}{2}$.

ÉQUATION D'UN CERCLE

On a vu en première que l'équation d'un cercle de centre $(a\,;b)$ et de rayon R est $(x-a)^2+(y-b)^2=R^2$.

Déterminer la nature d'un triangle

ÉNONCÉ

Le plan est rapporté au repère orthonormal direct $(\mathrm{O}\,;\vec{u}\,;\vec{v})$.

On considère les points A, B et C d'affixes respectives $z_A=2+2\mathrm{i}$, $z_B=-1+3\mathrm{i}$ et $z_C=1-\mathrm{i}$.

Quelle est la nature du triangle ABC ?

MÉTHODE

Pour étudier la nature de ABC, on peut calculer le module et un argument de $\frac{z_B - z_A}{z_C - z_A}$ et utiliser les interprétations données dans le cours (§ 2. B. d.).

CORRIGÉ

Déterminons le nombre complexe $\frac{z_B - z_A}{z_C - z_A}$.

$$\frac{z_B - z_A}{z_C - z_A} = \frac{(-1+3i)-(2+2i)}{(1-i)-(2+2i)} = \frac{-3+i}{-1-3i} = \frac{(-3+i)(-1+3i)}{1+3^2} = -i$$

En interprétant géométriquement ce résultat, on voit que $\left|\frac{z_B - z_A}{z_C - z_A}\right| = |-i| = 1$,

on en déduit que $\frac{|z_B - z_A|}{|z_C - z_A|} = 1$ donc $|z_B - z_A| = |z_C - z_A|$ ou encore $AB = AC$.

Le triangle ABC est donc isocèle.

On sait que $\left|\frac{z_B - z_A}{z_C - z_A}\right| = \frac{AB}{AC}$ et $\arg\left(\frac{z_B - z_A}{z_C - z_A}\right) = (\overrightarrow{AC}\,;\overrightarrow{AB})$.

On a également $\arg\left(\frac{z_B - z_A}{z_C - z_A}\right) = \arg(-i) = -\frac{\pi}{2}$ à un multiple de 2π près.

Une mesure de l'angle $(\overrightarrow{AC}\,;\overrightarrow{AB})$ est donc $-\frac{\pi}{2}$. Le triangle ABC est donc rectangle en A.

Finalement, le triangle ABC est rectangle isocèle de sommet A.

SE TESTER QUIZ

1 Si z est un nombre complexe, alors $\mathcal{I}m(-\mathrm{i}z)$ est égale à :

☐ **a.** $\mathcal{I}m(z)$ ☐ **b.** $-\mathcal{I}m(\mathrm{i}z)$ ☐ **c.** $\mathrm{i}\mathcal{R}e(z)$ ☐ **d.** $-\mathcal{R}e(z)$

2 Un argument du nombre complexe $-\sqrt{6}+\mathrm{i}\sqrt{2}$ est :

☐ **a.** $-\frac{\pi}{3}$ ☐ **b.** $-\frac{\pi}{6}$ ☐ **c.** $\frac{\pi}{6}$ ☐ **d.** $\frac{5\pi}{6}$

3 Un argument de $-2e^{\frac{i\pi}{4}}$ est :

☐ **a.** $-\frac{3\pi}{4}$ ☐ **b.** $-\frac{\pi}{4}$ ☐ **c.** $\frac{\pi}{4}$ ☐ **d.** $\frac{3\pi}{4}$

4 $e^{\frac{\mathrm{i}\pi}{3}}-e^{\frac{\mathrm{i}(2\pi)}{3}}$ est égal à :

☐ **a.** $e^{\mathrm{i}\pi}$ ☐ **b.** $\mathrm{i}\sqrt{3}$ ☐ **c.** 1 ☐ **d.** $e^{\frac{-\mathrm{i}\pi}{3}}$

5 L'ensemble des points M du plan d'affixe z tels que $|z-\mathrm{i}|=0$ est :

☐ **a.** une droite. ☐ **b.** un point. ☐ **c.** un cercle. ☐ **d.** vide.

6 L'ensemble des points M du plan d'affixe z tels que $|z-\mathrm{i}|=|z|$ est :

☐ **a.** une droite. ☐ **b.** un point. ☐ **c.** un cercle. ☐ **d.** vide.

7 L'ensemble des points M du plan d'affixe z tels que $|z-\mathrm{i}|=|-1-\mathrm{i}|$ est :

☐ **a.** une droite. ☐ **b.** un point. ☐ **c.** un cercle. ☐ **d.** vide.

8 Vrai ou faux ?

☐ **a.** L'équation $2z^2+2z+13=0$ admet deux racines complexes conjuguées.

☐ **b.** L'équation $x^2+4=0$ n'a pas de solution dans $\mathbb{C}$.

☐ **c.** L'équation $x^4-1=0$ a quatre solutions dans $\mathbb{C}$.

TRAITER UNE QUESTION DE COURS

9 On suppose connu le résultat suivant.

Quels que soient les nombres complexes non nuls z et z' :

$$\arg(z\times z')=\arg(z)+\arg(z') \text{ à un multiple de } 2\pi \text{ près.}$$

Démontrer que, quels que soient les nombres complexes non nuls z et z', on a :

$\arg\left(\frac{z}{z'}\right)=\arg(z)-\arg(z')$ à un multiple de 2π près.

10 Le plan complexe est rapporté à un repère orthonormal direct $(\mathrm{O}\,;\vec{u}\,;\vec{v})$.

Soient A, B et C trois points du plan d'affixes respectives a, b, c. On suppose que A et B sont distincts, ainsi que A et C.

On rappelle que $(\vec{u}\,;\overrightarrow{\mathrm{AB}}) = \arg(b-a)$ à un multiple de 2π près.

Montrer que $(\overrightarrow{\mathrm{AB}};\overrightarrow{\mathrm{AC}}) = \arg\left(\dfrac{c-a}{b-a}\right)$.

S'ENTRAÎNER

Forme algébrique

11 Déterminer la forme algébrique des complexes suivants :

a. $z_1 = (2-6\mathrm{i}) - 3(2-2\mathrm{i})$ **b.** $z_2 = (2-6\mathrm{i}) + \mathrm{i}(2-2\mathrm{i})$

c. $z_3 = \dfrac{1+\mathrm{i}}{1-3\mathrm{i}}$ **d.** $z_4 = (1-2\mathrm{i})^2$

12 Résoudre dans $\mathbb{C}$ l'équation suivante :
$z-(5+2\mathrm{i})\overline{z} = 2z - 5\mathrm{i}$.

Il n'est pas utile de poser $z=x+\mathrm{i}y$. Faire une résolution directe.

13 Montrer que le nombre
$Z = (1+2\mathrm{i})(2-3\mathrm{i})(2+\mathrm{i})(3-2\mathrm{i})$ est réel.

On pourra poser $z=x+\mathrm{i}y$ avec x, y réels.

14 Déterminer les parties réelles et imaginaires des nombres complexes suivants :

a. $z_1 = \dfrac{1-3\mathrm{i}}{2+5\mathrm{i}}$ **b.** $z_2 = \mathrm{i} + \dfrac{1}{\mathrm{i}}$ **c.** $z_3 = \left(\dfrac{1-\mathrm{i}}{1+\mathrm{i}}\right)^2$

15 Soit $z = x + \mathrm{i}y$ avec x, y réels. Déterminer la partie réelle et la partie imaginaire des nombres complexes suivants en fonction de x et y.

a. $Z = \dfrac{1}{z}$ **b.** $Z = \dfrac{\overline{z}}{z}$ **c.** $Z = \dfrac{z-2\mathrm{i}}{\mathrm{i}z+1-\mathrm{i}}$

16 Montrer que pour tout nombre complexe z non nul,

$\overline{z+\dfrac{1}{z}} - \dfrac{\overline{1+z}}{\overline{z}} = \overline{z} - 1$.

On utilisera les propriétés algébriques des conjugués.

Forme trigonométrique

17 Déterminer le module et un argument des nombres complexes suivants :

a. $z_1 = -\sqrt{2} + i\sqrt{2}$ **b.** $z_2 = -5$

c. $z_3 = \frac{3}{2}i$ **d.** $z_4 = \left(\frac{1+i\sqrt{3}}{1-i}\right)^2$

Pour **d.** penser à utiliser les propriétés des arguments.

18 On considère les nombres complexes $z_1 = \sqrt{2} + i\sqrt{6}$ et $z_2 = 2 - 2i$.

On pose $z = \frac{z_1}{z_2}$.

1. Écrire z sous forme algébrique.

2. a. Déterminer le module et un argument de z_1 puis de z_2.

b. En déduire le module et un argument de z.

c. Écrire alors z sous forme trigonométrique.

3. Déduire des résultats obtenus aux questions précédentes les valeurs exactes de $\cos\left(\frac{7\pi}{12}\right)$ et $\sin\left(\frac{7\pi}{12}\right)$. (On pourra comparer les formes algébriques et trigonométrique de z.)

19 On considère les points A, B, C et D d'affixes respectives $z_A = 8$, $z_B = 8i$, $z_C = z_A e^{-i\frac{\pi}{3}}$ et $z_D = z_B e^{\frac{2i\pi}{3}}$.

1. a. Écrire z_A et z_B sous forme exponentielle.
Donner le module et un argument de z_C et z_D et écrire ces nombres sous forme algébrique.

b. Montrer que ces points A, B, C et D sont situés sur un même cercle Γ dont précisera le centre et le rayon.

2. a. On note z_1 l'affixe de $\overrightarrow{AC}$ et z_2 l'affixe de $\overrightarrow{BD}$. Montrer que $z_2 = z_1\sqrt{3}$.

b. On note z_3 et z_4 les affixes respectives de $\overrightarrow{AB}$ et $\overrightarrow{DC}$.
Calculer $|z_3|$ et $|z_4|$.

c. Montrer que le quadrilatère ACDB est un trapèze isocèle.

On montrera que deux côtés sont parallèles et deux ont même longueur

20 Pour tout x réel, $e^{ix} = \cos x + i\sin x$. Exprimer $\cos x$ et $\sin x$ à l'aide de e^{ix} et e^{-ix}.

Les relations obtenues au n° 20 sont appelées formules d'Euler.

Interprétation géométrique

21 Le plan complexe est rapporté à un repère orthonormal direct $(O\,;\vec{u}\,;\vec{v})$ d'unité graphique 4 cm.

On note A et B les points d'affixes respectives 1 et i. À tout point M distinct de A et d'affixe z, est associé le point M′ d'affixe Z' définie par :

$$Z' = \frac{(1-i)(z-i)}{z-1}$$

1. Calculer l'affixe du point C′ associé au point C d'affixe –i.
Placer les points A, B et C.

2. Soit $z = x + iy$, où x et y désignent deux nombres réels.

a. Déterminer les parties réelle et imaginaire de Z en fonction de x et y.

b. Déterminer l'ensemble E des points M d'affixe z tel que Z soit réel.

On pourra s'aider de la méthode du cours.

c. Déterminer l'ensemble G des points M d'affixe z tel que Z soit imaginaire pur.

d. Déterminer l'ensemble F des points M d'affixe z telle que Z soit réel négatif ou nul.

Équations

22 Pour tout nombre complexe z, on pose :

$$P(z) = z^4 + 2z^3 + 11z^2 + 2z + 10$$

a. Déterminer deux racines imaginaires pures de l'équation $P(z) = 0$.

b. Achever alors la résolution de l'équation $P(z) = 0$.

a. On pourra poser $z = iy$ avec y réel.
b. On pensera à factoriser $P(z)$ en utilisant les résultats du **a.**

23 Résoudre dans $\mathbb{C}$ les équations suivantes :

a. $-2z^2 + 6z - 5 = 0$ **b.** $(z^2+9)(z^2-6z+9) = 0$ **c.** $z^3 + 6z^2 + 13z = 0$

OBJECTIF BAC

24 **Partie A**

a. Déterminer le complexe α tel que $\begin{cases} \alpha(1+\mathrm{i}) = 1+3\mathrm{i} \\ \mathrm{i}\alpha^2 = -4+3\mathrm{i} \end{cases}$

b. Pour tout nombre complexe z, on pose $f(z)=z^2-(1+3\mathrm{i})z+(-4+3\mathrm{i})$.
Montrer que $f(z)$ s'écrit sous la forme $(z-\alpha)(z-\mathrm{i}\alpha)$.
En déduire les solutions (sous forme algébrique) de l'équation $f(z)=0$.

Partie B

Le plan complexe est rapporté à un repère orthonormé $(\mathrm{O}\,;\vec{u}\,;\vec{v})$. (Unité graphique 5 cm.)

a. On considère les points A et B d'affixes respectives $a=2+\mathrm{i}$ et $b=-1+2\mathrm{i}$. Placer A et B dans le repère.
Montrer que $b=\mathrm{i}a$, en déduire que le triangle OAB est un triangle isocèle rectangle.

b. On considère le point C d'affixe $c=1+\frac{1}{2}\mathrm{i}$. Placer le point C dans le repère.
Déterminer l'affixe du point D tel que le triangle OCD soit un triangle isocèle rectangle tel que $(\overrightarrow{\mathrm{OC}}\,;\overrightarrow{\mathrm{OD}})=\frac{\pi}{2}$.

c. Soit M le milieu du segment [BC].
On appelle $z_{\overrightarrow{\mathrm{OM}}}$ et $z_{\overrightarrow{\mathrm{DA}}}$ les affixes respectives des vecteurs $\overrightarrow{\mathrm{OM}}$ et $\overrightarrow{\mathrm{DA}}$. Prouver que $\frac{z_{\overrightarrow{\mathrm{OM}}}}{z_{\overrightarrow{\mathrm{DA}}}}=\frac{1}{2}\mathrm{i}$.

> On pourra conjecturer l'affixe de D à l'aide de la figure.

d. Donner une mesure en radians de $(\overrightarrow{\mathrm{DA}}\,;\overrightarrow{\mathrm{OM}})$.

e. Prouver que $\mathrm{OM}=\frac{1}{2}\mathrm{DA}$.

f. On appelle J, K et L les milieux respectifs des segments [CD], [DA] et [AB].
On admet que le quadrilatère JKLM est un parallélogramme ; démontrer que c'est un carré.

SE TESTER

1 Réponse d. Écrivons le complexe $-iz$ sous forme algébrique en posant $z=x+iy$. On a $-iz=-ix+y$. La partie imaginaire de $-iz$ est donc $-x$ c'est à dire l'opposé de la partie réelle de z.

Attention la partie imaginaire est un nombre réel.

2 Réponse d. Déterminons un argument de $z=-\sqrt{6}+i\sqrt{2}$.
Pour cela commençons par calculer le module de $-\sqrt{6}+i\sqrt{2}$. On a :

$$\left|-\sqrt{6}+i\sqrt{2}\right|=\sqrt{\left(-\sqrt{6}\right)^2+\sqrt{2}^2}=\sqrt{8}=2\sqrt{2}$$

Pour déterminer un argument θ de z, déterminons $\cos\theta$ et $\sin\theta$

$$\cos\theta=\frac{-\sqrt{6}}{2\sqrt{2}}=\frac{-\sqrt{3}}{2} \text{ et } \sin\theta=\frac{\sqrt{2}}{2\sqrt{2}}=\frac{1}{2}. \text{ On en déduit que } \theta=\frac{5\pi}{6} \text{ (à } 2\pi \text{ près).}$$

3 Réponse a. On pose $z=-2$ et $z'=e^{\frac{i\pi}{4}}$.

$$\arg(-2)=\pi \text{ et } \arg\left(e^{\frac{i\pi}{4}}\right)=\frac{\pi}{4} \text{ donc } \arg\left(-2e^{\frac{i\pi}{4}}\right)=\pi+\frac{\pi}{4}=\frac{5\pi}{4} \text{ à } 2\pi \text{ près.}$$

$\frac{5\pi}{4}$ ne fait pas partie des réponses possibles, mais $\frac{5\pi}{4}-2\pi=-\frac{3\pi}{4}$ est également un argument puisqu'il se déduit de $\frac{5\pi}{4}$ en ajoutant -2π.

On utilise la propriété suivante : $\arg(zz')=\arg z+\arg z'$.

4 Réponse c. $e^{\frac{i\pi}{3}}-e^{\frac{i(2\pi)}{3}}=\cos\left(\frac{\pi}{3}\right)+i\sin\left(\frac{\pi}{3}\right)-\cos\left(\frac{2\pi}{3}\right)-i\sin\left(\frac{2\pi}{3}\right)$

$$=\frac{1}{2}+\frac{i\sqrt{3}}{2}-\frac{-1}{2}-\frac{i\sqrt{3}}{2}=1$$

5 Réponse b. Soit V le point du plan d'affixe i,
$|z-i|=MV$

$|z-i|=0 \Leftrightarrow MV=0 \Leftrightarrow$ M et V confondus.

On sait que: $|z_M-z_V|=MV=\|\overrightarrow{MV}\|$.

6 Réponse a. Procédons comme à l'exercice précédent.
On a $|z-i|=MV$ et de plus $|z|=OM$.

$$|z-i|=|z| \Leftrightarrow MV=OM$$

L'ensemble des points M est donc l'ensemble des points équidistants de V et O. C'est donc la médiatrice de [OV] donc une droite.

7 **Réponse c.** $|-1-\mathrm{i}|=\sqrt{2}$ donc $|z-i|=|-1-i| \Leftrightarrow |z-i|=\sqrt{2} \Leftrightarrow \mathrm{MV}=\sqrt{2}$

L'ensemble cherché est donc le cercle de centre V (0 ; 1) de rayon $\sqrt{2}$.

8 a. **Vrai.** Calculons le discriminant de cette équation il vient :

$$\Delta = 2^2 - 4\times 2\times 13 = -100$$

Ce discriminant est négatif donc d'après le cours l'équation admet deux racines complexes conjuguées.

b. **Faux.** $x^2+4=0 \Leftrightarrow x^2=-4 \Leftrightarrow x^2=4\mathrm{i}^2 \Leftrightarrow x=2\mathrm{i}$ ou $x=-2\mathrm{i}$

On utilise $\mathrm{i}^2=-1$.

L'équation a donc deux solutions dans $\mathbb{C}$.

c. **Vrai.** $x^4-1=0 \Leftrightarrow (x^2)^2-1=0 \Leftrightarrow (x^2-1)(x^2+1)=0 \Leftrightarrow x^2=1$ ou $x^2=-1$.
L'équation $x^2=1$ admet deux solutions réelles 1 et –1. De plus $x^2=-1$ admet deux solutions complexes i et –i. Finalement $x^4-1=0$ admet quatre solutions dans $\mathbb{C}$.

TRAITER UNE QUESTION DE COURS

9 La relation $\arg(z\times z')=\arg(z)+\arg(z')$ étant vraie quels que soient z et z' non nuls, on peut l'appliquer avec $z'=\frac{1}{z}$. On obtient alors :

$$\arg\left(z\times\frac{1}{z}\right)=\arg(z)+\arg\left(\frac{1}{z}\right)$$

ou encore $\arg(1)=\arg(z)+\arg\left(\frac{1}{z}\right)$.

Or $\arg(1)=0$ donc $0=\arg(z)+\arg\left(\frac{1}{z}\right)$, soit $\arg\left(\frac{1}{z}\right)=-\arg(z)$.

Montrons maintenant l'égalité demandée :

$$\arg\left(\frac{z}{z'}\right)=\arg\left(z\times\frac{1}{z'}\right)=\arg(z)+\arg\left(\frac{1}{z'}\right)=\arg(z)-\arg(z')$$

d'après ce qui précède.

10 D'après l'exercice précédent, on peut écrire que :

$$\arg\left(\frac{c-a}{b-a}\right)=\arg(c-a)-\arg(b-a)$$

Or $\arg(c-a)=(\vec{u};\overrightarrow{AC})$ et $\arg(b-a)=(\vec{u};\overrightarrow{AB})$.

On a donc $\arg\left(\dfrac{c-a}{b-a}\right)=(\vec{u};\overrightarrow{AC})-(\vec{u};\overrightarrow{AB})=(\vec{u};\overrightarrow{AC})+(\overrightarrow{AB};\vec{u})$.

En effet $(\vec{u};\overrightarrow{AB})=-(\overrightarrow{AB};\vec{u})$.

RELATION DE CHASLES SUR LES ANGLES

Pour tous vecteurs $\vec{a},\vec{b},\vec{c}$ on a : $(\vec{a};\vec{b})=(\vec{a};\vec{c})+(\vec{c};\vec{b})$.

On obtient donc :

$$\arg\left(\frac{c-a}{b-a}\right)=(\vec{u};\overrightarrow{AC})+(\overrightarrow{AB};\vec{u})$$
$$=(\overrightarrow{AB};\vec{u})+(\vec{u};\overrightarrow{AC})$$
$$=(\overrightarrow{AB};\overrightarrow{AC})$$

S'ENTRAÎNER

11 **a.** $z_1=2-6i-6+6i=-4$

b. $z_2=2-6i+2i-2i^2=2-4i+2=4-4i$

c. $z_3=\dfrac{1+i}{1-3i}=\dfrac{(1+i)(1+3i)}{(1-3i)(1+3i)}$

$$z_3=\frac{(1+3i+i+3i^2)}{1+9}$$
$$=\frac{1+4i-3}{10}$$
$$=\frac{-2+4i}{10}$$
$$=-\frac{1}{5}+\frac{2}{5}i$$

d. $z_4=1-4i+(2i)^2=1-4i-4=-3-4i$

Pour rendre le dénominateur réel on multiplie numérateur et dénominateur par le conjugué du dénominateur.

On rappelle que $z\overline{z}=x^2+y^2$.

12 Posons $z=x+\mathrm{i}y$ avec x et y réels.

$$z-(5+2\mathrm{i})\overline{z}=2z-5\mathrm{i}$$

$$\Leftrightarrow (x+\mathrm{i}y)-(5+2\mathrm{i})(x-\mathrm{i}y)=2(x+\mathrm{i}y)-5\mathrm{i}$$

$$\Leftrightarrow x+\mathrm{i}y-(5x-5\mathrm{i}y+2\mathrm{i}x+2y)=2x+2\mathrm{i}y-5\mathrm{i}$$

Regroupons partie réelle et imaginaire :

$$(x-5x-2y)+\mathrm{i}(y+5y-2x)=2x+\mathrm{i}(2y-5)\ \textbf{(E)}$$

$$\text{(E)} \Leftrightarrow \begin{cases} -4x-2y=2x \\ -2x+6y=2y \end{cases} \Leftrightarrow \begin{cases} -6x-2y=0 \\ -2x+4y=-5 \end{cases}$$

$$\Leftrightarrow \begin{cases} y=-3x \\ -2x-12x=-5 \end{cases} \Leftrightarrow \begin{cases} x=\dfrac{5}{14} \\ y=-\dfrac{15}{4} \end{cases}.$$

Donc $S=\left\{\dfrac{5}{14}-\dfrac{15}{14}\mathrm{i}\right\}$.

Deux nombres complexes sont égaux si et seulement si ils ont même partie réelle et même partie imaginaire.

13 Pour montrer que Z est réel, développons :

$$Z=(1+2\mathrm{i})(2-3\mathrm{i})(2+\mathrm{i})(3-2\mathrm{i})$$

$$=(2+4\mathrm{i}-3\mathrm{i}+6)(6+3\mathrm{i}-4\mathrm{i}+2)$$

$$=(8+\mathrm{i})(8-\mathrm{i})=8^2+1=65$$

Z est donc bien réel.

14 Pour déterminer les parties réelles et imaginaires, écrivons ces nombres complexes sous forme algébrique.

a. On multiplie numérateur et dénominateur par le conjugué du dénominateur.

Attention la partie imaginaire est un nombre réel.

$$z_1=\frac{1-3\mathrm{i}}{2+5\mathrm{i}}=\frac{(1-3\mathrm{i})(2-5\mathrm{i})}{(2+5\mathrm{i})(2-5\mathrm{i})}=\frac{2-6\mathrm{i}-5\mathrm{i}-15}{4+25}$$

$$=\frac{-13-11\mathrm{i}}{29}=-\frac{13}{29}-\frac{11}{29}\mathrm{i}$$

On a donc : $\mathcal{R}e(z_1)=-\dfrac{13}{29}$ et $\mathcal{I}m(z_1)=-\dfrac{11}{29}$.

b. $z_2 = \mathrm{i} + \dfrac{1}{\mathrm{i}} = \mathrm{i} + \dfrac{-\mathrm{i}}{-\mathrm{i}^2} = \mathrm{i} - \mathrm{i} = 0$

Le conjugué de i est –i.

donc $\mathcal{R}e(z_2) = 0$ et $\mathcal{I}m(z_2) = 0$.

c. $z_3 = \left(\dfrac{1-\mathrm{i}}{1+\mathrm{i}}\right)^2 = \left(\dfrac{(1-\mathrm{i})(1-\mathrm{i})}{(1+\mathrm{i})(1-\mathrm{i})}\right)^2 = \left(\dfrac{1-2\mathrm{i}+\mathrm{i}^2}{1+1}\right)^2 = \dfrac{(-2\mathrm{i})^2}{2^2} = \dfrac{4\mathrm{i}^2}{4} = -1$

donc $\mathcal{R}e(z_3) = -1$ et $\mathcal{I}m(z_3) = 0$.

15 Posons $z = x + iy$ avec x et y réels.

a. $Z = \dfrac{1}{z} = \dfrac{1}{x+\mathrm{i}y} = \dfrac{x-\mathrm{i}y}{(x+\mathrm{i}y)(x-\mathrm{i}y)} = \dfrac{x-\mathrm{i}y}{x^2+y^2} = \dfrac{x}{x^2+y^2} - \dfrac{\mathrm{i}y}{x^2+y^2}$

donc $\mathcal{R}e(Z) = \dfrac{x}{x^2+y^2}$ et $\mathcal{I}m(Z) = -\dfrac{y}{x^2+y^2}$.

b. $Z = \dfrac{\overline{z}}{z} = \dfrac{x-\mathrm{i}y}{x+\mathrm{i}y} = \dfrac{(x-\mathrm{i}y)(x-\mathrm{i}y)}{(x+\mathrm{i}y)(x-\mathrm{i}y)} = \dfrac{x^2-2\mathrm{i}xy+(\mathrm{i}y)^2}{x^2+y^2}$

$= \dfrac{(x^2-y^2)-2\mathrm{i}xy}{x^2+y^2} = \dfrac{x^2-y^2}{x^2+y^2} - \dfrac{\mathrm{i}(2xy)}{x^2+y^2}$

donc $\mathcal{R}e(Z) = \dfrac{x^2-y^2}{x^2+y^2}$ et $\mathcal{I}m(Z) = -\dfrac{2xy}{x^2+y^2}$.

c. $Z = \dfrac{Z-2\mathrm{i}}{\mathrm{i}z+1-\mathrm{i}} = \dfrac{(x+\mathrm{i}y-2\mathrm{i})}{(\mathrm{i}(x+\mathrm{i}y)+1-\mathrm{i})} = \dfrac{x+\mathrm{i}(y-2)}{\mathrm{i}x-y+1-\mathrm{i}} = \dfrac{x+\mathrm{i}(y-2)}{(-y+1)+\mathrm{i}(x-1)}$

$= \dfrac{[x+\mathrm{i}(y-2)][(-y+1)-\mathrm{i}(x-1)]}{[(-y+1)+\mathrm{i}(x-1)][(-y+1)-\mathrm{i}(x-1)]}$

$= \dfrac{x(-y+1)-\mathrm{i}x(x-1)+\mathrm{i}(y-2)(-y+1)-\mathrm{i}^2(y-2)(x-1)}{(-y+1)^2+(x-1)^2}$

$= \dfrac{(-x-y+2)+\mathrm{i}(-x^2-y^2+x+3y-2)}{(-y+1)^2+(x-1)^2}$

Pour simplifier les calculs, on regroupe partie imaginaire et réelle au numérateur et au dénominateur.

donc $\mathcal{R}e(Z) = \dfrac{(-x-y+2)}{(-y+1)^2+(x-1)^2}$ et $\mathcal{I}m(Z) = \dfrac{(-x^2-y^2+x+3y-2)}{(-y+1)^2+(x-1)^2}$.

16 $\overline{z+\frac{1}{z}-\frac{1+z}{z}}=\overline{z}+\frac{1}{\overline{z}}-\frac{1+\overline{z}}{\overline{z}}=\overline{z}+\frac{1}{\overline{z}}-\frac{1}{\overline{z}}-\frac{\overline{z}}{\overline{z}}=\overline{z}-1$

17 **a.** $z_1=-\sqrt{2}+i\sqrt{2}$; $|z_1|=\sqrt{\left(-\sqrt{2}\right)^2+\left(\sqrt{2}\right)^2}=\sqrt{4}=2$

Pour déterminer un argument θ de z_1, déterminons $\cos\theta$ et $\sin\theta$.

$$\cos\theta=\frac{\mathcal{R}e(z)}{|z|}\ ;\ \sin\theta=\frac{\mathfrak{I}m(z)}{|z|}$$

Soit θ un argument de z_1. On a : $\cos\theta=\frac{-\sqrt{2}}{2}$ et $\sin\theta=\frac{\sqrt{2}}{2}$.

On en déduit que $\theta=\frac{3\pi}{4}$ à 2π près.

b. z_2 est un nombre réel négatif donc $|z_2|=5$ et un argument de z_2 est π.

c. z_3 est un nombre imaginaire pur de partie imaginaire positive donc son argument est $\frac{\pi}{2}$ et son module $\frac{3}{2}$.

d. • Cherchons tout d'abord le module et un argument de $1+i\sqrt{3}$.

$\left|1+i\sqrt{3}\right|=\sqrt{1+3}=2$. Un argument est défini par $\cos\theta=\frac{1}{2}$ et $\sin\theta=\frac{\sqrt{3}}{2}$

donc $\theta=\frac{\pi}{3}$ à un multiple de 2π près.

• Déterminons maintenant le module et un argument de $1-i$.

$|1-i|=\sqrt{2}$. Un argument de $1-i$ est défini par $\cos\theta=\frac{1}{\sqrt{2}}=\frac{\sqrt{2}}{2}$ et

$\sin\theta=\frac{-1}{\sqrt{2}}=-\frac{\sqrt{2}}{2}$. On en déduit que $\theta=-\frac{\pi}{4}$ à un multiple de 2π près.

MODULE ET ARGUMENT D'UN QUOTIENT

Le module d'un quotient est égal au quotient des modules et un argument d'un quotient est égal à la différence entre des arguments du numérateur et du dénominateur.

On en déduit que $\left|\dfrac{1+i\sqrt{3}}{1-\mathrm{i}}\right| = \dfrac{\left|1+\mathrm{i}\sqrt{3}\right|}{|1-\mathrm{i}|} = \dfrac{2}{\sqrt{2}} = \sqrt{2} = \sqrt{2}$

et $\arg\left(\dfrac{1+\mathrm{i}\sqrt{3}}{1-\mathrm{i}}\right) = \arg\left(1+\mathrm{i}\sqrt{3}\right) - \arg(1-\mathrm{i}) = \dfrac{\pi}{3} - \left(-\dfrac{\pi}{4}\right) = \dfrac{7\pi}{12}$,

à un multiple de 2π près.

On en déduit que $|z_4| = \left|\left(\dfrac{1+\mathrm{i}\sqrt{3}}{1-\mathrm{i}}\right)^2\right| = \left(\sqrt{2}\right)^2 = 2$

On sait que : $\left|z^2\right| = |z|^2$ et $\arg\left(z^2\right) = 2\arg z$.

et $\arg(z_4) = \arg\left(\dfrac{1+\mathrm{i}\sqrt{3}}{1-\mathrm{i}}\right)^2 = 2\arg\left(\dfrac{1+\mathrm{i}\sqrt{3}}{1-\mathrm{i}}\right) = 2\times\dfrac{7\pi}{12} = \dfrac{7\pi}{6}$ à un multiple de 2π près.

18 **1.** $z = \dfrac{\sqrt{2}+\mathrm{i}\sqrt{6}}{2-2\mathrm{i}} = \dfrac{\sqrt{2}+\mathrm{i}\sqrt{6})(2+2\mathrm{i})}{(2-2\mathrm{i})(2+2\mathrm{i})} = \dfrac{2\sqrt{2}+2\mathrm{i}\sqrt{2}+2\mathrm{i}\sqrt{6}-2\sqrt{6}}{4+4}$

$= \dfrac{2\sqrt{2}-2\sqrt{6}}{8} + \mathrm{i}\dfrac{2\sqrt{2}+2\sqrt{6}}{8}$

La forme algébrique de z est donc $z = \dfrac{\sqrt{2}-\sqrt{6}}{4} + \mathrm{i}\dfrac{\sqrt{2}+\sqrt{6}}{4}$.

2. a. • $|z_1| = \sqrt{2+6} = \sqrt{8} = 2\sqrt{2}$. Soit θ_1 un argument de z_1.

On a $\cos\theta_1 = \dfrac{\sqrt{2}}{2\sqrt{2}} = \dfrac{1}{2}$ et $\sin\theta_1 = \dfrac{\sqrt{6}}{2\sqrt{2}} = \dfrac{\sqrt{3}}{2}$, on en déduit que $\theta_1 = \dfrac{\pi}{3}$.

• $|z_2| = \sqrt{4+4} = \sqrt{8} = 2\sqrt{2}$. Soit θ_2 un argument de z_2 on a :

$\cos\theta_2 = \dfrac{2}{2\sqrt{2}} = \dfrac{1}{\sqrt{2}} = \dfrac{\sqrt{2}}{2}$ et $\sin\theta_2 = -\dfrac{2}{2\sqrt{2}} = -\dfrac{1}{\sqrt{2}} = \dfrac{-\sqrt{2}}{2}$ donc $\theta_2 = -\dfrac{\pi}{4}$.

b. $|z| = \dfrac{|z_1|}{|z_2|} = \dfrac{2\sqrt{2}}{2\sqrt{2}} = 1$, $\arg z = \arg z_1 - \arg z_2 = \dfrac{\pi}{3} + \dfrac{\pi}{4} = \dfrac{7\pi}{12}$

c. $z = 1\left(\cos\dfrac{7\pi}{12} + \mathrm{i}\sin\dfrac{7\pi}{12}\right) = \cos\dfrac{7\pi}{12} + \mathrm{i}\sin\dfrac{7\pi}{12}$

On utilise les propriétés algébriques sur les modules et les arguments.

3. Nous avons deux écritures de z, l'une sous forme algébrique et l'autre sous forme trigonométrique. Comparons ces deux écritures.

$z = \dfrac{\sqrt{2}-\sqrt{6}}{4} + i\dfrac{\sqrt{2}+\sqrt{6}}{4} = \cos\dfrac{7\pi}{12} + \mathrm{i}\sin\dfrac{7\pi}{12}$

On a donc : $\dfrac{\sqrt{2}-\sqrt{6}}{4} = \cos\dfrac{7\pi}{12}$ et $\dfrac{\sqrt{2}+\sqrt{6}}{4} = \sin\dfrac{7\pi}{12}$.

Deux nombres complexes sont égaux si et seulement si ils ont même partie réelle et même partie imaginaire.

19 **1. a.** $z_A = 8 = 8e^{2i\pi}$ et $z_B = 8i = 8e^{i\frac{\pi}{2}}$

$|z_C| = \left|z_A e^{-i\frac{\pi}{3}}\right| = |z_A| \times \left|e^{-i\frac{\pi}{3}}\right| = |z_A| = 8.$

De même $|z_D| = \left|z_B e^{\frac{2i\pi}{3}}\right| = |z_B| \left|e^{\frac{2i\pi}{3}}\right| = |z_B| = 8.$

Écrivons ces nombres complexes sous forme algébrique :

$z_C = z_A e^{-i\frac{\pi}{3}} = 8\left(\cos\left(-\frac{\pi}{3}\right) + i\sin\left(-\frac{\pi}{3}\right)\right)$

$= 8\left(\frac{1}{2} + i\frac{-\sqrt{3}}{2}\right) = 4 - 4i\sqrt{3}$

$z_D = z_B e^{\frac{2i\pi}{3}} = 8i\left(\cos\frac{2i\pi}{3} + i\sin\frac{2\pi}{3}\right) = 8i\left(\frac{-1}{2} + i\frac{\sqrt{3}}{2}\right) = -4i - 4\sqrt{3}$

On utilise le fait que z_A est un réel positif et z_B est imaginaire pur de partie imaginaire positive.

On sait que pour tout θ, $\left|e^{i\theta}\right| = 1$.

b. Remarquons que z_A, z_B, z_C et z_D ont même module 8, on en déduit que les points A, B, C et D sont sur le cercle de centre O de rayon 8.

2. a. $z_1 = z_C - z_A = z_A e^{-\frac{i\pi}{3}} - z_A = 4 - 4i\sqrt{3} - 8 = -4 - 4i\sqrt{3}$

$z_2 = z_D - z_B = z_B e^{\frac{2i\pi}{3}} - 8i = -4i - 4\sqrt{3} - 8i$

$= -4\sqrt{3} - 12i = \sqrt{3}\left(-4 - 4i\sqrt{3}\right) = z_1\sqrt{3}$

b. $z_3 = z_B - z_A = 8i - 8$

et $z_4 = z_C - z_D = 4 - 4i\sqrt{3} - (-4i - 4\sqrt{3}) = (4 + 4\sqrt{3}) + i(-4\sqrt{3} + 4)$

$|z_3| = \sqrt{64 + 64} = 8\sqrt{2}$; $|z_3| = 8\sqrt{2}$

et $|z_4| = \sqrt{\left(4 + 4\sqrt{3}\right)^2 + \left(-4\sqrt{3} + 4\right)^2} = \sqrt{16 + 32\sqrt{3} + 48 + 48 - 32\sqrt{3} + 16}$

$= \sqrt{128} = 8\sqrt{2}$

On a donc $|z_3| = |z_4|$.

c. La relation établie en **2. a.** permet de montrer que les vecteurs $\overrightarrow{AC}$ et $\overrightarrow{BD}$ sont colinéaires car $z_2 = z_1\sqrt{3}$. Les droites (AC) et (BD) sont donc parallèles. De plus $|z_3| = |z_4|$ donc les côtés [AB] et [DC] ont même longueur, le quadrilatère ACDB est donc un trapèze isocèle.

20 La relation $e^{ix}=\cos x+\mathrm{i}\sin x$ étant vraie quelque soit x réel, on a également : $e^{-ix}=\cos(-x)+\mathrm{i}\sin(-x)=\cos x-\mathrm{i}\sin x$.

En effet $\cos(-x)=\cos x$ et $\sin(-x)=-\sin x$.

Il faut donc déterminer $\cos x$ et $\sin x$. Pour cela résolvons le système d'inconnues $\cos x$ et $\sin x$:

$$(S)\begin{cases} e^{ix}=\cos x+\mathrm{i}\sin x \\ e^{-ix}=\cos x-\mathrm{i}\sin x \end{cases}$$

En additionnant et en soustrayant les deux équations, on obtient :

$$\begin{cases} e^{ix}+e^{-ix}=2\cos x \\ e^{ix}-e^{-ix}=2\mathrm{i}\sin x \end{cases} \quad \text{donc} \quad \begin{cases} \cos x=\dfrac{e^{ix}+e^{-ix}}{2} \\ \sin x=\dfrac{e^{ix}-e^{-ix}}{2\mathrm{i}} \end{cases}$$

22 **1.** L'affixe de C' est :

$$z_{C'}=\frac{(1-\mathrm{i})(-\mathrm{i}-\mathrm{i})}{-\mathrm{i}-1}=\frac{-2\mathrm{i}(1-\mathrm{i})(-1+\mathrm{i})}{2}=\frac{-2\mathrm{i}(-1+\mathrm{i}+\mathrm{i}+1)}{2}=2$$

2. Pour donner l'expression des parties réelle et imaginaire de Z, posons $z=x+\mathrm{i}y$ avec x, y réels.

a. Z est défini si et seulement si $z-1\neq 0$ soit $z\neq 1$ ou encore $(x\,;y)\neq(1\,;0)$.

> Ne pas oublier de donner les valeurs de z pour lesquelles Z est défini.

$$Z=\frac{(1-\mathrm{i})(x+\mathrm{i}y-\mathrm{i})}{x+\mathrm{i}y-1}=\frac{(1-\mathrm{i})(x+\mathrm{i}y-\mathrm{i})(x-1-\mathrm{i}y)}{(x-1+\mathrm{i}y)(x-1-\mathrm{i}y)}$$

$$=\frac{(1-\mathrm{i})\big((x+\mathrm{i}(y-1))((x-1)-\mathrm{i}y)\big)}{(x-1)^2+y^2}$$

$$=\frac{(1-\mathrm{i})(x(x-1)-\mathrm{i}xy+\mathrm{i}(y-1)(x-1)+y(y-1)}{(x-1)^2+y^2}$$

$$=\frac{(1-\mathrm{i})(x^2-x+y^2-y+\mathrm{i}(-x-y+1))}{(x-1)^2+y^2}$$

$$=\frac{(x^2-2x+y^2-2y+1)+\mathrm{i}(-x-y+1)}{(x-1)^2+y^2}$$

Ainsi $\mathcal{R}e(Z)=\dfrac{x^2-2x+y^2-2y+1}{(x-1)^2+y^2}$

et $\mathcal{I}m(Z)=\dfrac{-x-y+1}{(x-1)^2+y^2}$ avec $(x\,;y)\neq(1\,;0)$.

Inutile de développer les dénominateurs.

b. $Z\in\mathbb{R}\Leftrightarrow\mathcal{I}m(Z)=0$

$$\Leftrightarrow\frac{-x-y+1}{(x-1)^2+y^2}=0 \text{ avec}(x\,;y)\neq(1\,;0)$$

$$\Leftrightarrow -x-y+1=0 \text{ et } (x\,;y)\neq(1\,;0)$$

$$\Leftrightarrow x+y=1 \text{ et } (x\,;y)\neq(1\,;0)$$

On reconnaît l'équation de la droite d'équation $y=-x+1$. Le point de coordonnées $(1\,;0)$ est sur cette droite, or $(x\,;y)\neq(1\,;0)$, on retire donc le point de coordonnées $(1\,;0)$ de la droite obtenue.

L'ensemble des points M d'affixe z tels que Z soit réel est donc la droite d'équation $y=-x+1$ privée du point $\mathrm{A}(1\,;0)$.

c. $Z\in i\mathbb{R}\Leftrightarrow\mathcal{R}e(Z)=0$ et $(x\,;y)\neq(1\,;0)$

$$\Leftrightarrow\frac{x^2-2x+y^2-2y+1}{(x-1)^2+y^2}=0 \text{ et}(x\,;y)\neq(1\,;0)$$

$$\Leftrightarrow x^2-2x+y^2-2y+1=0 \text{ avec } (x\,;y)\neq(1\,;0)$$

Or l'équation $x^2-2x+y^2-2y+1=0$ est l'équation d'un cercle, déterminons son centre et son rayon.

$x^2-2x+y^2-2y+1=(x-1)^2-1+(y-1)^2-1+1\Leftrightarrow(x-1)^2+(y-1)^2=1$

donc $x^2-2x+y^2-2y+1=0$ est l'équation du cercle de centre $(1\,;1)$ de rayon 1.

Donc : $Z\in i\mathbb{R}\Leftrightarrow(x-1)^2+(y-1)^2=1$ avec $(x\,;y)\neq(1\,;0)$.

L'ensemble cherché est donc le cercle de centre $(1\,;1)$ et de rayon 1.

d. $Z\in\mathbb{R}^-\Leftrightarrow Z$ est réel et $\mathcal{R}e(Z)<0$.

D'après le **a.**, on a :

$$Z\in\mathbb{R}^-\Leftrightarrow x+y=1 \text{ et } (x,y)\neq(1,0) \text{ et } \frac{x^2-2x+y^2-2y+1}{(x-1)^2+y^2}<0$$

$$\Leftrightarrow x+y=1 \text{ et } (x,y)\neq(1,0) \text{ et } x^2-2x+y^2-2y+1<0$$

D'après la question précédente, on sait que :

$$x^2-2x+y^2-2y+1=0 \Leftrightarrow (x-1)^2+(y-1)^2=1$$

Donc $x^2-2x+y^2-2y+1=0$ est l'équation du cercle de centre $(1\,;1)$ de rayon 1.

Or $x^2-2x+y^2-2y+1<0 \Leftrightarrow (x-1)^2+(y-1)^2<1$.

Cette inéquation représente l'intérieur du cercle de centre $(1\,;1)$ de rayon 1.

En conclusion, l'ensemble des points M tel que $Z \in \mathbb{R}^-$ est la partie de la droite d'équation $y=-x+1$ située à l'intérieur du cercle de centre $(1\,;1)$ de rayon 1, c'est-à-dire le segment ouvert $]AB[$.

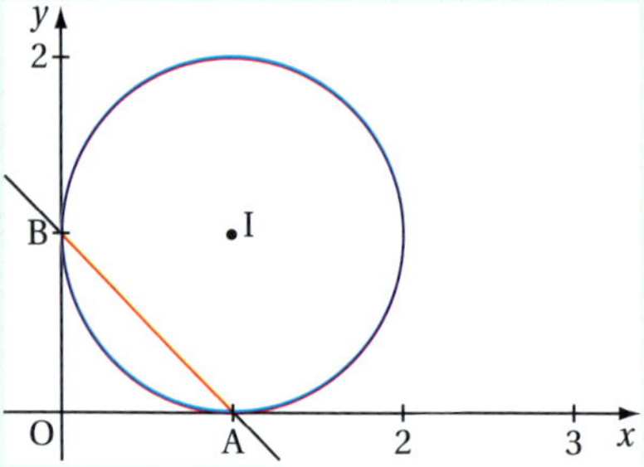

22 **a.** Déterminons deux racines imaginaires pures de $P(z)=0$.

Une racine imaginaire pure s'écrit sous la forme $z=iy$ avec y réel.

$z=\mathrm{i}y$ est solution de $P(z)=0$

$$\Leftrightarrow (\mathrm{i}y)^4+2(\mathrm{i}y)^3+11(\mathrm{i}y)^2+2\mathrm{i}y+10=0$$

$$\Leftrightarrow y^4-2\mathrm{i}y^3-11y^2+2\mathrm{i}y+10=0$$

Un nombre complexe est nul si et seulement si sa partie réelle et sa partie imaginaire sont nulles.

$z=\mathrm{i}y$ est solution de $P(z)=0$

$$\Leftrightarrow \left(y^4-11y^2+10\right)+\mathrm{i}\left(-2y^3+2y\right)=0$$

$$\Leftrightarrow \begin{cases} y^4-11y^2+10=0 \\ -2y^3+2y=0 \end{cases} \Leftrightarrow \begin{cases} -2y(y^2-1)=0 \\ y^4-11y^2+10=0 \end{cases}$$

La première équation donne $y=0$ ou $y=1$ ou $y=-1$.

On remarque que $y=0$ ne vérifie pas la seconde équation, en revanche $y=1$ et $y=-1$ vérifient bien la seconde équation. Les solutions imaginaires pures de $P(z)=0$ sont donc $z=\mathrm{i}$ et $z=-\mathrm{i}$.

Pour être solution du système, les valeurs de y obtenues grâce à la première équation doivent aussi vérifier la seconde.

b. $P(z)$ peut donc se factoriser sous la forme :

$$P(z)=(z-\mathrm{i})(z+\mathrm{i})(az^2+bz+c)$$

Pour achever la résolution, déterminons les réels a, b, c.

$$P(z)=(z^2+1)(az^2+bz+c)=az^4+bz^3+cz^2+az^2+bz+c$$

$$=az^4+bz^3+z^2(c+a)+bz+c$$

Deux polynômes sont égaux si et seulement si ils ont les mêmes coefficients :

$$\begin{cases} a=1 \\ b=2 \\ c+a=11 \\ b=2 \\ c=10 \end{cases} \Leftrightarrow \begin{cases} a=1 \\ b=2 \\ c=10 \end{cases}$$

Donc $P(z)=(z^2+1)(z^2+2z+10)$.

$P(z)=0 \Leftrightarrow z^2+1=0$ ou $z^2+2z+10=0$

Résolvons $z^2+2z+10=0$. On a : $\Delta=4-40=-36$.

L'équation admet deux racines complexes conjuguées :

$$z_1=\frac{-2-6\mathrm{i}}{2}=-1-3\mathrm{i} \text{ et } z_2=-1+3\mathrm{i}.$$

De plus $z^2+1=0$ admet pour racines i et $-\mathrm{i}$.

On a donc $S=\{-\mathrm{i}\,;\,\mathrm{i}\,;-1-3\mathrm{i}\,;-1+3\mathrm{i}\}$.

23 a. $-2z^2+6z-5=0$. On a $\Delta=6^2-4\times(-2)\times(-5)=36-40=-4$.

$\Delta<0$, l'équation admet donc deux racines complexes conjuguées :

$$z_1=\frac{-b-\mathrm{i}\sqrt{-\Delta}}{2a}=\frac{-6-2\mathrm{i}}{-4}=\frac{3+\mathrm{i}}{2}\ \text{ et }\ z_2=\overline{z}_1=\frac{3-\mathrm{i}}{2}$$

Donc $S=\left\{\frac{3+\mathrm{i}}{2};\frac{3-\mathrm{i}}{2}\right\}$.

b. $(z^2+9)(z^2-6z+9)=0 \Leftrightarrow z^2+9=0$ ou $z^2-6z+9=0$

• Résolvons $z^2+9=0$.

Inutile de calculer Δ : $z^2+9=0 \Leftrightarrow z^2=-9 \Leftrightarrow z^2=9\mathrm{i}^2 \Leftrightarrow z=3\mathrm{i}$ ou $z=-3\mathrm{i}$.

• Résolvons maintenant $z^2-6z+9=0$. On reconnaît une identité remarquable. En effet :

$$z^2-6z+9=0 \Leftrightarrow (z-3)^2=0 \Leftrightarrow z=3$$

Finalement l'équation admet trois racines : $3\mathrm{i}$, $-3\mathrm{i}$ et 3, d'où $S=\{3,\ 3\mathrm{i},\ -3\mathrm{i}\}$.

c. $z^3+6z^2+13z=0$

• Remarquons que l'on peut se ramener à une équation du second degré en factorisant par z :

$$z^3+6z^2+13z=0 \Leftrightarrow z(z^2+6z+13)=0 \Leftrightarrow z=0 \text{ ou } (z^2+6z+13)=0$$

• Résolvons $z^2+6z+13=0$. $\Delta=6^2-4\times1\times13=36-52=-16$

$\Delta<0$, l'équation admet donc deux racines complexes conjuguées :

$$z_1=\frac{-6-4\mathrm{i}}{2}=-3-2\mathrm{i}\ \text{ et }\ z_2=\overline{z}_1=-3+2\mathrm{i}$$

d'où $S=\{-3-2\mathrm{i}\,;-3+2\mathrm{i}\,;0\}$.

OBJECTIF BAC

24 Partie A

a. Résolvons le système $\begin{cases}\alpha(1+\mathrm{i})=1+3\mathrm{i}\\ \mathrm{i}\alpha^2=-4+3\mathrm{i}\end{cases}$

Nous allons calculer α en utilisant la première équation :

$$\alpha(1+\mathrm{i})=1+3\mathrm{i} \Leftrightarrow \alpha=\frac{1+3\mathrm{i}}{1+\mathrm{i}}=\frac{(1+3\mathrm{i})(1-\mathrm{i})}{(1+\mathrm{i})(1-\mathrm{i})}=\frac{1+3\mathrm{i}-\mathrm{i}+3}{2}=2+\mathrm{i}$$

Il nous reste à vérifier que la seconde équation est vérifiée avec cette valeur de α : $\mathrm{i}(2+\mathrm{i})^2=\mathrm{i}(4+4\mathrm{i}-1)=\mathrm{i}(3+4\mathrm{i})=3\mathrm{i}-4$.

La seconde équation est bien vérifiée, donc $\alpha=2+i$.

b. Développons $(z-\alpha)(z-\mathrm{i}\alpha)$.

$$(z-\alpha)(z-\mathrm{i}\alpha)=(z-2-\mathrm{i})(z-2\mathrm{i}+1)=z^2-2\mathrm{i}z+z-2z+4\mathrm{i}-2-\mathrm{i}z-2-\mathrm{i}$$

$$=z^2-3\mathrm{i}z-z+3\mathrm{i}-4=z^2-(1+3\mathrm{i})z+(-4+3\mathrm{i})$$

On peut donc bien écrire $f(z)=(z-\alpha)(z-\mathrm{i}\alpha)$.

$$f(z)=0 \Leftrightarrow (z-\alpha)(z-\mathrm{i}\alpha)=0 \Leftrightarrow z-\alpha=0 \text{ ou } z-\mathrm{i}\alpha=0$$

$$\Leftrightarrow z=\alpha \text{ ou } z=\mathrm{i}\alpha$$

Donc $S=\{2+\mathrm{i}\,;2\mathrm{i}-1\}$.

Partie B

a. D'après la question précédente on voit que $a=\alpha$ et $b=\mathrm{i}\alpha$. On a donc bien : $b=\mathrm{i}a$.

Montrons que $\mathrm{OB}=\mathrm{OA}$, on sait que $b=ia$ donc $|b|=|ia|=|i||a|=|a|$ car $|i|=1$.

On a bien $\mathrm{OB}=\mathrm{OA}$, le triangle OAB est isocèle de sommet O.

Reste à montrer que $(\overrightarrow{\mathrm{OA}}\,;\overrightarrow{\mathrm{OB}})=\dfrac{\pi}{2}$.

$(\overrightarrow{\mathrm{OA}}\,;\overrightarrow{\mathrm{OB}})=\arg\dfrac{b}{a}$

Dans notre exemple $\arg\dfrac{b}{a}=\arg \mathrm{i}=\dfrac{\pi}{2}$.

Le triangle OAB est donc bien isocèle rectangle en A.

> Un triangle ABC est rectangle isocèle en A si et seulement si $\mathrm{AB}=\mathrm{AC}$ et $\left(\overrightarrow{\mathrm{AB}};\overrightarrow{\mathrm{AC}}\right)=\dfrac{\pi}{2}$.

b. Soit D le point du plan d'affixe d. D'après ce qui précède, d doit vérifier $|d|=|c|$ et $\arg\dfrac{d}{c}=\dfrac{\pi}{2}$.

Traduisons ces conditions : $|c|=\sqrt{1+\dfrac{1}{4}}=\sqrt{\dfrac{5}{4}}$ et $\arg\left(\dfrac{d}{c}\right)=\dfrac{\pi}{2}$.

$\dfrac{d}{c}$ est donc le nombre complexe de module 1 dont un argument est $\dfrac{\pi}{2}$.

Donc $\dfrac{d}{c}=\cos\dfrac{\pi}{2}+\mathrm{i}\sin\dfrac{\pi}{2}=\mathrm{i}$ d'où $d=\mathrm{i}c$. Donc $d=-\dfrac{1}{2}+\mathrm{i}$.

c. M est le milieu de [BC] donc M a pour affixe : $\dfrac{b+c}{2}=\dfrac{-1+2\mathrm{i}+1+\dfrac{1}{2}\mathrm{i}}{2}=\dfrac{5}{4}\mathrm{i}$

donc $z_{\overrightarrow{\mathrm{OM}}}=\dfrac{5}{4}\mathrm{i}$.

$z_{\overrightarrow{\mathrm{DA}}}=a-d=2+\mathrm{i}-\left(-\dfrac{1}{2}+\mathrm{i}\right)=\dfrac{5}{2}$

Donc : $\dfrac{z_{\overrightarrow{\mathrm{OM}}}}{z_{\overrightarrow{\mathrm{DA}}}}=\dfrac{\dfrac{5}{4}i}{\dfrac{5}{2}}=\dfrac{1}{2}\mathrm{i}$.

d. $(\overrightarrow{DA};\overrightarrow{OM}) = \arg\left(\dfrac{z_{\overrightarrow{OM}}}{z_{\overrightarrow{DA}}}\right) = \arg\dfrac{1}{2}\mathrm{i} = \arg\dfrac{1}{2} + \arg\mathrm{i} = \arg\mathrm{i} = \dfrac{\pi}{2}$

Si x est réel $\arg x = 0$ à un multiple de π près.

e. De la relation $\dfrac{z_{\overrightarrow{OM}}}{z_{\overrightarrow{DA}}} = \dfrac{1}{2}\mathrm{i}$, on déduit que $\left|\dfrac{z_{\overrightarrow{OM}}}{z_{\overrightarrow{DA}}}\right| = \left|\dfrac{1}{2}\mathrm{i}\right| = \dfrac{1}{2}$.

On déduit donc $\left|z_{\overrightarrow{OM}}\right| = \dfrac{1}{2}\left|z_{\overrightarrow{DA}}\right|$ ou encore $\mathrm{OM} = \dfrac{1}{2}\mathrm{DA}$.

f. Soit J le milieu de $[\mathrm{CD}]$. J a pour affixe $j = \dfrac{c+d}{2} = \dfrac{1+\frac{1}{2}\mathrm{i}+\mathrm{i}-\frac{1}{2}}{2} = \dfrac{1}{4}+\dfrac{3}{4}\mathrm{i}$

De même K, milieu de [DA], a pour affixe : $k = \dfrac{d+a}{2} = \dfrac{\mathrm{i}-\frac{1}{2}+2+\mathrm{i}}{2} = \dfrac{\frac{3}{2}+2\mathrm{i}}{2} = \dfrac{3}{4}+\mathrm{i}$.

L, milieu de [AB], a pour affixe : $l = \dfrac{a+b}{2} = \dfrac{2+\mathrm{i}-1+2\mathrm{i}}{2} = \dfrac{1+3\mathrm{i}}{2} = \dfrac{1}{2}+\dfrac{3}{2}\mathrm{i}$.

On sait que M a pour affixe $z_{\overrightarrow{OM}} = \dfrac{5}{4}\mathrm{i}$.

On suppose que JKLM est un parallélogramme, pour montrer que c'est un carré il suffit de montrer que deux côtés consécutifs sont égaux et perpendiculaires, par exemple JK et LK.

$$\mathrm{LK} = |k-l| = \left|\frac{3}{4}+\mathrm{i}-\frac{1}{2}-\frac{3\mathrm{i}}{2}\right| = \left|\frac{1}{4}-\frac{1}{2}\mathrm{i}\right| = \sqrt{\frac{1}{16}+\frac{1}{4}} = \sqrt{\frac{5}{16}} = \frac{\sqrt{5}}{4}$$

$$\mathrm{JK} = |k-l| = \left|\frac{3}{4}+\mathrm{i}-\frac{1}{4}-\frac{3}{4}\mathrm{i}\right| = \left|\frac{1}{2}-\frac{1}{4}\mathrm{i}\right| = \sqrt{\frac{1}{4}+\frac{1}{16}} = \sqrt{\frac{5}{16}} = \frac{\sqrt{5}}{4}$$

Donc LK = JK et JKLM est un losange.

Montrons quez [JK] et [LK] sont perpendiculaires. Pour cela, nous devons déterminer $\arg\left(\dfrac{z_{\overrightarrow{JK}}}{z_{\overrightarrow{LK}}}\right)$.

$\dfrac{z_{\overrightarrow{JK}}}{z_{\overrightarrow{LK}}} = \dfrac{\frac{1}{2}-\frac{1}{4}\mathrm{i}}{\frac{1}{4}-\frac{1}{2}\mathrm{i}} = -\mathrm{i}$. Or $\arg(-\mathrm{i}) = \dfrac{\pi}{2}$ à 2π près, donc $(\overrightarrow{LK};\overrightarrow{JK}) = -\dfrac{\pi}{2}$ à 2π près.

[JK] et [LK] sont donc perpendiculaires, et JKLM est un carré.

www.annabac.com

CHAPITRE

9 Géométrie vectorielle dans l'espace

Comme dans le plan, on peut définir des droites et des plans dans l'espace. On peut aussi étendre les propriétés des vecteurs du plan aux vecteurs de l'espace. Ces propriétés permettent alors notamment d'étudier les intersections de solides avec des plans.

1 Droites et plans de l'espace

A Parallélisme et intersection

a. Positions relatives de deux droites de l'espace

Deux droites de l'espace sont :

- soit **coplanaires**, elles sont alors sécantes ou parallèles ;
- soit non **coplanaires**, elles ne sont alors ni sécantes ni parallèles.

Exemple : Dans le cube ABCDEFGH, (AC) et (BD) sont coplanaires et sécantes ; (EG) et (AC) sont coplanaires et parallèles ; (EH) et (CG) ne sont pas coplanaires.

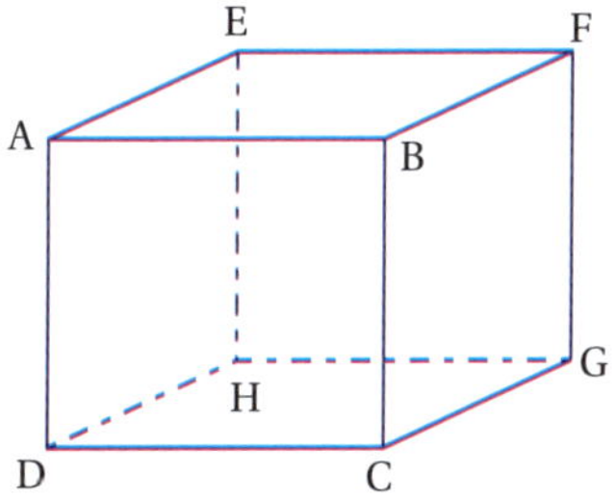

b. Positions relatives de deux plans

Deux plans de l'espace sont soit sécants soit parallèles.

- Si deux plans sont sécants, leur intersection est une droite.
- Si deux plans sont parallèles et non confondus, leur intersection est l'ensemble vide.

Deux plans confondus sont parallèles.

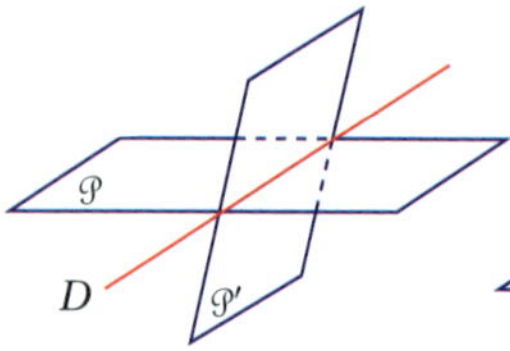

$\mathcal{P}$ et $\mathcal{P}'$ sont sécants selon la droite D.

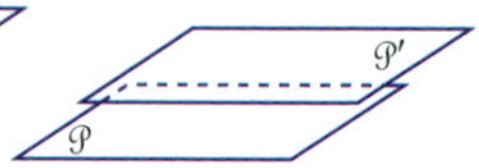

$\mathcal{P}$ et $\mathcal{P}'$ sont parallèles.

$\mathcal{P}$ et $\mathcal{P}'$ sont confondus.

Exemple : Dans le cube ABCDEFGH, les plans (ABCD) et (AEFB) sont sécants selon la droite (AB) ; les plans (AEFB) et (DHGC) sont parallèles.

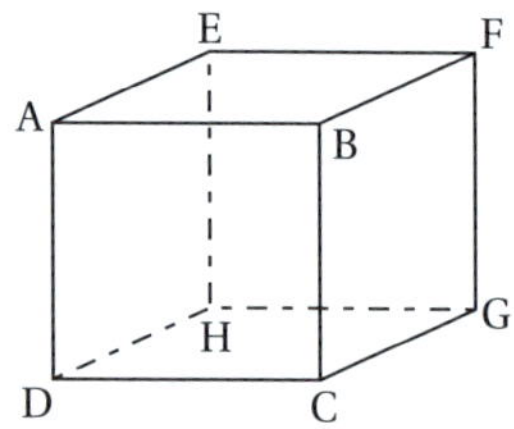

c. Positions relatives de trois plans

Soient $\mathcal{P}$, $\mathcal{Q}$, $\mathcal{R}$ trois plans de l'espace distincts deux à deux.

- $\mathcal{P}$, $\mathcal{Q}$, $\mathcal{R}$ peuvent être parallèles.

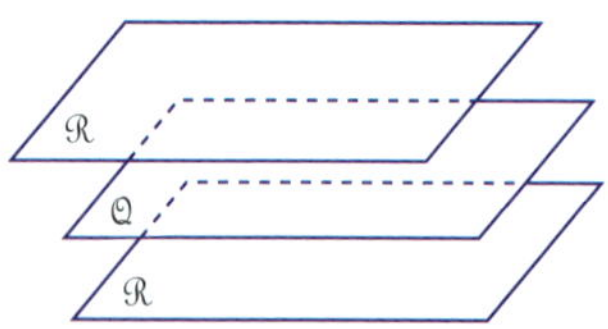

- $\mathcal{P}$ et $\mathcal{Q}$ peuvent être parallèles et $\mathcal{R}$ est sécant à $\mathcal{P}$ et donc à $\mathcal{Q}$.

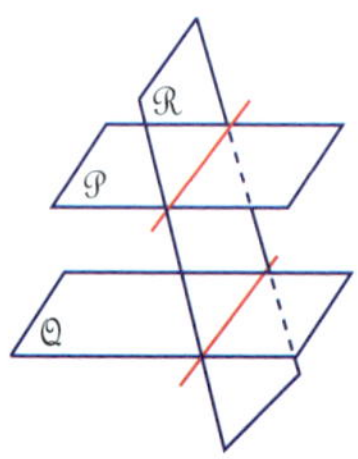

- $\mathcal{P}$ et $\mathcal{Q}$ peuvent être parallèles et $\mathcal{R}$ est sécant à $\mathcal{P}$ et donc à $\mathcal{Q}$.

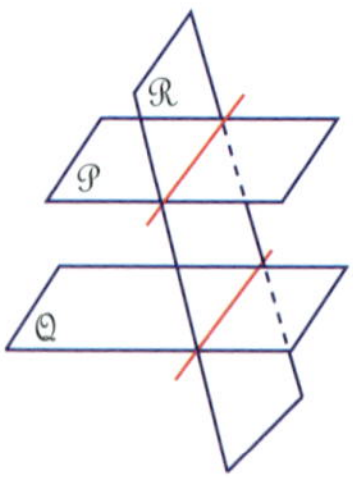

- $\mathcal{P}$, $\mathcal{Q}$, et $\mathcal{R}$ se coupent deux à deux selon trois droites parallèles.

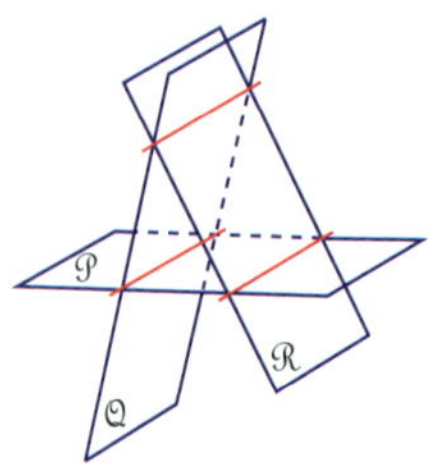

- $\mathcal{P}$, $\mathcal{Q}$, $\mathcal{R}$ se coupent selon une droite.

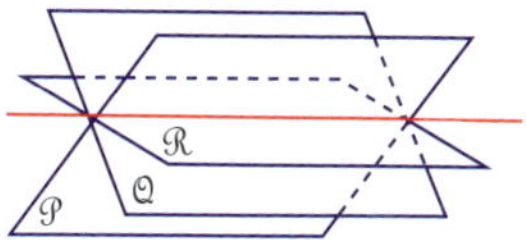

- $\mathcal{P}$, $\mathcal{Q}$, $\mathcal{R}$ se coupent en un point.

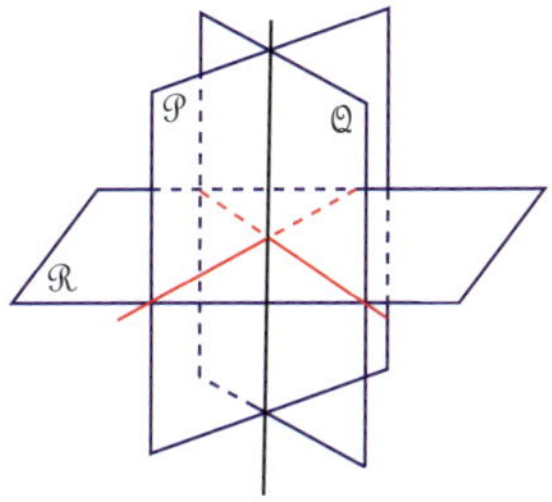

d. Positions relatives d'un plan et d'une droite

Une droite peut être sécante à un plan en point ou parallèle à ce plan (éventuellement incluse dans le plan).

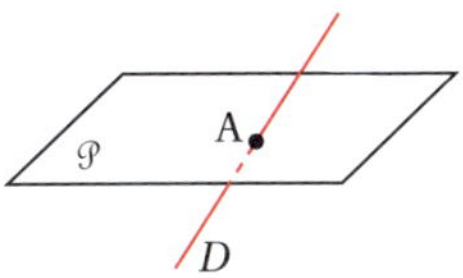

D et $\mathcal{P}$ sécants

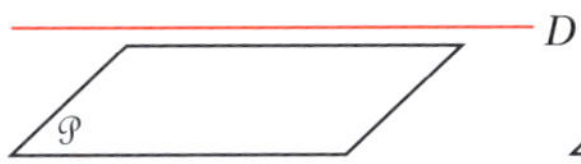

D et $\mathcal{P}$ parallèles

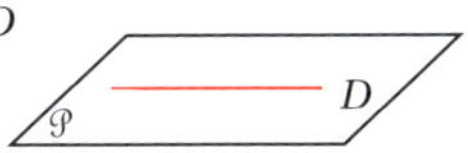

D incluse dans $\mathcal{P}$

Exemples: Dans le cube ABCDEFGH, (AC) est incluse dans (ABCD) ; (AB) est parallèle à (DCGH) ; (AD) est sécante au plan (ABEF) et le point d'intersection est A.

Si *D* est incluse dans $\mathcal{P}$, on note $D \subset \mathcal{P}$.

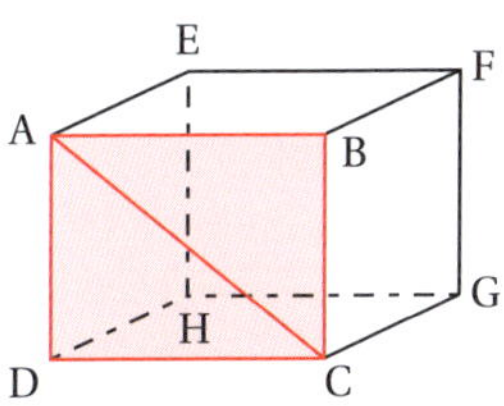

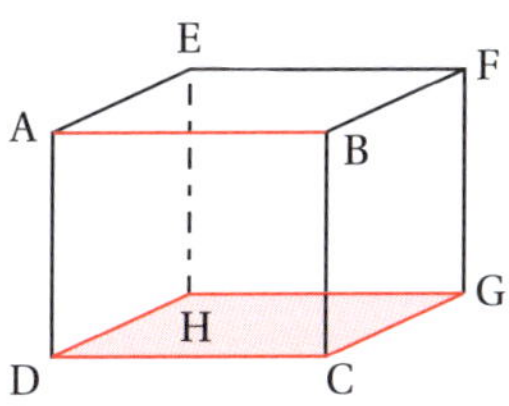

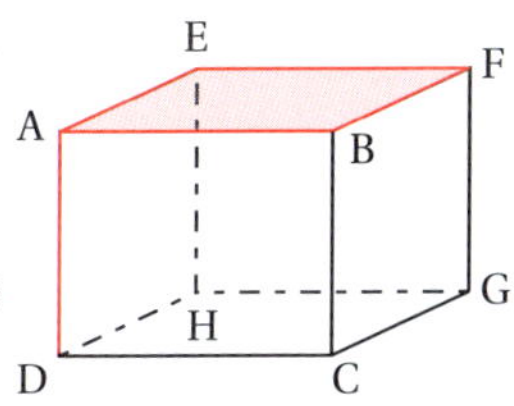

e. Propriétés

- Dans un plan de l'espace, toutes les propriétés de géométrie plane s'appliquent.
- Si deux plans distincts ont un point commun, alors leur intersection est une droite.
- Si une droite *D* est parallèle à une droite Δ d'un plan $\mathcal{P}$, alors *D* est parallèle à $\mathcal{P}$.

- Deux droites parallèles à une même troisième sont parallèles entre elles.
- Une droite parallèle à deux plans sécants est parallèle à leur intersection.
- Si deux droites sécantes d'un plan $\mathcal{P}$ sont parallèles à un plan $\mathcal{P}'$, alors $\mathcal{P} // \mathcal{P}'$.
- Deux plans parallèles à un même troisième sont parallèles entre eux.
- Si deux plans sont parallèles, alors toute droite de l'un des plans est parallèle à l'autre plan.

Théorème du toit

Soient $\mathcal{P}$ et $\mathcal{P}'$ deux plans sécants selon une droite Δ. Si une droite D de $\mathcal{P}$ est parallèle à une droite D' de $\mathcal{P}'$, alors Δ est parallèle à D et à D'.

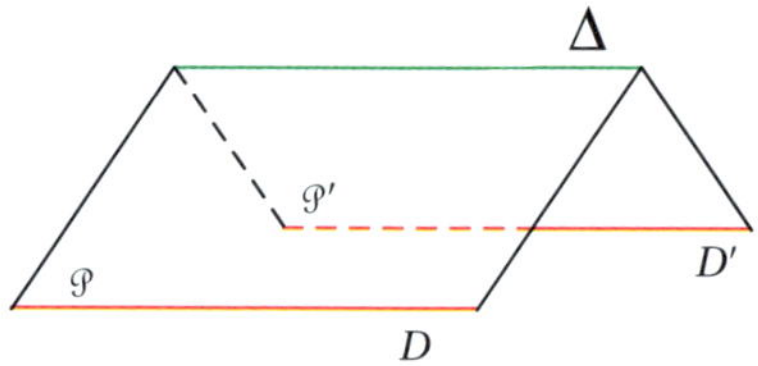

Voir la démonstration de ce théorème à l'exercice 12.

B Orthogonalité

a. Définitions

Dire que **deux droites sont orthogonales** dans l'espace signifie qu'une parallèle de l'une est perpendiculaire à une parallèle de l'autre.

En prenant des parallèles à deux droites de l'espace, on peut se ramener à deux droites coplanaires.

Exemple : Dans le cube ABCDEFGH, (AB) et (AD) sont orthogonales car elles sont perpendiculaires dans le plan (ABCD) ; (EH) et (DC) sont orthogonales, en effet la droite (HG), qui est parallèle à (DC), est perpendiculaire à (EH) dans le plan (EFGH).

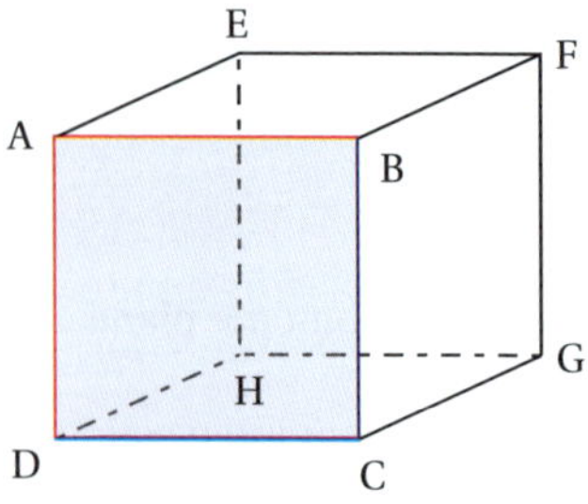

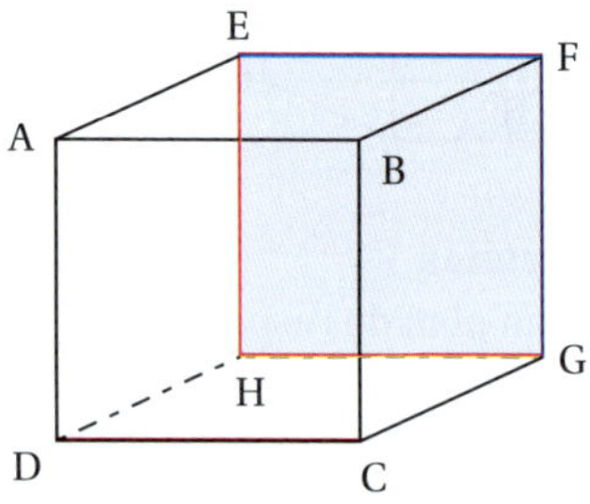

Dire que **la droite D est orthogonale au plan** $\mathcal{P}$ signifie que D est orthogonale à toute droite de $\mathcal{P}$.

Exemple : Dans le cube ABCDEFGH, la droite (AE) est perpendiculaire au plan (EFG).

b. Propriétés

- Si la droite D est orthogonale à deux droites sécantes d'un plan $\mathcal{P}$, elle est orthogonale au plan $\mathcal{P}$.
- Si deux plans sont parallèles, toute droite orthogonale à l'un est orthogonale à l'autre.
- Si une droite est orthogonale à deux plans, alors ces deux plans sont parallèles.
- Si deux droites sont parallèles alors tout plan orthogonal à l'une est orthogonal à l'autre.
- Si deux droites sont orthogonales à un même plan, elles sont parallèles entre elles.
- Il existe un seul plan orthogonal à une droite et contenant un point donné.
- Il existe une seule droite passant par un point donné et orthogonale à un plan.

Deux droites perpendiculaires sont deux droites sécantes (donc coplanaires) et orthogonales.

c. Plan médiateur d'un segment

Définition

Le plan **médiateur** d'un segment [AB] est le plan passant par le milieu du segment et qui est orthogonal à la droite (AB).

Le plan médiateur d'un segment est l'analogue dans l'espace de la médiatrice dans le plan.

Propriété

Le plan médiateur de [AB] est l'ensemble des points équidistants de A et B.

2 Caractérisation d'un plan - Vecteurs de l'espace

A Vecteurs de l'espace

Considérons un point A de l'espace et deux vecteurs $\vec{u}$ et $\vec{v}$ non colinéaires.
On définit deux autres points B et C par $\overrightarrow{AB} = \vec{u}$ et $\overrightarrow{AC} = \vec{v}$, les points A, B et C ne sont donc pas alignés. Ils déterminent un plan $\mathcal{P}$.

On rappelle que deux vecteurs **non nuls** colinéaires sont tels qu'il existe un réel k tel que $\vec{u} = k\vec{v}$.

Remarquons que $(A\,;\vec{u}\,;\vec{v})$ est un repère de ce plan. Pour tout point M de $\mathcal{P}$, il existe x et y réels tels que $\overrightarrow{AM} = x\vec{u} + y\vec{v}$.

Théorème 1

Soient $\vec{u}$ et $\vec{v}$ deux vecteurs non colinéaires de l'espace. L'ensemble des points M de l'espace tels que $\overrightarrow{AM} = x\vec{u} + y\vec{v}$, $(x\,;y)$ étant des réels quelconques est un plan de l'espace.

x, y sont les coordonnées de M dans le repère que $(A\,;\vec{u}\,;\vec{v})$.

Ce plan est le plan (ABC) avec $\overrightarrow{AB}=\vec{u}$ et $\overrightarrow{AC}=\vec{v}$. $(A ; \vec{u} ; \vec{v})$ est un repère de ce plan.

Définition

Soient $\vec{u}$, $\vec{v}$ et $\vec{w}$ trois vecteurs de l'espace et O un point quelconque de l'espace. A, B et C sont les points définis par $\overrightarrow{OA}=\vec{u}$, $\overrightarrow{OB}=\vec{v}$ et $\overrightarrow{OC}=\vec{w}$.

Dire que les vecteurs $\vec{u}$, $\vec{v}$ et $\vec{w}$ sont **coplanaires** signifie que les points O, A, B et C sont dans un même plan.

Deux vecteurs sont toujours coplanaires, il existe toujours un plan contenant trois points O, A, B.

Remarque : Si $\vec{u}$ et $\vec{v}$ sont deux vecteurs colinéaires, pour tout vecteur $\vec{w}$, les vecteurs $\vec{u}$, $\vec{v}$ et $\vec{w}$ sont coplanaires.

Théorème 2

Soient $\vec{u}$ et $\vec{v}$ sont deux vecteurs non colinéaires, et $\vec{w}$ un vecteur. Les vecteurs $\vec{u}$, $\vec{v}$ et $\vec{w}$ sont coplanaires si, et seulement si, il existe des réels x et y tels que $\vec{w}=x\vec{u}+y\vec{v}$.

Remarque : Si un des trois vecteurs est nul, les trois vecteurs sont coplanaires.

Corollaire

Soient $\vec{u}$, $\vec{v}$ et $\vec{w}$ trois vecteurs non coplanaires.

- Les seuls réels a, b, c tels que $a\vec{u}+b\vec{v}+c\vec{w}=\vec{0}$ sont tels que $a=b=c=0$.
- L'égalité $x\vec{u}+y\vec{v}+z\vec{w}=x'\vec{u}+y'\vec{v}+z'\vec{w}$, où $(x ; y ; z ; x' ; y' ; z')$ sont des réels, ne peut avoir lieu que si $x=x'$, $y=y'$,…, $z=z'$.

Remarque : Dans ce cas, on dit que les vecteurs sont libres.

B Repères de l'espace

Définition

Un **repère de l'espace** est un quadruplet $(O ; \vec{i} ; \vec{j} ; \vec{k})$ dans lequel O est un point appelé origine du repère et $(\vec{i} ; \vec{j} ; \vec{k})$ est un triplet de vecteurs non coplanaires.

Si les trois axes du repère sont deux à deux orthogonaux, le repère est dit **orthogonal**. Si de plus les vecteurs $\vec{i}$, $\vec{j}$ et $\vec{k}$ ont une longueur égale à une unité alors le repère est **orthonormal.**

Propriété

Soit $(O ; \vec{i} ; \vec{j} ; \vec{k})$ un repère de l'espace.

Pour tout point M de l'espace, il existe un unique triplet de réels $(x ; y ; z)$ tels que $\overrightarrow{OM}=x\vec{i}+y\vec{j}+z\vec{k}$.

Le triplet $(x ; y ; z)$ est appelé **coordonnées** de M dans le repère $(O ; \vec{i} ; \vec{j} ; \vec{k})$,

x est l'**abscisse** de M, y l'**ordonnée** de M et z la **cote** de M.

Remarque : Si A a pour coordonnées $A(x_A\,;y_A\,;z_A)$ et B a pour coordonnées $B(x_B\,;y_B\,;z_B)$ dans le repère $(O\,;\vec{i}\,;\vec{j}\,;\vec{k})$, alors $\overrightarrow{AB}(x_B-x_A\,;y_B-y_A\,;z_B-z_A)$.

De même le milieu I de [AB] a pour coordonnées :

$$I\left(\frac{x_B+x_A}{2}\,;\frac{y_B+y_A}{2}\,;\frac{z_B+z_A}{2}\right)$$

Les résultats concernant les coordonnées d'un vecteur ou les coordonnées d'un milieu sont les mêmes que dans le plan, on ajoute simplement la cote.

3 Représentation paramétrique d'une droite

Dans l'espace, comme dans le plan, une droite est parfaitement déterminée par la connaissance d'un point et d'un vecteur directeur.

Considérons la droite D passant par le point $A(x_A\,;y_A\,;z_A)$ dont un vecteur directeur est $\vec{u}(a\,;b\,;c)$.

- On peut traduire le fait qu'un point M appartient à D par le fait que les vecteurs $\overrightarrow{AM}$ et $\vec{u}$ sont colinéaires. C'est-à-dire :

$$M(x\,;y\,;z)\in D \Leftrightarrow \text{il existe } k\in\mathbb{R} \text{ tel que } \overrightarrow{AM}=k\vec{u}.$$

Traduisons cette égalité vectorielle en utilisant les coordonnées des vecteurs :

$$M(x\,;y\,;z)\in D \Leftrightarrow \begin{cases} x-x_A=ka \\ y-y_A=kb \\ z-z_A=kc \end{cases} \Leftrightarrow \begin{cases} x=x_A+ka \\ y=y_A+kb \\ z=z_A+kc \end{cases} \quad (k\in\mathbb{R})$$

- Ce dernier système est appelé **représentation paramétrique de la droite** D.

Exemple : Soit D la droite passant par $A(1\,;0\,;4)$ et dont un vecteur directeur est $\vec{u}(2\,;6\,;0)$. Une représentation paramétrique de D est :

$$M(x;y;z)\in D \Leftrightarrow \overrightarrow{AM}=k\vec{u} \Leftrightarrow \begin{cases} x-1=2k \\ y-0=6k \\ z-4=0 \end{cases}$$

$$\Leftrightarrow \begin{cases} x=1+2k \\ y=0+6k \\ z=4 \end{cases} \quad (k\in\mathbb{R})$$

On remarque que les coefficients situés devant « k » sont les coordonnées d'un vecteur directeur et les constantes sont les coordonnées d'un point de la droite.

Démontrer une orthogonalité

ÉNONCÉ

ABCD est un tétraèdre régulier, c'est-à-dire dont toutes les arêtes ont la même longueur. Démontrer que les droites (AB) et (CD) sont orthogonales.

MÉTHODE

Nous allons démontrer que (CD) est orthogonale au plan (ABI), où I est le milieu de [CD]. Pour cela, on montre que (CD) est orthogonale à (AI) et à (BI).

CORRIGÉ

Le tétraèdre ABCD étant régulier, les arêtes ont même longueur donc $AD = DC = AC = BC$. Le triangle ADC est donc équilatéral.
On note I le milieu de [CD], la droite (AI) est la hauteur issue de A dans ce triangle.
On a donc $(CD) \perp (AI)$.

Pour démontrer qu'une droite est orthogonale à un plan, il suffit de montrer qu'elle est orthogonale à deux droites sécantes de ce plan.

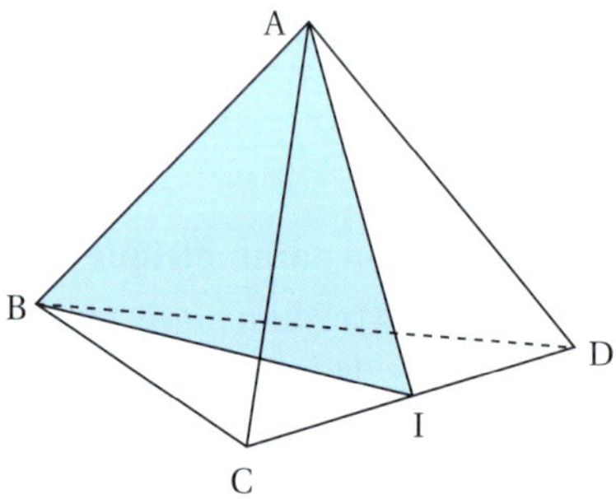

De même le triangle BCD est équilatéral et (BI) est la hauteur issue de B, donc $(CD) \perp (BI)$.
Nous en déduisons que (CD) est orthogonale à (AI) et (BI). Ces deux droites sont sécantes dans le plan (ABI) en I. On en déduit que (CD) est orthogonale au plan (ABI) et donc à toute droite de ce plan, en particulier à (AB).
Remarque : On aurait pu montrer que A, B et I appartiennent au plan médiateur de (CD).

Montrer que trois points sont alignés en utilisant des vecteurs

ÉNONCÉ

ABCD est un tétraèdre. Le point P est défini par $\overrightarrow{AP}=\frac{1}{3}\overrightarrow{AB}+\frac{2}{3}\overrightarrow{AC}$.

Montrer que les points B, P et C sont alignés.

MÉTHODE

Pour montrer que les points B, P et C sont alignés, il faut montrer que deux vecteurs formés à partir des points B, P et C sont colinéaires.
On cherche donc une relation entre $\overrightarrow{BP}$ et $\overrightarrow{BC}$, par exemple.

CORRIGÉ

Pour montrer que $\overrightarrow{BP}$ et $\overrightarrow{BC}$ sont colinéaires, utilisons la relation de Chasles pour décomposer le vecteur $\overrightarrow{BP}$.

CHOISIR UNE DÉCOMPOSITION ADÉQUATE

Le vecteur $\overrightarrow{BP}$ peut se décomposer d'une infinité de façons. Il ne faut pas choisir une décomposition au hasard, mais avoir une bonne raison de choisir un point plutôt qu'un autre. Ici, il semble judicieux d'introduire le point A pour pouvoir utiliser la relation donnée dans l'énoncé.

Nous allons décomposer $\overrightarrow{BP}$ de sorte que $\overrightarrow{AP}$ apparaisse.

$\overrightarrow{BP}=\overrightarrow{BA}+\overrightarrow{AP}$, or d'après l'énoncé $\overrightarrow{AP}=\frac{1}{3}\overrightarrow{AB}+\frac{2}{3}\overrightarrow{AC}$.

Donc : $\overrightarrow{BP}=\overrightarrow{BA}+\frac{1}{3}\overrightarrow{AB}+\frac{2}{3}\overrightarrow{AC}$.

D'où : $\overrightarrow{BP}=-\overrightarrow{AB}+\frac{1}{3}\overrightarrow{AB}+\frac{2}{3}\overrightarrow{AC}=\frac{-2}{3}\overrightarrow{AB}+\frac{2}{3}\overrightarrow{AC}$.

Ainsi : $\overrightarrow{BP}=\frac{2}{3}\overrightarrow{BA}+\frac{2}{3}\overrightarrow{AC}=\frac{2}{3}\overrightarrow{BC}$.

Les vecteurs $\overrightarrow{BP}$ et $\overrightarrow{BC}$ étant colinéaires, les droites (BP) et (BC) sont parallèles. Ces deux droites ont le point B en commun, elles sont donc confondues, ce qui prouve que B, P, C sont alignés.

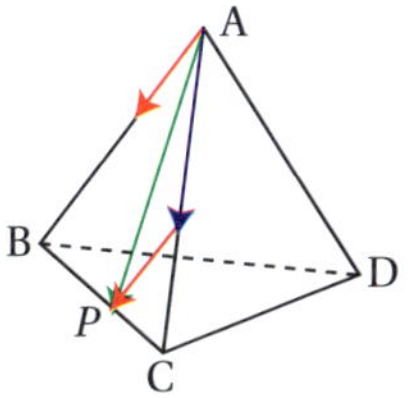

Pour construire le point P, on se place dans le plan (ABC) et on procède comme dans le plan.

SE TESTER QUIZ

Dans les exercices 1 à 6, on considère le cube ABCDEFGH. Choisir la (ou les) bonnes réponses.

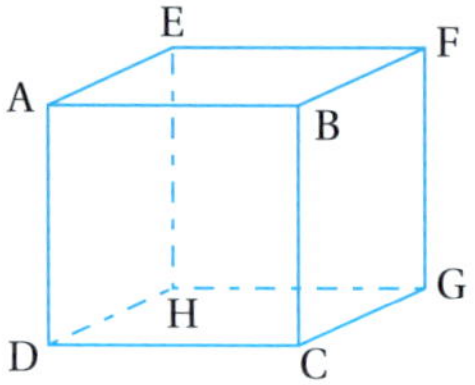

1 Les droites (AB) et (EG) sont :
- ☐ **a.** sécantes. ☐ **b.** parallèles. ☐ **c.** non coplanaires. ☐ **d.** coplanaires.

2 Les droites (AG) et (HB) sont :
- ☐ **a.** sécantes. ☐ **b.** parallèles. ☐ **c.** non coplanaires. ☐ **d.** coplanaires.

3 Les droites (CH) et (EB) sont :
- ☐ **a.** sécantes. ☐ **b.** parallèles. ☐ **c.** non coplanaires. ☐ **d.** coplanaires.

4 Les plans (ABD) et (ADC) sont :
- ☐ **a.** sécants. ☐ **b.** confondus. ☐ **c.** parallèles. ☐ **d.** sans point commun.

5 La droite (FG) est contenue dans le plan :
- ☐ **a.** (ABC). ☐ **b.** (BFG). ☐ **c.** (EFH). ☐ **d.** (AEH).

6 La droite (CF) est sécante au plan :
- ☐ **a.** (ABD). ☐ **b.** (AEH). ☐ **c.** (ABH). ☐ **d.** (ABG).

7 La section du cube par le plan (AFG) est :
- ☐ **a.** un carré. ☐ **b.** un triangle équilatéral. ☐ **c.** un rectangle.

8 La section du cube par le plan (AFH) est :
- ☐ **a.** un carré. ☐ **b.** le triangle AFH. ☐ **c.** un rectangle.

9 La droite (CH) est parallèle :
- ☐ **a.** à la droite (AE). ☐ **b.** à la droite (EB).
- ☐ **c.** au plan (ABF). ☐ **d.** à la droite (BF).

10 Dans un repère $(O ; \vec{i} ; \vec{j} ; \vec{k})$, les points $A(1;2;0)$, $B(2;5;1)$, $C(2;0;3)$ et $D(4;6;5)$:

☐ **a.** sont coplanaires.

☐ **b.** ne sont pas coplanaires.

☐ **c.** sont tels que $\overrightarrow{AB}$ et $\overrightarrow{CD}$ sont coplanaires.

☐ **d.** sont tels que $\overrightarrow{AC}$ et $\overrightarrow{BD}$ sont coplanaires.

11 Les vecteurs $\vec{u}(1;-1{,}2)$, $\vec{v}(2;2;1)$ et $\vec{w}$ sont coplanaires si :

☐ **a.** $\vec{w}(0;-4;-1)$ ☐ **b.** $\vec{w}(0;-4{,}2)$

☐ **c.** $\vec{w}(0;-4{,}3)$ ☐ **d.** $\vec{w}(3;1;3)$

TRAITER UNE QUESTION DE COURS

12 Démontrer le théorème du toit : « Soient $\mathcal{P}$ et $\mathcal{P}'$ deux plans sécants selon une droite Δ. Si une droite D de $\mathcal{P}$ est parallèle à une droite D' de $\mathcal{P}'$, alors Δ est parallèle à D et à D'. »

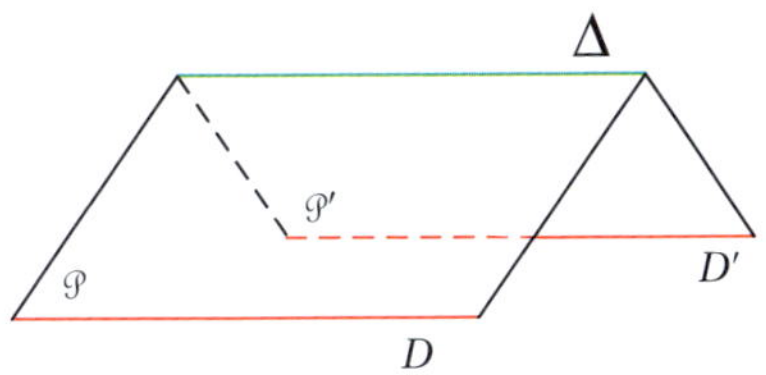

S'ENTRAÎNER

Détermination de sections planes d'un solide

13 SABCD est une pyramide dont la base ABCD est un carré.

Déterminer l'intersection des plans (SBC) et (SAD).

On pourra appliquer le théorème du toit à deux droites bien choisies.

14 ABCDEFGH est un cube d'arête a. M, N et P sont les points situés respectivement sur les arêtes [AB], [EF] et [FG].

Construire la section du cube par le plan (MNP).

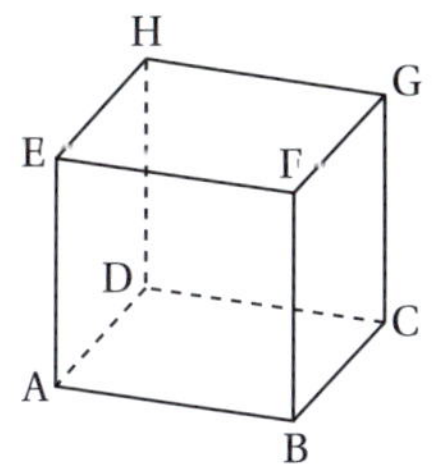

Positions relatives de droites et de plans

15 Dans un plan $\mathcal{P}$ de l'espace, on considère un triangle équilatéral ABC et on appelle O son centre de gravité. Soit D la perpendiculaire au plan $\mathcal{P}$ passant par O, et S un point de D distinct de O.

On pourra commencer par montrer que (BC) est orthogonale au plan (AOS).

a. Démontrer que la droite (AS) est orthogonale à la droite (BC).

b. De même, que peut-on en déduire pour les droites (BS) et (AC) ?

16 ABCD est un tétraèdre, E et F sont les points définis par $\overrightarrow{BE}=\frac{1}{2}\overrightarrow{DB}$ et $\overrightarrow{AF}=\overrightarrow{CE}$. I et J sont les milieux des arêtes respectives [AD] et [AB].

Voir les définitions et propriétés du cours pages 248 et 249.

1. **a.** Les vecteurs $\overrightarrow{AF}$, $\overrightarrow{CB}$, $\overrightarrow{CA}$ sont-ils coplanaires ?

b. Les points A, F, C et B sont-ils coplanaires ?

2. Les points I, J, B et E sont-ils coplanaires ?

3. **a.** Démontrer que $2\overrightarrow{CJ}-\overrightarrow{CF}=\overrightarrow{JI}$.

b. En déduire que les vecteurs $\overrightarrow{CI}$, $\overrightarrow{CJ}$ et $\overrightarrow{CF}$ sont coplanaires.

c. Que peut-on en déduire pour les points C, I, J et F ?

17 On considère un cube ABCDEFGH. Soient I et J les milieux respectifs de [AE] et [GC].

Démontrer de deux façons différentes que les vecteurs $\overrightarrow{AB}$, $\overrightarrow{IJ}$ et $\overrightarrow{EH}$ sont coplanaires.

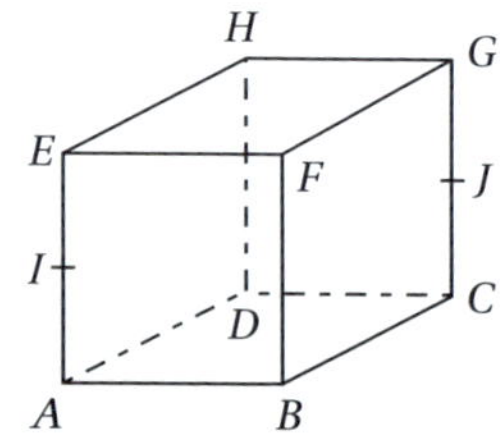

18 Soit ABCD un tétraèdre de l'espace. M, N, P et Q sont les points définis par : $\overrightarrow{AM}=\frac{2}{3}\overrightarrow{AB}$, $\overrightarrow{AN}=\frac{3}{4}\overrightarrow{AC}$, $\overrightarrow{CP}=-\frac{1}{2}\overrightarrow{CD}$ et $\overrightarrow{AQ}=\frac{1}{2}\overrightarrow{AD}$.

a. Exprimer les vecteurs $\overrightarrow{MN}$, $\overrightarrow{MP}$ et $\overrightarrow{MQ}$ en fonction de $\overrightarrow{AB}$; $\overrightarrow{AC}$ et $\overrightarrow{AD}$.

b. Déterminer deux réels x et y tels que $\overrightarrow{MQ}=x\overrightarrow{MN}+y\overrightarrow{MP}$. Que peut-on en déduire pour les points M, N, P et Q ?

On pourra utiliser la relation de Chasles en choisissant une décomposition astucieuse.

Coordonnées dans un repère de l'espace

Dans les exercices 19 à 23, on se place dans un repère $(O ; \vec{i} ; \vec{j} ; \vec{k})$.

19 Les points A, B, C sont-ils alignés ?

a. $A(1;-2;3)$, $B(0;4;1)$, $C(4;-20;9)$

b. $A(-1;-5;3)$, $B(3;-2;6)$, $C(4;-6;1)$

On pourra étudier la colinéarité de deux vecteurs.

20 Soient les points $A(1;-2;6)$, $B(2;5;-3)$, $C(4;-1;-3)$, $D(-6;-1;1)$, $E(1;-2;5)$ et $F(0;3;-4)$.

Les milieux des segments [AB], [CD] et [EF] sont-ils alignés ?

21 Soient les points $A(-3;1;4)$, $B(-2;-1;7)$, $C(-4;-1;-2)$ et $D(-2;-5;4)$.
Les droites (AB) et (CD) sont-elles parallèles ?

22 La droite D passe par $E(1;1;0)$ et admet pour vecteur directeur $\vec{u}(-1;1;-1)$.

La droite D' passe par $F(0;1;-1)$ et admet pour vecteur directeur $\vec{v}(1;2;1)$.

a. Montrer que $\overrightarrow{EF}$, $\vec{u}$ et $\vec{v}$ sont coplanaires.

b. En déduire que les droites D et D' sont sécantes.

23 Soient les points $A(0;0;3)$, $B(0;0;0)$, $C(2;3;-1)$ et $D(-1;5;1)$.

a. Soit G le point défini par $2\overrightarrow{GA}+\overrightarrow{GB}+3\overrightarrow{GC}+6\overrightarrow{GD}=\vec{0}$.
Déterminer les coordonnées de G.

b. Déterminer les coordonnées du point I tel que $\overrightarrow{AB}=3\overrightarrow{AI}$ et du point J milieu de [CI].

c. Montrer que G est le milieu de [DJ].

Représentation paramétrique d'une droite ou d'un plan

24 Donner une représentation paramétrique de la droite D passant par $A(0;2;-3)$ et de vecteur directeur $\vec{u}(-2;3;-1)$.

Traduire la condition pour qu'un point M appartienne à D.

25 Déterminer une représentation paramétrique de la droite (AB) où $A(1;2;2)$ et $B(5;0;6)$.

26 Quel est l'ensemble des points $M(x;y;z)$ de l'espace dont les coordonnées vérifient : $\begin{cases} x=1+3k \\ y=1+2k \quad (k\in\mathbb{R}) \\ z=0 \end{cases}$?

27 Soit la droite D de représentation paramétrique $\begin{cases} x=4+3t \\ y=-2+t \\ z=1-5t \end{cases}$ où $t\in\mathbb{R}$.

a. La droite D passe-t-elle par $A(-2;-4;13)$?

b. La droite D est-elle parallèle à la droite (AC), où $C(-8;-6;23)$?

28 Déterminer une représentation paramétrique de la droite D passant par $A(1;2;3)$ et parallèle à la droite (BC), où $B(0;2;5)$ et $C(-2;1;1)$.

29 Soit la droite D de représentation paramétrique $\begin{cases} x=1-2t \\ y=2-2t(t\in\mathbb{R}) \\ z=t \end{cases}$

et soit D' la droite dont une représentation paramétrique est $\begin{cases} x=8-t \\ y=2t \quad (t\in\mathbb{R}) \\ z=1-t \end{cases}$.

a. Montrer que ces deux droites ne sont pas parallèles.

b. Déterminer l'intersection de ces deux droites.

30 On considère le repère orthonormé $(O;\vec{i};\vec{j};\vec{k})$ de l'espace.
Étudier la position relative de la droite D définie par le point $A(1;2;3)$ et le vecteur $\vec{u}(4;5;6)$ et du plan $\mathcal{P}$ défini par le point $B(0;1;0)$ et les vecteurs $\vec{v}(1;2;3)$ et $\vec{w}(-3;-2;1)$.

OBJECTIF BAC

31 Soient D et D' deux droites définies par une de leurs représentations paramétriques :

$$D:\begin{cases} x=1+t \\ y=3-t \\ z=-1+t \end{cases} (t\in\mathbb{R}) \text{ et } D':\begin{cases} x=3+t' \\ y=2-2t' \\ z=m+2t' \end{cases} (t'\in\mathbb{R})$$

Étudier, selon les valeurs du paramètre m, l'intersection de D et D'.

SE TESTER

1 Réponse c. Les droites (AB) et (EG) ne sont ni parallèles, ni sécantes, elles sont non coplanaires.

2 Réponses a. et d. Les droites (AG) et (HB) sont coplanaires et sécantes.

3 Réponses b. et d. Les droites (CH) et (EB) sont coplanaires et parallèles.

4 Réponses b. et c. Les plans (ABD) et (ADC) sont confondus (ils correspondent à la face avant du cube).

5 Réponses b. et c. La droite (FG) est contenue dans les plans (BFG) et (EFH). C'est l'arête commune des faces (BCGF) et (EFGH).

6 Réponses a., c. et d. La droite (CF) est sécante aux plans (ABD) en C, (ABH), (ABG). (On remarquera que les plans (ABH) et (ABG) sont confondus.)

7 Réponse c. La section du cube par le plan (AFG) est un rectangle car ce plan coupe (ABFE) selon la droite (AF) et (DCGH) selon (DG). Or $DG = AF$ car ce sont les diagonales des faces du cube. Le plan (*AFG*) coupe également la face (AEFG) selon (FG) et la face (AEDH) selon (AD). Or AD = FG. Cependant $AD \neq DG$, car DG est la diagonale du carré, mais $(AD) \perp (DG)$.

8 Réponse b. La section du cube par le plan (AFH) est le triangle AFH.

9 Réponses b. et c. La droite (CH) est parallèle à (EB) et au plan (ABF).

10 Réponses a., c. et d. On remarque que $\overrightarrow{CD} = 2\overrightarrow{AB}$, les vecteurs $\overrightarrow{AB}$ et $\overrightarrow{CD}$ sont donc colinéaires, les points A, B, C et D sont donc coplanaires.
On déduit alors que les réponses *a*, *c* et *d* sont correctes.

11 Réponses c. et d. On cherche à écrire $\vec{w}$ sous la forme $\vec{w} = x\vec{u} + y\vec{v}$ avec x et y réels.

Les vecteurs $\vec{u}$, $\vec{v}$, et w sont coplanaires s'il existe deux réels x et y tels que $\vec{w} = x\vec{u} + y\vec{v}$.

Pour les réponses **a., b. et c.,** on est donc amené à résoudre le système suivant:

$$\begin{cases} 0 = x + 2y \\ -4 = -x + 2y \\ z_{\hat{w}} = 2x + y \end{cases}$$

Ce système comprend trois équations et deux inconnues. Résolvons le système formé des deux premières équations et nous regarderons si la troisième est vérifiée.

$$\begin{cases} 0 = x + 2y \\ -4 = -x + 2y \end{cases} \Leftrightarrow \begin{cases} x = -2y \\ -4 = 2y + 2y \end{cases} \Leftrightarrow \begin{cases} x = -2y \\ -1 = y \end{cases} \Leftrightarrow \begin{cases} x = 2 \\ y = -1 \end{cases}$$

Le seul couple solution possible est $(2\,;-1)$, en remplaçant dans la troisième équation on obtient $2x + y = 4 - 1 = 3$.

Le seul vecteur dont les deux premières coordonnées sont 0 et -4 pouvant convenir est $\vec{w}\,(0,-4,3)$ et il convient car $\vec{v}-2\vec{u}=\vec{w}$.
Pour le cas **d.**, il nous faut à nouveau résoudre un système. En le résolvant, on obtient $\vec{w}=\vec{u}+\vec{v}$.

TRAITER UNE QUESTION DE COURS

12 Démontrons ce théorème par l'absurde.
Supposons que D coupe Δ. Alors D coupe $\mathcal{P}'$ car Δ est l'intersection de $\mathcal{P}$ et $\mathcal{P}'$.
D est parallèle à $\mathcal{P}'$ car D est parallèle à D' par hypothèse. Δ est incluse dans $\mathcal{P}'$ donc Δ est parallèle à $\mathcal{P}'$.
Finalement D et Δ se coupent et sont parallèles à $\mathcal{P}'$. Or D et Δ sont donc deux droites sécantes de $\mathcal{P}$ et sont parallèles à $\mathcal{P}'$ donc $\mathcal{P}$ et $\mathcal{P}'$ sont parallèles, ce qui contredit l'hypothèse de départ.

S'ENTRAÎNER

13 Les deux plans (SBC) et (SAD) ont le point S en commun ils ne sont donc pas parallèles. Ils ne sont pas confondus car le point A n'appartient pas au plan (SBC).
Ces deux plans sont donc sécants selon une droite qui passe par S.

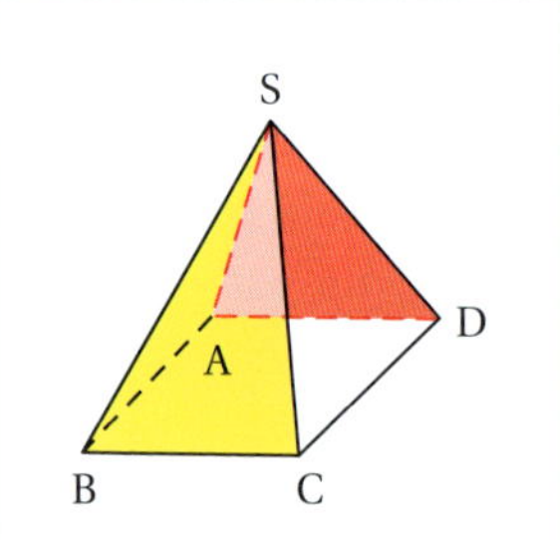

Les droites (BC) du plan (SBC) et (AD) du plan (SAD) sont parallèles. D'après le théorème du toit, on peut dire que la droite d'intersection de ces deux plans est parallèle à (AD) et (BC).
Finalement ces deux plans sont sécants selon la droite parallèle à (AD) et (BC) passant par S.

Appliquons le théorème du toit aux droites (BC) du plan (SBC) et (AD) du plan (SAD).

14 Les plans des faces ABCD et EFGH sont parallèles, donc le plan (MNP) coupe ces plans suivant deux droites parallèles.
La parallèle à la droite (NP) passant par le point M coupe [BC] en un point Q.
La section du cube est donc le trapèze MNPQ.

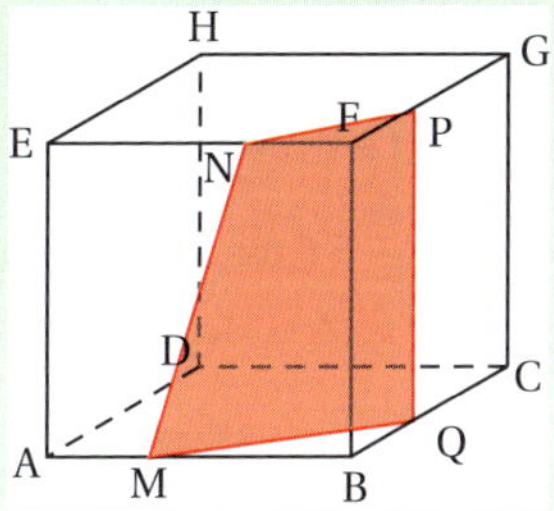

15 **a.** La droite (OS) est orthogonale à $\mathcal{P}$ car (OS) n'est autre que la droite *D*.
Elle est donc orthogonale à toute droite de $\mathcal{P}$, donc en particulier à (BC).
Dans un triangle équilatéral, les médianes sont aussi les hauteurs donc (BC) est perpendiculaire à (AO).
La droite (BC) est donc orthogonale à deux droites sécantes (OS) et (AO), elle est donc orthogonale au plan (AOS).
La droite (AS) étant une droite du plan (AOS), on en déduit que (BC) est orthogonale à la droite (AS).

b. On démontrerait de même que (BS) est orthogonale à (AC) et (CS) est orthogonale à (AB).

> Une droite orthogonale à un plan est orthogonale à toute droite de ce plan.

> Une droite est orthogonale à un plan si elle est orthogonale à deux droites sécantes de ce plan.

16 **1. a.** On sait que $\overrightarrow{AF} = \overrightarrow{CE}$ donc AFCE est un parallélogramme.

Si $\overrightarrow{CB}$, $\overrightarrow{AF}$ et $\overrightarrow{CA}$ sont coplanaires alors le point B appartient à (AFCE). Les plans (ABC) et (AFCE) sont donc confondus. (BE) est dans le plan (ABC) donc puisque $\overrightarrow{BD} = 2\overrightarrow{BE}$ donc (BD) est dans le plan (ABC), et D aussi. Le point D est donc dans le plan (ABC), ce qui contredit le fait que ABCD est un tétraèdre.

Donc $\overrightarrow{CB}, \overrightarrow{AF}, \overrightarrow{CA}$ ne sont pas coplanaires.

b. D'après le **a.**, les points A, F, C, B ne sont pas coplanaires.

> On a utilisé un raisonnement par l'absurde.

2. Les points I et J appartiennent respectivement aux segments [AD] et [AB], donc au plan (ABD). De plus $\overrightarrow{BE} = \frac{1}{2}\overrightarrow{DB}$ donc les points B, E et D sont alignés, E appartient donc à la droite (BD). Ainsi E est dans le plan (ABD). Les points I, J, B et E sont donc coplanaires.

3. a. Par hypothèse, J est le milieu de [AB] donc $\overrightarrow{AJ} + \overrightarrow{BJ} = \vec{0}$ on a donc :

$$2\overrightarrow{CJ} = \overrightarrow{CJ} + \overrightarrow{CJ} = \overrightarrow{CA} + \overrightarrow{AJ} + \overrightarrow{CB} + \overrightarrow{BJ} = \overrightarrow{CA} + \overrightarrow{CB}$$

$$\overrightarrow{CF} = \overrightarrow{CA} + \overrightarrow{AF} = \overrightarrow{CA} + \overrightarrow{CE} \text{ (car } \overrightarrow{AF} = \overrightarrow{CE})$$

d'où : $$2\overrightarrow{CJ} - \overrightarrow{CF} = \overrightarrow{CA} + \overrightarrow{CB} - (\overrightarrow{CA} + \overrightarrow{CE}) = \overrightarrow{CB} - \overrightarrow{CE} = \overrightarrow{EB}.$$

Or $\overrightarrow{EB} = \frac{1}{2}\overrightarrow{BD} = \overrightarrow{IJ}$ (droite des milieux dans le triangle ABD).
On a donc bien $2\overrightarrow{CJ} - \overrightarrow{CF} = \overrightarrow{IJ}$.

b. De la relation précédente, on déduit que $\overrightarrow{CJ}$, $\overrightarrow{CF}$ et $\overrightarrow{IJ}$ sont coplanaires. Donc $\overrightarrow{CF}$, $\overrightarrow{CJ}$ et $\overrightarrow{CJ} + \overrightarrow{JI}$ sont aussi coplanaires, c'est-à-dire $\overrightarrow{CF}$, $\overrightarrow{CJ}$ et $\overrightarrow{CI}$.

c. Les points C, I, J et F sont donc coplanaires.

17 **1re méthode**

Exprimons chacun des vecteurs $\overrightarrow{AB}$, $\overrightarrow{IJ}$ et $\overrightarrow{EH}$ à l'aide de vecteurs appartenant à un même plan.
D'après la relation de Chasles, on a $\overrightarrow{IJ} = \overrightarrow{IA} + \overrightarrow{AC} + \overrightarrow{CJ}$.
Or I est le milieu de [AE] donc :

$$\overrightarrow{IA} = \frac{1}{2}\overrightarrow{EA} = -\frac{1}{2}\overrightarrow{GC} = -\overrightarrow{CJ} \text{ donc } \overrightarrow{IJ} = \overrightarrow{AC}.$$

D'autre part $\overrightarrow{EH} = \overrightarrow{AD}$. Les vecteurs $\overrightarrow{AB}$, $\overrightarrow{IJ}$ et $\overrightarrow{EH}$ ont des représentants $\overrightarrow{AB}$, $\overrightarrow{AC}$ et $\overrightarrow{AD}$ dont les extrémités sont dans le plan ABCD. Ces vecteurs sont donc coplanaires.

2e méthode

On a obtenu dans la méthode précédente $\overrightarrow{IJ} = \overrightarrow{AC}$, c'est-à-dire $\overrightarrow{IJ} = \overrightarrow{AB} + \overrightarrow{BC}$. Or $\overrightarrow{BC} = \overrightarrow{EH}$, on a donc $\overrightarrow{IJ} = \overrightarrow{AB} + \overrightarrow{EH}$. Cette égalité montre que les vecteurs $\overrightarrow{AB}$, $\overrightarrow{IJ}$ et $\overrightarrow{EH}$ sont coplanaires.

Pour montrer que trois vecteurs $\vec{u}, \vec{v}, \vec{w}$ sont coplanaires, soit on démontre qu'ils ont des représentants qui appartiennent à un même plan, soit qu'il existe deux réels x et y tels que $\vec{w} = x\vec{u} + y\vec{v}$.

18 **a.** • $\overrightarrow{MN}=\overrightarrow{MA}+\overrightarrow{AN}=-\frac{2}{3}\overrightarrow{AB}+\frac{3}{4}\overrightarrow{AC}$

• $\overrightarrow{MP}=\overrightarrow{MA}+\overrightarrow{AP}=-\frac{2}{3}\overrightarrow{AB}+\overrightarrow{AC}+\overrightarrow{CP}=-\frac{2}{3}\overrightarrow{AB}+\overrightarrow{AC}-\frac{1}{2}\overrightarrow{CD}$

$$=-\frac{2}{3}\overrightarrow{AB}+\overrightarrow{AC}-\frac{1}{2}(\overrightarrow{CA}+\overrightarrow{AD})=-\frac{2}{3}\overrightarrow{AB}+\overrightarrow{AC}-\frac{1}{2}\overrightarrow{CA}-\frac{1}{2}\overrightarrow{AD}$$

Donc $\overrightarrow{MP}=-\frac{2}{3}\overrightarrow{AB}+\frac{3}{2}\overrightarrow{AC}-\frac{1}{2}\overrightarrow{AD}$.

• $\overrightarrow{MQ}=\overrightarrow{MA}+\overrightarrow{AQ}=-\frac{2}{3}\overrightarrow{AB}+\frac{1}{2}\overrightarrow{AD}$

b. ABCD étant un tétraèdre, les points ABCD ne sont pas coplanaires, on peut considérer que le quadruplet $(A\,;\overrightarrow{AB}\,;\overrightarrow{AC}\,;\overrightarrow{AD})$ définit un repère de l'espace. Les égalités précédentes donnent alors les composantes des vecteurs $\overrightarrow{MN}$, $\overrightarrow{MP}$ et $\overrightarrow{MQ}$ dans ce repère.

L' égalité $\overrightarrow{MQ}=x\overrightarrow{MN}+y\overrightarrow{MP}$ peut se traduire par :

$$-\frac{2}{3}\overrightarrow{AB}+\frac{1}{2}\overrightarrow{AD}=-\frac{2}{3}x\overrightarrow{AB}+\frac{3}{4}x\overrightarrow{AC}-\frac{2}{3}y\overrightarrow{AB}+\frac{3}{2}y\overrightarrow{AC}-\frac{1}{2}y\overrightarrow{AD}$$

ou encore :

$$-\frac{2}{3}\overrightarrow{AB}+\frac{1}{2}\overrightarrow{AD}=\left(-\frac{2}{3}x-\frac{2}{3}y\right)\overrightarrow{AB}+\left(\frac{3}{4}x+\frac{3}{2}y\right)\overrightarrow{AC}-\frac{1}{2}y\overrightarrow{AD}$$

On obtient le système : $\begin{cases}-\frac{2}{3}=-\frac{2}{3}x-\frac{2}{3}y\\ 0=\frac{3}{4}x+\frac{3}{2}y\\ \frac{1}{2}=-\frac{1}{2}y\end{cases}\Leftrightarrow\begin{cases}x=2\\ 0=\frac{3}{4}x+\frac{3}{2}y\\ y=-1\end{cases}$

On remarque que les valeurs de x et y obtenues grâce aux 3e et 1re équations satisfont la seconde équation. On en déduit que $\overrightarrow{MQ}=2\overrightarrow{MN}-\overrightarrow{MP}$.

Les vecteurs $\overrightarrow{MN}$, $\overrightarrow{MP}$ et $\overrightarrow{MQ}$ sont donc coplanaires et ont une extrémité commune. Par conséquent les points M, N, P et Q le sont aussi.

19 Dans les deux cas, déterminons les composantes des deux vecteurs dans le repère $(O\,;\vec{i}\,,\vec{j}\,,\vec{k})$, c'est-à-dire leurs coordonnées respectives.

a. $\overrightarrow{AB}(0-1\,;4+2\,;1-3)$, soit $\overrightarrow{AB}(-1\,;6\,;-2)$.

De même, $\overrightarrow{AC}(4-1\,;-20+2\,;9-3)$, soit $\overrightarrow{AC}(3\,;-18\,;6)$.

On s'aperçoit que $\overrightarrow{AC}=-3\overrightarrow{AB}$, les vecteurs $\overrightarrow{AB}$ et $\overrightarrow{AC}$ sont donc colinéaires.
On en déduit que les points A, B, C sont alignés.

b. $\overrightarrow{AB}(3+1\,;-2+5\,;6-3)$, soit $\overrightarrow{AB}(4\,;3\,;3)$.

De même, $\overrightarrow{AC}(4+1\,;-6+5\,;1-3)$, soit $\overrightarrow{AC}(-1\,;-1\,;-2)$.

Il n'existe pas de réel k vérifiant $\overrightarrow{AC}=k\overrightarrow{AB}$ puisque les deux premières coordonnées de $\overrightarrow{AC}$ sont les mêmes alors que celles de $\overrightarrow{AB}$ sont différentes. Les vecteurs $\overrightarrow{AB}$ et $\overrightarrow{AC}$ ne sont pas colinéaires, les points A, B, C ne sont donc pas alignés.

Pour étudier l'alignement de trois points A, B et C, on regarde par exemple si les vecteurs $\overrightarrow{AB}$ et $\overrightarrow{AC}$ sont colinéaires.
On pourrait aussi choisir d'autres vecteurs d'extrémités A, B ou C.

Dans le plan, on a la relation $xy'-x'y=0$ entres les coordonnées de vecteurs colinéaires.
Dans l'espace, en revanche, il n'y a pas de « formule » pour s'assurer de la colinéarité de deux vecteurs.

20 Déterminons les coordonnées des milieux de chacun des segments [AB], [CD] et [EF].

Soit I le milieu de [AB]. I a pour coordonnées :

$$\left(\frac{x_B+x_A}{2}\,;\frac{y_B+y_A}{2}\,;\frac{z_B+z_A}{2}\right)\text{, soit } I\left(\frac{3}{2}\,;\frac{3}{2}\,;\frac{3}{2}\right).$$

De même, on obtient pour J milieu de [CD] : $J(-1\,;-1\,;-1)$, et pour K milieu de $[EF]:K\left(\frac{1}{2}\,;\frac{1}{2}\,;\frac{1}{2}\right)$.

Nous sommes alors ramenés à un problème d'alignement comme à l'exercice précédent. Nous allons regarder si les vecteurs $\overrightarrow{IJ}$ et $\overrightarrow{IK}$ sont colinéaires.

$$\overrightarrow{IJ}\left(-\frac{5}{2}\,;-\frac{5}{2}\,;-\frac{5}{2}\right) \text{ et } \overrightarrow{IK}\left(\frac{1}{2}-\frac{3}{2}\,;\frac{1}{2}-\frac{3}{2}\,;\frac{1}{2}-\frac{3}{2}\right)\text{, soit } \overrightarrow{IK}(-1\,;-1\,;-1).$$

Il est clair que ces vecteurs sont colinéaires : $\overrightarrow{IK}=\frac{5}{2}\overrightarrow{IJ}$ donc les milieux de [AB], [CD] et [EF] sont alignés.

21 $\overrightarrow{AB}(-2+3\ ;\ -1-1\ ;\ 7-4)$, soit $\overrightarrow{AB}(1\ ;-2\ ;\ 3)$.

De plus $\overrightarrow{CD}(-2+4\ ;\ -5+1\ ;\ 4+2)$, soit $\overrightarrow{CD}(2\ ;\ -4\ ;\ 6)$.

On remarque que $\overrightarrow{CD}=2\overrightarrow{AB}$ les vecteurs $\overrightarrow{AB}$ et $\overrightarrow{CD}$ sont donc colinéaires, les droites (AB) et (CD) sont parallèles.

> Pour étudier le parallélisme de ces deux droites il suffit d'étudier la colinéarité des vecteurs $\overrightarrow{AB}$ et $\overrightarrow{AC}$.

22 **a.** $\overrightarrow{EF}(-1\ ;0\ ;-1)$, on cherche x et y réels tels que $\overrightarrow{EF}=x\vec{u}+y\vec{v}$. On obtient :

$$\begin{cases}-1=-x+y\\0=x+2y\\-1=-x+y\end{cases}\Leftrightarrow\begin{cases}0=x+2y\\-1=-x+y\end{cases}\Leftrightarrow\begin{cases}0=x+2y\\3y=-1\end{cases}\Leftrightarrow\begin{cases}x=\dfrac{2}{3}\\y=-\dfrac{1}{3}\end{cases}$$

On a donc $\overrightarrow{EF}=\frac{2}{3}\vec{u}-\frac{1}{3}\vec{v}$, les vecteurs $\overrightarrow{EF}$, $\vec{u}$ et $\vec{v}$ sont donc coplanaires.

b. Vérifions que D et D' ne sont pas parallèles, elles seront alors sécantes puisque $\overrightarrow{EF}$, $\vec{u}$ et $\vec{v}$ sont coplanaires (voir exercice précédent).

Pour cela, il suffit de vérifier que les vecteurs directeurs de D et D' ne sont pas colinéaires. On voit que les abscisses et les cotes de $\vec{u}$ et $\vec{v}$ sont proportionnelles mais les ordonnées n'ont pas le même coefficient de proportionnalité. $\vec{u}$ et $\vec{v}$ ne sont donc pas colinéaires, D et D' ne sont pas parallèles, elles sont donc sécantes car coplanaires.

23 **a.** Traduisons cette égalité vectorielle en travaillant sur les abscisses, les ordonnées et les cotes. Appelons $(x\ ;y\ ;z)$ les coordonnées de G.

$2\overrightarrow{GA}+\overrightarrow{GB}+3\overrightarrow{GC}+6\overrightarrow{GD}=\vec{0}$

$$\Leftrightarrow\begin{cases}2(-x)-x+3(2-x)+6(-1-x)=0\\2(-y)-y+3(3-y)+6(5-y)=0\\2(3-z)-z+3(-1-z)+6(1-z)=0\end{cases}\Leftrightarrow\begin{cases}-12x=0\\-12y=-39\\-12z=-9\end{cases}\Leftrightarrow\begin{cases}x=0\\y=\dfrac{13}{4}\\z=\dfrac{3}{4}\end{cases}$$

Le point G a donc pour coordonnées $G\left(0\ ;\frac{13}{4}\ ;\frac{3}{4}\right)$.

b. $\overrightarrow{AB} = 3\overrightarrow{AI} \Leftrightarrow \overrightarrow{BA} = 3\overrightarrow{IA} \Leftrightarrow \overrightarrow{BA} = 3(\overrightarrow{IB} + \overrightarrow{BA}) \Leftrightarrow \overrightarrow{BI} = \frac{2}{3}\overrightarrow{BA}$

On en déduit que I(0 ; 0 ; 2) (voir cours p. 249).

Le milieu J de [CI] a pour coordonnées $J\left(1 ; \frac{3}{2} ; \frac{1}{2}\right)$.

Il est intéressant d'exprimer tous les vecteurs avec B comme origine car B est confondu avec l'origine du repère.

c. Déterminons les coordonnées du milieu de [DJ]:

$\left(-1+1 ; \frac{1}{2}\left(\frac{3}{2}+5\right) ; \frac{1}{2}\left(1+\frac{1}{2}\right)\right)$, soit $\left(0 ; \frac{13}{4} ; \frac{3}{4}\right)$.

Le milieu de [DJ] est bien G.

24 Traduisons qu'un point $M(x ; y ; z)$ appartient à D :

$$M(x ; y ; z) \in D \Leftrightarrow \overrightarrow{AM} = k\vec{u} \quad (k \in \mathbb{R})$$

En passant aux coordonnées des vecteurs on obtient :

$$M(x ; y ; z) \in D \Leftrightarrow \overrightarrow{AM} = k\vec{u} \Leftrightarrow \begin{cases} x-0=-2k \\ y-2=3k \\ z+3=-k \end{cases} \Leftrightarrow \begin{cases} x=-2k \\ y=2+3k \\ z=-3-k \end{cases} (k \in \mathbb{R})$$

25 Ramenons-nous à la définition d'une droite passant par un point et un vecteur directeur. La droite (AB) passe par A et par B elle admet comme vecteur directeur le vecteur $\overrightarrow{AB}$. On a $\overrightarrow{AB}(4 ; -2 ; 4)$.

$$M(x;y;z) \in (AB) \Leftrightarrow \overrightarrow{AM} = k\overrightarrow{AB} \Leftrightarrow \begin{cases} x-1=4k \\ y-2=-2k \\ z-2=4k \end{cases} \Leftrightarrow \begin{cases} x=1+4k \\ y=2-2k \\ z=2+4k \end{cases} (k \in \mathbb{R})$$

26 Essayons de faire apparaître une relation de la forme $\overrightarrow{AM} = k\vec{u}$, où M a pour coordonnées $(x ; y ; z)$.

Le système $\begin{cases} x=1+3k \\ y=1+2k \\ z=0 \end{cases} (k \in \mathbb{R})$ peut encore s'écrire : $\begin{cases} x-1=3k \\ y-1=2k \\ z=0 \end{cases} (k \in \mathbb{R})$.

En posant $A(1;1;0)$ et $\vec{u}(3,2,0)$, on reconnaît la traduction analytique de la relation vectorielle $\overrightarrow{AM} = k\vec{u}$. On en déduit que l'ensemble des points $M(x ; y ; z)$ vérifiant le système proposé est la droite passant par A de vecteur directeur $\vec{u}$.

27 **a.** $\mathrm{A} \in D \Leftrightarrow \begin{cases} -2=4+3t \\ -4=-2+t \\ 13=1-5t \end{cases} \Leftrightarrow \begin{cases} -6=3t \\ -2=t \\ 12=-5t \end{cases} \quad (t \in \mathbb{R})$

Ce système n'a pas de solution puisque la dernière équation ne donne pas $t=-2$. Le point A n'appartient donc pas à D.

On obtient les coordonnées de $\vec{u}$ en prenant les coefficients qui sont devant « t ».

b. D est parallèle à (AC) si et seulement si (AC) et D ont des vecteurs directeurs colinéaires. Un vecteur directeur de (AC) est $\overrightarrow{\mathrm{AC}}\,(-6\,;-2\,;10)$. Un vecteur directeur de D est $\vec{u}(3\,;1\,;-5)$. Ces deux vecteurs sont colinéaires car $\overrightarrow{\mathrm{AC}}=-2\vec{u}$, les droites D et (AC) sont donc parallèles.

28 D est parallèle à (BC) donc D et (BC) ont des vecteurs directeurs colinéaires, on peut choisir $\overrightarrow{\mathrm{BC}}(-2\,;-1\,;-4)$.

Une représentation paramétrique de D est donnée par :

$$\mathrm{M}(x\,;y\,;z) \in D \Leftrightarrow \overrightarrow{\mathrm{AM}}=k\overrightarrow{\mathrm{BC}} \Leftrightarrow \begin{cases} x-1=-2k \\ y-2=-k \\ z-3=-4k \end{cases} \Leftrightarrow \begin{cases} x=1-2k \\ y=2-k \\ z=3-4k \end{cases} \quad (k \in \mathbb{R})$$

29 **a.** Comparons les vecteurs directeurs de D et D'. Un vecteur directeur de D est $\vec{u}(-2\,;-2\,;1)$ et un vecteur directeur de D' est $\vec{v}(-1\,;2\,;-1)$. Ces deux vecteurs ne sont pas colinéaires. Les droites D et D' ne sont donc pas parallèles.

b. Pour déterminer l'intersection de D et D', on traduit la condition pour qu'un point $\mathrm{M}(x\,;y\,;z)$ appartienne simultanément à D et D'. Ceci se traduit par le fait que ses coordonnées vérifient les deux équations de D et D'.

$$M(x\,;y\,;z) \in D \cap D' \Leftrightarrow \begin{cases} x=1-2t \\ y=2-2t \\ z=t \\ x=8-t' \\ y=2t' \\ z=1-t' \end{cases} \Leftrightarrow \begin{cases} 1-2t=8-t' \\ 2-2t=2t' \\ t=1-t' \end{cases} \Leftrightarrow \begin{cases} 2t+t'=7 \\ 2t+2t'=2 \\ t+t'=1 \end{cases} \Leftrightarrow \begin{cases} t'=-5 \\ t=6 \\ t+t'=1 \end{cases}$$

Les valeurs de t et t' ont été obtenues grâce aux deux premières équations, la troisième équation est également vérifiée. Les droites D et D' sont donc sécantes.
Pour déterminer les coordonnées de leur point d'intersection il suffit de remplacer t par 6 dans la représentation paramétrique de D ou t' par –5 dans celle de D'.
On obtient que le point d'intersection a pour coordonnées $(13\,;-10\,;6)$.

Les paramètres intervenant dans D et D' sont indépendants l'un de l'autre. Nous devons donc prendre un paramètre t et un paramètre t' pour déterminer l'intersection de D et D'.

30 • Regardons si D est parallèle à $\mathcal{P}$. On se demande si il existe deux réels x et y tels que $\vec{u} = x\vec{v} + y\vec{w}$.
Traduisons cette égalité en utilisant les coordonnées des vecteurs :

$$\begin{cases} 4 = x - 3y \\ 5 = 2x - 2y \\ 6 = 3x + y \end{cases} \Leftrightarrow \begin{cases} 4 = x - 3y & (L_1) \\ -3 = 4y & (L_2 - 2L_1) \\ 6 = 3x + y \end{cases} \Leftrightarrow \begin{cases} y = -\dfrac{3}{4} \\ x = \dfrac{7}{4} \\ 6 = 3x + y \end{cases}$$

La dernière équation de ce système n'est pas vérifiée, la droite D n'est donc pas parallèle à $\mathcal{P}$.

• D et $\mathcal{P}$ sont alors sécants. Déterminons l'intersection de D et $\mathcal{P}$.
Pour cela, déterminons les représentations paramétriques de D et $\mathcal{P}$.

$$\mathrm{M}(x\,;y\,;z) \in D \Leftrightarrow \overrightarrow{\mathrm{AM}} = k\vec{u} \Leftrightarrow \begin{cases} x = 1 + 4k \\ y = 2 + 5k \quad (k \in \mathbb{R}) \\ z = 3 + 6k \end{cases}$$

$$\mathrm{M}(x\,;y\,;z) \in \mathcal{P} \Leftrightarrow \overrightarrow{\mathrm{BM}} = t\vec{v} + t'\vec{w} \Leftrightarrow \begin{cases} x = t - 3t' \\ y = 1 + 2t - 2t' \quad ((t,t') \in \mathbb{R}^2) \\ z = 3t + t' \end{cases}$$

$$M(x\,;y\,;z)\in D\cap\mathcal{P}\Leftrightarrow\begin{cases}1+4k=t-3t'\\2+5k=1+2t-2t'\ (S)\\3+6k=3t+t'\end{cases}$$

Résolvons ce système de trois équations à trois inconnues en utilisant le pivot de Gauss.

$$(S)\Leftrightarrow\begin{cases}t-3t'-4k=1\\2t-2t'-5k=1\\3t+t'-6k=3\end{cases}\Leftrightarrow\begin{cases}t-3t'-4k=1 & (L_1)\\4t'+3k=-1 & (L_2-2L_1)\\10t'+6k=0 & (L_3-3L_1)\end{cases}$$

En soustrayant de la 3e ligne deux fois la seconde (L_3-2L_2), on obtient :

$$(S)\Leftrightarrow\begin{cases}t-3t'+4k=1\\4t'+3k=-1\\2t'=2\end{cases}\Leftrightarrow\begin{cases}t'=1\\k=-\dfrac{5}{3}\\t=-\dfrac{8}{3}\end{cases}$$

Le système admet une unique solution donc D et $\mathcal{P}$ sont sécants en un point.

COORDONNÉES DU POINT D'INTERSECTION D'UN PLAN ET D'UNE DROITE

Pour obtenir les coordonnées de ce point, il suffit de remplacer ou bien k par sa valeur dans la représentation paramétrique de la droite D ou bien t et t' par leurs valeurs dans la représentation paramétrique du plan $\mathcal{P}$.

En remplaçant dans la représentation paramétrique de D on obtient :

$$\begin{cases}x=-\dfrac{20}{3}+1\\y=-\dfrac{25}{3}+2\\z=-\dfrac{30}{3}+3\end{cases}$$

Le point d'intersection a donc comme coordonnées $\left(-\dfrac{17}{3};-\dfrac{19}{3};-7\right)$.

OBJECTIF BAC

31 Procédons comme à l'exercice précédent :

$$M(x;y;z)\in D\cap D' \Leftrightarrow \begin{cases} x=1+t \\ y=3-t \\ z=-1+t \\ x=3+t' \\ y=2-2t' \\ z=m+2t' \end{cases} \Leftrightarrow \begin{cases} 1+t=3+t' \\ 3-t=2-2t' \\ -1+t=m+2t' \end{cases}$$

$$\Leftrightarrow \begin{cases} t-t'=2 \\ -t+2t'=-1 \\ t-2t'=m+1 \end{cases} \Leftrightarrow \begin{cases} t'=1 \\ t=3 \\ t-2t'=m+1 \end{cases}$$

Les valeurs de t et t' ont été obtenues uniquement à partir des deux premières équations, le système n'a de solutions que si la troisième équation est vérifiée. En remplaçant t et t' par leur valeur dans la troisième équation on obtient $1=m+1$.

- Si $m=0$, on peut dire que les droites D et D' ont un point en commun le point de coordonnées $(4;0;2)$.
- Si $m\neq 0$, les droites D et D' n'ont pas de point commun. Elles ne sont donc pas sécantes.

Ici on peut dire que si $m\neq 0$, les droites sont non coplanaires.

Deux droites de l'espace sont soit coplanaires (sécantes ou parallèles) soit non coplanaires.

www.annabac.com

CHAPITRE

10 Produit scalaire dans l'espace

Le produit scalaire est une opération entre vecteurs dont le résultat est un réel. Il est utilisé pour calculer des longueurs et permet de caractériser l'orthogonalité. Le produit scalaire de vecteurs du plan se généralise aux vecteurs de l'espace.

1 Produit scalaire dans l'espace

A Définitions

Soient $\vec{u}$ et $\vec{v}$ deux vecteurs de l'espace. Soient A, B et C trois points de l'espace tels que $\vec{u} = \overrightarrow{AB}$ et $\vec{u} = \overrightarrow{AC}$.

- Si $\vec{u}$ et $\vec{v}$ sont non nuls, on appelle **produit scalaire de $\vec{u}$ et $\vec{v}$** le réel noté $\vec{u} \cdot \vec{v}$ et égal à :

$$AB \times AC \times \cos(\overrightarrow{AB} ; \overrightarrow{AC})$$

- Si l'un des deux vecteurs $\vec{u}$ ou $\vec{v}$ est nul, le produit scalaire $\vec{u} \cdot \vec{v}$ est nul.

Remarquons que les points A, B, C sont coplanaires et $\vec{u} \cdot \vec{v}$ est égal à $\overrightarrow{AB} \cdot \overrightarrow{AC}$ dans le plan (ABC).

B Propriétés

Soient $\vec{u}, \vec{v}, \vec{w}$ trois vecteurs de l'espace. On suppose qu'il existe trois points A, B, C tels que $\vec{u} = \overrightarrow{AB}$ et $\vec{v} = \overrightarrow{AC}$.

- $\vec{u} \cdot \vec{v} = \overrightarrow{AB} \cdot \overrightarrow{AC} = \overrightarrow{AB} \cdot \overrightarrow{AH} = \overrightarrow{AK} \cdot \overrightarrow{AC}$

où H est le projeté orthogonal de C sur (AB) et K le projeté orthogonal de B sur (AC).

- $\vec{u} \cdot (\vec{v} + \vec{w}) = \vec{u} \cdot \vec{v} + \vec{u} \cdot \vec{w}$
- $\vec{u} \cdot \vec{v} = \vec{v} \cdot \vec{u}$
- Soit λ un réel : $(\lambda \vec{u}) \cdot \vec{v} = \lambda(\vec{u} \cdot \vec{v}) = \vec{u} \cdot (\lambda \vec{v})$.

Toutes les propriétés du produit scalaire énoncées dans le plan restent vraies dans l'espace pour des points ou des vecteurs coplanaires.

C Expression du produit scalaire dans un repère orthonormé

Soient $(O ; \vec{i} ; \vec{j} ; \vec{k})$ un repère orthonormé de l'espace, et $\vec{u}(x ; y ; z)$ et $\vec{v}(x' ; y' ; z')$ deux vecteurs. Alors $\vec{u} \cdot \vec{v} = xx' + yy' + zz'$.

La **norme** du vecteur $\vec{u}$ est notée $\|\vec{u}\|$ et $\|\vec{u}\| = \sqrt{x^2 + y^2 + z^2}$.

Remarque : Si $\vec{u} = \overrightarrow{AB}$ alors :

$\|\vec{u}\| = AB = \|\overrightarrow{AB}\| = \sqrt{(x_B - x_A)^2 + (y_B - y_A)^2 + (z_B - z_A)^2}$.

> Attention, ces résultats ne sont valables que si le repère est orthonormé.

D Orthogonalité dans l'espace

a. Orthogonalité de deux droites de l'espace

Deux droites de l'espace sont **orthogonales** si leurs parallèles menées en un point sont perpendiculaires.

Dire que deux **vecteurs de l'espace** sont **orthogonaux** signifie que :

- soit $\vec{u} = \vec{0}$ ou $\vec{v} = \vec{0}$;
- soit $\vec{u} \neq \vec{0}$ et $\vec{v} \neq \vec{0}$, et les droites (OA) et (OB), où $\vec{u} = \overrightarrow{OA}$ et $\vec{v} = \overrightarrow{OB}$, sont orthogonales.

Propriétés

- Deux vecteurs $\vec{u}$ et $\vec{v}$ sont orthogonaux si et seulement si ou bien $\vec{u} = \vec{0}$ ou $\vec{v} = \vec{0}$, ou bien si $\vec{u} \neq \vec{0}$ et $\vec{v} \neq \vec{0}$, $\vec{u} \cdot \vec{v} = 0$.
- Deux droites D et D' de l'espace de vecteurs directeurs $\vec{u}$ et $\vec{v}$ sont orthogonales si et seulement si $\vec{u} \cdot \vec{v} = 0$.

b. Orthogonalité d'une droite et d'un plan

Propriété 1

Une droite D de vecteur directeur $\vec{u}$ et un plan $\mathcal{P}$ sont orthogonaux si et seulement si, il existe deux vecteurs $\vec{i}$ et $\vec{j}$ non colinéaires du plan $\mathcal{P}$ tels que : $\vec{i} \cdot \vec{u} = 0$ et $\vec{j} \cdot \vec{u} = 0$.

Un vecteur de D est orthogonal à **deux** vecteurs non colinéaires du plan.

Définition

Dire qu'un **vecteur** non nul $\vec{n}$ est **normal à un plan** $\mathcal{P}$ signifie que toute droite de vecteur directeur $\vec{n}$ est orthogonale à ce plan $\mathcal{P}$.

> Un vecteur normal à un plan $\mathcal{P}$ est un vecteur non nul orthogonal à deux vecteurs non colinéaires de ce plan.

Propriété 2

$\mathcal{P}$ est un plan, A est un point de ce plan et $\vec{n}$ un vecteur normal à $\mathcal{P}$.

Le plan $\mathcal{P}$ est l'ensemble des points M de l'espace tels que $\overrightarrow{AM} \cdot \vec{n} = 0$.

c. Positions relatives de droite et plan

Soient $\mathcal{P}$ et $\mathcal{P}'$ deux plans de vecteurs normaux respectifs $\vec{n}$ et $\vec{n}'$.

- Si $\vec{n}$ et $\vec{n}'$ sont colinéaires alors $\mathcal{P}$ et $\mathcal{P}'$ sont parallèles : ils n'ont aucun point en commun ou sont confondus.
- Si $\vec{n}$ et $\vec{n}'$ ne sont pas colinéaires alors $\mathcal{P}$ et $\mathcal{P}'$ sont sécants : leur intersection est une droite.

Soient D une droite passant par A et de vecteur directeur $\vec{u}$ et $\mathcal{P}$ un plan de vecteur normal $\vec{n}$.

- Si $\vec{u}$ et $\vec{n}$ ne sont pas orthogonaux, D et $\mathcal{P}$ sont sécants.
- Si $\vec{u}$ et $\vec{n}$ sont orthogonaux : ou bien A appartient à $\mathcal{P}$ et D est incluse dans $\mathcal{P}$ ou bien A n'appartient pas à $\mathcal{P}$ et D et $\mathcal{P}$ n'ont aucun point commun. D est parallèle à $\mathcal{P}$.

2 Applications du produit scalaire

A Équations cartésiennes d'un plan

Théorème

Dans un repère orthonormal de l'espace, un plan de vecteur normal $\vec{n}(a\,;b\,;c)$ a une équation de la forme $ax+by+cz+d=0$.

Réciproquement : Soient a, b, c et d quatre réels avec a, b, c non simultanément nuls. L'ensemble des points $M(x\,;y\,;z)$ de l'espace vérifiant $ax+by+cz+d=0$ est le plan de vecteur normal $\vec{n}(a\,;b\,;c)$.

Ce théorème est démontré à l'exercice 10.

La relation $ax+by+cz+d=0$ est appelée **équation cartésienne** du plan

Exemple : Pour déterminer une équation du plan passant par $A(2\,;1\,;-1)$ et de vecteur normal $\vec{n}(-1\,;3\,;2)$, on utilise la caractérisation d'un plan vue au paragraphe 1.

$$\begin{aligned} M(x\,;y\,;z)\in\mathcal{P} &\Leftrightarrow \overrightarrow{AM}\cdot\vec{n}=0 \\ &\Leftrightarrow -1(x-2)+3(y-1)+2(z+1)=0 \\ &\Leftrightarrow -x+2+3y-3+2z+2=0 \\ &\Leftrightarrow -x+3y+2z+1=0 \end{aligned}$$

Cas particuliers

- Le plan (xOy) a pour équation $z = 0$.
- Le plan (yOz) a pour équation $x = 0$.
- Le plan (xOz) a pour équation $y = 0$.
- Un plan parallèle à (xOy) a une équation de la forme $z = c^{te}$.
- Un plan parallèle à (yOz) a une équation de la forme $x = c^{te}$.
- Un plan parallèle à (xOz) a une équation de la forme $y = c^{te}$.

B Équation d'une sphère

Définition

La **sphère de centre I et de rayon R** est l'ensemble des points M de l'espace tels que $IM = R$.

Propriétés

On se place dans un repère orthonormal $(O\,;\vec{i}\,;\vec{j}\,;\vec{k})$. Soit I le point de coordonnées $(a\,;b\,;c)$ et M un point de coordonnées $(x\,;y\,;z)$.

Une **équation** de la sphère de centre I de rayon R dans ce repère orthonormal est :

$$(x-a)^2+(y-b)^2+(z-c)^2=R^2$$

La sphère de diamètre [AB] est l'ensemble des points M de l'espace vérifiant :

$$\overrightarrow{MA}\cdot\overrightarrow{MB}=0$$

Déterminer une équation cartésienne d'un plan

ÉNONCÉ

Soit $(O\,;\vec{i}\,;\vec{j}\,;\vec{k})$ un repère orthonormal de l'espace. Soient les points $A(0\,;1\,;-1)$, $B(2\,;1\,;-2)$ et $C(1\,;0\,;-2)$.
Déterminer, si possible, une équation cartésienne du plan (ABC).

MÉTHODE

- On commence par s'assurer que A, B et C définissent bien un plan.
- On détermine alors un vecteur normal à ce plan.
- On cherche ensuite une équation cartésienne du plan.

CORRIGÉ

• Pour s'assurer que les trois points A, B et C déterminent un plan, il suffit de vérifier que ces trois points ne sont pas alignés.
Montrons donc que les vecteurs $\overrightarrow{AB}$ et $\overrightarrow{AC}$, par exemple, ne sont pas colinéaires
On a $\overrightarrow{AB}(2\,;0\,;-1)$ et $\overrightarrow{AC}(1\,;-1\,;-1)$, ces deux vecteurs ne sont pas colinéaires. Les points A, B, C ne sont donc pas alignés, ils déterminent un plan.

> Un plan est défini par un point et deux vecteurs non colinéaires.

• Déterminons un vecteur normal à (ABC).
Cherchons donc un vecteur $\vec{n}(a\,;b\,;c)$ orthogonal à $\overrightarrow{AB}$ et $\overrightarrow{AC}$, ce vecteur vérifie $\vec{n}\cdot\overrightarrow{AB}=0$ et $\vec{n}\cdot\overrightarrow{AC}=0$. Le repère étant orthonormal on a :

> Un vecteur est normal à un plan s'il est orthogonal à deux vecteurs non colinéaires de ce plan.

$$\vec{n}\cdot\overrightarrow{AB}=0 \Leftrightarrow 2a-c=0 \text{ et } \vec{n}\cdot\overrightarrow{AC}=0 \Leftrightarrow a-b-c=0\,.$$

Les coordonnées $(a\,;b\,;c)$ de $\vec{n}$ vérifient donc le système :

$$\begin{cases} 2a-c=0 \\ a-b-c=0 \end{cases} \Leftrightarrow \begin{cases} c=2a \\ b=-a \end{cases}$$

> Une infinité de vecteurs conviennent, il suffit d'en choisir un non nul.

Les vecteurs de coordonnées $(a\,;-a\,;2a)$ conviennent (avec $a\neq 0$).
On peut donc choisir $a=1$ et un vecteur normal à (ABC) est $\vec{n}(1\,;-1\,;2)$.

• Il ne reste plus qu'à déterminer une équation de (ABC).

$$\begin{aligned} M(x\,;y\,;z)\in(\text{ABC}) &\Leftrightarrow \overrightarrow{\text{AM}}\cdot\vec{n}=0 \\ &\Leftrightarrow 1(x-0)+(-1)(y-1)+2(z+1)=0 \\ &\Leftrightarrow x-y+2z+3=0 \end{aligned}$$

Une équation de (ABC) est $x-y+2z+3=0$.

Une 2e méthode

On sait que le plan (ABC) a une équation de la forme $ax+by+cz+d=0$, où $(a\,;b\,;c)$ sont les coordonnées d'un vecteur normal à (ABC). Une équation de (ABC) est donc $x-y+2z+d=0$, puisque $\vec{n}(1\,;-1\,;2)$ est un vecteur normal à (ABC).

Il nous reste à déterminer d. Pour cela on traduit que le point A ou B ou C est un point de (ABC).

$$\text{B}\in(\text{ABC})\Leftrightarrow 2-1+2(-2)+d=0\Leftrightarrow -3+d=0\Leftrightarrow d=3$$

On en déduit qu'une équation de (ABC) est $x-y+2z+3=0$.

SE TESTER QUIZ

Dans les exercices 1 à 5, on travaille dans un repère orthonormé.

Choisir la (ou les) bonne(s) réponse(s).

1 Soient $\overrightarrow{AB}(-4;3;0)$ et $\overrightarrow{CB}(-1;5;1)$ alors :

☐ **a.** $\overrightarrow{BC}\cdot\overrightarrow{AB}=19$ ☐ **b.** $AB=5$ ☐ **c.** $\overrightarrow{BC}\cdot\overrightarrow{AB}<0$ ☐ **d.** $\overrightarrow{AB}\cdot\overrightarrow{AC}=-14$

2 Dans l'espace, si $\overrightarrow{BC}\cdot\overrightarrow{AB}=8$ et si $BC=3$, alors :

☐ **a.** $AB=\dfrac{8}{3}$ ☐ **b.** C appartient au cercle de centre B de rayon 3.

☐ **c.** $\overrightarrow{BC}\cdot\overrightarrow{AC}=-1$ ☐ **d.** Aucune des réponses précédentes n'est correcte.

3 Le plan $\mathcal{P}$ orthogonal au vecteur $\vec{u}(-2;4;0)$ et passant par $A\left(1;\dfrac{1}{2};2\right)$:

☐ **a.** est parallèle à l'axe (Oz). ☐ **b.** a pour équation $-2x+4y=0$.

☐ **c.** a pour équation $x-2y-4z=1$. ☐ **d.** contient le point O.

4 Soit E l'ensemble des points $M(x;y;z)$ vérifiant $x-2y+3=0$.

☐ **a.** E est une droite de vecteur normal $\vec{n}(1;-2)$.

☐ **b.** Le point $A(1;2;5)$ appartient à E.

☐ **c.** E est parallèle à (Oz).

5 Soient les points $A(1;2;-1)$; $B(0;3;-2)$; $C(-1;0;1)$ et $\mathcal{P}$ le plan passant par C et dont un vecteur normal est $\overrightarrow{BC}$, alors :

☐ **a.** les vecteurs $\overrightarrow{AB}$ et $\overrightarrow{AC}$ sont orthogonaux.

☐ **b.** une équation de $\mathcal{P}$ est : $x+3y-3z+4=0$.

☐ **c.** (CB) est orthogonale à $\mathcal{P}$.

6 La droite D est la droite dont une représentation paramétrique est :

$$\begin{cases} x=1+2t \\ y-2-t \\ z=-3-t \end{cases} \quad (t\in\mathbb{R})$$

Le plan $\mathcal{P}$ a pour équation cartésienne $x+2y-3z-1=0$.

Dans chacune des questions suivantes une et une seule réponse est exacte.

1. La droite $\mathscr{D}$ est :

☐ **a.** incluse dans $\mathscr{P}$. ☐ **b.** parallèle à $\mathscr{P}$. ☐ **c.** sécante à $\mathscr{P}$.

2. Le plan $\mathscr{P}$ contient le point :

☐ **a.** $I(1\,;3\,;-2)$ ☐ **b.** $J(1\,;3\,;2)$ ☐ **c.** $K(1\,;3\,;-1)$

3. Le plan $\mathscr{P}$ est perpendiculaire au plan :

☐ **a.** $\mathscr{Q}$ d'équation cartésienne $x+2y-3z+1=0$.

☐ **b.** $\mathscr{R}$ d'équation cartésienne $4x-5y-2z+3=0$.

☐ **c.** $\mathscr{S}$ d'équation cartésienne $-3x+2y-z-1=0$.

7 Vrai ou faux ?

Une équation de la sphère S de centre $I(1\,;-1\,;0)$ et de rayon 2 est :

$$(x-1)^2+(y+1)^2=4$$

8 Vrai ou faux ?

a. Les plans $\mathscr{P}$ d'équation $x+2y-z-1=0$ et $\mathscr{Q}$ d'équation $2x-y+z-4=0$ sont sécants selon une droite $\mathscr{D}$ passant par $A(1\,;2\,;4)$ et dirigée par $\vec{u}(-1\,;3\,;5)$.

b. Le plan $\mathscr{P}$ d'équation $2x+y-z+1=0$ et la droite $\mathscr{D}$ passant par $A(1\,;1\,;4)$ et dirigée par $\vec{u}(1\,;-1\,;1)$ n'ont aucun point en commun.

TRAITER UNE QUESTION DE COURS

9 Montrer qu'une droite $\mathscr{D}$ est orthogonale à un plan $\mathscr{P}$ si, et seulement si, elle est orthogonale à deux droites sécantes de ce plan.

10 Pour tout cet exercice, l'espace est muni d'un repère orthonormal $(O\,;\vec{i}\,;\vec{j}\,;\vec{k})$.

Soient a, b, c et d quatre réels avec a, b, c non simultanément nuls. Démontrer que l'ensemble des points $M(x\,;y\,;z)$ de l'espace vérifiant $ax+by+cz+d=0$ est le plan de vecteur normal $\vec{n}(a\,;b\,;c)$.

S'ENTRAÎNER

Calculs de produits scalaires

11 Soient A, B, C trois points de l'espace tels que : $AB=2$, $AC=3$ et $\widehat{BAC}=\frac{2\pi}{3}$.

Calculez $\overrightarrow{AB}\cdot\overrightarrow{AC}$.

12 Soit le cube ABCDEFGH. Calculer les produits scalaires suivants.

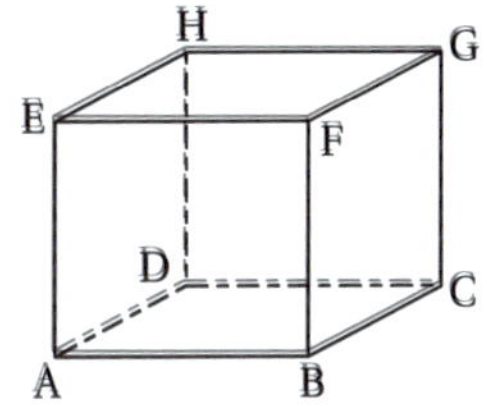

a. $\overrightarrow{AB}\cdot\overrightarrow{AC}$ b. $\overrightarrow{AB}\cdot\overrightarrow{DH}$ c. $\overrightarrow{AB}\cdot\overrightarrow{DG}$
d. $\overrightarrow{AB}\cdot\overrightarrow{EG}$ e. $\overrightarrow{BD}\cdot\overrightarrow{EG}$ f. $\overrightarrow{AC}\cdot\overrightarrow{GE}$
g. $\overrightarrow{AB}\cdot\overrightarrow{AH}$ h. $\overrightarrow{AF}\cdot\overrightarrow{BC}$ i. $\overrightarrow{FA}\cdot\overrightarrow{FC}$
j. $\overrightarrow{FD}\cdot\overrightarrow{FC}$

Orthogonalité

13 Dans cet exercice, on utilise le cube de l'exercice 12. On appelle a la longueur de son côté.

a. Calculer $\overrightarrow{EC}\cdot\overrightarrow{FH}$ puis $\overrightarrow{EC}\cdot\overrightarrow{FA}$. En déduire que la droite (EC) est orthogonale au plan (FHA).

b. En se plaçant dans le repère $(A\,;\overrightarrow{AE}\,;\overrightarrow{AB}\,;\overrightarrow{AD})$, déterminer les coordonnées des points A, F, B, H, C, E et D et redémontrer, en utilisant les coordonnées, que la droite (EC) est orthogonale au plan (FHA).

Dans les exercices 14 à 16, on supposera que l'on travaille dans un repère orthonormal.

14 On donne les vecteurs $\vec{u}(1\,;-2\,;5)$, $\vec{v}(0\,;1\,;2)$ et $\vec{w}(4\,;-3\,;-2)$

a. Calculer $\vec{u}\cdot\vec{v}$ et $\vec{v}\cdot\vec{w}$.

b. Calculer $\|\vec{u}\|$ et $\|\vec{v}\|$.

c. Démontrer que $\vec{u}$ et $\vec{w}$ sont orthogonaux.

15 Soient $A(1\,;2\,;3)$, $B(2\,;2\,;5)$ et $C(-1\,;5\,;4)$. Démontrer que le triangle ABC est rectangle.

16 Soient $A(3\,;3\,;5)$, $B(4\,;-1\,;3)$ et $C(5\,;2\,;-3)$.

a. Calculer $\overrightarrow{AB}\cdot\overrightarrow{AC}$, AB et AC.

b. En déduire une valeur approchée de l'angle $\widehat{BAC}$.

Équations cartésiennes de plans

17 Soient $A(1\,;0\,;2)$ et $B(-2\,;1\,;0)$.

a. Déterminer une équation du plan $\mathcal{P}$ passant par A et de vecteur normal $\vec{n}(-1\,;2\,;3)$.

b. Déterminer une équation du plan orthogonal à (AB) et passant par A.

c. Déterminer une équation du plan médiateur de [AB].

18 Soient $A(1;-2;3)$, $B(0;1;1)$ et $C(2;1;0)$.

a. Vérifier que les points A, B, C déterminent un plan.

b. Déterminer un vecteur normal à ce plan et en déduire une équation de ce plan.

> Un vecteur normal à $\mathcal{P}$ est orthogonal à deux vecteurs non colinéaires de $\mathcal{P}$.

19 Soit $\mathcal{P}$ le plan parallèle à l'axe $(x'x)$ et contenant les points $A(0;4;0)$ et $B(0;0;-2)$.

a. Démontrer que le vecteur $\vec{n}(0;1;-2)$ est un vecteur normal au plan $\mathcal{P}$.

b. Déterminer une équation du plan $\mathcal{P}$.

20 Soit $\mathcal{P}$ le plan d'équation $2x-5y+z+3=0$.

a. Déterminer une équation du plan parallèle à $\mathcal{P}$ et passant par $A(1;-1;1)$.

b. Déterminer une équation du plan orthogonal à (zz') et passant par A.

> On commencera par déterminer un vecteur normal à $\mathcal{P}$.

Intersections de plans, intersections de plans et de droites

21 Dans un repère orthonormal, on considère les points suivants : $A(1;2;3)$, $B(5;1;7)$ et $C(-1;2;1)$.

a. Trouver une équation du plan $\mathcal{P}$ qui contient ces trois points.

b. Préciser l'intersection de ce plan avec le plan (xOy).

c. Montrer que $\mathcal{P}$ est parallèle à $(y'y)$ (axe des ordonnées).

d. Quelle est son intersection avec (yOz) ?

> On vérifiera que ces points déterminent un plan et on cherchera un vecteur normal à $\mathcal{P}$. Puis on utilisera les équations des plans particuliers (xOy) et (yOz).

22 Soient $\mathcal{P}$ le plan d'équation cartésienne $x+3y-z+1=0$ et $\mathcal{Q}$ le plan d'équation : $x-2y+5z-10=0$.

a. Montrer que $\mathcal{P}$ et $\mathcal{Q}$ sont sécants.

b. Déterminer l'intersection de $\mathcal{P}$ et $\mathcal{Q}$.

c. Cette droite est-elle orthogonale au plan $\mathcal{R}$ d'équation $3x+2y-7=0$?

> On pourra écrire le système d'équations vérifié par cette intersection et donner une représentation paramétrique de la droite d'intersection.

23 Soient les points $A(2;0;0)$, $B(0;-4;0)$ et $C(0;0;6)$.

a. Déterminer une équation des plans médiateurs de [AB], [CA] et [CB].

b. Montrer que ces trois plans ont une droite en commun. Par quel point remarquable du triangle passe cette droite ?

Le plan médiateur de [AB] est le plan orthogonal à [AB] passant par le milieu de [AB].

24 Étudier l'intersection des trois plans suivants :

$\mathcal{P}: -x+2y+3z-5=0$, $\mathcal{Q}: 3x-y-4z+5=0$ et $\mathcal{R}: 2x+3y-2z+2=0$.

On résoudra un système de trois équations à trois inconnues.

25 Soient $\mathcal{P}$ le plan d'équation $2x+y-5z+3=0$ et D la droite passant par $A(3;1;0)$ et de vecteur directeur $\vec{u}(2;-1;1)$. Déterminer l'intersection de D et $\mathcal{P}$.

26 L'espace est rapporté au repère orthonormal $(O;\vec{i};\vec{j};\vec{k})$. On considère les droites D et D' dont les représentations paramétriques sont :

$$D:\begin{cases}x=4+t\\y=3+2t\\z=1-t\end{cases}\quad(t\in\mathbb{R})\text{ et }D':\begin{cases}x=-1+2t\\y=1+t\\z=2\end{cases}\quad(t\in\mathbb{R})$$

On se propose de rechercher si il existe une droite Δ perpendiculaire à la fois à D et à D'.

a. Montrer que D et D' ne sont pas coplanaires.

b. Déterminer un vecteur $\vec{v}$ orthogonal à la fois à un vecteur directeur de D et à un vecteur directeur de D'.

c. Déterminer une équation du plan $\mathcal{P}$ contenant D et $\vec{v}$, puis une équation du plan $\mathcal{P}'$ contenant D' et $\vec{v}$.

d. Déterminer une représentation paramétrique de la perpendiculaire commune à D et D'.

On remarquera que cette perpendiculaire commune n'est autre que l'intersection des plans $\mathcal{P}$ et $\mathcal{P}'$.

OBJECTIF BAC

27 Partie A

On considère deux points A et D de l'espace et on désigne par I le milieu du segment [AD].

1. Démontrer que, pour tout point M de l'espace, $\overrightarrow{MD} \cdot \overrightarrow{MA} = MI^2 - IA^2$.

2. En déduire l'ensemble (E) des points M de l'espace, tels que $\overrightarrow{MD} \cdot \overrightarrow{MA} = 0$.

Partie B

Dans l'espace rapporté au repère orthonormal $(O ; \vec{i} ; \vec{j} ; \vec{k})$, les points A, B, C et D ont pour coordonnées respectives : $A(3 ; 0 ; 0)$, $B(0 ; 6 ; 0)$, $C(0 ; 0 ; 4)$ et $D(-5 ; 0 ; 1)$.

1. a. Vérifier que le vecteur $\vec{n}(4 ; 2 ; 3)$ est normal au plan (ABC).

b. Déterminer une équation du plan (ABC).

2. a. Déterminer une représentation paramétrique de la droite Δ, orthogonale au plan (ABC) passant par D.

b. En déduire les coordonnées du point H, projeté orthogonal de D sur le plan (ABC).

c. Calculer la distance du point D au plan (ABC).

d. Démontrer que le point H appartient l'ensemble (E) défini dans la partie A.

SE TESTER

1 Réponses b. et c. a. On a $\overrightarrow{BC}\cdot\overrightarrow{AB}=-19$.

b. $AB=\sqrt{(x_B-x_A)^2+(y_B-y_A)^2+(z_B-z_A)^2}$

$=\sqrt{(-4)^2+3^2}=\sqrt{25}=5$

c. $\overrightarrow{BC}\cdot\overrightarrow{AB}=(-4)+3.(-5)+0=-4-15=-19$

donc $\overrightarrow{BC}\cdot\overrightarrow{AB}<0$.

d. Déterminons les coordonnées de $\overrightarrow{AC}$.

$\overrightarrow{AC}=\overrightarrow{AB}+\overrightarrow{BC}$ or $\overrightarrow{BC}(1;-5;-1)$, donc $\overrightarrow{AC}(-3;-2;-1)$.

On a donc $\overrightarrow{AB}\cdot\overrightarrow{AC}=12-6=6$.

> Le repère étant orthonormal, pour $\vec{u}(x;y;z)$ et $\vec{v}(x';y';z')$, alors $\vec{u}\cdot\vec{v}=xx'+yy'+zz'$.

> Attention, $\overrightarrow{BC}=-\overrightarrow{CB}$.

2 Réponse b. a. $\overrightarrow{BC}\cdot\overrightarrow{AB}=BC\times AB\cos(\overrightarrow{BC},\overrightarrow{AB})$ donc l'égalité $AB=\dfrac{8}{3}$ n'est pas toujours vraie : tout dépend de la valeur du cosinus de l'angle formé par les deux vecteurs.

b. On sait que $BC=3$, donc C est bien sur le cercle de centre B de rayon 3.

c. $\overrightarrow{BC}\cdot\overrightarrow{AB}=\overrightarrow{BC}\cdot(\overrightarrow{AC}+\overrightarrow{CB})$

$=\overrightarrow{BC}\cdot\overrightarrow{AC}+\overrightarrow{BC}\cdot\overrightarrow{CB}=\overrightarrow{BC}\cdot\overrightarrow{AC}-\overrightarrow{BC}\cdot\overrightarrow{BC}=\overrightarrow{BC}\cdot\overrightarrow{AC}-9=8$

d'où $\overrightarrow{BC}\cdot\overrightarrow{AC}=17$.

3 Réponses b. et d. a. Un vecteur normal à $\mathcal{P}$ est $\vec{u}(-2;4;0)$. Ce vecteur est orthogonal à un vecteur directeur de (O*z*), donc le plan $\mathcal{P}$ est parallèle à (O*z*).

b. **et** c. Une équation de $\mathcal{P}$ est obtenue en traduisant $\overrightarrow{AM}\cdot\vec{u}=0$.

$$\overrightarrow{AM}\cdot\vec{u}=0\Leftrightarrow-2(x-1)+4\left(y-\frac{1}{2}\right)=0\Leftrightarrow-2x+2+4y-2=0\Leftrightarrow-2x+4y=0$$

d. Le point O appartient au plan $\mathcal{P}$ car ses coordonnées $(0;0)$ vérifient l'équation $-2x+4y=0$: en effet, $-2\times0+4\times0=0$.

4 Réponses b. et c. a. L'ensemble E des points $M(x;y;z)$ vérifiant $x-2y+3=0$ est l'équation d'un plan (et pas d'une droite), de vecteur normal $\vec{n}(1;-2;0)$.

> **ÉQUATION CARTÉSIENNE D'UN PLAN**
> Dans l'espace, toute équation de la forme $ax+by+cz+d=0$ avec $(a;b;c)\neq(0;0;0)$ est l'équation d'un plan de vecteur normal $\vec{n}(a;b;c)$.

b. Regardons si les coordonnées de $A(1;2;5)$ vérifient l'équation donnée : $1-4+3=0$. Donc A appartient à E.

c. Un vecteur normal à E est $\vec{u}(-2;4;0)$. Ce vecteur est orthogonal à un vecteur directeur de (Oz), donc E est parallèle à (Oz).

5 Réponses b. et c.

a. Déterminons les coordonnées des vecteurs $\overrightarrow{AB}$ et $\overrightarrow{AC}$.

On obtient $\overrightarrow{AB}(-1;1;-1)$, $\overrightarrow{AC}(-2;-2;2)$.

Le produit scalaire $\overrightarrow{AB}\cdot\overrightarrow{AC}$ vaut -2, donc les vecteurs $\overrightarrow{AB}$ et $\overrightarrow{AC}$ ne sont pas orthogonaux.

$\overrightarrow{AB}$ et $\overrightarrow{AC}$ sont orthogonaux si et seulement si $\overrightarrow{AB}\cdot\overrightarrow{AC}=0$.

b. Le vecteur $\overrightarrow{BC}$ étant un vecteur normal à $\mathcal{P}$, on sait qu'une équation de $\mathcal{P}$ sera de la forme $ax+by+cz+d=0$ avec $(a;b;c)$ coordonnées de $\overrightarrow{BC}$. Or $\overrightarrow{BC}$ a pour coordonnées $(-1;-3;3)$. Une équation de $\mathcal{P}$ est obtenue en traduisant la condition $\overrightarrow{CM}\cdot\overrightarrow{BC}=0$:

$$\overrightarrow{CM}\cdot\overrightarrow{BC}=0 \Leftrightarrow -1(x+1)-3(y)+3(z-1)=0 \Leftrightarrow -x-3y+3z-4=0$$

Une équation de $\mathcal{P}$ est $x+3y-3z+4=0$.

c. La droite (CB) est bien orthogonale à $\mathcal{P}$ car $\overrightarrow{BC}$ est un vecteur normal à $\mathcal{P}$.

Un point de D est obtenu en donnant une valeur au paramètre t dans l'équation paramétrique, on peut par exemple choisir $t=0$.

6 1. Réponse c. Le point de coordonnées $(1;2;-3)$ appartient à D mais n'appartient pas à $\mathcal{P}$, D n'est donc pas incluse dans $\mathcal{P}$.

Ici, D admet comme vecteur directeur $\vec{u}(2;-1;-1)$. D'après l'équation du plan $\mathcal{P}$, un vecteur normal de $\mathcal{P}$ est $\vec{n}(1;2;-3)$. On remarque que ces deux vecteurs ne sont pas colinéaires donc D et $\mathcal{P}$ ne sont pas parallèles.

Puisque D et $\mathcal{P}$ ne sont pas parallèles, et puisque D n'est pas incluse dans $\mathcal{P}$, alors D et $\mathcal{P}$ sont sécants.

D est parallèle à $\mathcal{P}$ si un vecteur directeur de D est colinéaire à un vecteur normal à $\mathcal{P}$.

Une droite et un plan ne peuvent être que parallèles ou sécants.

2. Réponse b. Les coordonnées de I et K ne vérifient pas l'équation de $\mathcal{P}$ donc I et K n'appartiennent pas à $\mathcal{P}$. Le point J appartient à $\mathcal{P}$.

3. Réponse b. Un vecteur normal à $\mathcal{P}$ est $\vec{n_1}(1;2;-3)$. Un vecteur normal à $\mathcal{Q}$ est $\vec{n_2}(1;2;-3)$. Un vecteur normal à $\mathcal{R}$ est $\vec{n_3}(4;-5;-2)$. Un vecteur normal à $\mathcal{S}$ est $\vec{n_4}(-3;2;-1)$.

Deux plans sont perpendiculaires si leurs vecteurs normaux sont orthogonaux.

Seuls les plans $\mathcal{P}$ et $\mathcal{R}$ sont perpendiculaires. En effet calculons le produit scalaire de $\vec{n_1}$ et $\vec{n_3}$, on obtient : $\vec{n_1}\cdot\vec{n_3}=1\times4+2\times(-5)+(-3)\times(-2)=4-10+6=0$.
Nous pouvons remarquer qu'aucun autre produit scalaire n'est nul.

7 **Faux.** $\mathrm{M}(x;y;z)\in S \Leftrightarrow \mathrm{IM}=R \Leftrightarrow \mathrm{IM}^2=R^2$

$$\Leftrightarrow (x-1)^2+(y+1)^2+z^2=4$$

8 **a. Vrai.** On peut remarquer que les vecteurs normaux à ces plans ne sont pas colinéaires. En effet $\mathcal{P}$ a pour vecteur normal $\vec{n}(1;2;-1)$, $\mathcal{Q}$ a pour vecteur normal $\vec{n}'(2;-1;1)$. Les plans $\mathcal{P}$ et $\mathcal{Q}$ sont donc sécants selon une droite. Le point A appartient à $\mathcal{P}$ et $\mathcal{Q}$, la droite d'intersection passe donc par A.

Un vecteur directeur de la droite d'intersection est orthogonal à chacun des deux vecteurs $\vec{n}$ et $\vec{n}'$.

Cherchons donc un vecteur $\vec{u}(a\,;b\,;c)$ tel que $\vec{u}\cdot\vec{n}=0$ et $\vec{u}\cdot\vec{n}'=0$.

$$\begin{cases}a+2b-c=0\\2a-b+c=0\end{cases}\Leftrightarrow\begin{cases}5a+c=0\\5b-3c=0\end{cases}\text{ ce qui équivaut à } a=\frac{-1}{5}c \text{ et } b=\frac{3}{5}c.$$

On peut donc choisir $\vec{u}(-1;3;5)$ en donnant à c la valeur 5. Les plans $\mathcal{P}$ et $\mathcal{Q}$ sont donc sécants selon la droite passant par $\mathrm{A}(1;2;4)$ et dirigée par $\vec{u}(-1;3;5)$.

b. Faux. Un vecteur normal à $\mathcal{P}$ est $\vec{n}(2;1;-1)$. $\vec{n}$ et $\vec{u}(1;-1;1)$ sont colinéaires, donc la droite D et le plan $\mathcal{P}$ sont parallèles.

Il reste à vérifier que D n'est pas incluse dans $\mathcal{P}$. Pour cela regardons si le point A appartient à $\mathcal{P}$. On remarque que A appartient à $\mathcal{P}$ donc D est incluse dans $\mathcal{P}$.

TRAITER UNE QUESTION DE COURS

9 Si une droite D est orthogonale à un plan $\mathcal{P}$, par définition, elle est orthogonale à toutes les droites de $\mathcal{P}$ donc en particulier à deux droites sécantes de $\mathcal{P}$.

Réciproquement : soient D une droite de vecteur directeur $\vec{u}$, Δ et Δ' deux droites sécantes de $\mathcal{P}$ telles que $D\perp\Delta$ et $D\perp\Delta'$. Soient $\vec{v}$ un vecteur directeur de Δ et $\vec{u}'$ un vecteur directeur de Δ'.

Alors $\vec{u}\cdot\vec{v}=0$ et $\vec{u}\cdot\vec{v}'=0$. Les vecteurs $\vec{v}$ et $\vec{u}'$ ne sont pas colinéaires car Δ et Δ' sont sécantes, ainsi ils déterminent un plan. Si Δ'' est une droite quelconque du plan $\mathcal{P}$ de vecteur directeur $\vec{v}''$, il existe a et b tels que $\vec{v}''=a\vec{v}+b\vec{v}'$.

Montrons que Δ' est orthogonale à D, pour cela calculons $\vec{u}\cdot\vec{v}''$:

$$\vec{u}\cdot\vec{v}''=\vec{u}\cdot(a\vec{v}+b\vec{v}')=a\vec{u}\cdot\vec{v}+b\vec{u}\cdot\vec{v}'=0$$

Ce résultat étant vrai pour toute droite Δ'', on en déduit que D est orthogonale à toute droite de $\mathcal{P}$.

10 L'ensemble des points $M(x\,;y\,;z)$ vérifiant $ax+by+cz+d=0$ est non vide. En effet a, b, c étant non simultanément nuls, on peut par exemple supposer $a\neq 0$ et le point $A\left(\frac{-d}{a};0;0\right)$ est un point de l'ensemble.

L'équation s'écrit alors : $a\left(x+\frac{d}{a}\right)+by+cy=0$, c'est-à-dire $\overrightarrow{AM}\cdot\vec{n}=0$ avec $\vec{n}(a;b;c)$. L'ensemble est donc le plan passant par A et de vecteur normal $\vec{n}(a;b;c)$.

11 D'après la formule du cours on a :

$$\overrightarrow{AB}\cdot\overrightarrow{AC}=AB\times AC\cos(\widehat{BAC})=2\times 3\times\left(\frac{-1}{2}\right)=-3$$

12 **a.** $\overrightarrow{AB}\cdot\overrightarrow{AC}=\overrightarrow{AB}\cdot\overrightarrow{AB}=a^2$ car B est la projection de C sur (AB).

b. $\overrightarrow{AB}\cdot\overrightarrow{DH}=\overrightarrow{AB}\cdot\overrightarrow{AE}=0$. Les vecteurs $\overrightarrow{AE}$ et $\overrightarrow{AB}$ sont orthogonaux.

c. $\overrightarrow{AB}\cdot\overrightarrow{DG}=\overrightarrow{AB}\cdot\overrightarrow{AF}=\overrightarrow{AB}\cdot\overrightarrow{AB}=a^2$ car la projection de F sur (AB) est B.

> Un produit scalaire peut-être négatif.

d. $\overrightarrow{AB}\cdot\overrightarrow{EG}=\overrightarrow{AB}\cdot\overrightarrow{AC}=a^2$. On remarque que $\overrightarrow{EG}=\overrightarrow{AC}$.

e. $\overrightarrow{BD}\cdot\overrightarrow{EG}=\overrightarrow{BD}\cdot\overrightarrow{AC}=0$. Les diagonales d'un carré sont perpendiculaires.

f. $\overrightarrow{AC}\cdot\overrightarrow{GE}=\overrightarrow{AC}\cdot(-\overrightarrow{AC})=-AC^2=-a^2$

> On décompose les vecteurs de façon judicieuse pour travailler avec des vecteurs coplanaires, on peut ainsi utiliser l'orthogonalité dans le cube.

g. $\overrightarrow{AB}\cdot\overrightarrow{AH}=0$. La droite (AB) est orthogonale au plan (ADEH). Elle est donc orthogonale à toute droite de ce plan, donc en particulier à (AH).

h. $\overrightarrow{AF}\cdot\overrightarrow{BC}=0$ pour les mêmes raisons qu'en **g**.

i.
$$\begin{aligned}\overrightarrow{FA}\cdot\overrightarrow{FC}&=(\overrightarrow{FB}+\overrightarrow{BA})\cdot(\overrightarrow{FB}+\overrightarrow{BC})\\&=\overrightarrow{FB}^2+\overrightarrow{FB}\cdot\overrightarrow{BC}+\overrightarrow{BA}\cdot\overrightarrow{FB}+\overrightarrow{BA}\cdot\overrightarrow{BC}\\&=a^2+0+0+0=a^2\end{aligned}$$

j.
$$\begin{aligned}\overrightarrow{FD}\cdot\overrightarrow{FC}&=(\overrightarrow{FB}+\overrightarrow{BD})\cdot(\overrightarrow{FB}+\overrightarrow{BC})\\&=\overrightarrow{FB}^2+\overrightarrow{FB}\cdot\overrightarrow{BC}+\overrightarrow{BD}\cdot\overrightarrow{FB}+\overrightarrow{BD}\cdot\overrightarrow{BC}\\&=a^2+0+0+a^2=2a^2\end{aligned}$$

$\overrightarrow{FB}\cdot\overrightarrow{BD}$ est nul car (FB) est orthogonale au plan (ABCD).

13 a. $\overrightarrow{EC}\cdot\overrightarrow{FH}=(\overrightarrow{EF}+\overrightarrow{FB}+\overrightarrow{BC})\cdot\overrightarrow{FH}=\overrightarrow{EF}\cdot\overrightarrow{FH}+\overrightarrow{FB}\cdot\overrightarrow{FH}+\overrightarrow{BC}\cdot\overrightarrow{FH}$

$=(-\overrightarrow{FE})\cdot\overrightarrow{FH}+0+\overrightarrow{FG}\cdot\overrightarrow{FH}=-a^2+a^2=0$

$\overrightarrow{EC}\cdot\overrightarrow{FA}=(\overrightarrow{EF}+\overrightarrow{FB}+\overrightarrow{BC})\cdot\overrightarrow{FA}$

$=\overrightarrow{EF}\cdot\overrightarrow{FA}+\overrightarrow{FB}\cdot\overrightarrow{FA}+\overrightarrow{BC}\cdot\overrightarrow{FA}=-a^2+a^2+0=0$

Le vecteur $\overrightarrow{EC}$ est orthogonal aux vecteurs $\overrightarrow{FH}$ et $\overrightarrow{FA}$. Ces deux vecteurs ne sont pas colinéaires, donc (EC) est orthogonale au plan (AFH).

b. On se place dans le repère $(A\,;\overrightarrow{AE}\,;\overrightarrow{AB}\,;\overrightarrow{AD})$ et on détermine les coordonnées des points A, G, B, E et D.

CALCULER UN PRODUIT SCALAIRE DANS UN REPÈRE ORTHONORMAL

Le repère $(A; \overrightarrow{AE}, \overrightarrow{AB}, \overrightarrow{AD})$ est orthonormal, car les arêtes du cube sont perpendiculaires deux à deux et ont toutes la même longueur. On peut donc calculer un produit salaire avec la formule $xx'+yy'+zz'$.

A est l'origine du repère donc $A(0;0;0)$, par définition du repère. B a pour coordonnées $(0;1;0)$. D a pour coordonnées $(0;0;1)$ et $E(1;0;0)$. F a pour coordonnées $(1;1;0)$, $H(1;0;1)$ et $C(0;1;1)$.

Montrons par exemple que $\overrightarrow{EC}$ est orthogonal à $\overrightarrow{FH}$ et $\overrightarrow{FA}$. Les coordonnées de $\overrightarrow{EC}$ sont $(-1;1;1)$,

$\overrightarrow{FH}$ a pour coordonnées $(0;-1;1)$ et $\overrightarrow{FA}(-1;-1;0)$.

On a $\overrightarrow{EC}\cdot\overrightarrow{FH}=-1\times0+(-1)\times1+1\times1=0$

et $\overrightarrow{EC}\cdot\overrightarrow{FA}=(-1)\times(-1)+1\times(-1)+0\times1=0$

On retrouve bien le résultat précédent.

Une droite est orthogonale à un plan si elle est orthogonale à deux droites sécantes du plan.

On travaille dans un repère orthonormé.

14 a. $\vec{u}\cdot\vec{v}=0-2+10=8$ et $\vec{v}\cdot\vec{w}=0-3-4=-7$.

b. $\|\vec{u}\|=\sqrt{x^2+y^2+z^2}$

$\|\vec{u}\|=\sqrt{1^2+(-2)^2+5^2}=\sqrt{1+4+25}=\sqrt{30}$

$\|\vec{v}\|=\sqrt{0^2+1^2+2^2}=\sqrt{5}$

c. Montrons que $\vec{u}\cdot\vec{w}=0$.

$\vec{u}\cdot\vec{w}=4+6-10=0$, donc $\vec{u}$ et $\vec{w}$ sont orthogonaux.

15 Pour montrer que le triangle est rectangle, montrons que deux vecteurs sont orthogonaux.

On a $\overrightarrow{AB}(1;0;2)$, $\overrightarrow{BC}(-3;3;-1)$ et $\overrightarrow{AC}(-2;3;1)$.

On remarque que $\overrightarrow{AC}\cdot\overrightarrow{AB}=0$ donc ABC est rectangle en A.

16 **a.** On a $\overrightarrow{AB}(1;-4;-2)$ et $\overrightarrow{AC}(2;-1;-8)$ donc $\overrightarrow{AB}\cdot\overrightarrow{AC}=2+4+16=22$.

$$AB=\sqrt{(x_B-x_A)^2+(y_B-y_A)^2+(z_B-z_A)^2}=\sqrt{1^2+(-4)^2+(-2)^2}=\sqrt{21}$$

$$AC=\sqrt{2^2+(-1)^2+(-8)^2}=\sqrt{4+1+64}=\sqrt{69}$$

On sait que $\overrightarrow{AB}\cdot\overrightarrow{AC}=AB\times AC\cos\widehat{BAC}$.

Donc $\cos\widehat{BAC}=\dfrac{\overrightarrow{AB}\cdot\overrightarrow{AC}}{AB\times AC}=\dfrac{22}{\sqrt{21}\times\sqrt{69}}\approx 0{,}58$.

b. Une valeur approchée est donc $\widehat{BAC}\approx 54{,}5°$.

17 **a.** $M(x;y;z)\in\mathcal{P}\Leftrightarrow\overrightarrow{AM}\cdot\vec{n}=0$

Le vecteur $\overrightarrow{AM}$ a pour coordonnées $(x-1;\ y;\ z-2)$.

$$M(x;y;z)\in\mathcal{P}\Leftrightarrow -1(x-1)+2y+3(z-2)=0$$
$$\Leftrightarrow -x+2y+3z-5=0$$

> Un plan est caractérisé par $\overrightarrow{AM}\cdot\vec{u}=0$.

b. Un vecteur normal à ce plan est le vecteur $\overrightarrow{AB}$; un point du plan est A, on a donc :

$$M(x;y;z)\in\mathcal{P}'\Leftrightarrow\overrightarrow{AM}\cdot\overrightarrow{AB}=0$$

Les coordonnées de $\overrightarrow{AB}$ sont $(-3;1;-2)$, donc :

$$M(x;y;z)\in\mathcal{P}'\Leftrightarrow -3(x-1)+1y-2(z-2)=0$$
$$\Leftrightarrow -3x+y-2z+7=0$$

> Le plan médiateur de [AB] passe par le milieu I de [AB] et est orthogonal à (AB).

c. Un vecteur normal à ce plan est donc $\overrightarrow{AB}$, un point de ce plan est le milieu de [AB], soit $I\left(\dfrac{-1}{2};\dfrac{1}{2};1\right)$.

$$M(x;y;z)\in\mathcal{P}''\Leftrightarrow\overrightarrow{IM}\cdot\overrightarrow{AB}=0\Leftrightarrow -3\left(x+\frac{1}{2}\right)+\left(y-\frac{1}{2}\right)-2(z-1)=0$$
$$\Leftrightarrow -3x+y-2z=0$$

18 **a.** Vérifions que A, B et C ne sont pas alignés. Pour cela, vérifions que les vecteurs $\overrightarrow{AB}$ et $\overrightarrow{AC}$ ne sont pas colinéaires.
On a : $\overrightarrow{AC}(1;3;-3)$ et $\overrightarrow{AB}(-1;3;-2)$.
On voit que $\overrightarrow{AB}$ et $\overrightarrow{AC}$ ne sont pas colinéaires.
Les points A, B et C déterminent donc bien un plan.

> Trois points déterminent un plan si et seulement si ils ne sont pas alignés.

b. Un vecteur normal $\vec{n}(a;b;c)$ au plan (ABC) est un vecteur orthogonal à la fois à $\overrightarrow{AB}$ et $\overrightarrow{AC}$. Il vérifie donc $\vec{n}\cdot\overrightarrow{AB}=0$ et $\vec{n}\cdot\overrightarrow{AC}=0$.

$\vec{n}\cdot\overrightarrow{AB}=0 \Leftrightarrow -a+3b-2c=0$

$\vec{n}\cdot\overrightarrow{AC}=0 \Leftrightarrow a+3b-3c=0$

Les réels *a*, *b*, *c* vérifient donc le système :

$$\begin{cases}-a+3b-2c=0\\ a+3b-3c=0\end{cases} \Leftrightarrow \begin{cases}6b-5c=0\\ 2a-c=0\end{cases} \Leftrightarrow \begin{cases}a=\dfrac{c}{2}\\ b=\dfrac{5c}{6}\end{cases}$$

On peut donc choisir $c=6$ et on a $\vec{n}(3;5;6)$ comme vecteur normal à (ABC).
Le point A appartient à (ABC) donc :

$$\begin{aligned}M(x;y;z)\in(ABC) \Leftrightarrow \overrightarrow{AM}\cdot\vec{n}=0 &\Leftrightarrow 3(x-1)+5(y+2)+6(z-3)=0\\ &\Leftrightarrow 3x+5y+6z-11=0\end{aligned}$$

19 **a.** Si $\mathcal{P}$ est parallèle à l'axe des abscisses, un vecteur normal à $\mathcal{P}$ est un vecteur orthogonal à un vecteur directeur de $(x'x)$, soit $\vec{i}$. Or $\vec{i}$ a pour coordonnées $(1;0;0)$. On a $\vec{i}\cdot\vec{n}=1\times0+0\times1+0\times(-2)=0$ et $\vec{n}$ sont donc orthogonaux. $\vec{n}$ est bien un vecteur normal à $\mathcal{P}$.
De plus $\overrightarrow{AB}$ et $\vec{n}$ sont orthogonaux car $\overrightarrow{AB}(0;-4;-2)$ et $\vec{n}(0;1;-2)$, donc $\vec{n}\cdot\overrightarrow{AB}=0$.

b. $$\begin{aligned}M(x;y;z)\in\mathcal{P} \Leftrightarrow \overrightarrow{AM}\cdot\vec{n}=0 &\Leftrightarrow 0(x-0)+(y-4)-2(z-0)=0\\ &\Leftrightarrow y-2z-4=0\end{aligned}$$

20 **a.** D'après l'équation de $\mathcal{P}$, un vecteur normal du plan parallèle à $\mathcal{P}$ est $\vec{n}(2;-5;1)$.

$$\begin{aligned}M(x;y;z)\in\mathcal{P}' &\Leftrightarrow \overrightarrow{AM}\cdot\vec{n}=0\\ &\Leftrightarrow 2(x-1)-5(y+1)+(z-1)=0\\ &\Leftrightarrow 2x-5y+z-8=0\end{aligned}$$

> Deux plans parallèles ont des vecteurs normaux colinéaires.

b. Si le plan est orthogonal à (zz') et passe par A, un vecteur normal à ce plan est $\vec{k}(0;0;1)$ et un point de ce plan est A. On a donc :

$$\begin{aligned} M(x;y;z)\in\mathcal{P} &\Leftrightarrow \overrightarrow{AM}\cdot\vec{v}=0 \\ &\Leftrightarrow 0(x-1)-0(y+1)+(z-1)=0 \\ &\Leftrightarrow z-1=0 \end{aligned}$$

Un plan parallèle à (0z) a pour équation z = c[te] donc un vecteur normal à ce plan est (0;0;1).

21 **a.** Vérifions tout d'abord que ces trois points définissent un plan.

On a : $\overrightarrow{AB}(4;-1;4), \overrightarrow{AC}(-2;0;-2)$. Il est clair que ces deux vecteurs ne sont pas colinéaires, les points A, B et C définissent donc bien un plan.

Cherchons maintenant un vecteur $\vec{n}(a;b;c)$ normal à $\mathcal{P}$. $\vec{n}$ est orthogonal à la fois à $\overrightarrow{AB}$ et à $\overrightarrow{AC}$. Donc : $\vec{n}\cdot\overrightarrow{AB}=0 \Leftrightarrow 4a-b+4c=0$ et $\vec{n}\cdot\overrightarrow{AC}=0 \Leftrightarrow -2a-2c=0$.

Les réels a,b,c vérifient donc le système :

$$\begin{cases} 4a-b+4c=0 \\ -2a-2c=0 \end{cases} \Leftrightarrow \begin{cases} b=0 \\ -a-c=0 \end{cases} \Leftrightarrow \begin{cases} b=0 \\ a=-c \end{cases}$$

On peut donc choisir $c=1$ et on a $\vec{n}(-1;0;1)$ comme vecteur normal à (ABC).

De plus (ABC) passe par A donc :

$$\begin{aligned} M(x;y;z)\in\mathcal{P} \Leftrightarrow \overrightarrow{AM}\cdot\vec{n}=0 &\Leftrightarrow -(x-1)+0+(z-3)=0 \\ &\Leftrightarrow -x+z-2=0 \end{aligned}$$

b. $M(x;y;z)\in\mathcal{P}\cap(xOy) \Leftrightarrow \begin{cases} -x+z-2=0 \\ z=0 \end{cases} \Leftrightarrow \begin{cases} x=-2 \\ z=0 \end{cases}$

Le plan (xOy) a pour équation z = 0.

L'intersection de ces deux plans est une droite dont une équation est $\begin{cases} x=-2 \\ z=0 \end{cases}$.

Pour bien définir cette droite, on peut en donner une représentation paramétrique, soit :

$$\begin{cases} x=-2 \\ y=t \\ z=0 \end{cases} \quad (t\in\mathbb{R})$$

On a donc la droite passant par $K(-2;0;0)$ et dirigée par $\vec{u}(0;1;0)$.

c. Un vecteur normal à $\mathcal{P}$ est $(-1;0;1)$. L'axe des ordonnées admet pour vecteur directeur $(0;1;0)$. Ces deux vecteurs sont bien orthogonaux, $\mathcal{P}$ et $(y'y)$ sont donc parallèles.

d. $M(x\,;y\,;z)\in\mathcal{P}\cap(yOz)\Leftrightarrow\begin{cases}-x+z-2=0\\x=0\end{cases}\Leftrightarrow\begin{cases}z=2\\x=0\end{cases}$

L'intersection de ces deux plans est la droite dont une équation est $\begin{cases}z=2\\x=0\end{cases}$.

Le plan (yOz) a pour équation $x=0$.

Pour bien définir cette droite, on peut en donner une représentation paramétrique soit : $\begin{cases}x=0\\y=t\\z=2\end{cases}\quad(t\in\mathbb{R})$.

On a donc la droite passant par $I(0\,;0\,;2)$ et dirigée par $\vec{u}(0\,;1\,;0)$.

22 **a.** Deux plans sont sécants si et seulement si les vecteurs normaux de ces deux plans ne sont pas colinéaires. Un vecteur normal de $\mathcal{P}$ est $\vec{n}\,(1\,;3\,;-1)$. Un vecteur normal de $\mathcal{Q}$ est $\vec{n}'(1\,;-2\,;5)$. On remarque que ces deux vecteurs ne sont pas colinéaires, les plans $\mathcal{P}$ et $\mathcal{Q}$ sont donc sécants.

b. $M(x;y;z)\in\mathcal{P}\cap\mathcal{Q}\Leftrightarrow\begin{cases}x+3y-z+1=0\\x-2y+5z-10=0\end{cases}\Leftrightarrow\begin{cases}x+3y=z-1\\x-2y=-5z+10\end{cases}$

$$\Leftrightarrow\begin{cases}5y=6z-11\\5x=-13z+28\end{cases}\Leftrightarrow\begin{cases}y=\frac{1}{5}(6z-11)\\x=\frac{1}{5}(-13z+28)\end{cases}$$

$\mathcal{P}$ et $\mathcal{Q}$ étant sécants, leur intersection est une droite.

En posant $z=t$, on obtient une représentation paramétrique de la droite d'intersection de $\mathcal{P}$ et $\mathcal{Q}$. Il vient : $\begin{cases}x=\frac{1}{5}(-13t+28)\\y=\frac{1}{5}(6t-11)\\z=t\end{cases}\quad(t\in\mathbb{R})$.

c. Un vecteur directeur de D est $(-13\,;6\,;5)$ (on a multiplié par 5 les coordonnées initiales), un vecteur normal à $\mathcal{P}$ est $(3;2;0)$. On voit que ces deux vecteurs ne sont pas colinéaires, donc la droite n'est pas orthogonale à $\mathcal{R}$.

23 **a.** Un vecteur normal du plan médiateur Π de [AB] a pour vecteur normal $\overrightarrow{AB}$ et passe par le milieu I de [AB]. $\overrightarrow{AB}(-2\,;-4\,;0)$ et $I(1\,;-2\,;0)$.

Le plan médiateur de [AB] est donc l'ensemble des points $M(x\,;y\,;z)$ de l'espace tels que $\overrightarrow{IM}\cdot\overrightarrow{AB}=0$.

$M(x\,;y\,;z)\in\Pi \Leftrightarrow -2(x-1)-4(y+2)=0 \Leftrightarrow -2x-4y-6=0$

De même on montre que les plans médiateurs de [CA] et de [CB] ont respectivement pour équation : $-2x+6z-16=0$ et $-4y-6z+10=0$.

b. Déterminons l'intersection de ces trois plans, on est amené à résoudre le système suivant :

$$\begin{cases}-2x-4y-6=0\\-2x+6z-16=0\\-4y-6z+10=0\end{cases}\Leftrightarrow\begin{cases}-2x-4y-6=0\\x=-3z+8\\y=\dfrac{-3}{2}z+\dfrac{5}{2}\end{cases}$$

On s'aperçoit que les valeurs de x et y obtenues grâce aux deux dernières équations vérifient la première équation, le système est donc équivalent à :

$$\begin{cases}z=t\\x=-3t+8\\y=\dfrac{-3}{2}t+\dfrac{5}{2}\end{cases}\quad(t\in\mathbb{R})$$

On reconnaît alors une représentation paramétrique de droite. Les trois plans médiateurs sont donc sécants selon une droite. Cette droite passe par le centre du cercle circonscrit au triangle ABC.

24 On résout le système suivant : $\begin{cases}-x+2y+3z-5=0\\3x-y-4z+5=0\\2x+3y-2z+2=0\end{cases}$.

MÉTHODE DU PIVOT DE GAUSS

On utilise la méthode du pivot de Gauss, c'est-à-dire que l'on essaie, par des opérations sur les lignes, d'éliminer x dans les deux dernières équations et y dans la troisième. On aura ainsi un système dans lequel la première équation contiendra toutes les inconnues, la seconde uniquement y et z et la troisième uniquement z.

Nous allons nommer L_1, L_2 et L_3 les trois équations et nous indiquerons les opérations faites à chaque étape :

$$\begin{cases}-x+2y+3z-5=0 & (L_1)\\ 3x-y-4z+5=0 & (L_2)\\ 2x+3y-2z+2=0 & (L_3)\end{cases} \Leftrightarrow \begin{cases}-x+2y+3z-5=0 & (L_1)\\ 5y+5z-10=0 & (L_2+3L_1=L'_2)\\ 7y+4z-8=0 & (L_3+2L_1=L'_3)\end{cases}$$

En additionnant L_2 et $3L_1$, on a supprimé les « x » dans la seconde équation. De même en additionnant L_3 et $2L_1$. On va maintenant supprimer les « y » dans la troisième équation en faisant l'opération $5L'_3-7L'_2$.

Nous obtenons :

$$\begin{cases}-x+2y+3z-5=0 & (L_1)\\ 5y+5z-10=0 & (L'_2)\\ 7y+4z-8=0 & (L'_3)\end{cases} \Leftrightarrow \begin{cases}-x+2y+3z-5=0 & (L_1)\\ 5y+5z-10=0 & (L'_2)\\ -15z+30=0 & (5L'_3-7L_2)\end{cases}$$

Nous allons pouvoir calculer z dans la troisième équation et donc y dans la seconde et enfin x dans la première. Nous obtenons $z=2$ donc $y=0$ et $x=1$.

Les trois plans sont donc sécants en un point, le point I de coordonnées $(1;0;2)$.

25 Déterminons une représentation paramétrique de D.

> Le plus simple pour déterminer cette intersection est de prendre une représentation paramétrique de D.

$$M(x;y;z)\in D \Leftrightarrow \overrightarrow{AM}=k\vec{u}$$

$$\Leftrightarrow \begin{cases}x-3=2k\\ y-1=-k\\ z=k\end{cases} \Leftrightarrow \begin{cases}x=3+2k\\ y=1-k\\ z=k\end{cases} \quad (k\in\mathbb{R})$$

> On remplace x, y et z dans l'équation du plan. On obtiendra une valeur de t et donc le point d'intersection de D et $\mathcal{P}$.

$$M(x;y;z)\in D\cap\mathcal{P}$$

$$\Leftrightarrow \text{il existe } k \text{ tel que } \begin{cases}x=3+2k\\ y=1-k\\ z=k\\ 2x+y-5z+3=0 & (L_4)\end{cases}$$

On obtient : $(L_4)\Leftrightarrow 2(3+2k)+1-k-5k+3=0 \Leftrightarrow -2k+10=0 \Leftrightarrow k=5$.

D et $\mathcal{P}$ sont donc sécants en un point correspondant au paramètre $k=5$ de la droite. Les coordonnées de ce point sont donc $(13;-4;5)$.

26 **a.** Un vecteur directeur de D est $\vec{u}(1\,;2\,;-1)$, un vecteur directeur de D' est $\vec{u'}(2\,;1\,;0)$. On remarque que ces vecteurs ne sont pas colinaires donc D et D' ne sont pas parallèles.

Étudions l'intersection de D et D'.

$$M(x\,;y\,;z)\in D\cap D' \Leftrightarrow \begin{cases} x=4+t \\ y=3+2t \\ z=1-t \\ x=-1+2t' \\ y=1+t' \\ z=2 \end{cases} \Leftrightarrow \begin{cases} 4+t=-1+2t' \\ 3+2t=1+t' \\ 1-t=2 \end{cases} \Leftrightarrow \begin{cases} t=-1 \\ t'=0 \\ 4+t=1+2t' \end{cases}$$

La dernière équation n'est pas vérifiée avec les valeurs de t et t' obtenues, le système n'a donc pas de solutions. Les droites ne sont pas sécantes, elles sont donc non coplanaires.

b. On cherche un vecteur $\vec{v}(a\,;b\,;c)$ tel que $\vec{v}\cdot\vec{u}=0$ et $\vec{v}\cdot\vec{u}=0$.

Les coordonnées de $\vec{v}$ vérifient donc le système :

$$\begin{cases} a+2b-c=0 \\ 2a+b=0 \end{cases} \Leftrightarrow \begin{cases} b=-2a \\ -3a=c \end{cases} \Leftrightarrow \begin{cases} b=-2a \\ c=-3a \end{cases}$$

On peut donc choisir $a=-1$ et $\vec{v}(-1\,;2\,;3)$.

c. Si le plan $\mathcal{P}$ contient D et $\vec{v}$, $\mathcal{P}$ est parfaitement défini par le point $A(4\,;3\,;1)$ appartenant à D et les vecteurs $\vec{v}$ et $\vec{u}$ qui ne sont pas colinéaires puisque $\vec{v}$ est orthogonal à D.

Pour déterminer une équation de $\mathcal{P}$, il suffit de trouver un vecteur normal à $\mathcal{P}$, c'est-à-dire un vecteur orthogonal à $\vec{v}$ et à $\vec{u}$. Soit $\vec{n}(a\,;b\,;c)$ ce vecteur, on doit avoir $\vec{n}\cdot\vec{u}=0$ et $\vec{n}\cdot\vec{v}=0$, soit :

$$\begin{cases} a+2b-c=0 \\ -a+2b+3c=0 \end{cases} \Leftrightarrow \begin{cases} a+2b-c=0 \\ 4b+2c=0 \end{cases} \Leftrightarrow \begin{cases} a=2c \\ b=-\dfrac{c}{2} \end{cases}$$

On choisit $c=-2$ et $\vec{n}(-4\,;1\,;-2)$.

$$M(x\,;y\,;z)\in\mathcal{P} \Leftrightarrow \overrightarrow{AM}\cdot\vec{n}=0 \Leftrightarrow -4(x-4)+(y-3)-2(z-1)=0$$

$$\Leftrightarrow -4x+y-2z+15=0$$

On procède de la même manière pour $\mathcal{P}'$. Après calculs on obtient qu'une équation de $\mathcal{P}'$ est $3x-6y+5z-1=0$.

d. La perpendiculaire commune à D et D' est donc la droite d'intersection de $\mathcal{P}$ et $\mathcal{P}'$. Déterminons une représentation paramétrique de cette droite Δ.

$$M(x\,;y\,;z)\in\Delta \Leftrightarrow \begin{cases}-4x+y-2z+15=0\\ 3x-6y+5z-7=0\end{cases} \Leftrightarrow \begin{cases}-21y+14z+17=0\\ -21x-7z+83=0\end{cases}$$

$$\Leftrightarrow \begin{cases}x=-\dfrac{1}{3}t+\dfrac{83}{21}\\ y=\dfrac{2}{3}t+\dfrac{17}{21}\end{cases} \quad (t\in\mathbb{R})$$

On remarque qu'un vecteur directeur de cette droite est $\vec{w}\left(-\dfrac{1}{3};\dfrac{2}{3};1\right)$.
On a bien $\vec{w}\cdot\vec{u}=0$ et $\vec{w}\cdot\vec{u'}=0$.

OBJECTIF BAC

28 Partie A

1. On veut trouver un résultat faisant intervenir I, il est donc intéressant d'utiliser I pour décomposer les vecteurs.

$$\overrightarrow{MD}\cdot\overrightarrow{MA}=\left(\overrightarrow{MI}+\overrightarrow{ID}\right)\cdot\left(\overrightarrow{MI}+\overrightarrow{IA}\right)$$

> On utilise la relation de Chasles avec le point I.

Par hypothèse I est le milieu de [AD] donc $\overrightarrow{ID}=-\overrightarrow{IA}$,

d'où $\overrightarrow{MD}\cdot\overrightarrow{MA}=\left(\overrightarrow{MI}+\overrightarrow{ID}\right)\cdot\left(\overrightarrow{MI}+\overrightarrow{IA}\right)$.

$$=\left(\overrightarrow{MI}-\overrightarrow{IA}\right)\cdot\left(\overrightarrow{MI}+\overrightarrow{IA}\right)=\overrightarrow{MI}^2-\overrightarrow{IA}^2$$

> On sait que $\overrightarrow{MI}^2=MI^2$.

Donc $\overrightarrow{MD}\cdot\overrightarrow{MA}=MI^2-IA^2$.

2. De la question précédente on déduit que

$\overrightarrow{MD}\cdot\overrightarrow{MA}=0 \Leftrightarrow MI^2=IA^2 \Leftrightarrow MI=IA$.

> On travaille avec des longueurs donc des nombres positifs.

Ainsi l'ensemble des points M de l'espace tels que que $\overrightarrow{MD}\cdot\overrightarrow{MA}=0$ est la sphère de centre et de rayon IA, c'est-à-dire de diamètre [AD].

Partie B

1. a. Les vecteurs $\overrightarrow{AB}$ et $\overrightarrow{AC}$ ont pour coordonnées respectives $(-3\,;6\,;0)$ et $(-3\,;0\,;4)$.

On remarque qu'ils ne sont pas colinéaires, les points A,B,C déterminent bien un plan.

$\vec{n} \cdot \overrightarrow{AB} = 4 \times (-3) + 2 \times 6 + 3 \times 0 = 0$

$\vec{n} \cdot \overrightarrow{AC} = 4 \times (-3) + 2 \times 0 + 3 \times 4 = 0$

Le vecteur $\vec{n}$ est donc normal au plan (ABC).

$\vec{n}$ est normal à (ABC) si et seulement si n est orthogonal à $\overrightarrow{AB}$ et AC.

b. Le plan (ABC) contient A et admet $\vec{n}$ comme vecteur normal.

$$\begin{aligned} M(x\,;y\,;z) \in (ABC) \Leftrightarrow \overrightarrow{AM} \cdot \vec{n} = 0 &\Leftrightarrow 4(x-3) + 2y + 3z = 0 \\ &\Leftrightarrow 4x + 2y + 3z - 12 = 0 \end{aligned}$$

Une équation de (ABC) est $4x + 2y + 3z - 12 = 0$.

2. a. Δ est donc déterminée par le point D et le vecteur $\vec{n}$.

Un vecteur directeur de D est $\vec{n}$.

$M(x\,;y\,;z) \in \Delta$ si, et seulement si, il existe un réel t tel que $\overrightarrow{DM} = t\,\vec{n}$, soit : $\begin{cases} x + 5 = 4t \\ y = 2t \\ z - 1 = 3t \end{cases}$

Une représentation paramétrique de Δ est donc $\begin{cases} x = -5 + 4t \\ y = 2t \\ z = 1 + 3t \end{cases}$ $(t \in \mathbb{R})$.

b. Le point H, projeté orthogonal de D sur le plan (ABC), est le point d'intersection de Δ et (ABC). Les coordonnées de H vérifient donc l'équation de Δ et celle de (ABC). On a donc $4(-5 + 4t) + 2(2t) + 3(1 + 3t) - 12 = 0$, soit $29t = 29$; donc $t = 1$.

Le point H a donc pour coordonnées $H(-1,2,4)$.

c. La distance du point D à (ABC) est : $DH = \sqrt{(-1+5)^2 + (2-0)^2 + (4-1)^2} = \sqrt{29}$.

e. La droite (HD) est orthogonale au plan (ABC) donc à la droite (HA) qui est incluse dans ce plan. On a donc $\overrightarrow{HD} \cdot \overrightarrow{HA} = 0$.

Le point H appartient bien à l'ensemble (E).

www.annabac.com

CHAPITRE

11 Conditionnement et indépendance

Il y a des événements dont la réalisation influence celle d'autres événements. On dit aussi que la réalisation d'un événement peut conditionner la réalisation d'un autre. Dans le cas contraire on parle d'événements indépendants. C'est sur ces considérations que l'on fonde les probabilités conditionnelles.

Lorsqu'on effectuera des calculs de probabilités, on supposera que l'on fait une expérience aléatoire dont l'univers des possibles est Ω.

1 Probabilité conditionnelle

A Introduction

- Dans une urne, il y a des jetons blancs (B), noirs (N), carrés (C) et ronds (R). Le tableau à double entrée ci-dessous en indique les proportions ; dans le tableau de droite figurent les probabilités correspondant au tirage aléatoire d'un jeton dans l'urne.

	B	N	
C	0,25	0,30	0,55
R	0,40	0,05	0,45
	0,65	0,35	1

	B	N	
C	$p(C \cap B)$	$p(C \cap N)$	$p(C)$
R	$p(R \cap B)$	$p(R \cap N)$	$p(R)$
	$p(B)$	$p(N)$	1

- Par exemple, lorsqu'on tire un jeton de l'urne, la probabilité qu'il soit carré est égale à 0,55 et la probabilité qu'il soit noir et carré est égale à 0,30.
Je prélève un jeton, le dissimule, et vous annonce qu'il est blanc. Je vous pose la question : quelle est la probabilité qu'il soit rond ?
- La réponse n'est pas 0,40. En effet 0,40 est la probabilité de tirer un jeton blanc et rond. Dans la question que je vous pose, l'événement « le jeton est

blanc » conditionne l'événement « le jeton est rond » puisqu'on sait que l'événement « le jeton est blanc » est réalisé.

- La réponse est donc $\frac{0,4}{0,65}=\frac{8}{13}$ car la proportion de jetons ronds parmi les blancs est de $\frac{0,4}{0,65}$.
- On remarque que le résultat s'écrit aussi $\frac{p(B\cap R)}{p(R)}$.

Ne pas confondre la probabilité que le jeton soit blanc **et** rond avec la probabilité que le jeton soit rond **sachant qu'**il est blanc.

B Définition et théorème

Définition

Soit B un événement de probabilité non nulle. On appelle **probabilité de l'événement A sachant que B est réalisé** le nombre noté $p_B(A)$ tel que :

$$p_B(A)=\frac{p(A\cap B)}{p(B)}$$

Théorème

Dans les conditions de la définition précédente, l'application qui à tout événement A associe $p_B(A)$ vérifie les propriétés suivantes :

- $p_B(A\cup C)=p_B(A)+p_B(C)-p_B(A\cap C)$
- $p_B(\bar{A})=1-p_B(A)$
- $p(A\cap B)=p_B(A)p(B)$ (formule des probabilités composées)

On connaissait déjà la formule : $p(A\cap B)=$ $p(A)+p(B)-p(A\cup B)$; la dernière formule ci-contre montre une autre façon de calculer $p(A\cap B)$.

Preuve : Voir exercices 9 et 10.

Remarques : **1.** L'application p_B a donc toutes les propriétés d'une probabilité p.

2. Lorsque A et C sont incompatibles, $A\cap C=\varnothing$ et donc $p_B(A\cup C)=p_B(A)+p_B(C)$.

3. La formule des probabilités composées montre qu'en général $p(A\cap B)\neq p(A)p(B)$.

4. Si $p(A)\neq 0$, la formule des probabilités composées peut aussi s'écrire $p(A\cap B)=p_A(B)p(A)$.

C Événements indépendants

Définition

Dire que deux événements A et B sont **indépendants** signifie que :

$$p(A \cap B) = p(A)p(B)$$

Remarques : **1.** D'après la formule des probabilités composées, dire que deux événements A et B sont indépendants signifie que $p_B(A) = p(A)$ dans le cas où $p(B) \neq 0$, et $p_A(B) = p(B)$ dans le cas où $p(A) \neq 0$. Intuitivement, dire que A et B sont indépendants signifie donc que la réalisation de l'un n'inflence pas, donc ne conditionne pas, la réalisation de l'autre.

Ne pas confondre événements indépendants et événements incompatibles (A et B sont dits incompatibles si et seulement si $A \cap B = \varnothing$).

2. Si A et B sont indépendants, alors $\bar{A}$ et B d'une part, $\bar{A}$ et $\bar{B}$ d'autre part le sont aussi. (Voir la démonstration à l'exercice 8.)

3. Par extension on parle aussi d'événements $A_1, A_2, \ldots, A_n$ indépendants deux à deux, que l'on qualifie souvent abusivement d'événements indépendants tout court (en réalité il faudrait distinguer ceux-ci des événements mutuellement indépendants). Alors on a :

$$p(A_1 \cap A_2 \cap \ldots \cap A_n) = p(A_1)p(A_2)\ldots p(A_n)$$

2 Formule des probabilités totales

A Système complet d'événements

Définition

Dire que trois événements B_1, B_2 et B_3 non vides d'un univers Ω forment un **système complet d'événements** de Ω signifie qu'ils sont deux à deux incompatibles et que leur union est égale à Ω. Autrement dit :

- $B_1 \cap B_2 = \varnothing$, $B_2 \cap B_3 = \varnothing$, $B_3 \cap B_1 = \varnothing$
- et $B_1 \cup B_2 \cup B_3 = \Omega$.

On étend cette définition à deux, quatre événements, ou plus.

On dit aussi que les trois événements forment une partition de Ω.

Exemples : **1.** Si A est non vide alors A et $\bar{A}$ forment un système complet d'événements.

2. Dans une urne, il y a des boules bleues (b), jaunes (j) et rouges (r). On en prélève deux au hasard sans remise. Les événements « la première boule tirée est b », « la première boule tirée est j », « la première boule tirée est r » forment un système complet d'événements.

B La formule

Théorème

Soient B_1, B_2, B_3 trois événements formant un système complet de Ω.
Alors, pour tout événement A :

$$p(A) = p(A \cap B_1) + p(A \cap B_2) + p(A \cap B_3)$$

Que l'on peut aussi écrire : $p(A) = p_{B_1}(A)p(B_1) + p_{B_2}(A)p(B_2) + p_{B_3}(A)p(B_3)$

Preuve : Puisque $\Omega = B_1 \cup B_2 \cup B_3$ on a :

$$A = A \cap \Omega = (A \cap B_1) \cup (A \cap B_2) \cup (A \cap B_3)$$

Puisque les événements B_1, B_2, B_3 sont incompatibles deux à deux, les événements $(A \cap B_1)$, $(A \cap B_2)$ et $(A \cap B_3)$ le sont aussi, donc :

$$p\left[(A \cap B_1) \cup (A \cap B_2) \cup (A \cap B_3)\right] = p(A \cap B_1) + p(A \cap B_2) + p(A \cap B_3)$$

Ce qu'il fallait démontrer.

Remarques : **1.** On peut étendre la formule à deux, quatre événements, et plus.

2. Un cas particulier important : $p(B) = p(B \cap A) + p(B \cap \bar{A})$, si A est non vide.

3. On peut retenir la formule en lisant le diagramme ci-dessous.
On voit que A se décompose en trois zones.

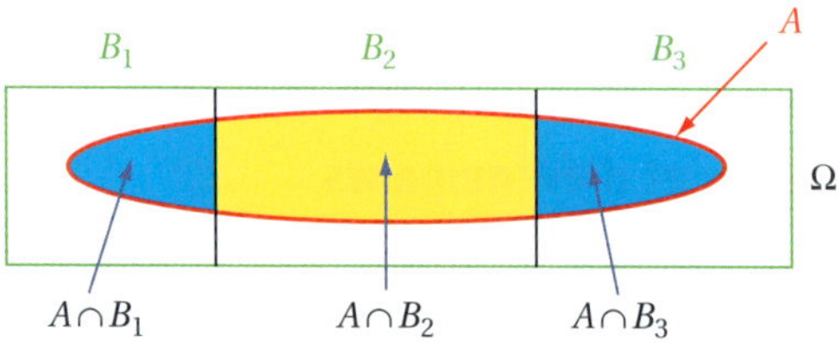

4. On peut aussi retenir la formule en lisant l'arbre pondéré ci-contre.

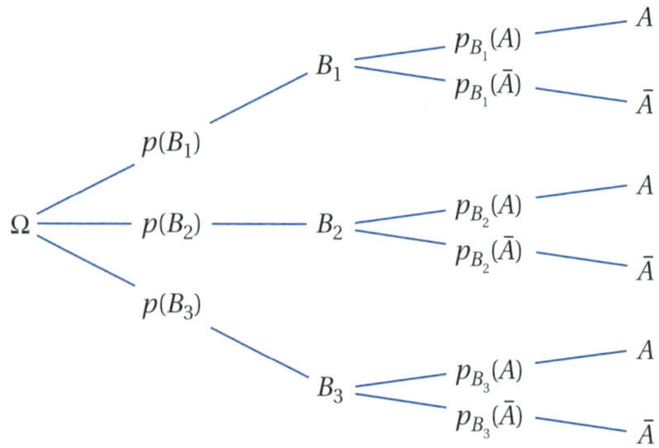

La somme des probabilités des branches partant d'un même sommet est égale à 1. Par exemple : $p(B_1)+p(B_2)+p(B_3)=1$ et $p_{B_2}(A)+p_{B_2}(\overline{A})=1$.

UTILISER L' ÉVÉNEMENT CONTRAIRE

On a rajouté l'événement $\overline{A}$. C'est une pratique courante cela et fait bien voir que la somme des probabilités des branches partant d'un même sommet est égale à 1.

C Une application classique : la formule de Bayes

- On dispose de deux urnes U_1 et U_2 composées respectivement de 40 % de boules blanches et 60 % de boules noires ; de 25 % de boules blanches et 75 % de boules noires. On choisit une urne au hasard et on y prélève une boule. Quelle est la probabilité qu'elle soit blanche ?
Cette question se traite à l'aide de la formule des probabilités totales.
Avec des notations évidentes :

$$p(B)=p_{U_1}(B)p(U_1)+p_{U_2}(B)p(U_2)=0{,}4\times\frac{1}{2}+0{,}25\times\frac{1}{2}=0{,}325$$

- À propos de la même expérience, posons-nous une autre question : sachant que la boule tirée est blanche, quelle est la probabilité qu'elle provienne de U_1 ?
On trouve le résultat grâce à la définition d'une probabilité conditionnelle, à la formule des probabilités composées et à la formule des probabilités totales. Beaux efforts !

$$p_B(U_1)=\frac{p(B\cap U_1)}{p(B)}=\frac{p_{U_1}(B)p(U_1)}{p_{U_1}(B)p(U_1)+p_{U_2}(B)p(U_2)}$$

Le révérend Thomas Bayes (~1702 – 1761) est un mathématicien britannique, pasteur de l'Église presbytérienne.

La formule ci-dessus est la forme simplifiée de la formule de Bayes.

Utiliser un arbre pondéré

ÉNONCÉ

Dans un sac, il y a 100 pièces de monnaie dont 30 sont truquées et 70 sont honnêtes. Une pièce truquée (resp. honnête) amène face avec la probabilité 0,6 (resp. 0,5) lorsqu'on la lance. On prend une pièce au hasard dans le sac, on la lance. Quelle est la probabilité qu'elle amène face ?

MÉTHODE

▶ Si on appelle T l'événement « la pièce prélevée est truquée » et F « la pièce amène face », on construit l'arbre pondéré suivant :

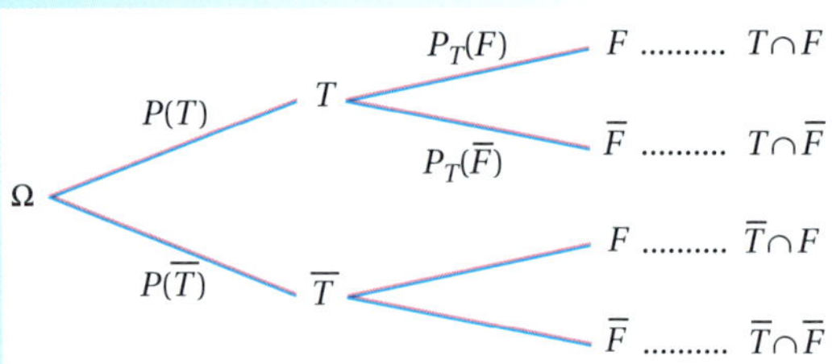

▶ On lit toujours l'arbre de la racine vers l'extrémité des branches ; chaque branche porte la probabilité de l'événement de l'extrémité, conditionnée par la probabilité de l'événement de son origine.

▶ La probabilité affectée à chaque chemin est le produit des probabilités rencontrées.

CORRIGÉ

Comme on cherche $p(F)$, il suffit de dresser l'arbre suivant :

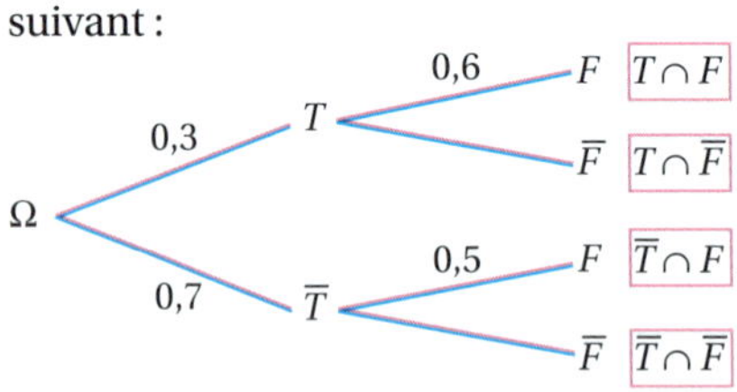

La formule des probabilités totales conduit à :

$$p(F) = 0{,}6 \times 0{,}3 + 0{,}5 \times 0{,}7 = 0{,}53$$

On sait que $p_\Omega(F) = p(F)$.

La méthode évoquée n'est qu'une illustration de la formule :

$$p(F) = p_T(F) \times p(T) + p_{\overline{T}}(F) \times p(\overline{T}) = p(T \cap F) + p(\overline{T} \cap F)$$

Simuler un déplacement aléatoire

ÉNONCÉ

En quoi l'algorithme suivant permet-il de simuler une marche aléatoire à 50 mouvements sur un quadrillage, sachant que les directions possibles sont « un carreau sur la droite » et « un carreau vers le haut » ?

```
VARIABLES
    chemin EST_DU_TYPE CHAINE
    k EST_DU_TYPE NOMBRE
DEBUT_ALGORITHME
    chemin PREND_LA_VALEUR « »
    POUR k ALLANT_DE 1 A 50
       DEBUT_ POUR
          SI(random()<=0.5)ALORS
                DEBUT_SI
                chemin PREND_LA_VALEUR chemin+«D»
                FIN_SI
             SINON
             DEBUT_SINON
             chemin PREND_LA_VALEUR chemin+«H»
             FIN_SINON
       FIN_POUR
AFFICHER chemin
FIN_ALGORITHME
```

MÉTHODE

La variable chemin contient des lettres. À chaque passage dans la boucle « SI ALORS/ SINON », sa valeur devient une chaine plus grande ; on lui adjoint la lettre D (à droite) ou la lettre H (vers le haut).

CORRIGÉ

L'algorithme fait exécuter une boucle à 50 passages. Si le nombre généré au hasard (par la commande *random*() est inférieur à 0,5, alors la chaîne appelée *chemin* se voit augmentée de la lettre D ; cela signifie que l'on s'est déplacé vers la droite de 1 carreau. Si *random*() est

> La fonction « *random*() » produit un nombre aléatoire compris entre 0 et 1.

supérieur à 0,5 alors la chaine *chemin* se voit augmentée de la lettre H ; cela signifie que l'on s'est déplacé vers le haut de un carreau.
Bilan : on se place à un nœud d'un quadrillage et on se déplace 50 fois de un carreau, à droite ou en haut, selon les valeurs de *random*().

```
***Algorithme lancé***
H D H H H D H D D D HD D H H D D D H D D H D H D H D D D D H D H D D H D D H D H D
H H D D H D D D
**Algorithme terminé***
```

Le résultat ci-dessus donne un chemin aléatoire généré par le programme.

SE TESTER QUIZ

Dans toute la suite, sauf mention du contraire, on considère une expérience aléatoire dont l'univers des possibles se note Ω.

La notation « bb » signifie « boule blanche » et « bn » signifie « boule noire ».

1 Deux urnes U et V contiennent au départ chacune 12 bb et 13 bn. On tire une boule de U, on note sa couleur et on la met dans V. On tire alors une boule dans V. Quelle est la probabilité de tirer deux fois une bn ?

☐ **a.** $\frac{14}{26}$ ☐ **b.** $\frac{13}{25}$ ☐ **c.** $\frac{1}{2}$ ☐ **d.** $\frac{7}{25}$

2 Une urne U_1 contient 6 bn et 4 bb et une urne U_2 contient 8 bn et 12 bb. On choisit une urne au hasard et on y prélève au hasard une boule. Quelle est la probabilité qu'elle soit blanche ?

☐ **a.** $\frac{1}{4}$ ☐ **b.** $\frac{4}{20}$ ☐ **c.** $\frac{1}{2}$ ☐ **d.** $\frac{4}{10}$

3 Au lycée il y a 56 % de garçons et 44 % de filles. 5 % des garçons et 25 % des filles pratiquent la danse. Quelle est la probabilité pour qu'un élève choisi au hasard pratique la danse ?

☐ **a.** $\frac{5}{100}$ ☐ **b.** $\frac{30}{100}$ ☐ **c.** 0,138 ☐ **d.** $\frac{14}{100}$

4 Pour former un système complet d'événements de Ω il suffit de :

☐ **a.** deux événements distincts.

☐ **b.** deux événements non vides et incompatibles.

☐ **c.** trois événements distincts deux à deux.

> Un système complet d'événements s'appelle aussi une partition.

5 Soient A et B deux événements de probabilités non nulles. Quelle est l'égalité vraie ?

☐ **a.** $p(A \cap B) = p(A)p(B)$ ☐ **b.** $p(A \cap B) = p_B(A)p(B)$

☐ **c.** $p(A \cap B) = p_B(A)p(A)$

6 On a deux pièces de monnaie, l'une normale et l'autre truquée. On jette la pièce truquée ; si c'est pile (probabilité 0,7) on jette la pièce normale et si c'est face on jette de nouveau la pièce truquée. Quelle est la probabilité d'avoir pile au deuxième jet ?

☐ **a.** 0,56 ☐ **b.** $\frac{1}{2}$ ☐ **c.** 0,43

TRAITER UNE QUESTION DE COURS

> Il serait bon de se référer au cours !

7 Démontrer la formule des probabilités totales.

8 Démontrer que si deux événements A et B sont indépendants alors $\overline{A}$ et B d'une part, $\overline{A}$ et $\overline{B}$ d'autre part le sont aussi.

9 Soit B un événement de probabilité non nulle. Démontrer que pour tout événement $A : p_B(\overline{A})=1-p_B(A)$.

10 Soit B un événement de probabilité non nulle. Démontrer que pour tous événements A et $C : p_B(A\cup C)=p_B(A)+p_B(C)-p_B(A\cap C)$.

11 Démontrer que si deux événements (non vides) sont incompatibles alors ils ne sont pas indépendants.

12 Démontrer que si deux événements non vides sont indépendants alors ils sont compatibles.

S'ENTRAÎNER

Probabilités d'événements

13 On dispose d'une pièce de monnaie honnête et de deux dés non truqués, l'un cubique et l'autre tétraédrique. On jette la pièce ; si c'est pile on jette le dé cubique et si c'est face on jette le dé tétraédrique. Quelle est la probabilité d'avoir un nombre pair ?

> Le résultat du dé tétraédrique est noté sur la face posée sur la table (ici la face 3) et sur le sommet opposé.

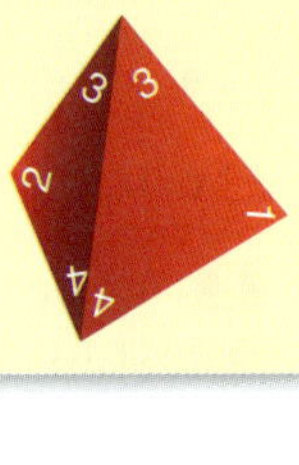

14 Quel est le plus probable : amener au moins une fois un as en lançant quatre fois de suite un dé, ou amener au moins une fois un double as en lançant vingt-six fois de suite deux dés (les dés ne sont pas truqués) ?

Penser aux événements contraires.

15 Une urne contient cinq boules numérotées de 1 à 5. On en prend deux simultanément au hasard. On constate que l'une d'elles porte le numéro 2. Quelle est la probabilité que le total soit supérieur ou égal à 4 ?

16 L'expérience a montré que la probabilité pour qu'un élève de terminale du lycée Pamal ait son bac est de 0,72 et que, en cas de succès au bac, la probabilité qu'il soit admis dans la classe post-baccalauréat de son choix est de 0,6.
Quelle est la probabilité pour qu'un élève du lycée Pamal ait son bac et soit admis dans la classe post-baccalauréat de son choix ?

17 Une urne contient trois boules blanches et deux boules noires. On tire simultanément deux boules. Les événements « les deux boules tirées sont blanches » (B) et « les deux boules tirées sont noires » (N) sont-ils indépendants ou incompatibles ?

18 On dispose de deux urnes U_1 et U_2 composées uniquement de boules blanches et de boules noires. Dans U_1, il y a 45 % de boules blanches et dans U_2, il y a 60 % de boules blanches.
On jette un dé au hasard. S'il amène 1 ou 2, on choisit U_1 et sinon, on choisit U_2.
On tire une boule de cette urne au hasard.
Quelle est la probabilité qu'elle soit blanche ?

Pour l'exercice 19, les lancés sont indépendants.

19 On jette deux dés. Quelle est la probabilité que l'on ait obtenu au moins un as ?

Probabilités conditionnelles

20 Une urne contient 5 bb et 10 bn. On tire deux boules successivement et sans remise. Quelle est la probabilité de tirer une bb et une bn dans un ordre quelconque ?

21 Une urne contient 20 bb et 30 bn. On tire successivement et sans remise trois boules. Quelle est la probabilité pour que la première soit noire, la deuxième blanche et la troisième noire ?

22 Une urne contient 10 bb et 20 bn. On tire une boule de cette urne. Si elle est blanche, on la remet dans l'urne et, si elle est noire, on la remplace par x bb prises dans une réserve auxiliaire. On tire alors une seconde boule de l'urne. Quelle est la probabilité pour que la seconde boule tirée soit blanche ?

> Si la première boule est noire, on la jette.

23 Dans un sac, il y a des dés dont 15 % sont pipés de telle sorte que la probabilité que l'un d'eux amène un six est de 0,2. On prend un dé au hasard et on le lance.

> On peut utiliser la formule du § 2. C.

a. Quelle est la probabilité qu'il amène un six ?

b. Le dé a amené un six. Quelle est la probabilité qu'il soit pipé ?

24 À la FNOC, on vend des DVD qui proviennent exclusivement de deux usines U_1 et U_2. 75 % des DVD viennent de U_1 et, parmi eux, 5 % présentent un défaut. Parmi ceux qui viennent de U_2, 15 % présentent un défaut.
Un client achète un DVD. Quelle est la probabilité qu'il présente un défaut ?

25 Un meuble de rangement comporte trois tiroirs. On cherche un vêtement qui se trouve dans l'un des tiroirs de ce meuble avec la probabilité 0,31.

a. Quelle est la probabilité que le vêtement ne se trouve pas dans le meuble ?

b. On a fouillé en vain les deux premiers tiroirs. Quelle est la probabilité que le vêtement se trouve dans le troisième tiroir ?

26 Pour se rendre au lycée, Gaëlle a le choix entre quatre itinéraires : A, B, C, D. La probabilité qu'elle choisisse A (resp. B, resp. C) est de : $\frac{1}{3}$ resp. $\frac{1}{4}$, resp. $\frac{1}{12}$.
La probabilité d'arriver en retard en empruntant A (resp. B, resp. C) est : $\frac{1}{20}$ (resp. $\frac{1}{10}$, resp. $\frac{1}{5}$).
En empruntant D, elle est toujours en retard. Aujourd'hui Gaëlle va au lycée. Quelle est la probabilité qu'elle n'arrive pas en retard ?

27 Au lycée il y a 35 % de musiciens. Parmi les musiciens il y a 85 % de très bons élèves. Parmi les non-musiciens il y a 40 % de très bons élèves.
On choisit un élève au hasard.

a. C'est un très bon élève. Quelle est la probabilité qu'il soit musicien ?

b. Ce n'est pas un très bon élève. Quelle est la probabilité que ce ne soit pas un musicien ?

28 Des études sur de très nombreux prélèvements d'une solution pharmaceutique ont démontré que la probabilité d'y rencontrer des bactéries est égale à 0,52, la probabilité d'y trouver des champignons est égale à 0,36 et la probabilité d'y trouver les deux est égale à 0,1872 (très précisément).
On étudie un prélèvement.

a. La présence de bactéries est-elle indépendante de la présence de champignons ?

b. Dans un prélèvement pharmaceutique on a observé des bactéries ; quelle est la probabilité qu'il contienne des champignons ?

29 Des études extrêmement sérieuses de l'Institut mondial de la Météorologie ont démontré que dans le Madland :
• s'il fait beau aujourd'hui alors il y a 85 % de chances pour qu'il fasse encore beau demain.
• s'il ne fait pas beau aujourd'hui, il y a 65 % de chances qu'il ne fasse pas beau demain.
Nous sommes lundi et il fait beau.
Quelle est la probabilité :

a. qu'il fasse beau mercredi ?

b. qu'il ne fasse pas beau jeudi ?

> On pourra construire un arbre pondéré : chaque jour, le temps du lendemain dépend du temps d'aujourd'hui.

OBJECTIF BAC

30 Il existe deux sortes d'experts en parchemins : ceux qui sont compétents (ils représentent 60 % de la profession) et ceux qui sont incompétents (40 % de la profession). Les experts compétents se trompent sur l'authenticité d'un parchemin dans 10 % des cas et les experts incompétents dans 55 % des cas.
J'ai choisi mon expert au hasard.

1. Il m'a affirmé que le parchemin que je convoite est authentique.
Quelle est la probabilité qu'il soit effectivement authentique ?

2. Voici ce qui est arrivé à un de mes amis. Sur les conseils de son expert (choisi au hasard), il a acheté un parchemin ; confiant, il le croyait authentique. Malheureusement, ce parchemin était faux !

a. Quelle est la probabilité que son expert soit incompétent ?

b. Que pouvez-vous conseiller à mon ami : changer d'expert ou bien garder celui qu'il a ? Pourquoi ?

SE TESTER

1 Réponse d. On note N_i l'événement « on a tiré une bn au tirage n° i ». On cherche $p(N_2 \cap N_1)$.

$$p(N_2 \cap N_1) = p_{N1}(N_2)\,p(N_1) = \frac{14}{26} \times \frac{13}{25} = \frac{7}{25}$$

En effet, si on a tiré une bn au premier tirage, l'urne V contient désormais 12 bb et 14 bn.

2 Réponse c. $p(B) = p_{U1}(B)\,p(U_1) + p_{U2}(B)\,p(U_2) = \frac{4}{10} \times \frac{1}{2} + \frac{12}{20} \times \frac{1}{2} = \frac{1}{2}$

3 Réponse c. Soit D l'événement « l'élève pratique la danse ».

$p(D) = p_G(D)\,p(G) + p_F(D)\,p(F)$, où G et F sont respectivement les événements « l'élève choisi est un garçon » et « l'élève choisi est une fille ».

Alors $p(D) = 0{,}05 \times 0{,}56 + 0{,}25 \times 0{,}44 = 0{,}138$.

4 Réponse b. Les deux autres réponses sont fausses car deux ou trois événements distincts ne sont pas nécessairement incompatibles.

5 Réponse b. C'est la formule des probabilités composées.

6 Réponse a. En effet la formule des probabilités totales fournit (voir l'arbre ci-dessous) : $0{,}5 \times 0{,}7 + 0{,}7 \times 0{,}3 = 0{,}56$.

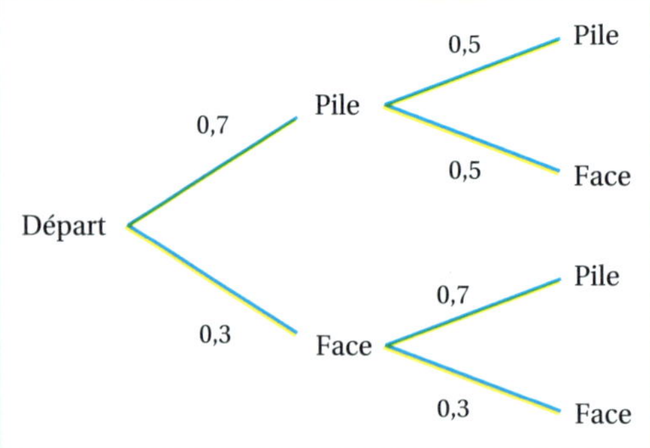

TRAITER UNE QUESTION DE COURS

7 Voir la preuve au § 2. B.

8 On cherche à prouver que $p(\bar{A}\cap B)=p(\bar{A})p(B)$. Or, d'après la formule des probabilités totales :

$$p(B)=p(A\cap B)+p(\bar{A}\cap B)\Rightarrow p(\bar{A}\cap B)=p(B)-p(A\cap B)$$

Puisque A et B sont indépendants, $p(A\cap B)=p(A)p(B)$ et donc :

$$p(\bar{A}\cap B)=p(B)(1-p(A))=p(B)p(\bar{A})$$

Nous venons de voir que si deux événements sont indépendants, alors l'un d'eux et le contraire de l'autre sont aussi indépendants. Puisque $\bar{A}$ et B sont indépendants, $\bar{A}$ et le contraire de B, c'est-à-dire $\bar{B}$, le sont aussi. Ce qu'il fallait démontrer.

9 On sait que $p_B(\bar{A})=\dfrac{p(B\cap\bar{A})}{p(B)}$ et $p_B(A)=\dfrac{p(B\cap A)}{p(B)}$.

Donc : $p_B(\bar{A})+p_B(A)=\dfrac{p(B\cap\bar{A})+p(B\cap A)}{p(B)}=\dfrac{p(B)}{p(B)}=1.$

Par la formule des probabilités totales : $p(B)=p(B\cap A)+p(B\cap\bar{A})$: cf. §2. B., remarque 2.

10 On sait que $(A\cup C)\cap B=(A\cap B)\cup(C\cap B)$ et que, pour tous événements X et Y : $p(X\cup Y)=p(X)+p(Y)-p(X\cap Y)$.

Avec les hypothèses de l'énoncé, on a :

$$\begin{aligned}p_B(A\cup C)&=\frac{p((A\cup C)\cap B)}{p(B)}=\frac{p((A\cap B)\cup(C\cap B))}{p(B)}\\&=\frac{p(A\cap B)+p(C\cap B)-p((A\cap B)\cap(C\cap B))}{p(B)}\\&=\frac{p(A\cap B)}{p(B)}+\frac{p(C\cap B)}{p(B)}-\frac{p(A\cap B\cap C)}{p(B)}\\&=p_B(A)+p_B(C)-p_B(A\cap C)\end{aligned}$$

$B\cap B=B$!

Ce qu'il fallait démontrer.

11 Puisque A et B, non vides, sont incompatibles, $A\cap B=\varnothing$, donc $p(A\cap B)=0$. Or $p(A)p(B)\neq 0$ donc $p(A\cap B)\neq p(A)p(B)$ ce qui prouve que A et B ne sont pas indépendants.

12 Soient A et B deux événements indépendants. Alors : $p(A\cap B)=p(A)p(B)$
Puisque $p(A)p(B)\neq 0$ on en déduit que $p(A\cap B)\neq 0$, ce qui prouve que $A\cap B\neq\varnothing$ et donc que A et B sont compatibles.

S'ENTRAÎNER

13 Si le dé est cubique, on a trois chances sur six d'avoir un nombre pair et si le dé est tétraédrique on a deux chances sur quatre. La pièce étant honnête, on a, par la formule des probabilités totales, avec des notations évidentes :

$$p(\text{pair}) = p_{\text{cubique}}(\text{pair})p(\text{cubique}) + p_{\text{tétraédrique}}(\text{pair})p(\text{tétraédrique})$$

$$= \frac{3}{6} \times \frac{1}{2} + \frac{2}{4} \times \frac{1}{2} = \frac{1}{2}$$

14 • Lançons quatre fois de suite un dé. L'événement contraire de « amener au moins une fois un as » (A) est $\bar{A}$: « n'amener aucune fois un as ». Les lancers sont indépendants et la probabilité de n'amener aucun as lors d'un lancer est égale à $\frac{5}{6}$.

On en déduit que $p(\bar{A}) = \left(\frac{5}{6}\right)^4 \Rightarrow p(A) = 1 - \left(\frac{5}{6}\right)^4 \approx 0{,}518$

• Lançons vingt-six fois de suite deux dés et calculons la probabilité de l'événement contraire de B : « amener au moins une fois un double as ». Les lancers sont indépendants et la probabilité de ne pas amener le double as lors d'un lancer est égale à $\frac{35}{36}$. En effet il y a 36 résultats possibles et 35 ne comportant pas le double as.

Ainsi $p(B) = \left(\frac{35}{36}\right)^{26} \Rightarrow p(\bar{B}) = 1 - \left(\frac{35}{36}\right)^{26} \approx 0{,}519$

Donc : il est très légèrement plus probable d'obtenir au moins un double as en lançant vingt-six fois de suite deux dés que d'obtenir au moins un as en lançant quatre fois de suite un dé.

15 Il s'agit de calculer une probabilité conditionnelle. Il est presque toujours possible de le faire de deux manières.

• Il y a quatre tirages possibles équiprobables, puisque nous savons qu'ils comportent la boule numérotée 2 (ce sont {2, 1}, {2, 3}, {2, 4} et {2, 5}). Parmi eux, il y en a trois favorables.
C'est pourquoi la probabilité cherchée vaut $\frac{3}{4}$.

• Appelons D l'événement « une boule porte le numéro 2 » et Q « le total est supérieur ou égal à 4 ».
Nous cherchons $p_D(Q)$, qui est égal à $\dfrac{p(Q\cap D)}{p(D)}$.

$Q\cap D$ est l'événement $\{\{2, 3\}, \{2, 4\}, \{2, 5\}\}$ et D est l'événement $\{\{2, 1\}, \{2, 3\}, \{2, 4\}, \{2, 5\}\}$. Le nombre de tirages possibles de deux boules étant $\begin{pmatrix}5\\2\end{pmatrix}$, soit 10, $p(Q\cap D)=\dfrac{3}{10}$ et $p(D)=\dfrac{4}{10}$.

Il en résulte que $p_D(Q)=\dfrac{\frac{3}{10}}{\frac{4}{10}}$ et nous retrouvons $p_D(\mathrm{Q})=\dfrac{3}{4}$.

> $\begin{pmatrix}5\\2\end{pmatrix}$ est un coefficient binomial : $\dfrac{5!}{2!\,3!}$.

16 Avec des notations évidentes nous cherchons $p(\text{bac}\cap\text{postbac})$. Nous savons que $p(\text{bac}\cap\text{postbac})=p_{\text{bac}}(\text{postbac})p(\text{bac})$. La probabilité cherchée vaut ainsi 0,6 × 0,72, soit 0,432.

17 B et N sont évidemment incompatibles : ils ne peuvent se réaliser simultanément ($B\cap N=\varnothing$). D'autre part, $p(B\cap N)=p(\varnothing)=0$. Ni $p(B)$ ni $p(N)$ n'étant nuls, $p(B)\times p(N)\neq p(B\cap N)$ donc les deux événements ne sont pas indépendants.

18 Notons U_1, U_2 et B les événements respectifs « l'urne choisie est U_1 », « l'urne choisie est U_2 » et « la boule tirée est blanche ».

> Il y a 2 chances sur 6 d'obtenir un 1 ou un 2 et 4 sur 6 d'obtenir un autre résultat.

$p(B)=p(B\cap U_1)+p(B\cap U_2)$. Utilisons la formule des probabilités composées.

$p(B)=p_{U_1}(B)\times p(U_1)+p_{U_2}(B)\times p(U_2)$.

Or $p_{U_1}(B)=0{,}45$ puisque la probabilité de tirer une bb est de 45 % si le tirage a lieu dans U_1 ; de même, $p_{U_2}(B)=0{,}60$.

En outre, $p(U_1)=\dfrac{2}{6}$ et $p(U_2)=\dfrac{4}{6}$. Donc $p(B)=0{,}45\times\dfrac{2}{6}+0{,}60\times\dfrac{4}{6}=0{,}55$.

19 Les résultats fournis par les dés sont indépendants ; L'événement contraire est ici : « les dés n'amènent aucun as », dont la probabilité est $\left(\dfrac{5}{6}\right)^2$.

Nous trouvons $1-\left(\dfrac{5}{6}\right)^2=\dfrac{11}{36}$.

> Il y a 5 faces sans as !

20 Notons B_i (respectivement N_i) l'événement « on a tiré une bb (respectivement bn) au *i*-ième tirage ».

Nous cherchons $p(B_1 \cap N_2)+p(B_2 \cap N_1)$.

- $p(B_1 \cap N_2)=p_{B_1}(N_2)p(B_1)=\frac{10}{14}\times\frac{5}{15}=\frac{5}{21}$.
- $p(B_2 \cap N_1)=p_{N_1}(B_2)p(N_1)=\frac{5}{14}\times\frac{10}{15}=\frac{5}{21}$.

Une fois qu'une bb est ôtée, il reste... 14 boules !

Donc la probabilité cherchée vaut $\frac{5}{21}+\frac{5}{21}$, c'est-à-dire $\frac{10}{21}$.

21 Avec les mêmes notations qu'à l'exercice précédent, nous devons chercher $p(N_3 \cap B_2 \cap N_1)$.

$$\begin{aligned} p(N_3 \cap B_2 \cap N_1) &= p_{B_2 \cap N_1}(N_3)p(B_2 \cap N_1) \\ &= p_{B_2 \cap N_1}(N_3)p_{N_1}(B_2)p(N_1) \\ &= \frac{29}{48}\times\frac{20}{49}\times\frac{30}{50}=\frac{29}{196} \end{aligned}$$

Pour calculer $p(B_2 \cap N_1)$ par exemple, ne cherchez pas à remonter le temps, ne cherchez pas à calculer $p_{B_2}(N_1)p(B_2)$!

22 Avec les notations de l'exercice précédent nous devons chercher $p(B_2)$.

De deux choses l'une : soit on a N_1, soit on a B_1.

donc $p(B_2)=p(B_2 \cap N_1)+p(B_2 \cap B_1)$, selon la formule des probabilités totales.

Ainsi $p(B_2)=p_{N_1}(B_2)\,p(N_1)+p_{B_1}(B_2)\;p(B_1)$

$$=\frac{10+x}{10+x+20-1}\times\frac{20}{10+20}+\frac{10}{10+20}\times\frac{20}{10+20}$$

Finalement $p(B_2)=\frac{10+x}{29+x}\times\frac{2}{3}+\frac{1}{3}\times\frac{2}{3}=\frac{118+8x}{9(29+x)}$.

Méthode : pour tous les exercices qui suivent, rechercher une partition de l'univers.

23 **a.** De deux choses l'une : soit le dé choisi est pipé (P), soit il n'est pas pipé ($\overline{P}$). Notons S l'événement « le dé amène un 6 ». D'après la formule des probabilités totales :

$$\begin{aligned} p(S) &= p(S \cap P)+p(S \cap \overline{P})=p_P(S)p(P)+p_{\overline{P}}(S)p(\overline{P}) \\ &= 0{,}2\times 0{,}15+\frac{1}{6}\times 0{,}85=\frac{103}{600} \end{aligned}$$

La partition de Ω est $\{P\,;\overline{P}\}$.

b. On cherche $p_S(P)$. La formule de Bayes fournit :

$$\frac{p(S\cap P)}{p(S)}=\frac{p_P(S)p(P)}{p(S)}=\frac{0{,}2\times 0{,}15}{\frac{103}{600}}=\frac{18}{103}$$

24 De deux choses l'une : soit le DVD vient de U_1, soit il vient de U_2. Notons D l'événement « le DVD présente un défaut. » D'après la formule des probabilités totales :

$$\begin{aligned}p(D)&=p(D\cap U_1)+p(D\cap U_2)\\&=p_{U_1}(D)p(U_1)+p_{U_2}(D)p(U_2)\\&=0{,}05\times 0{,}75+0{,}15\times 0{,}25=0{,}075\end{aligned}$$

> $\{U_1\,;U_2\}$ est un système complet d'événements.

25 **a.** La probabilité que le vêtement se trouve dans le meuble est de 0,93 (soit 3 × 0,31) ; donc la probabilité qu'il ne se trouve pas dans le meuble vaut 0,07 (soit 1 - 0,93).

b. Notons T_i l'événement « le vêtement se trouve dans le tiroir i » et T_0 l'événement « le vêtement n'est pas dans le meuble ».

> Si le vêtement ne se trouve ni dans T_1 ni dans T_2, soit il est dans T_3, soit il est ailleurs.

Nous cherchons $p_{\overline{T_1}\cap\overline{T_2}}(T_3)$, soit : $\dfrac{p(T_3\cap\overline{T_1}\cap\overline{T_2})}{p(\overline{T_1}\cap\overline{T_2})}$.

Or $T_3\cap\overline{T_1}\cap\overline{T_2}=T_3$ et $\overline{T_1}\cap\overline{T_2}=T_0\cup T_3$.

Donc nous trouvons : $\dfrac{p(T_3)}{p(T_0\cup T_3)}=\dfrac{0{,}31}{0{,}07+0{,}31}=\dfrac{31}{38}$.

(En effet, T_0 et T_3 étant incompatibles : $p(T_0\cup T_3)=p(T_0)+p(T_3)$.)

26 De quatre choses l'une : Gaëlle emprunte A ou B ou C ou D.

Notons R l'événement « Gaëlle arrive en retard ». Nous cherchons $p(\overline{R})$.

$$\begin{aligned}p(R)&=p(R\cap A)+p(R\cap B)+p(R\cap C)+p(R\cap D)\\&=p_A(R)p(A)+p_B(R)p(B)+p_C(R)p(C)+p_D(R)p(D)\\&=\frac{1}{20}\times\frac{1}{3}+\frac{1}{10}\times\frac{1}{4}+\frac{1}{5}\times\frac{1}{12}+1\times p(D)\end{aligned}$$

> La partition de Ω comporte les quatre événements A, B, C et D.

Mais $p(D)=1-p(A)-p(B)-p(C)=1-\dfrac{2}{3}=\dfrac{1}{3}$.

Donc $p(R)=\dfrac{47}{120}$ et $p(\overline{R})=\dfrac{73}{120}$. (Elle est souvent en retard !)

27 On dresse l'arbre suivant sans peine, avec des notations évidentes.

La somme des probabilités de même couleur est égale à 1.

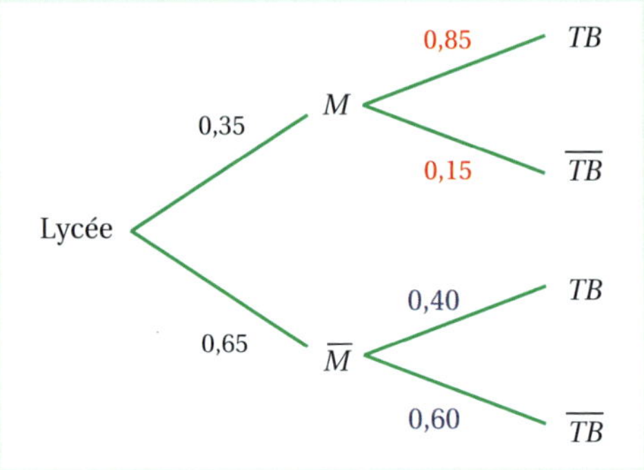

a. On utilise la formule de Bayes. On cherche : $p_{TB}(M) = \dfrac{p_M(TB)p(M)}{p(TB)}$.

D'après la formule des probabilités totales :

$$p(TB) = p_M(TB)p(M) + p_{\bar{M}}(TB)p(\bar{M})$$
$$= 0,85 \times 0,35 + 0,40 \times 0,65 = 0,5575$$

Donc $p_{TB}(M) = \dfrac{0,35 \times 0,85}{0,5575} \approx 0,53$.

b. On cherche $p_{\overline{TB}}(\bar{M}) = \dfrac{p_{\bar{M}}(\overline{TB})p(\bar{M})}{p(\overline{TB})} = \dfrac{0,6 \times 0,65}{0,4425} \approx 0,88$.

En effet : $p(\overline{TB}) = 1 - p(TB)$.

28 **a.** Avec des notations évidentes on trouve :

$$p(B)p(C) = 0,52 \times 0,36 = 0,1872 = p(B \cap C)$$

On en déduit que la présence des bactéries est indépendante de la présence de champignons.

b. On cherche $p_B(C)$. Comme B et C sont indépendants, on trouve $p(C) = p_B(C)$, c'est-à-dire 0,36.

On utilise encore la formule de Bayes.

29 Sachant que B est l'événement « il fait beau », on construit l'arbre suivant où les nombres en rouge sont des données et les nombres en noir s'en déduisent en soustrayant les précédents à 1. On part le lundi où on sait qu'il fait beau. On considère ensuite le temps du mardi, du mercredi et du jeudi.

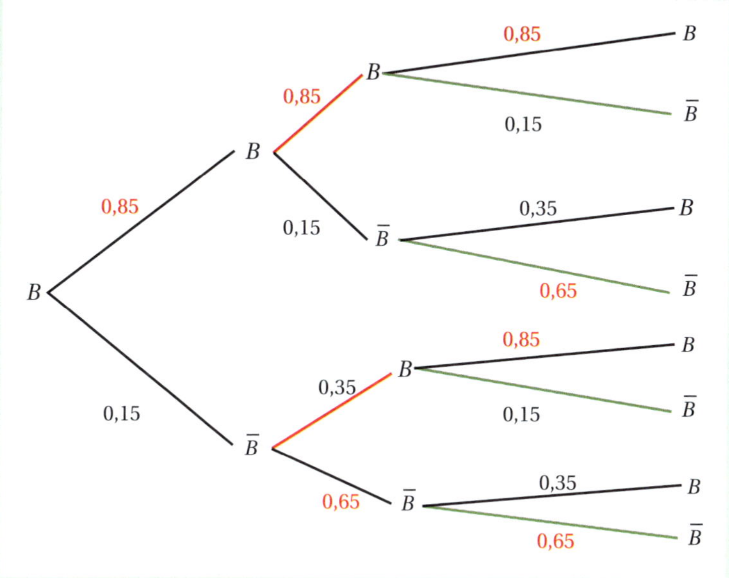

a. On trouve, en suivant les traits en rouge de droite à gauche jusqu'à la racine : $0{,}85 \times 0{,}85 + 0{,}35 \times 0{,}15 = 0{,}775$.

b. On trouve, en suivant les traits en vert de droite à gauche jusqu'à la racine :

$$0{,}15 \times 0{,}85 \times 0{,}85 + 0{,}65 \times 0{,}15 \times 0{,}85 + 0{,}15 \times 0{,}35 \times 0{,}15 + 0{,}65 \times 0{,}65 \times 0{,}15 = 0{,}2625$$

OBJECTIF BAC

30 **1.** De deux choses l'une : mon expert est compétent (C) ou il est incompétent ($\bar{C}$).

Notons T l'événement « l'expert s'est trompé ». Nous cherchons $p(\bar{T})$.

On peut résumer cela grâce à l'arbre de probabilité suivant :

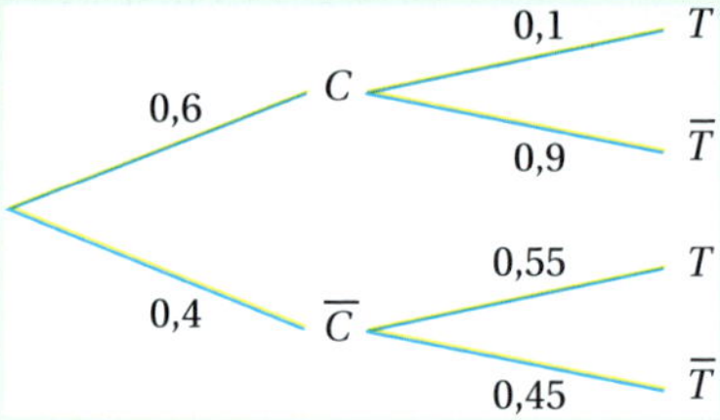

$$p(\bar{T}) = 1 - p(T)$$
$$p(T) = p(T \cap C) + p(T \cap \bar{C})$$
$$= p_C(T)\,p(C) + p_{\bar{C}}(T)\,p(\bar{C})$$
$$= 0{,}10 \times 0{,}6 + 0{,}55 \times 0{,}4$$
$$= 0{,}28$$

Donc $p(\bar{T}) = 0{,}72$.

Il y a donc 72% de chances que mon parchemin soit authentique.

2. **a.** Nous cherchons $p_T(\bar{C})$.

On peut utiliser la formule de Bayes.

$$p_T(\bar{C}) = \frac{p(\bar{C} \cap T)}{p(T)} = \frac{p_{\bar{C}}(T)\;p(\bar{C})}{p(T)} \text{ donc } p_T(\bar{C}) = \frac{0{,}55 \times 0{,}4}{0{,}28} = \frac{11}{14} \approx 0{,}79.$$

b. Il faut que votre ami change d'expert : il y a près de 80 % de chances pour que le sien soit incompétent. En en choisissant un autre, il aura 40% de « chances » de tomber sur un incompétent, donc moitié moins.

www.annabac.com

CHAPITRE

12 Lois à densité

Si l'on jouait à lancer des fléchettes à la pointe infiniment fine vers une cible, la probabilité de tomber exactement sur un point donné serait nulle, car il y a une chance sur une infinité d'y arriver. Cependant, si l'on vise bien, la fléchette peut être proche d'un point donné. On dit qu'il existe une densité de probabilité « autour de ce point ». On développe alors des techniques nouvelles pour étudier ce genre de problème.

1 Densité de probabilité

A Généralités

Définition

Une **densité de probabilité** est une fonction f définie sur $\mathbb{R}$, positive, continue presque partout et telle que $\int_{-\infty}^{+\infty} f = 1$.

Cette définition appelle des précisions.

1. Nous dirons que f est continue « presque partout » lorsqu'elle est continue sauf en un nombre fini de points. Autrement dit sa courbe comporte un nombre fini de coupures. La courbe ci-dessous représente un morceau d'une fonction positive continue presque partout. Elle ne présente qu'une seule coupure.

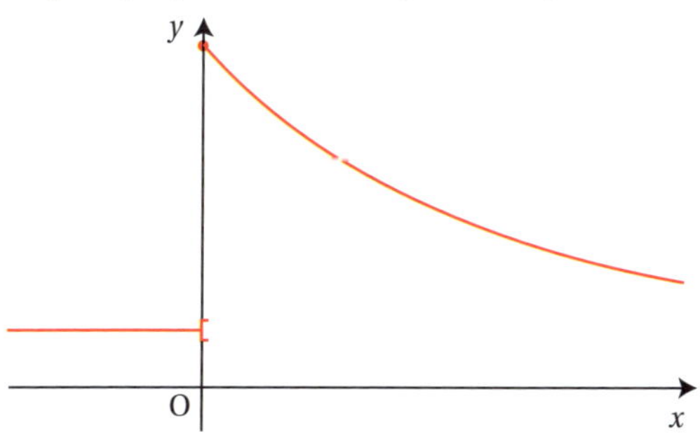

2. Que signifie $\int_{-\infty}^{+\infty} f$? Soit a un nombre quelconque. Si $\lim\limits_{x \to +\infty} \int_a^x f$ existe et est finie, de valeur ℓ_1 et si $\lim\limits_{x \to -\infty} \int_x^a f$ existe et est finie de valeur ℓ_2, alors $\int_{-\infty}^{+\infty} f = \ell_1 + \ell_2$.

Puisque f est positive, cela signifie graphiquement, que l'aire comprise entre la courbe et l'axe des abscisses est finie et égale à 1. En illustration ci-dessous la célébrissime courbe de Gauss, appelée aussi « courbe en cloche », et une partie du domaine dont l'aire est égale à $\int_{-\infty}^{+\infty} f$.

La courbe de Gauss joue un rôle majeur dans la théorie des statistiques et des probabilités. Nous la retrouverons dans le chapitre sur la loi normale (chapitre 13).

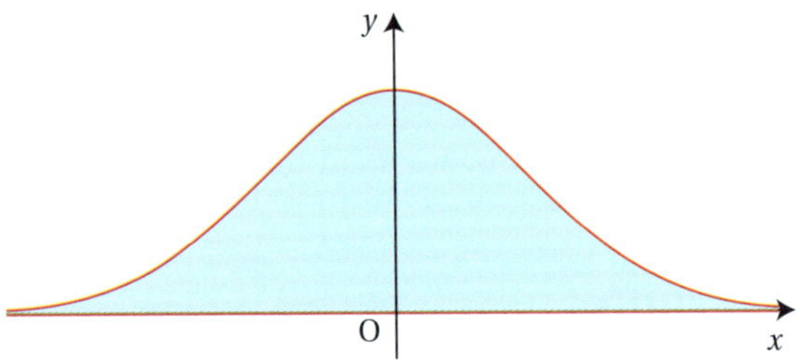

B En pratique

En pratique, on s'intéressera dans ce chapitre à des fonctions simples et le calcul des intégrales est simplifié par le choix de l'intervalle de définition de f.

Par exemple si $f(x) = \frac{1}{x}$ si $x \in [1\,;3]$ et $f(x) = 0$ si $x \notin [1\,;3]$, alors, $\int_{-\infty}^{+\infty} f = \int_1^3 \frac{1}{x}\,\mathrm{d}x$.

Le domaine colorée sur la figure l'illustre.

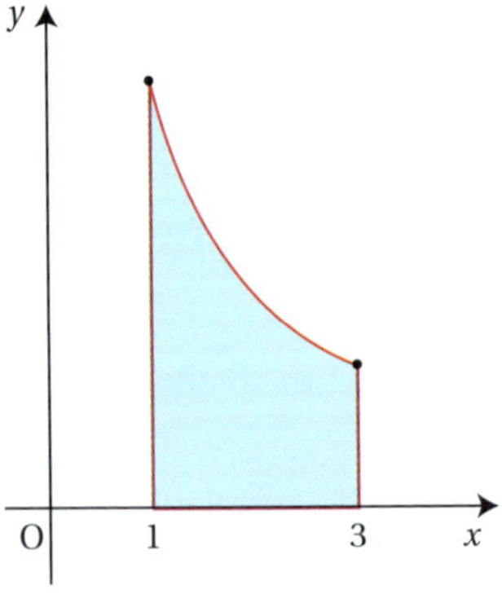

C Exemples

a. Densité uniforme

Définition

La **densité uniforme** sur l'intervalle $[a\,;b]$ est la fonction définie sur $\mathbb{R}$ par :

$$f(x)=\begin{cases} \dfrac{1}{b-a} & \text{si } x\in[a\,;b] \\ 0 & \text{si } x\notin[a\,;b] \end{cases}$$

Justification : La fonction f est évidemment positive et continue presque partout (il y a deux points de discontinuité). De plus l'aire du domaine compris entre la courbe et l'axe des abscisses se réduit à l'aire d'un rectangle dont les dimensions sont $b-a$ et $\dfrac{1}{b-a}$. On trouve 1. On a donc bien $\int_{-\infty}^{+\infty} f=1$.

Sur la figure $a=-1$ et $b=3$. Donc $\dfrac{1}{b-a}=\dfrac{1}{4}$.

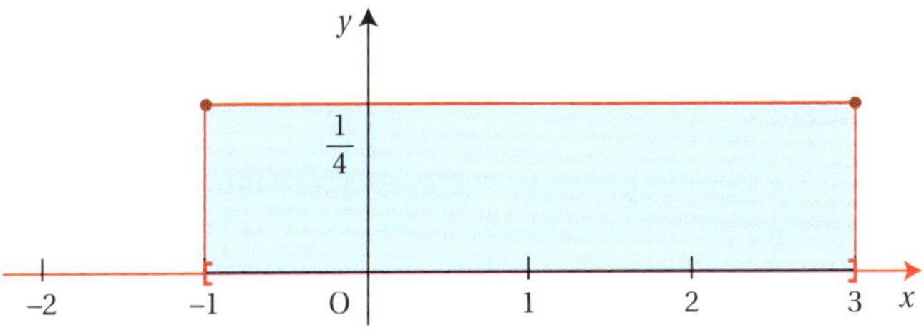

b. Densité exponentielle

Définition

Soit λ un nombre strictement positif. La **densité de probabilité de paramètre** λ est la fonction définie sur $\mathbb{R}$ par :

$$f(x)=\begin{cases} \lambda e^{-\lambda x} & \text{si } x\geqslant 0 \\ 0 & \text{si } x<0 \end{cases}$$

Justification : La fonction f est évidemment positive et continue presque partout (il y a un point de discontinuité). De plus : $\int_{-\infty}^{+\infty} f=\int_{0}^{+\infty} f=\lim\limits_{x\to+\infty}\int_{0}^{x} f$.

Or : $\int_0^x f = \left[-e^{-\lambda x}\right]_0^x = 1 - e^{-\lambda x}$. Puisque $\lambda > 0$, $\lim\limits_{x \to +\infty} e^{-\lambda x} = 0$.

Il en résulte que $\lim\limits_{x \to +\infty} \int_0^x f = 1$. On a donc bien $\int_{-\infty}^{+\infty} f = 1$.

Dans l'exemple ci-dessous, on a choisi $\lambda = \frac{1}{2}$.

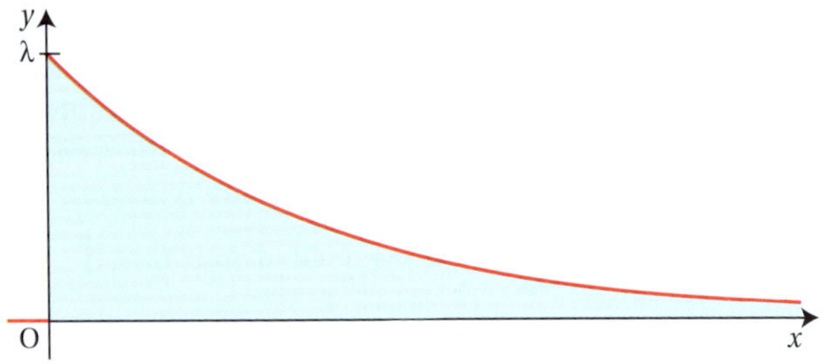

2 Variables aléatoires continues

A Introduction

Lorsqu'on fait une expérience dont les résultats sont tous les points d'un intervalle, la probabilité de chaque événement élémentaire est égale à 0. C'est le cas par exemple lorsqu'on choisit un nombre au hasard dans l'intervalle $[0;1]$. C'est pourquoi, lorsqu'on étudie des variables aléatoires X dans ce cadre, le calcul de $p(X=a)$ n'est pas pertinent car ce nombre est nul. En revanche le calcul de $p(X \leqslant a)$ l'est davantage.

B Loi à densité

Définition 1

Soit f une densité de probabilité. Dire qu'une variable aléatoire **X a pour loi de probabilité la fonction *f*** signifie que, pour tout $a \in \mathbb{R}$:

$$p(X \leq a) = \int_{-\infty}^{a} f$$

Dans ce cas on dit que X est une variable aléatoire continue.

On dit aussi que f est la loi de X, tout simplement.

Remarques : **1.** On voit que $p(X \leqslant a)$ est égal à l'aire sous la courbe d'un domaine compris entre la courbe, l'axe des abscisses et la droite d'équation $x=a$.

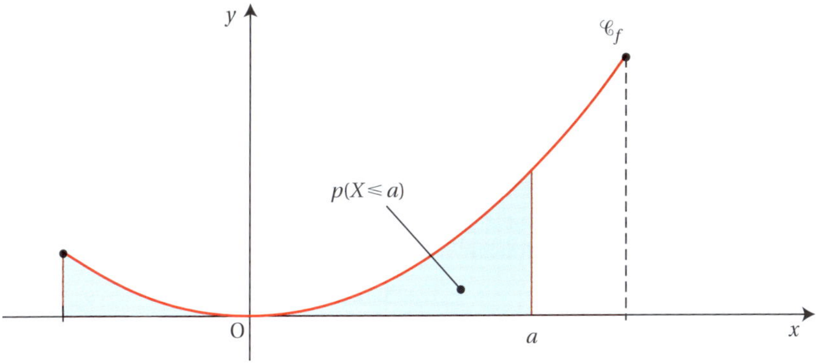

2. Il est équivalent de dire $p(X<a)=\int_{-\infty}^{a} f$ car :

$$p(X \leqslant a)=p(X<a)+p(X=a)$$

On se rappelle que si X est une variable aléatoire continue, $p(X=a)=0$ pour tout a.

3. Pour tous réels a et b : $p(a \leqslant X \leqslant b)=\int_{a}^{b} f$.

En effet: $p(a \leqslant X \leqslant b)=p(X \leqslant b)-p(X<a)$

$$=\int_{-\infty}^{b} f-\int_{-\infty}^{a} f=\int_{a}^{-\infty} f+\int_{-\infty}^{b} f=\int_{a}^{b} f$$

On applique la relation de Chasles usuelle. Il est entendu que toutes les intégrales écrites ont un sens. On dit qu'elles sont convergentes.

Définition 2

L'espérance d'une variable aléatoire X dont la densité de probabilité est f est le nombre noté $E(X)$: $\int_{-\infty}^{+\infty} tf(t)\mathrm{d}t$.

Remarques : **1.** Souvent la densité de probabilité est définie sur des intervalles bornés ou semi-bornés. Le calcul de l'intégrale se résume donc à un calcul entre a et b ou entre $-\infty$ et b ou entre a et $+\infty$.

2. L'espérance d'une variable aléatoire s'appelle aussi sa moyenne.

UN PARALLÈLE UTILE

Remarquer le parallèle avec l'espérance d'une variable aléatoire discrète dont les valeurs sont $\{x_1, x_2, \ldots, x_n\}$: $\sum_{i=1}^{n} x_i p(X = x_i)$.

C Loi uniforme

Définition

Dire que la loi d'une variable aléatoire X est **la loi uniforme sur $[a;b]$** signifie que la densité de X est la densité uniforme. Autrement dit, pour tout $x \in \mathbb{R}$.

$$\begin{cases} \text{si } x \leqslant a, & p(X \leqslant x) = 0 \\ \text{si } a < x < b, & p(X \leqslant x) = \dfrac{x-a}{b-a} \\ \text{si } x \geqslant b, & p(X \geqslant x) = 1 \end{cases}$$

On dit souvent en abrégé que X est une variable aléatoire uniforme.

Justification : Sur la figure, on voit la représentation graphique de la densité de probabilité uniforme sur $[a ; b]$. Pour tout $x \in \mathbb{R}$, $p(X \leqslant x)$ est égale à l'aire du domaine coloré.

- Si $a<x<b$, l'aire du rectangle représenté est égale à sa base, $x-a$, multipliée par sa hauteur $\dfrac{1}{b-a}$.
- Si $x \leqslant a$ (x_1 sur la figure), le domaine est l'axe des abscisses donc son aire est nulle.
- Si $x \geqslant b$ (x_2 sur la figure), le domaine recouvre tout le rectangle et donc son aire est égale à 1.

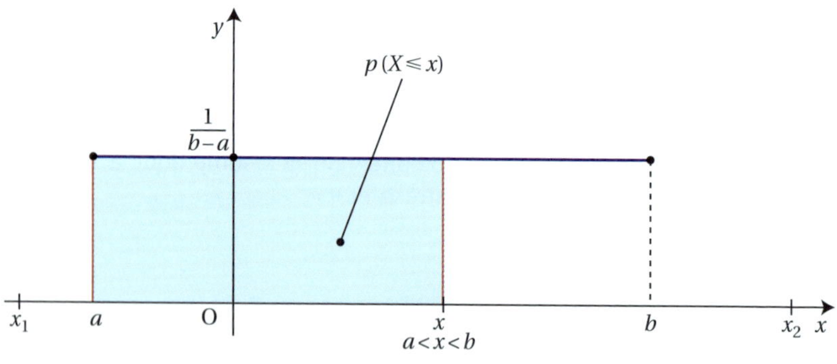

Théorème

L'espérance d'une variable aléatoire uniforme X sur $[a\,;b]$ est le nombre :

$$\frac{a+b}{2}$$

Preuve : On sait que :

$$E(X)=\frac{1}{b-a}\int_a^b t\,\mathrm{d}t=\frac{1}{b-a}\left[\frac{t^2}{2}\right]_a^b=\frac{1}{b-a}\left(\frac{b^2}{2}-\frac{a^2}{2}\right)$$

$$=\frac{b^2-a^2}{2(b-a)}=\frac{a+b}{2}$$

On voit que l'espérance d'une variable aléatoire uniforme sur $[a\,;b]$ est le milieu de $[a\,;b]$, c'est-à-dire la moyenne de a et b.

D Loi exponentielle

Définition

Soit λ un nombre strictement positif. Dire que la loi de probabilité d'une variable aléatoire X est la **loi exponentielle** de paramètre λ signifie que la densité de X est la densité exponentielle de paramètre λ. Autrement dit, pour tout $x \in \mathbb{R}$:

$$\begin{cases} \text{si } x\leqslant 0 & p(X\leqslant x)=0 \\ \text{si } x>0 & p(X\leqslant x)=1-e^{-\lambda x} \end{cases}$$

On dit souvent en abrégé que X est une variable aléatoire exponentielle.

Justification : Sur la figure ci-dessous on voit la représentation graphique de la fonction $t \mapsto \lambda e^{-\lambda t}$.

- Si $x \geqslant 0$ le nombre $p(X\leqslant x)$ est égal à l'aire du domaine hachuré, c'est-à-dire :

$$\int_0^x \lambda e^{-\lambda t}\,\mathrm{d}t=\left[-e^{-\lambda t}\right]_0^x=1-e^{-\lambda x}$$

- Si $x\leqslant 0$ la fonction de densité prend la valeur 0 et donc l'intégrale de 0 à x est égale à 0.

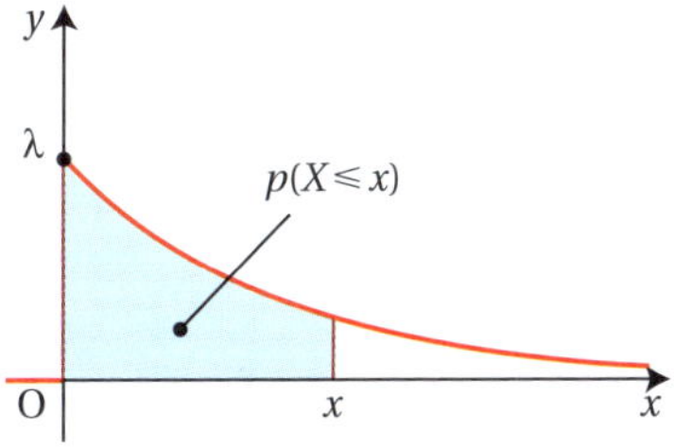

Théorème

L'espérance d'une variable aléatoire exponentielle de paramètre λ est égale à $\frac{1}{\lambda}$.

Preuve : Voir l'exercice 10.

E Durée de vie sans vieillissement

Certains phénomènes ont une durée de vie indépendante de leur âge. Il en est ainsi de la désintégration d'une particule et de l'usure d'un composant conçu avec certains matériaux.

Définition

Dire que la loi d'une variable aléatoire X est une **loi de durée de vie sans vieillissement** signifie que, pour tout x et tout $a>0$:

$$p(X>a)=p_{X>x}(X>x+a)$$

Dire que $X>x+a$ sachant que $X>x$ implique que l'individu a continué à vivre pendant a unités de temps (secondes, minutes, heures, etc.) depuis la date x.

Si X mesure la durée de vie d'un individu (particule, composant, etc.), la probabilité qu'il soit vivant à l'instant $x+a$ $(a>0)$ sachant qu'il est vivant à l'instant x est indépendante de son âge.

Donc, pour tout $a>0$ la probabilité que sa durée de vie soit supérieure à a est la même quel que soit le moment où on commence à la mesurer.

Remarque : On peut formuler la propriété ainsi : $p_{X>x}(X>y)=p(X>y-x)$; autrement dit la durée de vie $(y-x)$ est indépendante des instants entre lesquelles elle est mesurée (ces instants sont x et y).

Théorème

Une variable aléatoire exponentielle X vérifie la propriété de durée de vie sans vieillissement.

Preuve : Supposons que X suive une loi exponentielle de paramètre λ. Avec les notations précédentes :

$$p_{X>x}(X>x+a)=\frac{p(X>x+a)}{p(X>x)}=\frac{1-p(X\leqslant x+a)}{1-p(X\leqslant x)}=\frac{e^{-\lambda(x+a)}}{e^{-\lambda x}}=e^{-\lambda a}$$

De plus $p(X>a)=1-p(X\leqslant a)=e^{-\lambda a}$.

Ce qu'il fallait démontrer.

On rappelle que $p(X\leqslant x)=1-e^{-\lambda x}$.

Probabilités d'une variable aléatoire exponentielle

ÉNONCÉ

Soit X une variable aléatoire exponentielle de paramètre λ. On suppose que $p(X \leqslant 2) = \frac{1}{2}$.

1 Calculer λ.

2 Donner alors la valeur exacte de $p(2 \leqslant X \leqslant 4)$.

MÉTHODE

1 Il suffit de revenir à la définition de $p(X \leqslant 2)$; en général $p(X \leqslant x) = 1 - e^{-\lambda x}$. On a alors à résoudre une équation où figure une exponentielle. Il est utile d'utiliser la fonction logarithme népérien.

2 On sait que pour tout $a \geqslant 0$ et tout $b \geqslant 0$ tels que $a \leqslant b$:
$p(a \leqslant X \leqslant b) = e^{-\lambda a} - e^{-\lambda b}$.

CORRIGÉ

1 $p(X \leqslant 2) = 1 - e^{-2\lambda} \Rightarrow 1 - e^{-2\lambda} = \frac{1}{2}$

$$\Rightarrow e^{-2\lambda} = \frac{1}{2} \Rightarrow -2\lambda = \ln\frac{1}{2} \Rightarrow \lambda = \frac{\ln 2}{2}$$

$\ln\frac{1}{2} = -\ln 2$

2 $p(2 \leqslant X \leqslant 4) = e^{-2\frac{1}{2}\ln 2} - e^{-4\frac{1}{2}\ln 2}$

$$= e^{-\ln 2} - e^{-2\ln 2} = e^{\ln\frac{1}{2}} - \left(e^{\ln\frac{1}{2}}\right)^2 = \frac{1}{2} - \left(\frac{1}{2}\right)^2$$

$$\Rightarrow p(2 \leq X \leq 4) = \frac{1}{4}$$

Méthode de Monte-Carlo

ÉNONCÉ

1 On choisit un point au hasard dans un carré de côté 1. Quelle est la probabilité que le point choisi soit dans le quart de cercle inscrits dans le carré ?

2 Montrer que l'algorithme ci-dessous permet, entre autre, de trouver une valeur approchée du nombre $\frac{\pi}{4}$.

Code de l'algorithme

```
VARIABLES
   N EST_DU TYPE NOMBRE
   k EST_DU_TYPE NOMBRE
   x EST_DU_TYPE NOMBRE
   y EST_DU_TYPE NOMBRE
   nb EST_DU_TYPE NOMBRE
   pisur4 EST_DU_TYPE NOMBRE
DEBUT_ALGORITHME
   LIRE N
   nb PREND_LA_VALEUR 0
   POUR k ALLANT_DE 1 A N
      DEBUT_POUR
      x PREND_LA_VALEUR random()
      y PREND_LA_VALEUR random()
      SI (pow(x,2) + pow(y,2) <= 1) ALORS
         DEBUT_SI
         nb PREND_LA_VALEUR nb+1
         FIN_SI
      FIN_POUR
   pisur4 PREND_LA_VALEUR nb/n
   AFFICHER pisur4
FIN_ALGORITHME
```

Résultats

```
***Algorithme lancé***
0.78764
***Algorithme terminé***
```

Une méthode de Monte-Carlo est un procédé qui utilise un phénomène aléatoire pour donner une approximation d'un nombre.

MÉTHODE

La fonction *random*() renvoie un nombre aléatoire compris entre 0 et 1. Le nombre *pow*(x,n) renvoie x^n. On sait aussi que :

$$\frac{\pi}{4} \approx 0{,}78539816339744830961566084581988$$

et que le quart de disque de centre O et de rayon 1 envisagé est l'ensemble des point de coordonnées $(x\,;y)$ tels que $x \geqslant 0$, $y \geqslant 0$ et $x^2+y^2 \leqslant 1$.

CORRIGÉ

Le programme demande un valeur de N (on a choisi $N = 50\ 000$). On fait alors une boucle. Les variables x et y prennent chacune une valeur aléatoire comprise entre 0 et 1.

Si $x^2+y^2 \leqslant 1$, c'est-à-dire si le point de coordonnées $(x\,;y)$ est dans le quart de cercle unité, alors il est compté dans la variable *nb*, sinon on le jette.

Après N tests on affiche $\frac{nb}{N}$, c'est-à-dire la fréquence des points situés dans le quart de cercle.

Or, lorsque l'on vise au hasard un point du carré unité, la probabilité que l'on tombe dans le quart de cercle unité est égale à :

$$\frac{\text{aire du disque unité}}{\text{aire du carré unité}} = \frac{\left(\frac{\pi}{4}\right)}{1} = \frac{\pi}{4}$$

Lorsque N est grand on peut espérer obtenir une approximation de $\frac{\pi}{4}$.

Dans l'exemple on trouve $\frac{\pi}{4} \approx 0{,}7864$.

Plus N augmente et plus l'approximation est précise.

SE TESTER QUIZ

1 Soit f une densité de probabilité. Quelle est l'affirmation fausse ?

☐ **a.** f a un signe constant. ☐ **b.** f est croissante. ☐ **c.** $\int_{-\infty}^{+\infty} f = 1$

2 Soient X une variable aléatoire, a et b deux réels tels que $a \leqslant b$. Quelle est l'affirmation fausse ?

☐ **a.** $p(a \leqslant X \leqslant b) = p(a < X < b)$ ☐ **b.** $p(a \leqslant X \leqslant b) = 1 - p(X > a)$

☐ **c.** $1 - p(X < a) = p(X > a)$

3 Soit f une densité de probabilité nulle sauf sur $[-2 ; 3]$. Quelle est l'affirmation possible ?

☐ **a.** $f(x) = x - 0{,}15$ ☐ **b.** $f(x) = 0{,}2$ ☐ **c.** $f(x) = x + 2$

On a donc $f(x) = 0$ si et seulement si $x < -2$ ou $x > 3$.

4 Soit X une variable aléatoire dont la loi a pour densité f nulle partout sauf sur $[0 ; 5]$. Quelle est l'affirmation certainement vraie ?

☐ **a.** $p(X \leqslant 2) = \frac{1}{2}$ ☐ **b.** $p(0 < X < 4) = 0{,}99$ ☐ **c.** $p(X = 3) = 0$

5 La loi uniforme sur $[-1 ; 4]$ a pour densité f telle que :

☐ **a.** $f(x) = x$ ☐ **b.** $f(x) = 1$ ☐ **c.** $f(x) = \frac{1}{5}$

6 Si X suit la loi uniforme sur $[0 ; 3]$ alors :

☐ **a.** $p(0 \leq X < 2{,}9) = 0{,}95$ ☐ **b.** $p(X = 1{,}5) = \frac{1}{2}$ ☐ **c.** $p(X > 1{,}5) = \frac{1}{2}$

7 Trouver si possible λ pour que la fonction $x \mapsto -\frac{1}{2} e^{\lambda x}$ soit une densité de probabilité sur $[0 ; +\infty[$.

☐ **a.** $\lambda = \frac{1}{2}$ ☐ **b.** Impossible. ☐ **c.** $\lambda = -\frac{1}{2}$

TRAITER UNE QUESTION DE COURS

8 Soit X une variable aléatoire uniforme sur l'intervalle $[a ; b]$. Montrer que son espérance est égale à $\frac{a+b}{2}$.

9 Le résultat suivant est supposé connu : soit X une variable aléatoire exponentielle de paramètre λ. Alors pour tout $x > 0$: $p(X \leq x) = \int_0^x \lambda e^{-\lambda t}\, dt$.

a. Démontrer que pour tout $x>0$, $p(X>x)=e^{-\lambda x}$.

b. En déduire que pour tout $x>0$ et tout $y>0$,
$p_{X>y}(X>x+y)=p(X>x)$.

On se reportera si nécessaire à la partie cours.

10 Démontrer que l'espérance d'une variable aléatoire exponentielle de paramètre λ est égale à $\frac{1}{\lambda}$. Pour cela on démontrera que la fonction $F:t\mapsto\left(-t-\frac{1}{\lambda}\right)e^{-\lambda t}$ est une primitive de $f:t\mapsto\lambda te^{-\lambda t}$.

11 Soit X une variable aléatoire exponentielle de paramètre λ. Démontrer que pour tous réels a et b, avec $0\leqslant a\leqslant b$, on a $p(a\leqslant X\leqslant b)=e^{-\lambda a}-e^{-\lambda b}$.

12 Démontrer que si une variable aléatoire est exponentielle de paramètre λ alors elle vérifie la propriété de durée de vie sans vieillissement.

S'ENTRAÎNER

Densité de probabilité

Dans les exercices qui suivent dire si la fonction considérée est une densité de probabilité.

13 $f(x)=\frac{1}{2}x$ si $x\in[0;2]$ et $f(x)=0$ sinon.

14 $f(x)=\frac{3}{x^4}$ si $x\in[1;+\infty[$ et $f(x)=0$ sinon.

15 $f(x)=xe^{-x}$ si $x\in[0;+\infty[$ et $f(x)=0$ sinon.

16 Soit f une fonction constante de valeur k sur l'intervalle $[-1\,;\,5]$ et nulle ailleurs. Quelle doit être la valeur de k pour que f soit la densité de probabilité d'une variable aléatoire ?

Pour l'exercice 16 on se rappellera la formule de l'espérance d'une variable aléatoire.

17 Soit X une v.a. continue de densité de probabilité f définie par :

$$\begin{cases} f(t)=0 & \text{si } t<1 \\ f(t)=\dfrac{k}{t^3} & \text{si } t\geqslant 1 \end{cases}$$

Déterminer k.

18 Soit f la fonction définie par $f(x)=\frac{k}{x^2}$ si $x\in[1;5]$ et $f(x)=0$ sinon.

a. Déterminer k pour que f soit une densité de probabilité.

b. Répondre à la même question si $f(x)=\frac{k}{x^2}$ pour $x\in[1;+\infty[$ et $f(x)=0$ sinon.

19 Trouver si possible λ pour que la fonction $x\mapsto 2e^{\lambda x}$ soit une densité de probabilité.

20 Trouver si possible λ pour que la fonction $x\mapsto \lambda e^{4x}$ soit une densité de probabilité.

Pour les exercices 19 et 20, rappel : si X est une variable aléatoire exponentielle de paramètre λ alors, quand elle est non nulle, sa densité f vérifie $f(x)=\lambda e^{-\lambda x}$.

Loi à densité

21 Soit X une variable aléatoire qui suit la loi exponentielle de paramètre $\frac{1}{2}$. Calculer $p(1\leqslant X\leqslant 2)$.

22 Trouver λ sachant que la variable X est exponentielle et que $p(X\leqslant 50\,000)=1-\frac{1}{e}$.

Dans les trois exercices 23, 24 et 25, on considère une variable aléatoire X exponentielle de paramètre $\frac{1}{50\,000}$.

23 Quelle est la probabilité que X soit supérieure à 25 000 ?

24 Quelle est la probabilité que X soit supérieure à 50 000 ?

25 Quelle est la probabilité que X soit supérieure à 50 000, sachant qu'elle est déjà supérieure à 25 000 ?

26 Soit X une variable aléatoire exponentielle de paramètre λ. Trouver λ pour que $p(X>6)=0{,}3$.

Rappel : $p(X>x)=1-p(X\leqslant x)$.

27 Soit X une v.a. dont la loi est la loi exponentielle de paramétre λ. Sa densité est représentée ci-dessous.

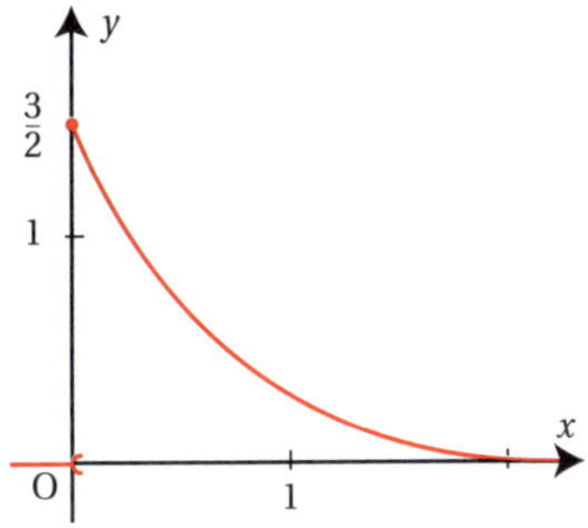

a. Déterminer graphiquement λ.

b. Schématiser sur le graphique $p\left(X \leqslant \frac{1}{2}\right)$ et $p(X > 1)$.

28 Un concert débute à 20 heures précises : les portes ferment et personne ne peut plus rentrer. Tom n'est pas toujours à l'heure et il estime que son heure H d'arrivée est une v.a. dont la loi est uniforme entre 19 h 45 et 20 h 10.

a. Quelle est la probabilité que Tom soit à l'heure ?

b. Il est 19 h 55. Tom n'est toujours pas arrivé. Quelle est la probabilité qu'il arrive à l'heure ?

Durée de vie sans vieillissement

29 Soit X une variable aléatoire exponentielle de paramètre 0,000 26.

a. Calculer $p(X \leqslant 1000)$ puis $p(X > 1000)$.

b. Sachant que l'événement $(X > 2\,000)$ est réalisé, calculer la probabilité de l'événement $(X > 3\,000)$.

30 On modélise le temps d'attente, en minutes, entre deux clients à un guichet par une variable aléatoire exponentielle X de paramètre λ. On sait que $E(X)=\frac{1}{\lambda}$.

Rappel : l'espérance d'une variable aléatoire s'appelle aussi sa moyenne.

a. Le temps moyen d'attente étant de 5 min, quelle est la probabilité d'attendre plus de 10 min ? Plus de 5 min ?

b. Quelle est la probabilité d'attendre encore au moins 5 min sachant qu'on a déjà attendu 10 min ? Commenter la réponse.

OBJECTIF BAC

31 On s'intéresse à la durée de vie, exprimée en semaines, d'un composant électronique. On modélise cette situation par une loi de probabilité p de durée de vie sans vieillissement définie sur l'intervalle $[0\,;+\infty[$. La probabilité que le composant ne soit plus en état de marche au bout de t semaines est :

$$p([0\,;t[)=\int_0^t \lambda e^{-\lambda x}\mathrm{d}x$$

Une étude statistique, montrant qu'environ 50 % d'un lot important de ces composants sont encore en état de marche au bout de 200 semaines, permet de poser $p([0\,;200])=0{,}5$.

On pourrait aussi écrire $p(X \leqslant t)$, où X est la durée de vie.

1. Montrer que $\lambda=\frac{\ln 2}{200}$.

2. Quelle est la probabilité qu'un de ces composants pris au hasard ait une durée de vie supérieure à 300 semaines ? On donnera la valeur exacte et une valeur approchée décimale au centième près.

3. On admet que la durée de vie moyenne d_m de ces composants est la limite quand A tend vers $+\infty$ de $\int_0^A \lambda x e^{-\lambda x}\,\mathrm{d}x$.

a. On admet qu'une primitive de la fonction $x \mapsto \lambda x e^{-\lambda x}$ est la fonction $x \mapsto e^{-\lambda x}\left(-x-\frac{1}{\lambda}\right)$. Montrer que $\int_0^A \lambda x e^{-\lambda x}\,\mathrm{d}x=\frac{-\lambda A e^{-\lambda A}-e^{-\lambda A}+1}{\lambda}$.

b. En déduire d_m ; on donnera la valeur exacte et une valeur approchée à la semaine près.

SE TESTER

1 Réponse b. Une densité de probabilité n'est pas nécessairement croissante.

2 Réponse b. On sait que $1-p(X>a)=p(X\leqslant a)$.
D'autre part les inégalités peuvent être strictes ou larges car cela ne change pas le calcul de la probabilité.

Rappel : $p(X=a)=0$ dans le cas d'une variable aléatoire continue.

3 Réponse b. En effet $\int_{-2}^{3} 0{,}2\,\mathrm{d}x=[0{,}2x]_{-2}^{3}=0{,}6+0{,}4=1$ alors que

$$\int_{-2}^{3}(x-0{,}15)\mathrm{d}x=\left[\frac{x^2}{2}-0{,}15x\right]_{-2}^{3}=\frac{7}{4}$$

et $\int_{-2}^{3}(x+2)\mathrm{d}x=\left[\frac{x^2}{2}+2x\right]_{-2}^{3}=\frac{25}{2}$.

Si f est une densité de probabilité on doit avoir $\int_{-\infty}^{+\infty} f=1$.

4 Réponse c. Les autres affirmations dépendent de la définition de la fonction f.

5 Réponse c. La densité de la loi uniforme sur $[a\,;b]$ est la fonction constante $\frac{1}{b-a}$, ici $\frac{1}{5}$.

6 Réponse c. La figure ci-dessous illustre la bonne réponse, sachant que l'aire du rectangle sous le segment en rouge est égale à 1.

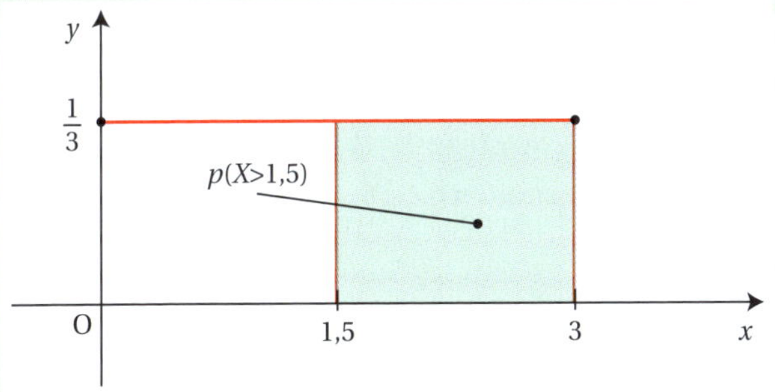

7 Réponse b. La fonction f n'étant pas positive, elle n'est pas une densité de probabilité.

TRAITER UNE QUESTION DE COURS

8 Se reporter à la démonstration du théorème au § 2. C.

9 **a.** Pour tout $x>0$: $p(X>x)=1-p(X\leqslant x)=1-\int_0^x \lambda e^{-\lambda t}\,dt=1-(1-e^{-\lambda x})=e^{-\lambda x}$.

b. Pour tout $x>0$ et tout $y>0$:

$$p_{X>y}(X>x+y)=\frac{p((X>x+y)\cap(X>y))}{p(X>y)}$$

$$=\frac{p(X>x+y)}{p(X>y)}=\frac{e^{-\lambda(x+y)}}{e^{-\lambda y}}=e^{-\lambda x}=p(X>x)$$

10 Pour tout $t\in\mathbb{R}$:

$$F'(t)=(-1)e^{-\lambda t}+\left(-t-\frac{1}{\lambda}\right)(-\lambda)e^{-\lambda t}=(-1+\lambda t+1)e^{-\lambda t}=\lambda te^{-\lambda t}$$

donc F est une primitive de $t\mapsto \lambda te^{-\lambda t}$.

Calculons $\int_0^{+\infty} t\lambda e^{-\lambda t}\,dt=\lambda \lim\limits_{x\to+\infty}\int_0^x te^{-\lambda t}\,dt$.

On sait que: $\int_0^x te^{-\lambda t}\,dt=F(x)-F(0)=\left(-x-\frac{1}{\lambda}\right)e^{-\lambda x}+\frac{1}{\lambda}$.

Par croissances comparées, $\lim\limits_{x\to+\infty}\left(-x-\frac{1}{\lambda}\right)e^{-\lambda x}=0$

donc $\lim\limits_{x\to+\infty}\int_0^x te^{-\lambda t}\,dt=\frac{1}{\lambda}$, ce qu'il fallait démontrer.

On voit dans le chapitre sur l'exponentielle (chapitre 5) que $\lim\limits_{x\to-\infty} xe^x=0$.

11 Pour tous réels a et b tels que $0\leqslant a\leqslant b$:

$$p(a\leqslant X\leqslant b)=p(X\leqslant b)-p(X<a)$$
$$=1-e^{-\lambda b}-(1-e^{-\lambda a})=e^{-\lambda a}-e^{-\lambda b}$$

12 Se reporter à la démonstration § 2. D.

S'ENTRAÎNER

13 Ici $\int_{-\infty}^{+\infty} f=\int_0^4 f$. La représentation graphique ci-contre montre que l'aire du domaine considéré, qui est un triangle rectangle, est égale à 1.

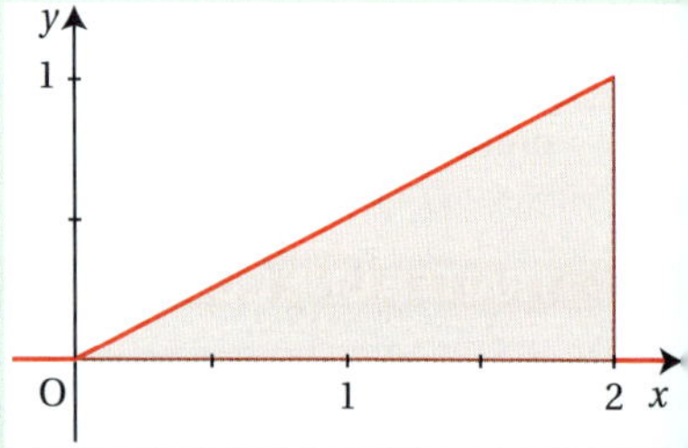

Comme f est positive et continue presque partout sur $\mathbb{R}$, c'est une densité de probabilité.

14 Ici $\int_1^x f = \int_1^x \frac{3}{t^4}\mathrm{d}t = \left[-\frac{1}{t^3}\right]_1^x = 1 - \frac{1}{x^3}$.

De plus $\lim\limits_{x\to+\infty} \frac{1}{x^3} = 0$ donc $\int_1^{+\infty} f = \lim\limits_{x\to+\infty} \int_1^x f = 1$.

Puisque de plus f est continue sur $[1\,;+\infty[$ et positive, c'est une densité de probabilité.

Une primitive de $t \mapsto \frac{3}{t^4}$ est la fonction $t \mapsto -\frac{1}{t^3}$.

15 La fonction f est positive et continue sur $[0\,;+\infty[$.

De plus $\int_{-\infty}^{+\infty} f = \int_0^{+\infty} xe^{-x}\,\mathrm{d}x$. On reconnaît l'espérance d'une variable aléatoire exponentielle de paramètre 1. D'après le cours, on sait que cette espérance est égale à $\frac{1}{1}$ c'est-à-dire 1. Par conséquent f est une densité de probabilité.

L'espérance d'une variable aléatoire exponentielle de paramètre λ est égale à $\frac{1}{\lambda}$.

16 On sait que l'on doit d'abord avoir $k > 0$. Puis $\int_{-\infty}^{+\infty} f(t)\mathrm{d}t = 1$. Or $\int_{-\infty}^{+\infty} f(t)\mathrm{d}t = \int_{-1}^{5} f(t)\mathrm{d}t$ puisque f est nulle en dehors de $[-1\,;5]$.

Donc $\int_{-1}^{5} f(t)\mathrm{d}t = \int_{-1}^{5} k\,\mathrm{d}t = k(5-(-1)) = 6k$. Il vient donc $k = \frac{1}{6}$.

17 On doit d'abord avoir $k > 0$ et ensuite $\int_{-\infty}^{+\infty} f(t)\mathrm{d}t = 1$.

Or $\int_{-\infty}^{+\infty} f(t)\frac{k}{t^3}\mathrm{d}t = \int_1^{+\infty} \frac{k}{t^3}\mathrm{d}t$ et $\int_1^{+\infty} \frac{k}{t^3}\mathrm{d}t = \lim\limits_{x\to\infty} \int_1^x \frac{k}{t^3}\mathrm{d}t$.

Or $\int_1^x \frac{k}{t^3}\mathrm{d}t = k\left[-\frac{1}{2t^2}\right]_1^x = k\left[-\frac{1}{2x^2} + \frac{1}{2}\right]$.

Une primitive de $\frac{1}{t^3}$ est $-\frac{1}{2t^2}$.

Comme $\lim\limits_{x\to+\infty} \frac{1}{2x^2} = 0$, on obtient : $\int_1^{+\infty} \frac{k}{t^3}\mathrm{d}t = \frac{k}{2}$. Finalement: $k = 2$.

18 **a.** f est positive et continue presque partout (il y a deux coupures, aux points d'abscisses 1 et 5). De plus : $\int_{-\infty}^{+\infty} f = \int_1^5 \frac{k}{x^2}\mathrm{d}x = k\left[-\frac{1}{x}\right]_1^5 = k\left(1-\frac{1}{5}\right) = \frac{4k}{5}$.

Pour que $\int_{-\infty}^{+\infty} f = 1$ il faut et il suffit que $\frac{4k}{5} = 1$,

c'est-à-dire $k = \frac{5}{4}$.

Une primitive de $\frac{1}{x^2}$ est $-\frac{1}{x}$.

b. On raisonne comme dans le cas précédent :

$\int_1^x \frac{k}{t^2}\mathrm{d}t = k\left(1-\frac{1}{x}\right)$.

De $\lim_{x\to+\infty} \int_1^x \frac{k}{t^2}\mathrm{d}t = k$ on déduit $\int_1^{+\infty} \frac{k}{x^2} = k$. Par conséquent il suffit de choisir $k=1$ pour que f soit une densité de probabilité.

19 Il suffit de choisir $\lambda = -2$, d'après la définition d'une densité exponentielle de paramètre λ.

20 Il n'est pas possible de trouver λ. D'après la définition on devrait avoir $\lambda = -4$ qui conduirait à une densité négative, ce qui est impossible.

21 $p(1 \leqslant X \leqslant 2) = e^{-\frac{1}{2}2} - e^{-\frac{1}{2}\times 1} = e^{-1} - e^{-\frac{1}{2}} = \frac{1}{e} - \frac{1}{\sqrt{e}}$

On a utilisé le résultat de l'exercice 11.

22 $p(X \leqslant 50\,000) = \int_0^{50000} \lambda e^{-\lambda t}\mathrm{d}t = \left[-e^{-\lambda t}\right]_0^{50\,000} = 1 - e^{-50\,000\lambda}$;

$$p(X \leqslant 50\,000) = 1 - \frac{1}{e} \Leftrightarrow e^{-50\,000\lambda} = e^{-1} \Leftrightarrow \lambda = \frac{1}{50\,000} = 2\times 10^{-5}$$

23 $p(X \geqslant 25\,000) = 1 - p(X < 25\,000) = 1 - \int_0^{25000} \lambda e^{-\lambda t}\mathrm{d}t$

$$= 1 + \left[e^{-\lambda t}\right]_0^{25\,000} = e^{-25\,000\lambda} = e^{-\frac{1}{2}} = \frac{1}{\sqrt{e}}$$

24 $p(X \geqslant 50\,000) = 1 - p(X < 50\,000) = 1 + \left[e^{-\lambda t}\right]_0^{50\,000} = \frac{1}{e}$

25 La loi de T ne tient pas compte du vieillissement donc :

$p_{X\geqslant 25\,000}(X \geqslant 50\,000) = p(X \geqslant 25\,000)$, donc $p_{X\geqslant 25\,000}(X \geqslant 50\,000) = \frac{1}{\sqrt{e}}$.

26 $p(X > 6) = 1 - p(X \leqslant 6) = 1 - (1 - e^{-6\lambda}) = e^{-6\lambda}$

Donc : $p(X > 6) = 0{,}3 \Rightarrow e^{-6\lambda} = 0{,}3 \Rightarrow -6\lambda = \ln 0{,}3 \Rightarrow \lambda = -\frac{\ln 0{,}3}{6}$.

27 **a.** On sait que $f(t)=\lambda e^{-\lambda t}$ si $t\geqslant 0$, et $f(t)=0$ si $t<0$.

Comme $f(0)=\dfrac{3}{2}$, on en déduit que $\lambda=\dfrac{3}{2}$.

Comme ln 0,3<0, on a bien $\lambda>0$.

b. $p\left(X\leqslant\dfrac{1}{2}\right)=\int_{-\infty}^{\frac{1}{2}}f(t)\mathrm{d}t=\int_{-\infty}^{\frac{1}{2}}f(t)\mathrm{d}t$.

C' est l' aire de la surface [orange] sur le graphique.

$p(X>1)=\displaystyle\int_{1}^{+\infty}f(t)\mathrm{d}t$. C'est l'aire de la surface [jaune] sur le graphique ci-dessous.

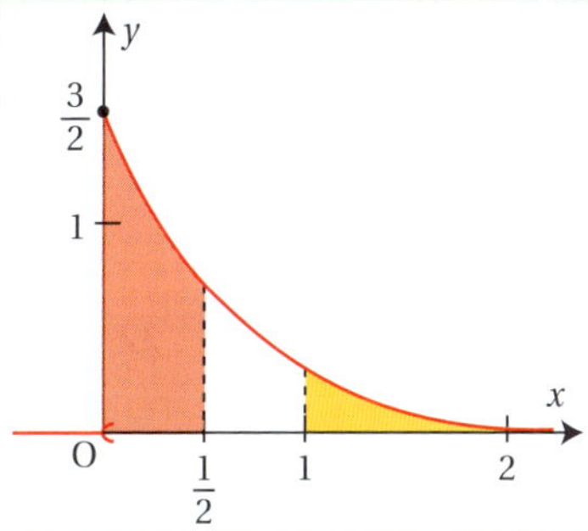

28 **a.** On cherche $p(H\leqslant 20\times 60)=p(H\leqslant 1200)$.

On convertit toutes les durées en minutes.

Comme la densité de H est uniforme sur

$[19\times 60+45\,;20\times 60+10]=[1185\,;1210]$, on a :

$p(H\leqslant 20\times 60)=\dfrac{1}{25}\displaystyle\int_{19\times 60+45}^{20\times 60}1\mathrm{d}t=\dfrac{1}{25}\times 15$, et donc $p(\mathrm{H}\leqslant 20\times 60)=\dfrac{3}{5}$.

Tom a 3 chances sur 5 d'être à l'heure.

b. On cherche $p_{H\geqslant 19\times 60+55}(H\leqslant 20\times 60)$, c'est-à-dire :

$$\frac{p((H\leqslant 20\times 60)\cap(H\geqslant 19\times 60+55))}{p(H\geqslant 19\times 60+55)}=\frac{p(19\times 60+55\leqslant H\leqslant 20\times 60)}{1-p(H\leqslant 19\times 60+55)}$$

$$=\frac{\dfrac{1}{25}\displaystyle\int_{19\times 60+55}^{20\times 60}1\mathrm{d}t}{1-\dfrac{1}{25}\displaystyle\int_{19\times 60+45}^{19\times 60+55}1\mathrm{d}t}=\frac{\dfrac{5}{25}}{1-\dfrac{10}{25}}=\frac{5}{15}=\frac{1}{3}$$

S'il n'est pas encore arrivé à 19h55, il y a une chance sur 3 qu'il arrive à l'heure.

29 **a.** On sait que $p(X\leqslant 1000)=1-e^{-0{,}00026\times 1000}=1-e^{-0{,}26}\approx 0{,}77$.

Donc : $p(X>1000)=1-p(X\leqslant 1000)\approx 0{,}23$.

b. On sait que X vérifie la propriété de durée de vie sans vieillissement. Donc :

$$p_{X>2\,000}(X>3\,000)=p(X>1\,000)\approx 0{,}23$$

30 **a.** Le temps moyen d'attente est l'espérance de la variable aléatoire X. Puisque $E(X)=\frac{1}{\lambda}$ on trouve $\lambda=\frac{1}{5}$. Donc : $p(X>10)=e^{-\frac{1}{5}\times 10}=e^{-2}\approx 0{,}14$.

De même $p(X>5)=e^{-\frac{1}{5}\times 5}=e^{-1}=\frac{1}{e}\approx 0{,}36$.

b. Comme X vérifie la loi de durée de vie sans vieillissement, la probabilité cherchée est égale à la probabilité d'attendre 5 min. On trouve donc de nouveau $\frac{1}{e}$. Le temps d'attente est donc indépendant de la durée de l'attente écoulée.

OBJECTIF BAC

31 **1.** On sait que $p([0\,;\,200[)=0{,}5$, donc $\int_0^{200}\lambda e^{-\lambda x}\,\mathrm{d}x=0{,}5$.

Or $\int_0^{200}\lambda e^{-\lambda x}\,\mathrm{d}x=\left[-e^{-\lambda x}\right]_0^{200}=1-e^{-200\lambda}$. Ainsi $e^{-200\lambda}=0{,}5$.

D'où $-200\lambda=\ln 0{,}5$ et $\lambda=-\frac{\ln\frac{1}{2}}{200}=\frac{\ln 2}{200}$.

On peut aussi noter $p(X\geq 300)$, où X est la durée de vie.

2. On cherche $p([300\,;+\infty[)$.

$p([300\,;+\infty[)=1-p([0\,;300[)$

$=1-\int_0^{300}\lambda e^{-\lambda x}\,\mathrm{d}x=1-(1-e^{-300\lambda})=e^{-300\lambda}=e^{-\frac{3\ln 2}{2}}$. Ainsi $p([300\,;\,+\infty[)=0{,}35$.

3.

a. $\int_0^{A}\lambda x e^{-\lambda x}\,\mathrm{d}x=\left[e^{-\lambda x}\left(-x-\frac{1}{\lambda}\right)\right]_0^{A}=e^{-\lambda A}\left(-A-\frac{1}{\lambda}\right)+\frac{1}{\lambda}$

$=\frac{-\lambda A e^{-\lambda A}-e^{-\lambda A}+1}{\lambda}$

Par croissances comparées de x et e^x : $\lim_{x\to-\infty} xe^x=0$.

b. Posons $x=-\lambda A$. $\lim_{A\to+\infty}-\lambda A e^{-\lambda A}=\lim_{x\to-\infty}xe^x=0$.

De plus $\lim_{A\to+\infty}e^{-\lambda A}=0$. C'est pourquoi : $\lim_{A\to+\infty}\frac{-\lambda A e^{-\lambda A}-e^{-\lambda A}+1}{\lambda}=\frac{1}{\lambda}$.

Donc $d_m=\frac{200}{\ln 2}$, c'est-à-dire 288 semaines environ.

www.annabac.com

CHAPITRE

13 Loi normale

La loi normale, encore nommée loi de Laplace-Gauss, est une loi continue dont la densité est représentée par la fameuse « courbe en cloche », ou courbe de Gauss. Elle peuple bon nombre d'études statistiques en tous genres, sur des populations suffisamment vastes, car elle constitue une sorte de modèle universel.

1 Loi normale centrée réduite

A Étude de la fonction de Gauss normalisée

Définition

La **courbe de Gauss normalisée** est la courbe dont l'équation est :

$$y=\frac{1}{\sqrt{2\pi}}e^{-\frac{x^2}{2}}$$

Symétrie

On voit immédiatement que la fonction est paire, ce qui permet de limiter son domaine d'étude à l'intervalle $[0\,;+\infty[$ (voir graphique ci-après).

On se contentera de tracer la partie de la courbe pour $x \geqslant 0$. Par symétrie par rapport à l'axe des ordonnées on obtient la partie correpondant à $x \leqslant 0$.

Dérivée et sens de variations

En utilisant la dérivée de e^u, qui est $u'e^u$ (voir chapitre 5), on trouve :

$$f'(x)=-\frac{x}{\sqrt{2\pi}}e^{-\frac{x^2}{2}}$$

On en déduit que f est décroissante sur l'intervalle $[0\,;+\infty[$.

Par symétrie, f est croissante sur $]-\infty\,;\,0]$.

Limites et asymptote

On a : $\lim\limits_{x \to +\infty} -\frac{x^2}{2} = -\infty$. D'autre part $\lim\limits_{x \to +\infty} e^{-x} = 0$ (voir chapitre 5).

Par composition des limites, on déduit : $\lim\limits_{x \to +\infty} f(x) = 0$.

Il en résulte que la courbe représentative de f a une asymptote horizontale en $+\infty$, qui est l'axe des abscisses.

Remarque : Sur l'intervalle $[0\,;+\infty[$, la courbe change de concavité au point d'abscisse 1.

Courbe représentative

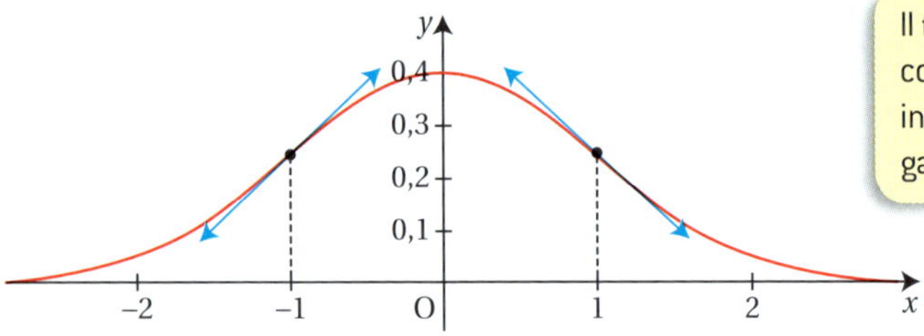

Il faut imaginer la courbe se prolongeant indéfiniment sur la gauche et sur la droite.

B Loi normale centrée et réduite

Définition

Dire qu'une variable aléatoire X a pour loi la **loi normale centrée et réduite** signifie que sa densité de probabilité est la fonction de Gauss normalisée.

Autrement dit, pour tout $x \in \mathbb{R}$:

$$p(X \leqslant x) = \frac{1}{\sqrt{2\pi}} \int_{-\infty}^{x} e^{-\frac{t^2}{2}}\,\mathrm{d}t$$

On dit que la loi de X est la loi $\mathcal{N}(0\,;1)$.

Remarques : **1.** On démontre que $\frac{1}{\sqrt{2\pi}} \int_{-\infty}^{+\infty} e^{-\frac{t^2}{2}}\,\mathrm{d}t = 1$. Cela signifie donc que l'aire comprise entre la courbe et l'axe des abscisses est égale à 1, c'est-à-dire :

$$\lim_{x \to +\infty} \frac{1}{\sqrt{2\pi}} \int_{0}^{x} e^{-\frac{t^2}{2}}\,\mathrm{d}t = \lim_{x \to -\infty} \frac{1}{\sqrt{2\pi}} \int_{x}^{0} e^{-\frac{t^2}{2}}\,\mathrm{d}t = \frac{1}{2}$$

2. On note $\Pi(x)$ (lire : « Pi » de x) ou $\Phi(x)$ (lire : « Phi » de x) le nombre $p(X \leqslant x)$.

Le programme officiel utilise la notation $\Phi(x)$, mais la notation $\Pi(x)$ est très couramment employée.

3. Géométriquement, $p(X \leqslant x)$ est l'aire du domaine coloriée symbolisé sur la figure ci-dessous.

4. On en déduit que Π est une fonction strictement croissante et continue sur $\mathbb{R}$.

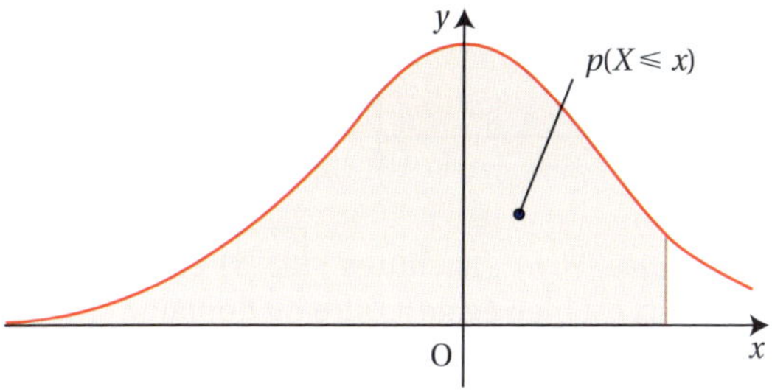

C Propriétés

Soit X une variable aléatoire suivant une loi normale centrée et réduite.

Théorème 1

Pour tous réels a, b, x, on a les égalités suivantes :

$$\Pi(-x)+\Pi(x)=1$$
$$p(a \leqslant X \leqslant b)=\Pi(b)-\Pi(a)$$

Sur la FIGURE 2, on voit que $\Pi(-x)$, symbolisé par le domaine hachuré, se reporte par symétrie à droite (domaine coloré non hachuré). En accolant ce domaine au domaine coloré de la FIGURE 1, on voit que la réunion des deux fournit le domaine sous la courbe, qui a pour aire 1 ; donc $\Pi(x)+\Pi(-x)=1$.

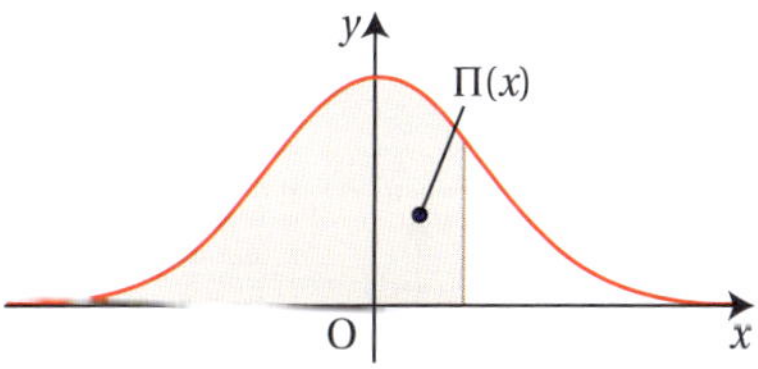

FIGURE 1

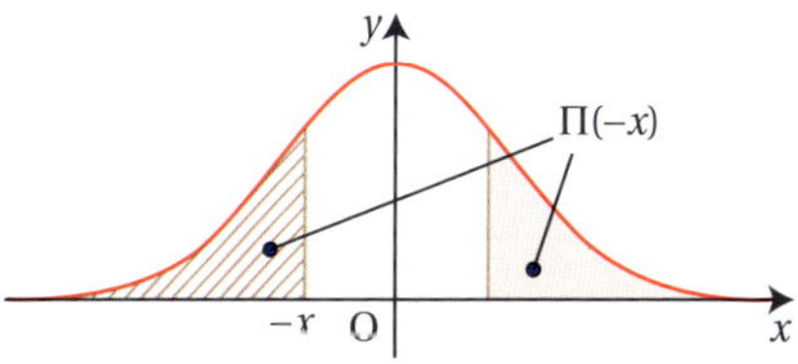

FIGURE 2

Par ailleurs, $p(a \leqslant X \leqslant b)$ est l'aire du domaine coloré ci-dessous.

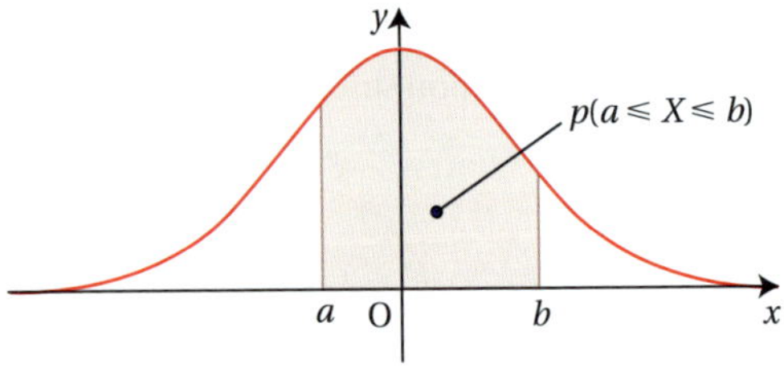

Ci-dessous on visualise $\Pi(b)$ (hachures : ▧) et $\Pi(a)$ (hachures ▨).
La différence des deux est bien égale à l'aire du domaine ci-dessus.

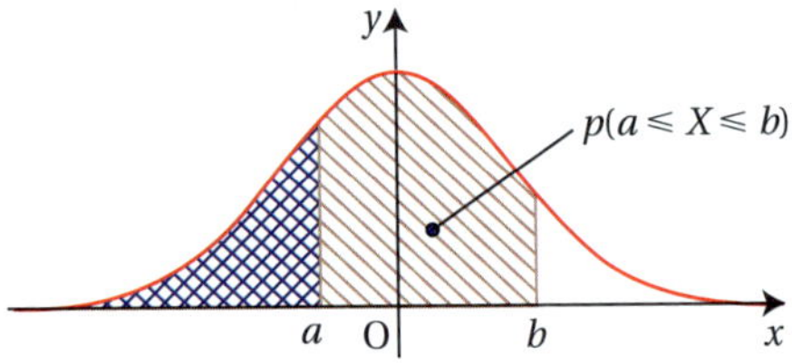

Théorème 2

Pour tout réel $\alpha \in]0,1[$ il existe un unique nombre positif u_α tel que : $p(-u_\alpha \leqslant X \leqslant u_\alpha) = 1-\alpha$.

Voir l'exercice 8 pour une preuve de ce théorème.

Exemple : Les valeurs suivantes sont à connaître par cœur :

- $p(-1{,}96 \leqslant X \leqslant 1{,}96) \approx 0{,}95$ pour $\alpha = 0{,}05$ et $u_\alpha \approx 1{,}96$;
- $p(-2{,}58 \leqslant X \leqslant 2{,}58) \approx 0{,}99$ pour $\alpha = 0{,}01$ et $u_\alpha \approx 2{,}58$.

Graphiquement cela se traduit de la manière suivante :

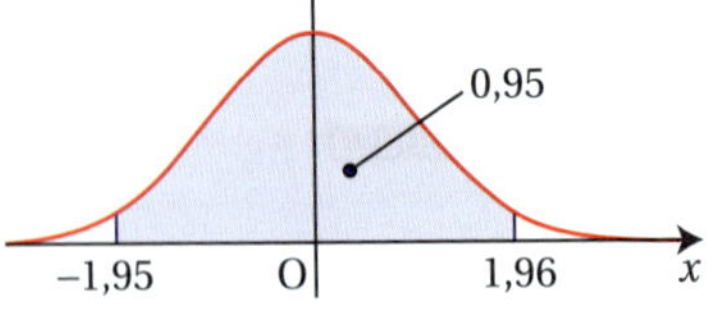

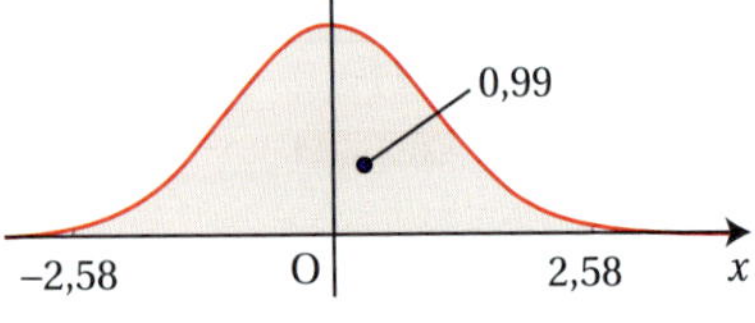

Il y a 95 % de chance pour que les valeurs de la variable aléatoire soient comprises entre –1,96 et 1,96.

Il y a 99 % de chances pour que ces valeurs de la variable aléatoire soient comprises entre –2,58 et 2,58.

On peut démontrer que $p(-u_\alpha \leqslant x \leqslant u_\alpha) = 1-\alpha \Leftrightarrow \Pi(u_\alpha) = 1-\frac{\alpha}{2}$.
Voir l'exercice 8.

D Espérance et variance

Théorème

Soit X une variable aléatoire dont la loi est $\mathcal{N}(0\,;1)$. Alors :

$$E(X)=0 \text{ et } V(X)=1$$

Autrement dit, l'espérance de X est égale à 0
et sa variance (donc son écart-type) est égale à 1.

2 Loi normale de moyenne μ et d'écart-type σ

A Définitions et propriétés

Définition

Dire qu'une variable aléatoire X suit une **loi normale de paramètres μ et σ^2** signifie que la variable aléatoire $\frac{X-\mu}{\sigma}$ a pour loi $\mathcal{N}(0\,;1)$.

On dit alors que X a pour loi $\mathcal{N}(\mu\,;\sigma^2)$.

Justification : Le choix de la variable aléatoire $\frac{X-\mu}{\sigma}$ n'est pas dû au hasard. En effet, d'une part, par linéarité de l'espérance :

$$E\left(\frac{X-\mu}{\sigma}\right)=E\left(\frac{X}{\sigma}-\frac{\mu}{\sigma}\right)=E\left(\frac{X}{\sigma}\right)-E\left(\frac{\mu}{\sigma}\right)=\frac{1}{\sigma}E(X)-\frac{\mu}{\sigma}$$

donc $E\left(\frac{X-\mu}{\sigma}\right)=0 \Leftrightarrow E(X)=\mu$.

L'espérance de la variable aléatoire X est donc égale à μ.

D'autre part $V\left(\frac{X-\mu}{\sigma}\right)=V\left(\frac{X}{\sigma}-\frac{\mu}{\sigma}\right)=\frac{1}{\sigma^2}V(X)$. Donc $V(X)=1 \Leftrightarrow V(X)=\sigma^2$.

La variance de X est donc égale à σ^2 (et son écart-type est égal à σ).

RAPPEL

Si a et b sont deux réels et X une variable aléatoire alors :

$$E(aX+b)=aE(X)+b \text{ et } V(aX+b)=a^2V(X)$$

Théorème

Soit X une variable aléatoire dont la loi est $\mathcal{N}(\mu\,;\sigma^2)$ alors :

$$E(X)=\mu \text{ et } V(X)=\sigma^2$$

Preuve : Cela résulte de la remarque précédente.

Remarque : On voit que si $\mu=0$ et $\sigma=1$, on trouve la loi $\mathcal{N}(0\,;1)$ qui a donc pour moyenne 0 et pour écart-type 1.

B Influence comparée de μ et σ sur la courbe de Gauss

- La densité f d'une variable aléatoire dont la loi est $\mathcal{N}(\mu\,;\sigma^2)$ n'est pas à mémoriser. Son expression est :

$$x \mapsto \frac{1}{\sigma\sqrt{2\pi}}e^{-\frac{1}{2}\left(\frac{x-\mu}{\sigma}\right)^2}$$

- La courbe correspondante, qui s'appelle une courbe de Gauss, a un axe de symétrie d'équation $x=\mu$.
- On voit que, pour une valeur donnée de la moyenne (ici $\mu=3$), plus l'écart-type augmente et plus la courbe est aplatie.

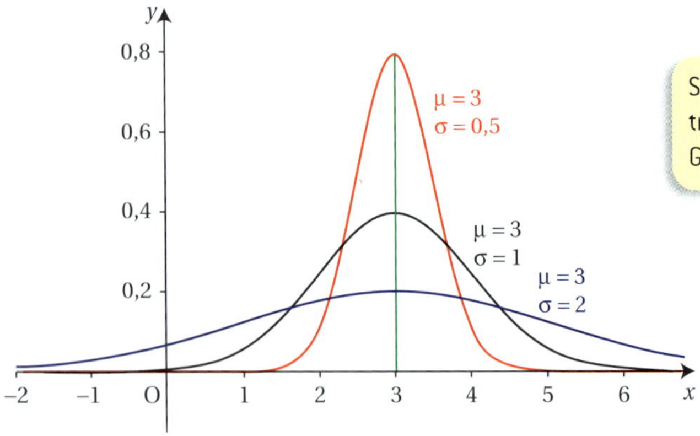

Si $\mu=0$ et $\sigma=1$, on trouve la courbe de Gauss normalisée.

C Valeurs remarquables

On considère une variable aléatoire dont la loi est $\mathcal{N}(\mu\,;\sigma^2)$.

■ La figure ci-dessous permet de visualiser les résultats suivants, qui sont usuels :

$$p(\mu-\sigma \leqslant X \leqslant \mu+\sigma) \approx 0{,}68$$

$$p(\mu-2\sigma \leqslant X \leqslant \mu+2\sigma) \approx 0{,}95$$

$$p(\mu-3\sigma \leqslant X \leqslant \mu+3\sigma) \approx 0{,}997$$

Ces résultats sont à connaître.

Autrement dit, il est quasiment certain que la variable aléatoire prenne des valeurs comprises entre $\mu-3\sigma$ et $\mu+3\sigma$.

Remarque : On a vu aussi dans le théorème 2 du § 1. C., que :

$$p(\mu-1{,}96\sigma \leqslant X \leqslant \mu+1{,}96\sigma) \approx 0{,}95$$

On choisira cette égalité plutôt que $p(\mu-2\sigma \leqslant X \leqslant \mu+2\sigma) \approx 0{,}95$ en fonction de l'énoncé.

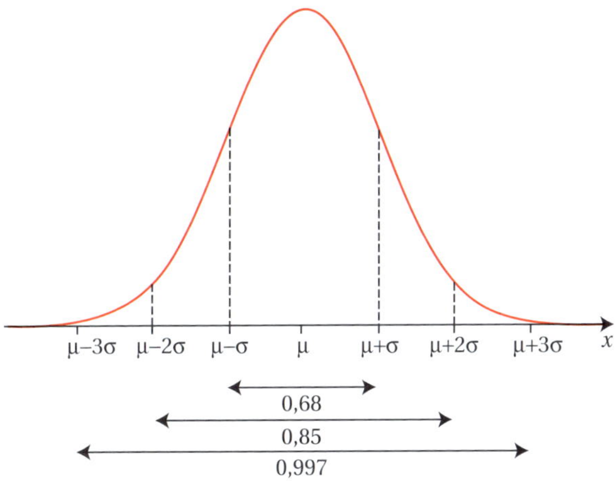

■ Comment calculer d'autres probabilités, par exemple $p(X \leqslant 2{,}7)$ ou $p(-1{,}3 \leqslant X \leqslant 0{,}65)$? Il suffit d'utiliser une calculatrice ou un tableur. Les fonctions dépendent des modèles de calculatrices et des tableurs. En général, on trouve des fonctions idoines dans les menus « STATS » à la rubrique « distribution ».

D Théorème de Moivre-Laplace

Théorème

Soit p un nombre fixé entre 0 et 1 et n un entier naturel. On considère une variable aléatoire X_n dont la loi est binomiale de paramètres n et p (et $q=1-p$).

On pose $Z_n = \dfrac{X_n - np}{\sqrt{npq}}$.

Alors, pour tous réels a et b, $p(a \leqslant Z_n \leqslant b)$ tend vers $\Pi(b)-\Pi(a)$ lorsque n tend vers $+\infty$.

Ce théorème, difficile, est admis. Si n est grand, ce théorème permet d'approximer la loi binomiale par une loi normale.

Remarques : **1.** On sait que $E(X_n)=np$ et $\sigma(X_n)=\sqrt{npq}$.

Si on pose $\mu = np$ et $\sigma=\sqrt{npq}$ on voit que $Z_n = \dfrac{X_n-\mu}{\sigma}$. Autrement dit, Z_n suit, à peu de chose près, la loi $\mathcal{N}(0\,;1)$ pour n suffisamment grand.

RAPPELS SUR LA LOI BINOMIALE

L'espérance d'une variable aléatoire binomiale de paramètres n et p est égale à np et sa variance est égale à $npq = np(1-p)$.

2. On peut également démontrer, comme dans le théorème 2 du § 1. C. que, étant donné un nombre $\alpha \in]0\,;1[$ il existe un unique nombre u_α tel que :

$$p\left(np-u_\alpha\sqrt{npq} \leqslant X_n \leqslant np+u_\alpha\sqrt{npq}\right)=1-\alpha,$$

c'est-à-dire : $$p\left(\mu-u_\alpha\sigma \leqslant X_n \leqslant \mu+u_\alpha\sigma\right)=1-\alpha$$

où $\mu = np$ est l'espérance de X_n et $\sigma=\sqrt{npq}$ est son écart-type.

3. On démontre aussi que $p(Z_n \leqslant b)$ tend vers $\Pi(b)$ lorsque $n \to +\infty$.

Exemple : On s'adonne à un jeu passionnant ; on jette cent fois de suite une pièce de monnaie honnête. On note X_{100} la variable aléatoire comptant le nombre de Pile obtenus. La loi de X_{100} est la loi binomiale de paramètres 100 et $\frac{1}{2}$, dont l'espérance est égale à 50 et l'écart-type à 5. On peut alors dire que, approximativement, la variable aléatoire $\frac{X_{100}-50}{5}$ a pour loi $\mathcal{N}(0,1)$.

On a représenté ci-dessous $p(X_{100}=k)$ pour tout entier $k \in [0\,;100]$ sous forme de diagramme à barres et la courbe de Gauss normalisée représentant la densité de Z_{100}. On constate la similitude des formes.

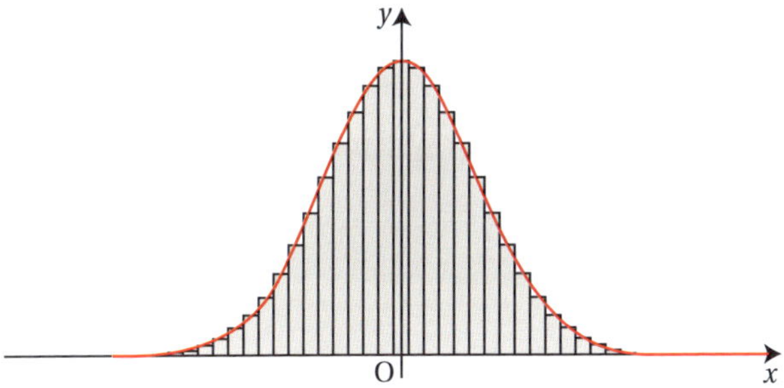

Plus on renouvelle l'expérience, plus le diagramme en barres s'approche de la courbe.

Déterminer les paramètres d'une loi normale $\mathcal{N}(\mu ; \sigma^2)$

ÉNONCÉ

Soit X une variable aléatoire dont la loi est $\mathcal{N}(\mu ; \sigma^2)$.

Déterminer des valeurs approchées à 10^{-2} près de μ et σ sachant que $p(7{,}8 \leqslant X) = 0{,}9115$ et $p(X \leqslant 14{,}5) = 0{,}9772$.

MÉTHODE

Il suffit de se ramener à une variable aléatoire dont la loi est $\mathcal{N}(0 ; 1)$.

Pour cela, on étudie la variable aléatoire $\dfrac{X-\mu}{\sigma}$ et on utilise les valeurs $\Pi(x)$ fournies par la calculatrice. On aboutit à un système de deux équations aux deux inconnues μ et σ.

CORRIGÉ

Posons $X^* = \dfrac{X-\mu}{\sigma}$. On sait que la loi de X^* est $\mathcal{N}(0 ; 1)$.

D'autre part :

$$7{,}8 \leqslant X \Leftrightarrow \frac{7{,}8-\mu}{\sigma} \leqslant \frac{X-\mu}{\sigma} \Leftrightarrow \frac{7{,}8-\mu}{\sigma} \leqslant X^*$$

De même :

$$X \leqslant 14{,}5 \Leftrightarrow X^* \leqslant \frac{14{,}5-\mu}{\sigma}$$

Par conséquent :

$$p(7{,}8 \leqslant X) = 0{,}9115 \Leftrightarrow p\left(\frac{7{,}8-\mu}{\sigma} \leqslant X^*\right) = 0{,}9115$$

$$\Leftrightarrow 1 - p\left(X^* \leqslant \frac{7{,}8-\mu}{\sigma}\right) = 0{,}9115$$

$$\Leftrightarrow 1 - \Pi\left(\frac{7{,}8-\mu}{\sigma}\right) = 0{,}9115 \Leftrightarrow \Pi\left(\frac{7{,}8-\mu}{\sigma}\right) = 0{,}0885$$

On sait que $\Pi(x) = p(X^* \leqslant x)$ puisque la loi de X^* est $\mathcal{N}(0;1)$.

De la même façon :

$$p(X \leqslant 14{,}5) = 0{,}9772 \Leftrightarrow p\left(\frac{X-\mu}{\sigma} \leqslant \frac{14{,}5-\mu}{\sigma}\right) = 0{,}9772$$

$$\Leftrightarrow \Pi\left(\frac{14{,}5-\mu}{\sigma}\right) = 0{,}9772$$

Une calculatrice fournit $\Pi(-1{,}35) \approx 0{,}0885$ et $\Pi(2) \approx 0{,}9772$.

Comme Π est strictement croissante, on obtient les systèmes :

$$\begin{cases} \dfrac{7{,}8-\mu}{\sigma} = -1{,}35 \\ \dfrac{14{,}5-\mu}{\sigma} = 2 \end{cases} \Leftrightarrow \begin{cases} \mu - 1{,}35\sigma = 7{,}8 \\ \mu + 2\sigma = 14{,}5 \end{cases}$$

Utiliser la touche « Inverse Normale » de la calculatrice, si elle est disponible.

Par soustraction on trouve : $3{,}35\sigma = 6{,}7$, et donc $\sigma = 2$,
ce qui conduit à $\mu = 10{,}5$.

Conclusion : la variable aléatoire X a approximativement pour loi $\mathcal{N}(10{,}5\,;4)$.

SE TESTER QUIZ

Dans les exercices 1 à 7, on considère une variable aléatoire X dont la loi est $\mathcal{N}(0\,;1)$. Choisir la bonne réponse.

1 $\Pi(0)$ est égal à :

☐ **a.** 0 ☐ **b.** 0,5 ☐ **c.** 1

2 L'aire du domaine compris entre la courbe de Gauss normalisée, l'axe des abscisses et l'intervalle $[-1{,}96\,;1{,}96]$ est égale, à 10^{-2} près, à :

☐ **a.** 0,67 ☐ **b.** 0,95 ☐ **c.** 0,97

Pour une variable aléatoire X dont la loi est $\mathcal{N}(0\,;1)$ on rappelle que $p(X \leqslant x) = \Pi(x)$.

3 On donne les trois courbes de Gauss normalisées suivantes, et des domaines hachurés.

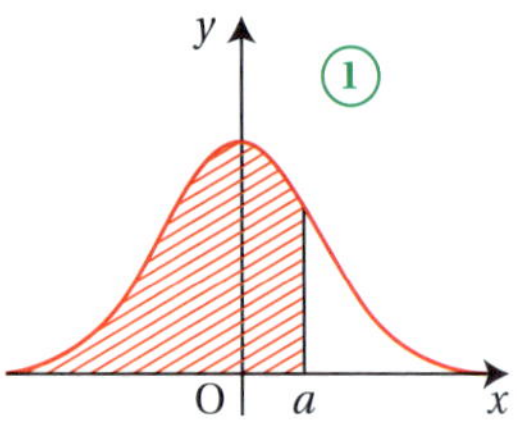

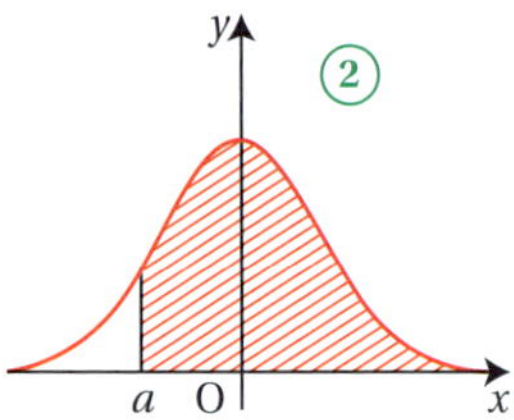

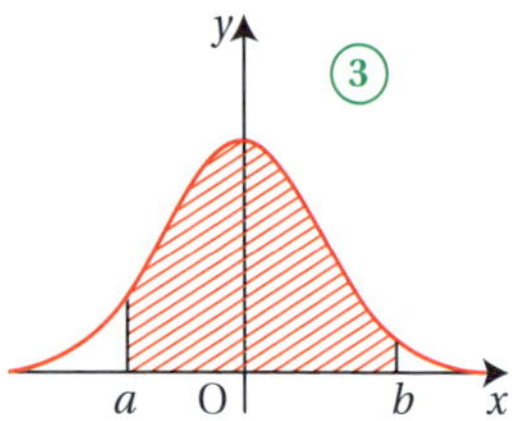

Associer, quand cela est possible, chacune des expressions **a.** à **e.** au bon domaine hachuré.

1. ☐ **a.** $\Pi(a)$ •
☐ **b.** $\Pi(-a)$ • • Figure ①
☐ **c.** $\Pi(b)-\Pi(a)$ • • Figure ②
☐ **d.** $\Pi(b)-\Pi(-a)$ • • Figure ③
☐ **e.** $1-\Pi(a)$ •

2. ☐ **a.** $p(X \geqslant a)$ •
☐ **b.** $p(a \leqslant X \leqslant b)$ • • Figure ①
☐ **c.** $p(X \geqslant -a)$ • • Figure ②
☐ **d.** $p(X \leqslant -a)$ • • Figure ③
☐ **e.** $1-p(X \geqslant a)$ •

4 Soit X une variable aléatoire dont la loi est $\mathcal{N}(\mu\,;\sigma^2)$.
Sélectionner la ou les informations vraies.

☐ **a.** Le nombre μ peut être négatif.

☐ **b.** Le nombre μ est toujours positif.

☐ **c.** Le nombre σ peut être négatif.

5 Soit X une variable aléatoire dont la loi est $\mathcal{N}(\mu\,;\sigma^2)$.
Alors $p(X \geqslant \mu)$ est égal à :

☐ **a.** 0,5 ☐ **b.** Cela dépend de μ et de σ.

TRAITER UNE QUESTION DE COURS

6 Montrer que si une variable aléatoire a pour loi $\mathcal{N}(\mu;\sigma^2)$ alors la variable aléatoire $\dfrac{X-\mu}{\sigma}$ a pour espérance 0 et pour écart-type 1.

7 Soit une variable aléatoire dont la loi est $\mathcal{N}(0;1)$.
Démontrer que pour tout $x \in \mathbb{R}$, $\Pi(x)-\Pi(-x)=2\Pi(x)-1$.
Les hypothèses sont celles du théorème 1 du § 1. C.

8 **a.** Montrer que $p(-x \leqslant X \leqslant x)=1-\alpha \Leftrightarrow \Pi(x)=1-\dfrac{\alpha}{2}$

b. Conclure en utilisant la continuité et la stricte monotonie de Π.

S'ENTRAÎNER

Loi normale de paramètres μ et σ

9 Les courbes suivantes représentent les densités de variables aléatoires dont les lois sont $\mathcal{N}(\mu;\sigma^2)$.

Classer les moyennes correspondantes dans l'ordre croissant, ainsi que les écarts-types.

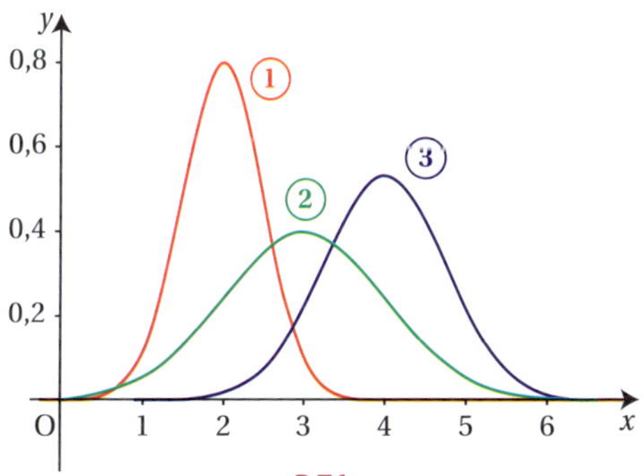

Calculs sur des lois normales

10 Soit X une variable aléatoire dont la loi est $\mathcal{N}(176;36)$.
Déterminer λ pour que l'on ait $p(176-\lambda \leqslant X \leqslant 176+\lambda)=0{,}68$.

11 Soit X une variable aléatoire dont la loi est $\mathcal{N}(-5;1)$.
Déterminer λ pour que l'on ait $p(-5-\lambda \leqslant X \leqslant -5+\lambda)=0{,}95$.

12 Soit X une variable aléatoire dont la loi est $\mathcal{N}(100;25)$.
Déterminer λ pour que l'on ait $p(100-\lambda \leqslant X \leqslant 100+\lambda)=0{,}997$.

13 Soit X une variable aléatoire dont la loi est $\mathcal{N}(280;36)$. Calculer $p(264 \leqslant X \leqslant 285)$ à l'aide de la calculatrice, à 10^{-4} près.

14 Soit X une variable aléatoire dont la loi est $\mathcal{N}(60;100)$.
Sans calculatrice et sachant que $\Pi(0{,}5)\approx 0{,}69$ et $\Pi(1{,}5)\approx 0{,}93$, calculer $p(45 \leqslant X \leqslant 65)$.

> Penser à $\dfrac{X-\mu}{\sigma}$ qui suit la loi $\mathcal{N}(0;1)$.

15 Soit X une variable aléatoire dont la loi est $\mathcal{N}(0;1)$.
Quelle est la valeur de x (à 10^{-3} près) telle que $p(X \leqslant x)\approx 0{,}8413$?

16 Soit X une variable aléatoire dont la loi est $\mathcal{N}(20;25)$.
Quelle est la valeur de a (à 10^{-2} près) telle que :

a. $p(X \leqslant a)=0{,}99$ **b.** $p(X \geqslant a)=0{,}9$

c. $p(20-a \leqslant X \leqslant 20+a)=0{,}95$

> On pourra utiliser la fonction « Inverse Normale » de la calculatrice.

17 Soit X une variable aléatoire dont la loi est $\mathcal{N}(\mu;0{,}01)$.
Calculer μ à 10^{-3} près pour que $p(X \geqslant 2)=0{,}9$.

18 Soit X une variable aléatoire dont la loi est $\mathcal{N}(2;\sigma^2)$.
Calculer σ à 10^{-3} près pour que $p(1{,}8 \leqslant X \leqslant 2)=0{,}45$.

Applications

19 Une eau minérale est dite calcaire si la teneur en calcaire dépasse 6,5 mg par litre. Une usine produit des bouteilles d'eau minérale.

Soit X la variable aléatoire qui à chaque bouteille d'un litre associe sa teneur en calcaire. La loi de X est la loi normale de moyenne 5 et d'écart-type 1,5. On prélève une bouteille au hasard dans la production.

Quelle est la probabilité que son eau soit calcaire ?

20 Une usine produit des billes en grande quantité. Les billes fabriquées ont un diamètre (en cm) moyen de 1 cm avec un écart-type de 0,02 cm.

Le contrôle de qualité rejette les billes dont le diamètre n'est pas compris entre 0,96 cm et 1,05 cm.

a. Déterminer la loi de la variable D représentant le diamètre des billes.

b. Quelle est la proportion (en pourcentage, à 10^{-1} près) des billes qui sont rejetées ?

21 Les tailles des individus exprimées en centimètres (cm) dans le pays Zan suivent une loi normale $\mathcal{N}(173;36)$.

Quelle est la probabilité (à 10^{-4} près) pour que la taille d'un individu

a. dépasse 190 cm. **b.** soit inférieure à 160 cm ?

22 La longueur d'une barre d'acier produite par un laminoir est une variable aléatoire L dont la loi est $\mathcal{N}(\mu;\sigma^2)$. Sur 10 000 barres, il y en a 1 841 qui mesurent moins de 82 cm et 668 qui mesurent plus de 130 cm.

Déterminer μ et σ à 10^{-3} près.

23 Des flacons sont conditionnés pour recevoir 100 mg de poudre. La machine remplisseuse n'est pas parfaite. C'est pourquoi la masse de poudre par flacon est une variable aléatoire X dont la loi est, l'unité étant le mg, $\mathcal{N}(\mu;1{,}21)$.

Sur quelle valeur de μ, exprimée à 0,1 mg près, faut-il régler la machine pour qu'au plus 5 % des flacons contiennent moins de 100 mg ?

24 Le nombre d'entérobactéries, exprimé en milliers, contenus dans 100 mL d'eau suit une loi normale de moyenne 4,5 et d'écart-type 2,4. Des tests ont prouvé qu'il y avait au moins 4 000 entérobactéries dans 1 litre d'eau.

Quelle est, à 10^{-2} près, la probabilité qu'il y en ait plus de 8 000 ?

> On se rappelle que, si A et B sont deux événements tels que $p(B)\neq 0$, alors $p_B(A)=\dfrac{p(A\cap B)}{p(B)}$ (voir chapitre 11)

25 Au concours Detennis, une note (sur 60) suit la loi normale de moyenne 32,5 et d'écart-type 8,5.

Sachant que 30 % des candidats sont recalés du premier coup et que 10 % sont admis sans oral, quelles sont les seuils d'admissibilité (avoir droit à l'oral de rattrapage) et d'admission (l'avoir du premier coup, sans oral) ?

26 On a étudié une espèce particulière d'insectes et on a conclu que leur masse (en mg) était distribuée selon la loi $\mathcal{N}(80;6{,}25)$. On a capturé un insecte. (Les résultats seront donnés à 10^{-2} près.)

a. Quelle est la probabilité que sa masse M soit comprise entre 77,5 mg et 82,5 mg ?

b. Pour mener ses études, un chercheur ne souhaite observer que des insectes dont la masse est comprise entre 77 mg et 86 mg. Il en capture un ; quelle est la probabilité qu'il le conserve ?

27 La probabilité de germination d'une graine est égale à 0,55. Une semeuse en sème 400, indépendamment les unes des autres.

> La loi binomiale $\mathcal{B}(n;p)$ a pour espérance np et pour écart-type $\sqrt{npq}=\sqrt{np(1-p)}$.

a. Soit X la variable aléatoire égale au nombre de graines germées. Quelle est la loi de X ?

b. On veut calculer la probabilité qu'au moins 300 graines germent. Utiliser, en justifiant, une loi $\mathcal{N}(\mu;\sigma^2)$ pour apporter la réponse de façon approchée.

28 Lors d'expériences physique, l'erreur E sur une mesure suit une loi $\mathcal{N}(0;16)$. Calculer :

a. la probabilité que l'erreur sur une mesure soit négative ;

b. l'espérance du nombre d'erreurs positives sur 100 mesures indépendantes ;

c. la probabilité que plus de 60 erreurs positivesse soient produites sur 100 mesures indépendantes. Pour le calcul, on pourra approximer judicieusement la loi de probabilité du nombre d'erreurs positives et on donnera le résultat à 10^{-2} près.

> Dans les questions **b.** et **c.** penser à la loi binomiale.

29 Un fabricant de chaussettes veut répartir sa production en cinq tailles. Des études statistiques très sérieuses ont montré que la longueur L du pied d'un humain suit, en cm, une loi $\mathcal{N}(25;9)$. Il souhaite fabriquer 95 % de chaussettes de la taille 2, 3 et 4 et le reste en tailles 1 et 5. Pour cela il choisit un intervalle centré autour de 25 cm contenant 95 % de sa production. Il la partage en trois segments de même longueur et divise le reste en deux intervalles ayant cette même longueur.

a. Calculer les limites des intervalles encadrant chaque taille en arrondissant au mm.

b. Déterminer la proportion de chaussettes allouée à chaque taille.

30 Une confiture peut être qualifiée de « pur sucre » si elle contient entre 420 g et 520 g de sucre par kilogramme. Un fabricant vérifie 200 pots de 1 kg. Il trouve un poids moyen de sucre de 465 g avec un écart-type de 30 g. On considère que l'échantillon prélevé est représentatif de la production générale.

a. Sachant que le sucre est distribué suivant une loi normale (car il provient de fruits à teneur en sucre variable), calculer le pourcentage de la production qui ne doit pas porter la mention « pur sucre ».

Attention aux données parasites !

b. Une boutique bio désire acheter ces confitures à condition qu'ils aient moins de 495 g de sucre, mais qu'ils en aient tout de même un minimum. Calculer ce minimum au gramme près, sachant que le confiturier refusera de vendre si la vente lui occasionnera plus de 18 % de pertes.

OBJECTIF BAC

31 Un fabriquant de composants électroniques fournit un appareil formé par deux boîtiers dont les fonctionnements sont indépendants. Si l'un de ces boîtiers tombe en panne, le composant cesse de fonctionner. Leurs durées de vie D_1 et D_2 suivent une loi $\mathcal{N}(\mu;\sigma^2)$ dont voici les caractéristiques.

- Boîtier 1 : durée moyenne de vie 1 500 h, écart-type 150 h.
- Boîtier 2 : durée moyenne de vie 1 800 h, écart-type 200 h.

On donnera les résultats à 10^{-2} près.

a. On prend un composant au hasard et on le fait marcher. Quelle est la probabilité qu'il fonctionne encore sans avoir eu de panne au bout de 1 400 h ? De 1 600 h ?

b. Quelle est la probabilité qu'au bout de 1 600 h on ait dû changer au moins un boîtier ?

c. Quelle est la probabilité qu'au bout de 1 600 h on ait dû changer un boîtier et un seul ?

SE TESTER

1 Réponse. b. En effet $\Pi(0)$ est l'aire du domaine hachuré sur la figure, c'est la moitié de l'aire totale sous la courbe, qui est égale à 1.

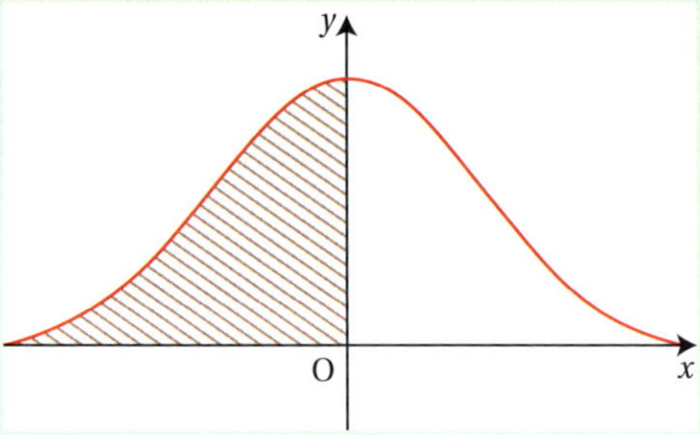

2 Réponse b. L'aire considérée est égale à $p(-1{,}96 \leqslant X \leqslant 1{,}96)$ et on sait qu'elle est égale à 0,95 à 10^{-2} près.

3 **1.** On a les correspondances suivantes :

a. $\Pi(a)$ •   • Figure ①
b. $\Pi(-a)$ •   • Figure ②
c. $\Pi(b)-\Pi(a)$ •   • Figure ③
d. $\Pi(b)-\Pi(-a)$ •
e. $1-\Pi(a)$ •

Voir l'exemple qui suit le théorème 1 du paragraphe 1. C. du cours.

① et **a.** par définition même. ② et **b.** et **e.** car $\Pi(-a)=1-\Pi(a)$ et le domaine *non* hachuré dans le ② a pour aire $\Pi(a)$ (la courbe est symétrique par rapport à l'axe des ordonnées). ③ et **c.** par définition même.

Seule la réponse **d.** n'a pas de courbe amie.

2. On a les correspondances suivantes :

a. $p(X \geqslant a)$ •
b. $p(a \leqslant X \leqslant b)$ •   • Figure ①
c. $p(X \geqslant -a)$ •   • Figure ②
d. $p(X \leqslant -a)$ •   • Figure ③
e. $1-p(X \geqslant a)$ •

① et **c.** car $p(X \geqslant -a)=1-p(X \leqslant -a)=1-\Pi(-a)=\Pi(a)$.

② et **a.** par définition même. ② et **d.** et **e.** car $p(X \leqslant -a)=\Pi(-a)=1-\Pi(a)$ et $1-p(X \geqslant a)=p(X \leqslant a)$. ③ et **b.** par définition même.

4 **Réponse a.** Seule l'affirmation **a.** est vraie. Un écart-type est la racine carrée d'une variance (qui est elle-même un nombre positif).

5 **Réponse a.** Cela résulte de la symétrie de la courbe de Gauss par rapport à la droite d'équation $x = \mu$: l'aire sous la courbe est également répartie sur la gauche et sur la droite de cet axe. D'ailleurs $p(X \leqslant \mu) = p(X \geqslant \mu) = \dfrac{1}{2}$.

Voir la figure de l'exercice **1.**

TRAITER UNE QUESTION DE COURS

6 Voir la justification au paragraphe 2. A.

7 On sait que $\Pi(x)+\Pi(-x)=1$, donc $\Pi(-x)=1-\Pi(x)$ ce qui implique :

$$\Pi(x)-\Pi(-x)=\Pi(x)-(1-\Pi(x))=2\Pi(x)-1$$

8 **a.** On sait que $p(-x \leqslant X \leqslant x)=\Pi(x)-\Pi(-x)=2\Pi(x)-1$

Donc : $p(-x \leqslant X \leqslant x)=1-\alpha \Leftrightarrow 2\Pi(x)-1=1-\alpha$

$$\Leftrightarrow 2\Pi(x)=2-\alpha \Leftrightarrow \Pi(x)=1-\frac{\alpha}{2}$$

b. La fonction Π étant continue et strictement croissante sur $\mathbb{R}$, à valeurs dans $[0\,;1]$, le théorème des valeurs intermédiaires montre qu'il existe un unique nombre u_α tel que $\Pi(u_\alpha)=1-\dfrac{\alpha}{2}$, ce qu'il fallait démontrer.

S'ENTRAÎNER

9 Classement des moyennes : $\mu_1 < \mu_2 < \mu_3$.
Classement des écart-types : $\sigma_1 < \sigma_3 < \sigma_2$.

Plus la courbe est décalée sur la gauche et plus la moyenne est petite. Plus la courbe est aplatie et plus l'écart-type est grand.

10 La condition se résume ainsi :

$$p(\mu-\lambda \leqslant X \leqslant \mu+\lambda)=0{,}68$$

On sait alors que l'on a sensiblement $\lambda=\sigma$, donc ici $\lambda=6$.

Pour les exercices 10 à 12, on peut se reporter au § 2. C. du cours.

11 La condition se résume ainsi :

$$p(\mu-\lambda \leqslant X \leqslant \mu+\lambda)=0{,}95$$

On sait alors que l'on a sensiblement $\lambda=2\sigma$, donc ici $\lambda=2$.

12 La condition se résume ainsi : $p(\mu-\lambda\leqslant X\leqslant\mu+\lambda)=0{,}997$.
On sait alors que l'on a sensiblement $\lambda=3\sigma$, donc ici $\lambda=15$, car $\sigma^2=25\Leftrightarrow\sigma=5$.

13 En utilisant une calculatrice, on trouve :
$p(264\leqslant X\leqslant 285)=0{,}7938$.

14 Posons $X^*=\dfrac{X-60}{10}$.

Alors : $45\leqslant X\leqslant 65\Leftrightarrow\dfrac{45-60}{10}\leqslant\dfrac{X-60}{10}\leqslant\dfrac{65-60}{10}\Leftrightarrow-1{,}5\leqslant X^*\leqslant 0{,}5$

Par conséquent : $p(45\leqslant X\leqslant 65)=p(-1{,}5\leqslant X^*\leqslant 0{,}5)$

$p(45\leqslant X\leqslant 65)=\Pi(0{,}5)-\Pi(-1{,}5)$

X* suit une loi normale centrée réduite.

De plus, on trouve :

$$\Pi(-1{,}5)=1-\Pi(1{,}5)\approx 0{,}07$$

Finalement, $p(45\leqslant X\leqslant 65)\approx 0{,}69-0{,}07\Rightarrow p(45\leqslant X\leqslant 65)\approx 0{,}6$.

15 En utilisant la touche Inverse Normale, on trouve $x\approx 1$.

16 En utilisant une calculatrice on trouve :

a. $a\approx 31{,}63$ avec la fonction Inverse Normale.

b. $p(X\leqslant a)=1-p(X\geqslant a)\Rightarrow p(X\leqslant a)=0{,}1$. On trouve $a\approx 13{,}59$.

c. L'égalité s'écrit ainsi : $p(\mu-a\leqslant X\leqslant\mu+a)=0{,}95$; on sait que l'on peut choisir $a=\sigma$, donc ici $a=5$.

17 On a : $p(X\geqslant 2)=0{,}9\Leftrightarrow 1-p(X\leqslant 2)=0{,}9\Leftrightarrow p(X\leqslant 2)=0{,}1$.

UTILISER UNE LOI NORMALE ET UNE CALCULATRICE

Dans le cas d'une loi normale, la calculatrice fournit les probabilités d'événements du type $X\leqslant b$, avec b réel. Si on souhaite calculer $p(X\geqslant a)$, avec a réel, il faut donc se ramener à un événement de la forme $p(X\leqslant b)$, avec b réel.

De plus : $X\leqslant 2\Leftrightarrow\dfrac{X-\mu}{0{,}1}\leqslant\dfrac{2-\mu}{0{,}1}$.

En posant $X^*=\dfrac{X-\mu}{0{,}1}$, on sait que la loi de X^* est $\mathcal{N}(0\,;1)$.

Donc $p(X\geqslant 2)=0{,}9\Leftrightarrow p\left(X^*\leqslant\dfrac{2-\mu}{0{,}1}\right)=0{,}1\Leftrightarrow\Pi\left(\dfrac{2-\mu}{0{,}1}\right)=0{,}1$.

La touche Inverse Normale fournit $\dfrac{2-\mu}{0{,}1}\approx-1{,}28$, d'où on tire $\mu\approx 2{,}128$.

18 On a : $1{,}8 \leqslant X \leqslant 2 \Leftrightarrow \dfrac{1{,}8-2}{\sigma} \leqslant \dfrac{X-2}{\sigma} \leqslant \dfrac{2-2}{\sigma}$.

Si on pose $X^* = \dfrac{X-2}{\sigma}$ on trouve : $p(1{,}8 \leqslant X \leqslant 2) = 0{,}95 \Leftrightarrow p\left(-\dfrac{0{,}2}{\sigma} \leqslant X^* \leqslant 0\right) = 0{,}45$

$$\Leftrightarrow \Pi(0) - \Pi\left(\frac{-0{,}2}{\sigma}\right) = 0{,}45 \Leftrightarrow \Pi\left(-\frac{0{,}2}{\sigma}\right) = 0{,}05$$

Rappel : $\Pi(0) = 0{,}5$

La touche Inverse Normale fournit $-\dfrac{0{,}2}{\sigma} \approx -1{,}645$ c'est-à-dire $\sigma \approx 0{,}122$.

19 Le problème revient à trouver $p(X \geqslant 6{,}5)$, c'est-à-dire $1 - p(X \leqslant 6{,}5)$. La calculatrice fournit $1 - 0{,}841$, c'est-à-dire 0,159.

20 **a.** D'après l'énoncé le diamètre d'une bille définit une variable aléatoire D dont la loi est $\mathcal{N}(1\,;0{,}02)$.

b. Cherchons la probabilité pour qu'une bille soit acceptée, c'est-à-dire $p(0{,}96 \leqslant D \leqslant 1{,}05) = p(D \leqslant 1{,}05) - p(D \leqslant 0{,}96)$.

Une calculatrice fournit 0,971. On en conclut que la proportion de billes rejetées est de 2,9 % $(1 - 0{,}971 = 0{,}029 = 2{,}9\,\%)$.

21 Soit X la taille d'un individu choisi au hasard.

a. On cherche $p(X \geqslant 190) = 1 - p(X \leqslant 190)$. On trouve à la calculatrice : $1 - 0{,}9977$ donc 0,0027.

b. On cherche $p(X \leqslant 160)$ et, à la calculatrice, on trouve 0,0151.

22 D'après l'énoncé, on a $p(L \leqslant 82) = 0{,}1841$ et $p(L \geqslant 130) = 0{,}0668$.

Si on note $L^* = \dfrac{L-\mu}{\sigma}$, on obtient $L \leqslant 82 \Leftrightarrow L^* \leqslant \dfrac{82-\mu}{\sigma}$ et $L \geqslant 130 \Leftrightarrow L^* \geqslant \dfrac{130-\mu}{\sigma}$.

Les conditions de l'énoncé se traduisent par :

$$p\left(L^* \leqslant \frac{82-\mu}{\sigma}\right) = 0{,}1841 \text{ et } p\left(L^* \geqslant \frac{130-\mu}{\sigma}\right) = 0{,}0668$$

Cette dernière inégalité équivaut à $1 - p\left(L^* \leqslant \dfrac{130-\mu}{\sigma}\right) = 0{,}0668$

donc $p\left(L^* \leqslant \dfrac{130-\mu}{\sigma}\right) = 0{,}9332$.

La proportion de barres de moins de 82 cm est égale à $\dfrac{1\,841}{10\,000}$ et celle des barres de plus de 130 cm est égale à $\dfrac{668}{10\,000}$.

On trouve ainsi, en utilisant la touche Inverse Normale :

$$\begin{cases} \dfrac{82-\mu}{\sigma} \approx -0{,}9 \\[2mm] \dfrac{130-\mu}{\sigma} \approx 1{,}5 \end{cases} \Leftrightarrow \begin{cases} \mu - 0{,}9\sigma \approx 82 \\ \mu + 1{,}5\sigma \approx 130 \end{cases}$$

Par soustraction on trouve $2{,}4\sigma \approx 48$ donc $\sigma \approx 20$ cm. On obtient $\mu \approx 100$ cm.

23 On cherche μ pour que $p(X \leqslant 100) \leqslant 0{,}05$,

c'est-à-dire $p\left(\frac{X-\mu}{1{,}1} \leqslant \frac{100-\mu}{1{,}1}\right) \leqslant 0{,}05$.

Posons $X^* = \frac{X-\mu}{1{,}1}$; la condition équivaut à $p\left(X^* \leqslant \frac{100-\mu}{1{,}1}\right) \leqslant 0{,}05$.

On sait que la loi de X^* est $\mathcal{N}(0\,;1)$. On en déduit, en utilisant la touche Normale Inverse, que $\frac{100-\mu}{1{,}1} \leqslant -1{,}64$, c'est-à-dire $\mu \geqslant 101{,}8$ mg.

24 On cherche $p_{(X \geqslant 4)}(X \geqslant 8) = \frac{p((X \geqslant 8) \cap (X \geqslant 4))}{p(X \geqslant 4)} = \frac{p(X \geqslant 8)}{p(X \geqslant 4)}$.

Or $P(X \geqslant 8) = 1 - p(X \leqslant 8) = 1 - 0{,}9276 = 0{,}0724$

et $p(X \geqslant 4) = 1 - p(X \leqslant 4) = 1 - 0{,}4175 = 0{,}5825$.

Ne pas oublier que l'unité est le millier.

On en déduit que la probabilité cherchée est égale à 0,12 environ.

25 Soit m la note qui recale du premier coup et s celle qui permet d'être dispensé d'oral. Soit N la note obtenu par un candidat.
On sait que $p(N \leqslant m) = 0{,}3$ et $p(N \geqslant s) = 0{,}1 \Leftrightarrow p(N \leqslant s) = 0{,}9$.

La touche Inverse Normale nous fournit $m \approx 28$ et $s \approx 43{,}4$.
Le seuil d'admissibilité est donc de 28, et le seuil d'admission de 43,5 environ.

26 **a.** On cherche $p(77{,}5 \leqslant M \leqslant 82{,}5) = p(M \leqslant 82{,}5) - p(M < 77{,}5)$ et la calculatrice fournit : $0{,}8413 - 0{,}1587$, c'est-à-dire $0{,}6827$.

b. On cherche $p(77 \leqslant M \leqslant 86) = p(M \leqslant 86) - p(M < 77)$. La calculatrice fournit $0{,}9918 - 0{,}1151$, c'est-à-dire $0{,}8767$. La probabilité pour que la masse des insectes soit comprise entre 77 mg et 86 mg est donc égale à 88 % environ. En conséquence le chercheur a 88 chances sur 100 de conserver sa capture.

27 **a.** X suit une loi binomiale de paramètres 400 et 0,8 car on a effectué 400 fois ($n = 400$) une expérience dont la probabilité de succès est 0,8 ($p = 0{,}8$), les expériences étant deux à deux indépendantes.

b. L'espérance de X est égale à 320 et son écart-type à $\sqrt{320 \times 0{,}2}$, c'est-à-dire 8.

On cherche $p(X \geqslant 300)$, égale à $p\left(\frac{X-320}{8} \geqslant \frac{300-320}{8}\right)$.
Or, d'après le théorème de Moivre-Laplace, on sait que cette probabilité peut être approximée par $p\left(X^* \geqslant -\frac{20}{8}\right)$,
où $X^* = \frac{X-320}{8}$ a pour loi $\mathcal{N}(0\,;1)$.

Le nombre de graines semées est suffisamment grand pour que l'on puisse utiliser le théorème de Moivre-Laplace.

Comme $\left(X^* \geqslant -\frac{20}{8}\right) = 1 - p\left(X^* \leqslant -\frac{20}{8}\right)$, on trouve $1 - 0{,}0062$, c'est-à-dire $0{,}9938$.

28 **a.** On cherche $p(E \leqslant 0)$ et on trouve 0,5. Il y a une chance sur deux pour que l'erreur soit négative.

b. De la question précédente on déduit que la probabilité d'erreur positive sur une mesure est égale aussi à 0,5. Le nombre d'erreur positives sur 100 mesures définit une variable aléatoire N dont la loi est binomiale de paramètres 100 et $\frac{1}{2}$. Son espérance est donc égale à 50.

L'espérance d'une variable aléatoire binomiale de paramètres n et p est égale à np.

c. On cherche $p(N \geqslant 60)$, c'est-à-dire $1-p(N \leqslant 60)$. Puisque la taille de l'échantillon est suffisamment grande, d'après le théorème de Moivre-Laplace on peut approximer la loi de N par la loi $\mathcal{N}\left(50\,;50\times\frac{1}{2}\right)$, donc $\mathcal{N}(50\,;25)$. On trouve ainsi $1-p(N \leqslant 60) \approx 1-0{,}98$.

La probabilité cherchée est donc égale à 0,02 à 10^{-2} près.

29 **a.** On cherche λ pour que $p(25-\lambda \leqslant L \leqslant 25+\lambda) = 0{,}95$. On sait que $\lambda = 2\sigma$ et donc $\lambda = 6$. C'est pourquoi l'intervalle excluant les tailles 1 et 5 est $[25-6\,;25+6]$, c'est-à-dire $[19\,;31]$.

Donc les intervalles des tailles sont de longueur 4 cm et leur répartition est la suivante :

Taille	1	2	3	4	5
Intervalle	[15 ; 19]	]19 ; 23]	]23 ; 27]	]27 ; 31]	]31 ; 35]

b. La proportion de chaussettes allouée à la taille 2 résulte de $p(19 \leqslant X \leqslant 23)$. On trouve 0,23.

On remplit le tableau suivant en procédant de la même manière :

Taille	1	2	3	4	5
% chaussettes	2 %	23 %	50 %	23 %	2 %

30 On note S le poids de sucre dans un pot de confiture. S suit une loi normale $\mathcal{N}(465{,}900)$.

a. On cherche $1-p(420 \leqslant S \leqslant 520) = 1-p(S \leqslant 520)+p(S < 420)$ et la calculatrice fournit $1-(0{,}9918-0{,}07) \approx 0{,}1$.

Il y a donc 10 % de la production qui ne mérite pas le label « pur sucre ».

b. Notons m la teneur en sucre minimum acceptable pour le confiturier. On cherche m pour que l'on ait $p(m \leqslant S \leqslant 495) = 0{,}82$. De cette façon, il y a aura 82 % de pots acceptables et 18 % de perte.

Puisque $p(m \leqslant S \leqslant 495) = p(S \leqslant 495) - p(S \leqslant m)$, on a :

$$p(S \leqslant m) = p(S \leqslant 495) - 0{,}82$$

On calcule : $p(S \leqslant 495) \approx 0{,}84$ et on trouve $p(S \leqslant m) \approx 0{,}02$.

La touche Inverse Normale fournit $m \approx 403$. La quantité de sucre acceptable est donc de 403 grammes.

OBJECTIF BAC

31 **a.** Le composant fonctionne à condition que les deux boîtiers fonctionnent. On cherche donc $p((D_1 \geqslant 1\,400) \cap (D_2 \geqslant 1\,400))$. Les deux composants fonctionnant de manière indépendante, on trouve :

$p(D_1 \geqslant 1\,400)p(D_2 \geqslant 1\,400) = (1 - p(D_1 \leqslant 1\,400))(1 - p(D_2 \leq 1\,400))$

Le calcul fournit : $(1 - 0{,}253)(1 - 0{,}023) = 0{,}729819$.

La probabilité cherchée est d'environ $0{,}73$.

On cherche aussi $p((D_1 \geqslant 1\,600) \cap (D_2 \geqslant 1\,600))$ qui est égal à :

$$(1 - p(D_1 \leqslant 1600))(1 - p(D_2 \leqslant 1600)) \approx (1 - 0{,}748) \times (1 - 0{,}159)$$

On trouve $0{,}21$ environ.

b. Si on change un boîtier, cela signifie que l'un des deux est hors d'usage. Calculons donc $p((D_1 \leqslant 1\,600) \cup (D_2 \leqslant 1\,600))$. On trouve :

$$p(D_1 \leqslant 1\,600) + p(D_2 \leqslant 1\,600) - p((D_1 \leqslant 1\,600) \cap (D_2 \leqslant 1\,600))$$

Le calcul fournit $0{,}75 + 0{,}16 - 0{,}21 = 0{,}7$ qui est la probabilité qu'un boîtier *au moins* tombe en panne.

c. Pour trouver la probabilité pour qu'un seul cesse de fonctionner avant 1 600 heures de marche, soustrayons encore $p((D_1 \leqslant 1\,600) \cap (D_2 \leqslant 1\,600))$.

On obtient $0{,}49$ qui est la probabilité cherchée.

> Si A et B sont deux événements d'un univers Ω, alors :
> $p(A \cup B) =$
> $p(A) + p(B) - p(A \cap B)$

www.annabac.com

CHAPITRE

14 Estimation statistique

On souhaite connaitre la proportion d'une modalité d'un caractère dans une population. Pour des raisons évidentes, on peut rarement interroger tous les individus de cette population. C'est pourquoi il faut en sélectionner un échantillon, recueillir les données correspondantes et les interpréter. Mais quel crédit apporter à cette interprétation ? C'est l'un des problèmes que tente de résoudre l'estimation statistique.

1 Fluctuation d'échantillonnage

A Approche

- À la mi-juillet, le professeur d'une classe post-bac apprend qu'il aura à la rentrée de septembre une classe de 35 élèves, bacheliers S en juin dernier. Il s'interroge sur la proportion de mentions « Bien » qu'il aura dans sa classe. Il sait qu'au niveau national leur proportion était de 12 %. Bien entendu la proportion de mentions « Bien » obtenue par ses élèves ne sera pas forcément de 12 %.

- La classe de 35 élèves constitue un **échantillon** de taille 35 de la population totale des bacheliers S de juin dernier. La proportion de mentions « Bien » n'est pas la même dans chaque échantillon de taille 35. Le professeur peut-il toutefois avoir une idée raisonnable de cette proportion dans sa future classe ? Autrement dit, peut-on raisonnablement encadrer la **fluctuation d'échantillonnage,** c'est-à-dire le fait que la proportion de mentions « Bien » fluctue d'un échantillon à l'autre ?

- Oui, à condition d'assimiler le choix des 35 élèves à un tirage aléatoire *avec remise* de 35 boules choisies dans une urne comportant 12 % de boules blanches. On suppose de plus que les tirages sont indépendants.

Remarque : Comme l'effectif des bacheliers S est conséquent (environ 140 000) on assimile effectivement la composition des classes à des tirages indépendants avec remise de 35 boules parmi 140 000, chaque boule représentant une mention donnée ou pas de mention.

Dans l'urne il pourrait aussi y avoir 50 % de boules noires (pas de mention), 31 % de boules jaunes (mention AB) et 7 % de boules bleues (mention TB).

B Intervalle de fluctuation

On rappelle que si une variable aléatoire Y suit une loi $\mathcal{N}(\mu\,;\sigma^2)$ alors, pour tout $\alpha \in]0\,;1[$ il existe un nombre u_α tel que :

$$p\left(\mu - u_\alpha \sigma \leqslant Y \leqslant \mu + u_\alpha \sigma\right) = 1 - \alpha$$

On a vu également que $\Pi(u_\alpha) = 1 - \frac{\alpha}{2}$ (voir chapitre 13).

Par exemple, $u_{0,05} = 1{,}96$ et donc $p\left(\mu - 1{,}96\sigma \leqslant Y \leqslant \mu + 1{,}96\sigma\right) \approx 0{,}95$. Ces valeurs sont à retenir.

Théorème

Soit X_n une variable aléatoire suivant la loi binomiale de paramètres n et p. On pose $q = 1 - p$ et, pour tout $\alpha \in]0\,;1[$:

$$I_n = \left[p - u_\alpha \frac{\sqrt{pq}}{\sqrt{n}}\,;p + u_\alpha \frac{\sqrt{pq}}{\sqrt{n}}\right] \text{ où } u_\alpha \text{ est un nombre lié à } \alpha.$$

Alors : $\lim\limits_{n \to +\infty} p\left(\frac{X_n}{n} \in I_n\right) = 1 - \alpha.$

Ce théorème est admis.

Définition

L'intervalle I_n s'appelle **l'intervalle de fluctuation asymptotique** au seuil de $1 - \alpha$.

On dit aussi simplement intervalle de fluctuation au seuil de $1 - \alpha$.

Interprétation : Énoncé ainsi, le théorème ne brille pas par sa clarté ! Voici comment on peut l'interpréter.

On dispose d'une population dans laquelle la modalité M d'un caractère est représentée dans la proportion p. Par exemple, dans l'ensemble des bacheliers le caractère est « mention au bac » et M est la modalité « mention Bien ». Donc $p = 0{,}12$ et $q = 0{,}88$.

Dans une classe post-bac de 35 élèves ($n = 35$) on note X_n (donc X_{35}) la variable aléatoire comptant le nombre de mentions « Bien ». Dans la classe de 35 élèves, la fréquence d'apparition de la mention « Bien », c'est-à-dire la proportion de mentions « Bien », est donc $\frac{X_n}{n}$ $\left(\text{ici } \frac{X_{35}}{35}\right)$.

La loi $\mathcal{B}(n\,;p)$ est la loi binomiale de paramètres n et p.

On suppose que l'on peut assimiler la loi de X_n à la loi $\mathcal{B}(n\,;p)$ car la population totale des bacheliers S est suffisamment grande ; son espérance est np et sa variance npq.

Une conséquence du théorème de Moivre-Laplace (chapitre 13) est que, si n est assez grand, la loi $\mathcal{B}(n\,;p)$ peut être correctement approchée par la loi $\mathcal{N}(\mu;\sigma^2)$, où $\mu = np$ et $\sigma = \sqrt{npq}$. La loi de $\frac{X_n}{n}$ peut donc être correctement approchée par la loi $\mathcal{N}\left(\frac{np}{n};\frac{npq}{n^2}\right)$, c'est-à-dire $\mathcal{N}\left(p;\frac{pq}{n}\right)$.

On sait que, α étant donné, il existe un unique nombre u_α tel que

$\frac{X_n}{n} \in \left[p - u_\alpha \frac{\sqrt{pq}}{\sqrt{n}}\,;p + u_\alpha \frac{\sqrt{pq}}{\sqrt{n}}\right]$ avec la probabilité $1-\alpha$.

C'est le résultat essentiel contenu dans le théorème.

Cas particulier important

On sait que si $\alpha = 0{,}05$ alors $u_\alpha \approx 1{,}96$. Donc :

$$p\left(\frac{X_n}{n} \in \left[p - 1{,}96\frac{\sqrt{pq}}{\sqrt{n}}\,;p + 1{,}96\frac{\sqrt{pq}}{\sqrt{n}}\right]\right) = 0{,}95$$

Il y a donc 95 % de chance pour que la fréquence dans l'échantillon de la modalité M soir comprise entre $p - 1{,}96\frac{\sqrt{pq}}{\sqrt{n}}$ et $p + 1{,}96\frac{\sqrt{pq}}{\sqrt{n}}$.

Autrement dit, l'intervalle $\left[p - 1{,}96\frac{\sqrt{pq}}{\sqrt{n}}\,;p + 1{,}96\frac{\sqrt{pq}}{\sqrt{n}}\right]$ est l'intervalle de fluctuation au seuil de 95 %.

Exemple : Dans une classe post-bac de 35 élèves la proportion de mentions « Bien » est $\frac{X_{35}}{35}$. Par conséquent il y a 95 % de chances pour que la proportion de mentions « Bien » soit comprise entre $0{,}12 - 1{,}96\frac{\sqrt{0{,}12 \times 0{,}88}}{\sqrt{35}}$ et $0{,}12 + 1{,}96\frac{\sqrt{0{,}12 \times 0{,}88}}{\sqrt{35}}$, c'est-à-dire entre 0,012 et 0,23. Il est donc presque sûr qu'il y aura entre 1,2 % et 23 % de mention « Bien » dans la classe.

C Résumé

• **Point de départ :** une population dans laquelle il y a une proportion p d'une modalité M.

• **Manipulation :** on prend un échantillon de taille $n \geqslant 30$ de la population.

• **Résultat :** la probabilité pour que la proportion (ou fréquence) dans l'échantillon soit dans l'intervalle de fluctuation I_n est quasiment égale à $1-\alpha$.

Exemple : On a simulé ici par tableur 100 fois 1 000 lancers d'une pièce de monnaie honnête. Chaque point a pour abscisse le numéro du lancer (c'est-à-dire de l'échantillon de taille 1 000) et pour ordonnée la fréquence d'apparition de *Pile* au cours de ce lancer. Il est quasiment certain que 95 % des ordonnées sont comprises entre $0,5-1,96\dfrac{\sqrt{0,5\times 0,5}}{\sqrt{1000}}$ et $0,5+1,96\dfrac{\sqrt{0,5\times 0,5}}{\sqrt{1000}}$, c'est-à-dire entre 0,469 et 0,531 (droites en bleu sur le graphique ci-dessous). Vérifiez !

En général, la population de départ est de taille suffisamment grande et le prélèvement d'un échantillon de taille n revient à faire n tirages avec remise.

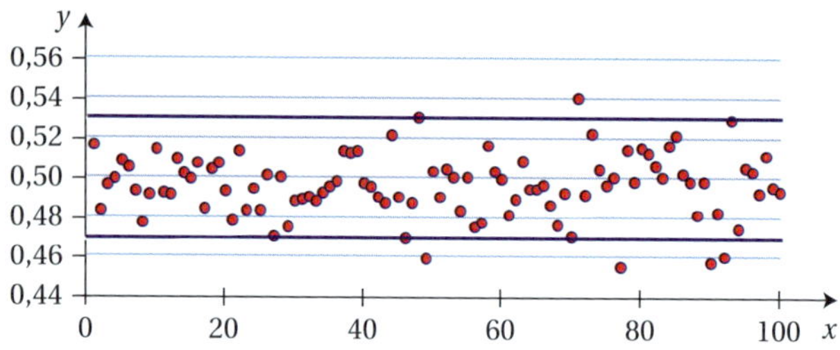

2 Intervalles de confiance

A Approche

On souhaite connaître la proportion de votants pour le candidat Ture à une élection comportant un grand nombre de votants. Bien entendu, il impossible d'interroger tous les votants. On prélève donc un échantillon de la population des votants, on en déduit la proportion de votants pour le candidat Ture dans cet échantillon.

Peut-on savoir si la proportion que l'on a trouvée est une bonne approximation de la proportion réelle dans la population totale ? Peut-on raisonnablement faire confiance à cette estimation ?

Oui, sous certaines conditions. La taille de l'échantillon joue un rôle pour déterminer le niveau de confiance que l'on attribuera à l'estimation qu'il fournit.

La différence avec ce qui a été dit à propos de l'intervalle de fluctuation, c'est que la proportion p dans la population totale est ici inconnue.

Est-il possible de déterminer cette taille en fonction de la précision que l'on envisage? Oui encore, sous certaines conditions.

B Définitions et propriétés

On considère une population contenant la modalité M d'un caractère dans une proportion p inconnue. On prélève un échantillon de taille n et on calcule la fréquence f de la modalité M dans cet échantillon. Cette fréquence est une estimation de p entâchée d'incertitude. Pour contrôler cette incertitude, on détermine *par une certaine méthode*, à partir de l'échantillon, un encadrement de p par un intervalle I.

La méthode utilisée est complexe et n'est pas au programme de Terminale.

On prend alors un risque : certains intervalles I contiendront effectivement la vraie valeur p et d'autres ne la contiendront pas. C'est pourquoi on définit la notion de risque et de confiance.

Définition 1

- Le **risque α lié au choix d'un intervalle** est la proportion, parmi tous les échantillons possibles, de ceux qui fournissent un intervalle qui ne contient pas p.
- Le nombre $1-\alpha$ s'appelle le **niveau de confiance,** ou seuil de confiance, de l'intervalle retenu ; c'est donc la proportion, parmi tous les échantillons possibles, de ceux qui fournissent un intervalle qui contient p.

On a donc $\alpha \in [0\,;1]$ et $1-\alpha \in [0\,;1]$

Concrètement, on utilise des échantillons de taille n dans des populations contenant un très grand nombre d'individus. C'est pourquoi on assimile leurs éléments à des résultats de tirages avec remise et on considère qu'ils définissent une variable aléatoire X de loi $\mathcal{N}(\mu\,;\sigma^2)$ avec $\mu = f$ et $\sigma = \sqrt{\dfrac{f(1-f)}{n}}$.

On trouve de la sorte le nombre u_α tel que :

$$p\left(f - u_\alpha\sqrt{\frac{f(1-f)}{n}} \leqslant X \leqslant f + u_\alpha\sqrt{\frac{f(1-f)}{n}}\right) = 1-\alpha$$

ou, ce qui est équivalent, tel que $p(-u_\alpha \leqslant X^* \leqslant u_\alpha) = 2\Pi(\alpha) \quad 1-1-\alpha$, où X^* a pour loi $\mathcal{N}(0\,;1)$.

Définition 2

On appelle **intervalle de confiance de niveau de confiance** α (ou simplement, de niveau α) lié à un échantillon de taille n l'intervalle :

$$\left[f-u_{\alpha}\sqrt{\frac{f(1-f)}{n}}\ ;f+u_{\alpha}\sqrt{\frac{f(1-f)}{n}}\right]$$

Un intervalle de confiance a pour centre la fréquence observée dans l'échantillon.

Théorème

On peut dire que l'intervalle $\left[f-\frac{1}{\sqrt{n}}\ ;f+\frac{1}{\sqrt{n}}\right]$ est un intervalle de confiance de niveau de confiance 95 %.

Preuve : La preuve est esquissée dans l'exercice 10.

Exemple: On fait un sondage en Funland sur 1 024 personnes. Aimez-vous Michel Jackfils ? On a calculé que 235 personnes ont répondu oui. À partir de ce sondage, on veut estimer, avec un risque de 5 %, la proportion de personnes aimant Michel Jackfils en Funland.

On calcule : $f=\frac{235}{1\,024}$ et $\sqrt{n}=\sqrt{1\,024}=32$; un intervalle de confiance de niveau 95 % est donc [0,20 ; 0,26]. Autrement dit, d'après ce sondage on peut dire qu'il y a dans Funland entre 20 % et 26 % de fans de Michel Jackfils et cette fouchette est fiable à 95 %.

On a donc 5 % de chances d'être dans l'erreur quand on affirme cela.

Remarques

1. La longueur de l'intervalle de confiance est d'autant plus petite que n est grand. Cela signifie que plus la taille de l'échantillon est grande et plus l'incertitude sur la proportion inconnue diminue.

On remarque que la taille de la population totale n'influence pas la longueur de l'intervalle de confiance ; seule la taille de l'échantillon intervient.

2. On trouve un intervalle de confiance à partir d'un échantillon. Lors d'un sondage, il est donc possible que deux instituts, posant la même question et utilisant la même méthode, arrivent à des fourchettes différentes, avec le même niveau de confiance !

Sur la figure ci-contre, on a tracé des intervalles de confiance dont le milieu est la fréquence mesurée dans chaque échantillon étudié.

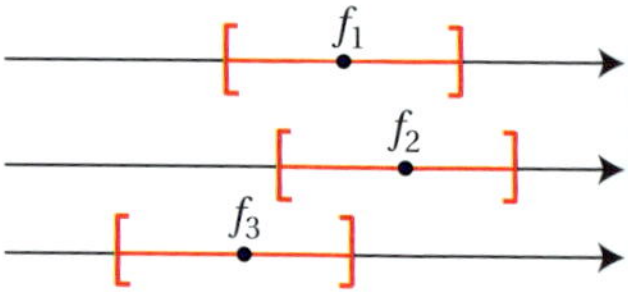

C Commentaires importants

a. Fourchette et risque

Quand on trouve un intervalle de confiance à partir d'un échantillon, on n'est pas certain qu'il contienne la proportion inconnue p.

Tout ce que l'on peut dire c'est que, avant le prélèvement de l'échantillon, avec la méthode utilisée, la probabilité que l'intervalle de confiance que l'on va trouver contienne la véritable proportion p est égale à $1-\alpha$.

Par exemple, avec un niveau de confiance de 95 % le sondage donnera une bonne fourchette avec 95 chances sur 100 (et une mauvaise fourchette avec 5 chances sur 100).

Une fois le sondage effectué, il n'est plus question de probabilité. En effet de deux choses l'une :

- soit la véritable proportion p appartient à l'intervalle trouvé, auquel cas la probabilité qu'elle s'y trouve est égale à 1 ;
- soit la véritable proportion p, n'appartient pas à l'intervalle trouvé, auquel cas la probabilité qu'elle s'y trouve est égale à 0.

b. Fiabilité de l'intervalle de confiance

L'intervalle de confiance est d'autant plus *large* que le niveau de confiance est élevé ! En effet si l'on veut que l'intervalle soit fiable à 100 %, il faut qu'il contienne toutes les valeurs possibles de p ! Si on baisse le degré de confiance accordé à l'intervalle, on se contentera d'un intervalle moins large.

En réduisant le niveau de confiance accordé à l'intervalle, on exige moins de fiabilité sur les renseignements qu'il fournit et donc sa largeur diminue.

c. Conditions d'utilisation

On peut utiliser l'estimation d'une proportion par intervalle de confiance lorsque la taille n de l'échantillon dépasse 30 individus et que l'on sait que $\boldsymbol{np \geqslant 5}$ et $\boldsymbol{n(1-p) \geqslant 5}$.

Déterminer un intervalle de confiance

ÉNONCÉ

On prélève un échantillon de 100 individus dans une population d'oiseaux comportant une proportion inconnue p de porteur de bagues.
On trouve 32 individus bagués. Les résultats seront donnés à 10^{-3} près.

1 Déterminer un intervalle de confiance de niveau 95 % de la proportion p dans la population.

2 Déterminer un intervalle de confiance de niveau 90 % de la proportion p dans la population.

3 Comparer les longueurs des deux intervalles trouvés. Commenter.

MÉTHODE

On vérifie en premier lieu que les conditions d'utilisation de l'intervalle de confiance sont bien vérifiées : $n \geqslant 30$, $np \geqslant 5$ et $n(1-p) \geqslant 5$.

1 et **2** Avec les notations usuelles on a :

$$I_\alpha = \left[f - u_\alpha \sqrt{\frac{f(1-f)}{n}} \; ; f + u_\alpha \sqrt{\frac{f(1-f)}{n}} \right]$$

On pourra montrer que $\Pi(u_\alpha) = 1 - \frac{\alpha}{2}$.

3 Plus le niveau de confiance α augmente et plus la largeur de l'intervalle de confiance augmente aussi.

CORRIGÉ

1 On sait que $n = 100$ et que la fréquence f de l'échantillon est égale à 32 %. Donc $nf = 32 \geqslant 5$ et $n(1-f) = 68 \geqslant 5$, l'estimation par intervalle de confiance est donc valable.

Il reste à déterminer u_α. Pour tout $\alpha \in [0\,;1]$, on sait que u_α est le nombre tel que $p(-u_\alpha \leqslant X^* \leqslant u_\alpha) = 1 - \alpha$, où X^* est une variable aléatoire dont la loi est $\mathcal{N}(0,1)$.

α s'appelle le niveau de risque de l'intervalle et $1-\alpha$ son niveau de confiance.

Or : $p\left(-u_\alpha \leqslant X^* \leqslant u_\alpha\right) = \Pi\left(u_\alpha\right) - \Pi\left(-u_\alpha\right) = \Pi\left(u_\alpha\right) - \left(1 - \Pi\left(u_\alpha\right)\right)$

$$= 2\Pi\left(u_\alpha\right) - 1$$

donc : $p\left(-u_\alpha \leqslant X^* \leqslant u_\alpha\right) = 1 - \alpha \Leftrightarrow 2\Pi\left(u_\alpha\right) - 1 = 1 - \alpha$

$$\Leftrightarrow \Pi\left(u_\alpha\right) = 1 - \frac{\alpha}{2}$$

Si $\alpha = 0{,}05$, alors la calculatrice fournit $u_\alpha \approx 1{,}96$ (que l'on peut retenir par cœur). Par conséquent l'intervalle de confiance cherché est :

$$\left[0{,}32 - 1{,}96\sqrt{\frac{0{,}32 \times 0{,}68}{100}}\,;\, 0{,}32 + 1{,}96\sqrt{\frac{0{,}32 \times 0{,}68}{100}}\right]$$

Cela donne, à 10^{-3} près, l'intervalle : $[0{,}229\,;\,0{,}411]$.

Avec cet échantillon on peut estimer, avec un seuil de confiance de 95 %, qu'il y a entre 22,9 % et 41,1 % d'oiseaux bagués dans la population totale.

Le risque d'erreur dans cette prévision est de 5 %.

2 Seule une donnée change par rapport à la question précédente : le niveau de risque α. On trouve ici : $\Pi\left(u_{0,01}\right) = 1 - \frac{0{,}01}{2} = 0{,}995$, donc $u_\alpha \approx 2{,}58$.

Par conséquent l'intervalle de confiance cherché est :

$$\left[0{,}32 - 2{,}58\sqrt{\frac{0{,}32 \times 0{,}68}{100}}\,;\, 0{,}32 + 2{,}58\sqrt{\frac{0{,}32 \times 0{,}68}{100}}\right]$$

On trouve $[0{,}20\,;\,0{,}440]$, à 10^{-3} près. Avec cet échantillon, on peut estimer, avec un seuil de confiance de 99 %, qu'il y a entre 20 % et 44 % d'oiseaux bagués dans la population totale.

3 L'intervalle de confiance au seuil de confiance de 99 % est plus large que celui lié au seuil de confiance de 95 %. En effet, pour qu'elle soit crédible avec plus de fiabilité (c'est-à-dire pour qu'on ait plus confiance en elle) la fourchette de prévision doit être plus large. C'est le cas ici.

Visualiser un intervalle de confiance sur un nuage de points

ÉNONCÉ

L'algorithme suivant montre une façon de simuler un jet d'une pièce de monnaie et d'afficher les résultats sous la forme d'un nuage de points.

Code de l'algorithme

```
VARIABLES
    nbelancers EST_DU_TYPE NOMBRE
    echantillon EST_DU_TYPE NOMBRE
    essainumero EST_DU_TYPE NOMBRE
DEBUT_ALGORITHME
    essainumero PREND_LA_VALEUR 1
    TANT_QUE (essainumero<=100) FAIRE
      DEBUT_TANT_QUE
      nbelancers PREND_LA_VALEUR 1
      echantillon PREND_LA_VALEUR 0
      TANT_QUE (nbelancers<=1000) FAIRE
          DEBUT_TANT_QUE
              SI (random()<0.5) ALORS
                DEBUT_SI
                echantillon PREND_LA_VALEUR echantillon+1
              FIN_SI
          nbelancers PREND_LA_VALEUR nbelancers+1
          FIN_TANT_QUE
      echantillon PREND_LA_VALEUR echantillon/1000
      TRACER_POINT (essainumero,echantillon)
      essainumero PREND_LA_VALEUR essainumero+1
    FIN_TANT_QUE
    TRACER_SEGMENT (0,0.5)->(100,.5)
FIN_ALGORITHME
```

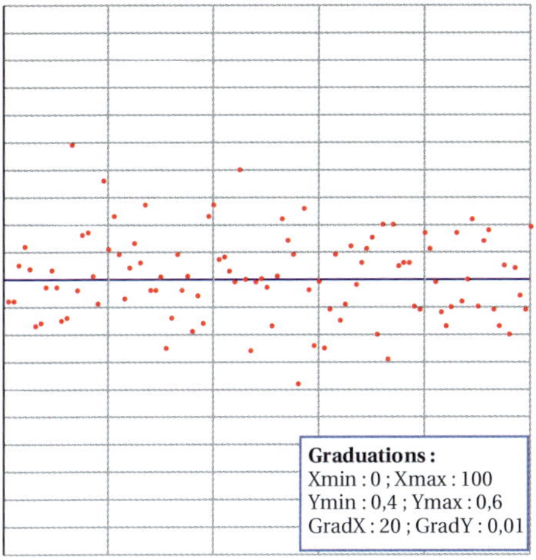

1 Combien de simulations effectue-t-on ? Combien de lancers y a-t-il à chaque simulation ?

2 La pièce est-elle censée être truquée ?

3 Quel est l'intervalle de théorique de fluctuation de niveau 95 % ? Le retrouve-t-on sur le nuage de points ?

MÉTHODE

1 Les variables *nbelancers* et *essainumero* permettent de répondre à la question.

2 Le test appliqué au nombre *random*() (signifiant *aléatoire*) fournit la réponse. Ce nombre renvoie une valeur aléatoire comprise entre 0 et 1.

3 Lire les indications d'échelle et la ligne 23 de l'algorithme.

Grad signifie ici *subdivision.*

CORRIGÉ

1 La variable *essainumero* de la première boucle « TANT QUE » prend toutes les valeurs entières de 1 à 100. On fait donc 100 essais (essainumero 1, essainumero 2, etc.) et par conséquent 100 simulations. La seconde boucle « TANT QUE » contient la variable *nbelancers* qui prend toutes les valeurs entières entre 1 et 1 000. On effectue donc 1 000 lancers lors de chaque simulation.

2 La variable *echantillon* augmente de 1 à chaque fois que le nombre *random*() est inférieur à $0,5$. La pièce n'est donc pas censée être truquée car le nombre *random*() prend des valeurs aléatoires comprises entre 0 et 1. Il y a donc une chance sur deux pour que sa valeur soit inférieure à $0,5$, que l'on peut symboliser par *Pile*.

On pourrait tout aussi bien dire *Face*.

3 L'intervalle de fluctuation théorique de niveau 95 % est :

$$\left[0,5-1,96\times\frac{\sqrt{0,5\times0,5}}{\sqrt{100}}\,;0,5-1,96\times\frac{\sqrt{0,5\times0,5}}{\sqrt{100}}\right]$$

c'est-à-dire [0,402 ; 0,598] à 10^{-3} près.

D'après la ligne 23 de l'algorithme, le segment bleu a pour ordonnée 0,5.

D'après les graduations de l'axe vertical (graduations en centièmes), on constate sur le graphique qu'au moins 95 % de points du nuage sont bien dans cet intervalle de fluctuation.

SE TESTER QUIZ

Dans les exercices 1 à 9, on suppose qu'on dispose d'une population dans laquelle la modalité *M* d'un caractère est présente en proportion *p*.

1 Plus la taille d'échantillon d'une population augmente et plus la longueur de l'intervalle de fluctuation de la proportion dans l'échantillon diminue.

☐ **a.** Vrai ☐ **b.** Faux

2 La longueur de l'intervalle de fluctuation de la proportion dans l'échantillon dépend de l'effectif total de la population.

☐ **a.** Vrai ☐ **b.** Faux

3 Si on diminue un niveau de confiance alors on agrandit l'intervalle de confiance.

☐ **a.** Vrai ☐ **b.** Faux

4 La longueur d'un intervalle de confiance dépend de la taille de l'échantillon que l'on choisit.

☐ **a.** Vrai ☐ **b.** Faux

5 Pour un niveau de confiance donné, la longueur de l'intervalle de confiance dépend de l'effectif total de la population.

☐ **a.** Vrai ☐ **b.** Faux

6 La proportion réelle p appartient forcément à un intervalle de confiance de niveau de confiance 95 %.

☐ **a.** Vrai ☐ **b.** Faux

7 La proportion réelle p est toujours plus près du centre de l'intervalle de confiance que de ses extrémités.

☐ **a.** Vrai ☐ **b.** Faux

8 La proportion p appartient à un intervalle de confiance donné de niveau de confiance $1-\alpha$ avec la probabilité $1-\alpha$.

☐ **a.** Vrai ☐ **b.** Faux

9 Un intervalle de confiance a pour centre la fréquence observée dans l'échantillon.

☐ **a.** Vrai ☐ **b.** Faux

TRAITER UNE QUESTION DE COURS

10 Soient X_n une variable aléatoire dont la loi est $\mathcal{B}(n\,;p)$ d'espérance m et d'écart-type s, Y une variable aléatoire de loi $\mathcal{N}(\mu\,;\sigma^2)$ et $\alpha \in]0\,;1[$.

On rappelle que si n est suffisamment grand, alors il existe un unique nombre u_α tel que :

$$p(\mu - u_\alpha \sigma \leqslant Y \leqslant \mu + u_\alpha \sigma) = 1 - \alpha$$

$$\text{et } p(m - u_\alpha s \leqslant X_n \leqslant \mu + u_\alpha s) = 1 - \alpha.$$

$\mathcal{B}(n\,;p)$ désigne la loi binomiale de paramètres n et p.

a. Démontrer que $p\left(p - 1{,}96\dfrac{\sqrt{pq}}{\sqrt{n}} \leqslant \dfrac{X_n}{n} \leqslant p + 1{,}96\dfrac{\sqrt{pq}}{\sqrt{n}}\right) = 0{,}95.$

b. En déduire que $p\left(\dfrac{X_n}{n} - 1{,}96\dfrac{\sqrt{pq}}{\sqrt{n}} \leqslant p \leqslant \dfrac{X_n}{n} + 1{,}96\dfrac{\sqrt{pq}}{\sqrt{n}}\right) = 0{,}95.$

c. Prouver que pour tout $p \in [0\,;1]$: $p(1-p) \leqslant \dfrac{1}{4}$ puis retrouver le résultat du théorème du § 2. B.

On pourra étudier la fonction $x \mapsto x(1-x)$.

S'ENTRAÎNER

Intervalle de fluctuation

11 Une machine est chargée de confectionner des cornets de 40 dragées. Il y en a des blanches (50 %), des bleues (30 %) et des roses (20 %). On prélève un cornet dans la production. Quelles proportions (à 10^{-3} près) de dragées bleues est-il probable d'avoir avec plus de 95 chances sur 100 ?

12 Une élection vient d'avoir lieu dans un pays lointain. Le candidat X a obtenu 43,5 % des voix. On prélève un échantillon de 100 bulletins de votes. Quelles proportions de bulletins X (à 10^{-3} près) est-il probable d'avoir dans cet échantillon avec plus de 90 chances sur 100 ?

13 Dans l'ensemble des lycées de l'académie, il y a 46 % de filles scolarisées en terminale S. Donner un encadrement, fiable à au moins 95 %, de la proportion (à 10^{-3} près) de filles scolarisées en terminale S, dans un lycée de l'académie comportant 4 classes de terminale S à 32 élèves.

14 C'est toujours comme ça, malheureusement : quoi que l'on fasse, il y a toujours 7 % de composants défectueux à la sortie de l'usine de fabrication. On en achète 100. Peut-on être sûr à 95 % d'en avoir plus de 83 qui ne soient pas défectueux ?

15 Dans une population on a constaté qu'il naissait chaque année 52 % de garçons (et donc 48 % de filles). Une année on a étudié un échantillon de 400 nouveau-nés. Je te parie qu'il y a au moins 95 chances sur 100 pour que dans cet échantillon il y ait entre 50 % et 54 % de garçons. Gagnerai-je mon pari ?

Intervalle de confiance

16 Le prélèvement d'un échantillon de 500 copies corrigées du baccalauréat montre que 203 d'entre elles obtiennent une note strictement inférieure à 10.

Donner l'intervalle de confiance $\left[f-\frac{1}{\sqrt{n}}\,;f+\frac{1}{\sqrt{n}}\right]$ de niveau de confiance de 95 % à 10^{-3} près.

> L'intervalle de l'exercice 16 s'appelle parfois l'intervalle de confiance simplifié de niveau 95 %.

17 Lorsqu'un médecin rédige une ordonnance composée de médicaments, seule une certaine proportion p de patients va chercher la totalité de la prescription. L'office national des pharmaciens de Médecineland a effectué une étude pendant 30 jours sur 2 000 ordonnances prescrivant des médicaments. On a ainsi constaté que 49 856 patients allaient chercher la totalité des médicaments prescrits. Donner un intervalle de confiance de niveau 90 % de la proportion inconnue p, à 10^{-3} près.

18 Au cours d'une journée ordinaire d'été Gino a vendu 569 cornets de glace dont 378 avec le parfum fraise. À partir de cet échantillon, déterminer un intervalle de confiance au seuil de confiance 95 % de la proportion de cornets glacés comprenant le parfum fraise que Gino vendra durant une journée ordinaire d'été, à 10^{-2} près.

19 On prélève un échantillon de 48 bouteilles d'eau à la sortie d'une chaîne de conditionnement, et on mesure le volume v de l'eau contenue dans chacune des bouteilles.

Le tableau suivant résume les résultats obtenus.

v (en litres)	1,45	1,47	1,48	1,49	1,50	1,51	1,52	1,53
Nombre de bouteilles	3	5	5	7	8	8	7	5

a. Déterminer la proportion de bouteilles de plus d'un litre et demi dans l'échantillon à 10^{-2} près.

b. Donner, à 10^{-2} près, un intervalle de confiance à 99 % de la proportion de bouteilles contenant plus d'un litre et demi dans la chaîne de conditionnement.

20 Dans une population, soit p la proportion des malades atteints de la maladie du blé. On extrait par tirage au sort 100 individus de la population. On constate qu'il y en a 15 qui sont atteints de la maladie du blé.

a. Déterminer un intervalle de confiance pour p avec un risque de 0,01.

b. En utilisant cet échantillon, quel niveau de risque faudrait-il avoir pour obtenir un intervalle de confiance pour p de longueur 0,10 ?

OBJECTIF BAC

21 Afin de déterminer la proportion p d'articles impropres à la vente, un contrôle de qualité est effectué à la sortie d'une usine. On effectue des prélèvements de taille n que l'on assimile à des tirages avec remise.

a. Dans cette question $n = 125$ et on trouve que 10 articles sont impropres à la vente. Calculer la proportion f d'articles impropres à la vente dans cet échantillon.

b. En déduire une estimation de p par un intervalle de confiance de niveau 90 % à 10^{-2} près.

c. On conserve la valeur f trouvée dans la question précédente. Quelle doit être la taille minimale n (n étant un entier) de l'échantillon prélevé pour que la proportion p soit égale à $0{,}08 \pm 0{,}02$, avec un niveau de confiance de 90 % ?

SE TESTER

1 Vrai. En effet la longueur d'un intervalle de fluctuation au seuil $1-\alpha$ est égale à $2u_\alpha\sqrt{\frac{pq}{n}}$. Donc, lorsque n augmente, cette longueur diminue.

2 Faux. La longueur de l'intervalle dépend notamment de la proportion de la modalité dans la population totale et non de l'effectif total de la population.

3 Faux. Si on diminue le niveau de confiance d'un intervalle, celui-ci n'est pas tenu de donner une précision élevée, et donc sa longueur diminue.

Voir la définition 2 du § 2. B. du cours.

4 Vrai.

5 Faux. La largeur d'un intervalle de confiance de niveau de confiance $1-\alpha$ est égale à $2u_\alpha\sqrt{\frac{f(1-f)}{n}}$ et ne dépend donc pas de l'effectif total de la population.

6 Faux. Un intervalle de confiance de niveau de confiance 95 % (ou tout autre niveau de confiance inférieur à 1) contient ou ne contient pas la proportion réelle p.

7 Faux. La proportion réelle, si elle appartient à un intervalle de confiance, peut se situer à un endroit quelconque de cet intervalle.

8 Faux. Une fois que l'on a déterminé un intervalle de confiance avec un niveau de confiance et un échantillon donné, la proportion réelle est dedans ou n'y est pas. En revanche, avant de choisir l'échantillon avec un niveau de confiance de 95 %, on sait qu'il y a 95 chances sur 100 pour que l'intervalle que l'on va déterminer contienne p.

9 Vrai. Par définition.

TRAITER UNE QUESTION DE COURS

10 a. On sait que $m=np$ et $s=\sqrt{npq}$, où $q=1-p$.

Donc : $p\left(m-u_\alpha s\leqslant X_n\leqslant m+u_\alpha s\right)=1-\alpha$

$$\Leftrightarrow p\left(\frac{np-u_\alpha\sqrt{npq}}{n}\leqslant\frac{X_n}{n}\leqslant\frac{np+u_\alpha\sqrt{npq}}{n}\right)=1-\alpha$$

De plus on sait que si $\alpha = 0{,}05$ alors $u_\alpha = 1{,}96$ donc :

$$p\left(p - 1{,}96\frac{\sqrt{pq}}{\sqrt{n}} \leqslant \frac{X_n}{n} \leqslant p + 1{,}96\frac{\sqrt{pq}}{\sqrt{n}}\right) = 0{,}95$$

L' espérance d' une variable aléatoire binomiale de paramètres *n* et *p* est *np* et son écart-type est $\sqrt{npq}$.

b. Or : $p - 1{,}96\frac{\sqrt{pq}}{\sqrt{n}} \leqslant \frac{X_n}{n} \leqslant p + 1{,}96\frac{\sqrt{pq}}{\sqrt{n}}$

$$\Leftrightarrow p - 1{,}96\frac{\sqrt{pq}}{\sqrt{n}} \leqslant \frac{X_n}{n} \text{ et } \frac{X_n}{n} \leqslant p + 1{,}96\frac{\sqrt{pq}}{\sqrt{n}}$$

$$\Leftrightarrow p \leqslant \frac{X_n}{n} + 1{,}96\frac{\sqrt{pq}}{\sqrt{n}} \text{ et } p \geqslant \frac{X_n}{n} - 1{,}96\frac{\sqrt{pq}}{\sqrt{n}}$$

$$\Leftrightarrow \frac{X_n}{n} - 1{,}96\frac{\sqrt{pq}}{\sqrt{n}} \leqslant p \leqslant \frac{X_n}{n} + 1{,}96\frac{\sqrt{pq}}{\sqrt{n}}$$

Donc on a bien $p\left(\frac{X_n}{n} - 1{,}96\frac{\sqrt{pq}}{\sqrt{n}} \leqslant p \leqslant \frac{X_n}{n} + 1{,}96\frac{\sqrt{pq}}{\sqrt{n}}\right) = 0{,}95.$

c. Avec les notations du théorème du paragraphe 1.B., on a $F_n = \frac{X_n}{n}$, donc :

$$p\left(F_n - 1{,}96\frac{\sqrt{pq}}{\sqrt{n}} \leqslant p \leqslant F_n + 1{,}96\frac{\sqrt{pq}}{\sqrt{n}}\right) = 0{,}95$$

De plus, sur $[0\,;1]$, la fonction $x \mapsto x(1-x)$ a pour représentation graphique une parabole dont le maximum est atteint en $\frac{1}{2}$ et a pour valeur $\frac{1}{4}$.

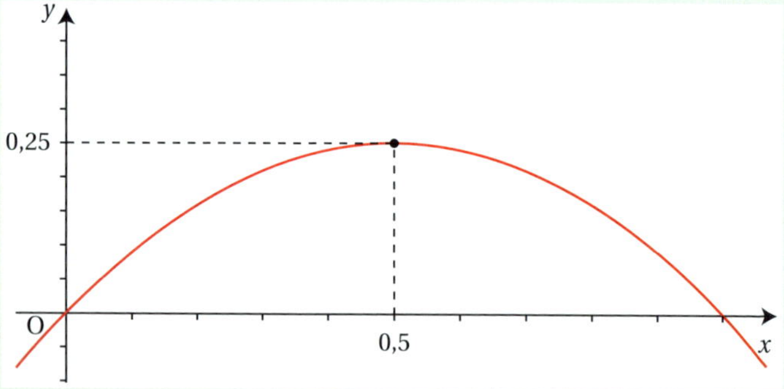

Donc on a $\sqrt{p(1-p)} \leqslant \sqrt{\frac{1}{4}} \Rightarrow 1{,}96\sqrt{pq} \leqslant \frac{1{,}96}{2} \Rightarrow 1{,}96\sqrt{pq} \leqslant 1$.

Par conséquent l'intervalle $\left[F_n - 1{,}96\dfrac{\sqrt{pq}}{\sqrt{n}}\ ;\ F_n + 1{,}96\dfrac{\sqrt{pq}}{\sqrt{n}}\right]$ est contenu dans l'intervalle $\left[F_n - \dfrac{1}{\sqrt{n}}\ ;\ F_n + \dfrac{1}{\sqrt{n}}\right]$. Donc si $p \in \left[F_n - 1{,}96\dfrac{\sqrt{pq}}{\sqrt{n}}\ ;\ F_n + 1{,}96\dfrac{\sqrt{pq}}{\sqrt{n}}\right]$ avec 95 % de chances, alors, *a fortiori*, $p \in \left[F_n - \dfrac{1}{\sqrt{n}}\ ;\ F_n + \dfrac{1}{\sqrt{n}}\right]$ avec 95 % de chances. Ce qu'il fallait démontrer.

S'ENTRAÎNER

11 On cherche l'intervalle de fluctuation de niveau 95 % de la proportion 30 %.

On trouve $\left[0{,}3 - 1{,}96\sqrt{\dfrac{0{,}3 \times 0{,}7}{40}}\ ;\ 0{,}3 + 1{,}96\sqrt{\dfrac{0{,}3 \times 0{,}7}{40}}\right]$, c'est-à-dire $[0{,}158\ ;\ 0{,}442]$ à 10^{-3} près. Avec 95 chances sur 100, on peut s'attendre à trouver entre 15, 8 % et 44, 2 % de dragées bleues, c'est-à-dire entre 7 et 17 dragées bleues.

12 On dispose d'un échantillon de taille 100 et on cherche l'intervalle de fluctuation de niveau 0,9.

Voir chapitre 13, § 1. C. *in fine*.

On trouve d'abord $u_{0,1}$ sachant que :

$$\Pi\left(u_{0,1}\right) = 1 - \frac{0{,}0{,}1}{2}, \text{ donc } u_{0,1} \approx 1{,}645.$$

On obtient $\left[0{,}435 - u_{0,1}\sqrt{\dfrac{0{,}435 \times 0{,}565}{100}}\ ;\ 0{,}435 + u_{0,1}\sqrt{\dfrac{0{,}435 \times 0{,}565}{100}}\right]$, c'est-à-dire $[0{,}353\ ;\ 0{,}517]$ à 10^{-3} près. Avec une probabilité de 90 % on trouvera entre 35,3 % et 51,7 % de bulletins X dans l'échantillon.

13 On dispose d'un échantillon de taille 128 ($4 \times 32 = 128$) et on cherche l'intervalle de fluctuation de niveau 0,95. On trouve d'abord $u_{0,05}$ sachant que $\Pi\left(u_{0,05}\right) = 1 - \dfrac{0{,}05}{2}$, donc $u_{0,05} \approx 1{,}96$. L'intervalle cherché est donc $\left[0{,}46 - u_{0,05}\sqrt{\dfrac{0{,}46 \times 0{,}54}{128}}\ ;\ 0{,}46 + u_{0,05}\sqrt{\dfrac{0{,}46 \times 0{,}54}{128}}\right]$, c'est-à-dire $[0{,}373\ ;\ 0{,}546]$, à 10^{-3} près. Avec une probabilité de 95 % on trouvera entre 37,3 % et 54,6 % de filles scolarisées en terminale S dans ce lycée.

14 On dispose d'un échantillon de taille 100 et on cherche l'intervalle de fluctuation de niveau 0,95 sachant qu'il y a **93 %** de composants non défectueux.

On trouve d'abord $u_{0,05}$ sachant que $\Pi\left(u_{0,05}\right)=1-\frac{0,05}{2}$, donc $u_{0,05}\approx 1,96$.

On trouve $\left[0,93-u_{0,05}\sqrt{\frac{0,93\times 0,07}{100}}\ ;\ 0,93+u_{0,05}\sqrt{\frac{0,93\times 0,07}{100}}\right]$, c'est-à-dire **[0,857 ; 1]** à 10^{-3} près. Avec une probabilité de **95%,** on trouvera entre 85,7 % et 100 % de composants dénués de défauts. On ne peut donc pas assurer qu'il y en aura plus de 83 sans défauts avec un taux de confiance de 95 %.

15 L'intervalle de fluctuation de niveau **95 %** obtenu avec l'échantillon de taille 400 est égal à $\left[0,52-u_{0,05}\sqrt{\frac{0,52\times 0,48}{400}}\ ;\ 0,52+u_{0,05}\sqrt{\frac{0,52\times 0,48}{400}}\right]$.

Comme on a $\Pi\left(u_{0,05}\right)=1-\frac{0,05}{2}$, on trouve $u_{0,05}\approx 1,96$ donc l'intervalle de fluctuation est égal à **[0,495 ;0,545]** à 10^{-3} près. Je gagnerai donc mon pari.

16 On dispose d'un échantillon de taille 500. La proportion de notes strictement inférieures à 10 est égale à $\frac{203}{500}$, c'est-à-dire 40,6 %. L'intervalle de confiance simplifié de niveau **95 %** est donc

$\left[0,406-\frac{1}{\sqrt{500}}\ ;0,406+\frac{1}{\sqrt{500}}\right]$, soit environ **[0,361 ; 0,405]** à 10^{-3} près.

17 On dispose d'une population de **60000** ordonnances **(2 000 × 30 = 60 000)**. La proportion f de la population de l'échantillon allant chercher la totalité de la prescription est égale à $\frac{49856}{60000}$, soit environ 83,1 %. L'intervalle de confiance de niveau **90 %** est donc :

$$\left[0,831-u_{0,1}\sqrt{\frac{0,83\times 0,17}{60000}}\ ;0,831+u_{0,1}\sqrt{\frac{0,83\times 0,17}{60000}}\right]$$

On trouve $\Pi(u_{0,1})=1-\frac{0,1}{2}\Rightarrow u_{0,1}\approx 1,645$. Par conséquent l'intervalle de confiance cherché est **[0,828 ; 0,834]** à 10^{-3} près.

18 On dispose d'un échantillon de 569 individus ; la fréquence de « parfum fraise » dans cet échantillon est égale à $\frac{378}{569}$, soit 0,66. L'intervalle de confiance est égal à $\left[0{,}66-u_{0{,}05}\sqrt{\frac{0{,}66\times0{,}34}{569}}\ ;\ 0{,}66+u_{0{,}05}\sqrt{\frac{0{,}66\times0{,}34}{569}}\right]$.

On trouve $\Pi\left(u_{0{,}05}\right)=1-\frac{0{,}05}{2}\Rightarrow u_{0{,}05}\approx1{,}96$ et donc l'intervalle cherché est [0,64 ; 0,68] à 10^{-2} près.

19 **a.** La proportion de bouteilles de plus d'un litre et demi dans l'échantillon est égale à $\frac{20}{48}$, c'est-à-dire 42 % environ.

b. Avec la proportion précédente et sachant que l'on a $\Pi\left(u_{0{,}01}\right)=1-\frac{0{,}01}{2}$, on trouve $u_{0{,}01}\approx2{,}58$ et l'intervalle cherché est donc :

$$\left[0{,}42-2{,}58\sqrt{\frac{0{,}42\times0{,}58}{48}}\ ;0{,}42+2{,}58\sqrt{\frac{0{,}42\times0{,}58}{48}}\right]$$

soit [0,35 ; 0,49] à 10^{-2} près.

20 **a.** On sait qu'un intervalle de confiance $I_{0{,}01}$ avec un risque de 0,01 est :

$$\left[0{,}15-u_{0{,}01}\sqrt{\frac{0{,}15\times0{,}85}{100}}\ ;0{,}15+u_{0{,}01}\sqrt{\frac{0{,}15\times0{,}85}{100}}\right]$$

et on calcule $u_{0{,}01}$ avec l'inverse de la loi normale $\mathcal{N}(0;1)$, sachant que $2\Pi\left(u_{0{,}01}\right)-1=1-0{,}01$, c'est-à-dire $\Pi\left(u_{0{,}01}\right)=1-0{,}005\Rightarrow u_{0{,}01}\approx2{,}58$.

> Pour le calcul de $u_{0{,}01}$ voir le 2. B.

C'est pourquoi $I_{0{,}01}=\left[0{,}15-0{,}092\ ;0{,}15+0{,}092\right]=[0{,}058\ ;0{,}242]$.

b. La longueur d'un intervalle de confiance au risque α est égale à $2u_\alpha\sqrt{\frac{0{,}15\times0{,}85}{100}}$. On cherche α pour que $2u_\alpha\sqrt{\frac{0{,}15\times0{,}85}{100}}=0{,}1$ et donc $u_\alpha\approx1{,}4$. Puisque $2\Pi\left(u_\alpha\right)-1=1-\alpha$, $\alpha=2-2\Pi(1{,}4)=0{,}1616$.
Il faut donc accepter un risque de 16 % environ pour avoir un intervalle de confiance de longueur 0,10.

OBJECTIF BAC

21 **a.** On trouve évidemment $f=\dfrac{10}{125}$ donc $f=8\ \%$.

b. On sait qu'un intervalle de confiance de niveau de confiance $90\ \%$ est de la forme :

$$\left[0{,}08-u_{0{,}01}\sqrt{\frac{0{,}08\times 0{,}92}{125}}\ ;\ 0{,}08+u_{0{,}01}\sqrt{\frac{0{,}08\times 0{,}92}{125}}\right]$$

Or $\Pi\left(u_{0{,}1}\right)=1-\dfrac{0{,}1}{2}\Rightarrow u_{0{,}1}\approx 1{,}65$. Par conséquent l'intervalle de confiance cherché est $[0{,}04\ ;\ 0{,}12]$ à 10^{-2} près.

c. On cherche un intervalle de confiance de demi-longueur 0,02. Or cette demi-longueur est égale à $u_{0{,}1}\sqrt{\dfrac{0{,}08\times 0{,}92}{n}}$, c'est-à-dire $1{,}65\sqrt{\dfrac{0{,}08\times 0{,}92}{n}}$.

On en déduit que l'on doit avoir $1{,}65\sqrt{\dfrac{0{,}08\times 0{,}92}{n}}=0{,}02$, ce qui implique $n=\dfrac{1{,}65^2\times 0{,}08\times 0{,}92}{0{,}0004}\Rightarrow n\approx 500$.

Il faut donc prélever au minimum 500 articles pour que l'intervalle de confiance au niveau 90 % soit de demi-longueur 0,02.

Enseignement de spécialité

www.annabac.com

CHAPITRE

15 Arithmétique

L'arithmétique est la « science des nombres entiers » et étudie entre autres les propriétés des nombres premiers. Ses applications sont innombrables, notamment aujourd'hui, avec l'essor des systèmes de cryptographie, lié au développement de l'Internet.

1 Divisibilité

A Diviseurs et multiples d'un entier relatif

Définition

Soient a et b deux entiers relatifs. Dire que ***a* divise *b*** signifie qu'il existe un entier relatif q tel que $b = aq$.

a est appelé **diviseur** de b et b est appelé **multiple** de a.

On peut noter $a|b$ pour exprimer « a divise b ».

Exemple : 77 est un multiple de 11 et de 7 ; 11 divise 77.

Remarques

1. Les multiples de 2 sont de la forme $2q$ avec q entier relatif.

2. Si a est un entier relatif, a et $-a$ ont les mêmes diviseurs dans $\mathbb{Z}$.

3. 0 admet tous les entiers comme diviseurs, y compris 0.

Dans la suite on pourra se restreindre à $\mathbb{N}$.

Les nombres pairs s'écrivent sous la forme $2q$, les nombres impairs sous la forme $2q+1$.

Propriétés

- Tout entier naturel a un nombre fini de diviseurs.
- Tout diviseur d positif d'un entier naturel non nul n vérifie $1 \leqslant d \leqslant n$.
- Pour tout a de $\mathbb{N}$, 1 divise a.
- Pour tous a, b, c entiers naturels,
  - si a divise b, alors a divise bc ;
  - si a divise b et b divise c alors a divise c ;
  - si a divise b, alors ac divise bc ;

- si a divise b et c, alors a divise $b+c$, $b-c$ et plus généralement $mb+nc$, où m et n sont des entiers relatifs.

Exemple: Soit n un entier naturel, l'entier $n(n+1)$ est pair.
Cela revient à montrer que 2 divise $n(n+1)$.
n étant un entier naturel, ou bien n est pair, ou bien n est impair.
Si n est pair alors $2|n$ et donc $2|n(n+1)$, le produit $n(n+1)$ est donc pair.
Si n est impair alors $n+1$ est pair et $2|(n+1)$, donc $2|(n+1)$, donc le produit $n(n+1)$ est pair.
Dans tous les cas $n(n+1)$ est pair pour tout n de $\mathbb{N}$.

B Division euclidienne

Théorème

Soient a un entier relatif et b un entier naturel non nul, il existe un unique couple $(q\ ;\ r)$ d'entiers tel que $a=bq+r$ avec $0\leqslant r<b$.
q est appelé **quotient de la division euclidienne** de a par b et r est appelé **reste** de cette division.

Attention !
La condition $0\leqslant r<b$ ne doit pas être oubliée.

Remarques

1. Si b divise a, alors $r=0$ et, réciproquement, si $r=0$, alors b divise a.
On peut donc écrire $b|a \Leftrightarrow r=0$.

2. Le théorème s'étend au cas où a et b sont des entiers relatifs $a=bq+r$ avec $0\leqslant r<|b|$ (et $a\neq 0$ on bien $b\neq 0$).

Exemple : On veut déterminer le reste de la division euclidienne de a par b avec $a=-356$ et $b=17$.
On a $-356=17\times(-20)-16$, mais $-16<0$ ne convient pas.
On écrit donc $-356=17\times(-21)+1$ et on a bien $0\leqslant 1<17$, $q=-21$ et $r=1$.

Le reste est toujours un nombre positif ou nul.

C Congruences dans $\mathbb{Z}$

Définition

Soient a et b deux entiers relatifs et n un entier naturel supérieur ou égal à 2.
Dire que ***a* est congru à *b* modulo** n signifie que a et b ont même reste dans la division euclidienne par n.
On note $a\equiv b\ (n)$ et on lit a est congru à b modulo n.

Exemple: 86 est congru à 23 modulo 7. En effet $86=7\times 12+2$ et $23=3\times 7+2$.
86 et 23 ont donc même reste dans la division par 7.

Théorème

Soient a et b deux entiers relatifs et n un entier naturel supérieur ou égal à 2. a est congru à b modulo n si et seulement si $a-b$ est divisible par n.

Propriétés

- $n \equiv 0\ (n)$
- Pour tout entier relatif a, $a \equiv a\ (n)$.
- Un entier relatif a est divisible par n si et seulement si $a \equiv 0\ (n)$.
- Pour tous entiers relatifs a, b et c, si $a \equiv b(n)$ et $b \equiv c(n)$, alors $a \equiv c\ (n)$.
- Pour tous entiers relatifs a, b, a' et b', si $a \equiv b\,(n)$ et $a' \equiv b'\,(n)$, alors :
$$a+a' \equiv b+b'\ (n);\ a-a' \equiv b-b'\ (n);\ aa' \equiv bb'\ (n)$$
- Pour tout entier naturel p, $a^p \equiv b^p\ (n)$.

CRITÈRES DE DIVISIBILITÉ PAR 2, 3, 4, 5, 9 ET 11

- Un nombre est **divisible par 2** s'il se termine par 0, 2, 4, 6 ou 8.
- Un nombre est **divisible par 3** ou **par 9** respectivement si la somme de ses chiffres est divisible par 3 respectivement par 9.
- Un nombre est **divisible par 4** si le nombre formé par ses deux derniers chiffres est divisible par 4.
- Un nombre est **divisible par 5** s'il se termine par 0 ou 5.
- Un nombre est **divisible par 11** si la différence entre la somme de ses chiffres de rangs pairs et celle de ses chiffres de rang impairs est divisible par 11 (c'est-à-dire congru à 0 modulo 11).

Exemple: Le nombre 54978 est divisible par 11. En effet la somme des chiffres de rang pair est $4+7=11$, celle des rangs impairs est $5+9+8=22$. Or $22-11=11$ est bien divisible par 11. On peut vérifier à la calculatrice: $54978 = 11 \times 4\,998$.

D PGCD de deux entiers

a. Définition et propriétés

Définition

Soient a et b deux entiers naturels non nuls, on note $\mathcal{D}(a)$ l'ensemble des diviseurs positifs de a et $\mathcal{D}(b)$ l'ensemble des diviseurs positifs de b.
L'ensemble $\mathcal{D}(a) \cap \mathcal{D}(b)$ possède un plus grand élément qui est appelé **plus grand diviseur commun à a et b.**
On le note PGCD(a ; b) ou $a \wedge b$.

EXISTENCE DU PGCD

Le PGCD $(a\ ;\ b)$ existe bien car 1 est un diviseur commun à a et b, donc $\mathcal{D}(a) \cap \mathcal{D}(b)$ n'est pas vide. C'est un sous-ensemble fini de $\mathbb{N}$ car le PGCD de a et b est inférieur ou égal à a ou à b, il a donc un plus grand élément.

Propriétés

• Soient a et b deux entiers naturels si b divise a, le PGCD$(a\ ;\ b)$ est b, et réciproquement si le PGCD$(a\ ;\ b)$ est b, alors b divise a.
• Soient a et b deux entiers naturels tels que $a = bq + r$, où q et r sont deux entiers naturels avec $0 \leq r < b$.
Alors $\mathcal{D}(a) \cap \mathcal{D}(b) = \mathcal{D}(b) \cap \mathcal{D}(r)$ et PGCD$(a\ ;\ b)$ = PGCD$(b\ ;\ r)$.

b. L'algorithme d'Euclide

Pour **déterminer le PGCD(a ; b)**, on peut utiliser un algorithme qui consiste à faire des divisions successives : l'algorithme d'Euclide.
Le PGCD de deux entiers non nuls a, b tels que b ne divise pas a est le dernier reste non nul dans la suite des **divisions** successives de l'algorithme d'Euclide.

Algorithme d'Euclide en langage naturel

```
Lire a et b deux entiers naturels non nuls
Affecter à r le reste de la division euclidienne de a par b.
Tant que r > 0
    Affecter à a la valeur b
    Affecter à b la valeur r
    Affecter à r la valeur du reste de la division euclidienne de a par b
    Afficher b et r
Fin Tant que
Afficher PGCD = b
```

Dans cet algorithme, on divise a par b si le reste est non nul, on divise alors b par ce reste r et ainsi de suite, on divise le quotient par le reste jusqu'à l'obtention d'un reste nul.

Exemple : Déterminons le PGCD de $a=712$ et $b=114$.

$$712=114\times 62+52 \quad a=712,\ b=114,\ r=52$$
$$114=52\times 2+10 \quad a=114,\ b=52,\ r=10$$
$$52=10\times 5+2 \quad a=52,\ b=10,\ r=2$$
$$10=2\times 5 \quad a=10,\ b=2 \text{ et } r=0$$

L'algorithme s'arrête donc, le dernier reste non nul est 2 donc PGCD$(712\ ;\ 114)=2$.

Conséquences

- L'ensemble des diviseurs communs à a et b est l'ensemble des diviseurs de PGCD$(a\ ;\ b)$.
- Soit k un entier naturel non nul, PGCD$(ka\ ;\ kb)=k$.PGCD$(a\ ;\ b)$.
- Le PGCD de deux entiers a et b est une combinaison linéaire de a et b, c'est-à-dire qu'il existe deux entiers relatifs u et v tels que PGCD$(a\ ;\ b)=au+bv$.

On obtient u et v en « remontant » l'algorithme d'Euclide. Voir la méthode p. 393.

2 Nombres premiers entre eux et premiers

A Nombres premiers entre eux

Définition

Soient a et b deux entiers naturels non nuls.
Dire que a et b sont **premiers entre eux** signifie que leur PGCD vaut 1.

Propriété

Soient a et b deux entiers naturels non nuls. On note d le PGCD de a et de b. Il existe alors deux entiers non nuls a' et b' premiers entre eux tels que $a=da'$ et $b=db'$.

Théorème de Bézout

Deux entiers naturels a et b sont premiers entre eux si et seulement si il existe deux entiers relatifs u et v tels que $au+bv=1$.

Théorème de Gauss

Soient a, b, c trois entiers relatifs non nuls.
Si a divise bc et si a et b sont premiers entre eux alors a divise c.

B Nombres premiers

Définition

Un entier naturel n strictement supérieur à 1 est un **nombre premier** si il n'admet que deux diviseurs, qui sont 1 et lui-même.

Attention ! 2 est un nombre premier et c'est le plus petit. Ses seuls diviseurs sont 1 et 2.

Propriétés 1

1. Les trois propositions suivantes sont équivalentes :
- Les seuls nombres non premiers avec n sont les multiples de n.
- n est un nombre premier.
- n est premier avec 1, 2, 3 , …., $n-1$.

2. Si un nombre premier divise un produit de deux nombres, il divise l'un d'eux.

3. Si un nombre premier divise un produit de deux nombres premiers, il est égal à l'un d'eux.

Théorème

Tout nombre entier naturel $n \geqslant 2$ admet au moins un diviseur premier.

Propriété 2

L'ensemble des nombres premiers est infini.

Ce résultat est démontré à l'exercice 15.

Propriété 3

- Tout entier naturel n non premier admet au moins un diviseur d premier tel que $d^2 \leqslant n$.
- n est premier si il n'admet aucun diviseur d tel que $d \leqslant \sqrt{n}$.

Voir la méthode p. 395.

C Décomposition d'un entier en produit de facteurs premiers

Théorème

Tout entier naturel n, non nul et non premier admet une décomposition en un produit de nombres premiers.
Cette décomposition est unique à l'ordre près des facteurs.
La décomposition est de la forme $p_1^{\alpha_1}.p_2^{\alpha_2}.....p_n^{\alpha_n}$.

RECHERCHER UN PGCD ET UN NOMBRE DE DIVISEURS

- Le PGCD de deux entiers a, b s'obtient en prenant les facteurs communs dans la décomposition en facteurs premiers de a et b, affectés de leur plus petite puissance.
- Si l'entier naturel $n \geqslant 2$, admet $p_1^{\alpha_1}.p_2^{\alpha_2}.....p_n^{\alpha_n}$ comme décomposition en produit de facteurs premiers alors il a $(\alpha_1+1)(\alpha_2+1)\ldots(\alpha_n+1)$ diviseurs positifs.

Résoudre une équation diophantienne du type $au+bv=c$

ÉNONCÉ

Résoudre dans $\mathbb{Z}^2$ l'équation (E) suivante :

$$630x+1088y=20$$

Résoudre dans $\mathbb{Z}^2$ c'est chercher les couples $(x\,;y)$ solutions, avec x et y entiers relatifs. Cette équation « diophantienne » doit son nom à un mathématicien grec du IIIe siècle, Diophante d'Alexandrie, qui a étudié de telles équations.

MÉTHODE

- Avant de commencer la résolution d'une équation diophantienne du type (E) on la simplifie au maximum, en divisant. On obtient alors (E') : $a'x+b'y=c'$ avec a' et b' premiers entre eux.
- Ensuite on détermine une solution particulière de l'équation simplifiée (E') en utilisant l'algorithme d'Euclide pour pouvoir écrire le PGCD de a' et b' comme combinaison linéaire de a' et b'.
- On écrit l'égalité vérifiée par la solution particulière de (E') et on la soustrait à (E').
- On détermine alors l'ensemble des solutions de (E') en utilisant le théorème de Gauss.

(E) et (E') ont les mêmes solutions.

CORRIGÉ

• Pour simplifier l'équation (E), on remarque, ici, qu'on peut diviser chaque coefficient par 2. Il vient :

$$315x+544y=10 \qquad \text{(E')}$$

• Déterminons le PGCD de 315 et 544 en utilisant l'algorithme d'Euclide :

$$544=315\times1+229 \qquad 86=57\times1+29$$

$$315=229\times1+86 \qquad 57=29\times1+28$$

$$229=86\times2+57 \qquad 29=28\times1+1$$

On en déduit que le PGCD de 315 et 544 est 1.

• « Remontons » les égalités précédentes pour obtenir une égalité de la forme $315u+544v=1$. Pour cela on remplace tous les restes obtenus dans la recherche du PGCD par leur expression en fonction du dividende et du quotient :

$1=29-28\times 1$

$1=29-57+29\times 1=-57+2\times 29$

$1=-57+2\times(86-57\times 1)=2\times 86-3\times 57$

$1=2\times 86-3\times(229-2\times 86)=-3\times 229+8\times 86$

$1=-3\times 229+8\times(315-1\times 229)=8\times 315-11\times 229$

$1=8\times 315-11\times(544-1\times 315)$

$1=-11\times 544+19\times 315$

Il faut faire attention de bien respecter les signes de l'équation initiale et mettre les restes dans le bon ordre.

Une solution particulière de l'équation $315u+544v=1$ est donc $(19\ ;\ -11)$.

• Déterminons maintenant une solution particulière de $315x+544y=10$.
Puisque $-11\times 544+19\times 315=1$, en multipliant par 10 les deux membres de cette égalité, on a $-110(544)+190(315)=10$.
Une solution particulière de $315x-544y=10$ est le couple $(190\ ;\ -110)$.

• Déterminons les solutions générales de $315x+544y=10$.
Nous venons de voir que l'équation est vraie pour la solution particulière $(190\ ;\ 110)$, on a donc :

$$190(315)-110(544)=10 \text{ et } 315x+544y=10.$$

En faisant la différence membre à membre de ces deux égalités, on en déduit que $315(190-x)+544(-110-y)=0$,

Attention à la rédaction.

ou encore $315(190-x)=544(110+y)$.

544 divise $315(190-x)$, de plus 544 et 315 sont premiers entre eux donc d'après le théorème de Gauss, 544 divise $190-x$.
Il existe donc un entier relatif k tel que $190-x=544k$, soit $x=190-544k$.
En remplaçant dans l'équation on obtient :

$$315(190-x)=544(110+y) \text{ soit } y=-110+315k.$$

On vérifie que le couple trouvé fonctionne :

$$315(190+544k)+544(-110+315k)=10$$

L'ensemble solution est donc $S=\{(190-544k\ ;-110+315k),\ k\in\mathbb{Z}\}$.

Déterminer si un nombre est premier à l'aide d'un algorithme

ÉNONCÉ

On se propose d'écrire un algorithme pour déterminer si un nombre entier donné n est premier ou non.
Pour cela on utilise la propriété du cours qui dit que si un nombre n n'est pas premier, il possède un diviseur k tel que $k^2 \leqslant n$.
Le principe de cet algorithme est donc de chercher si n est divisible par un entier dont le carré est compris entre 2 et n. Si l'on n'en trouve pas, le nombre est premier.

MÉTHODE

L'instruction la plus commode pour mettre en œuvre ce type d'algorithme est l'instruction « TANT_QUE ». Elle permet de faire un test d'arrêt intégré à la boucle.
L'inconvénient est qu'il faut incrémenter le compteur soi-même.
On fera donc le test pour savoir si k divise n, tant que cela s'avère faux, en incrémentant donc k de un en un, tant que $k^2 \leqslant n$.
On affiche un message en fin de calcul : « n est (ou n'est pas) un nombre premier ».

CORRIGÉ

Code de L'algorithme

```
VARIABLES
n EST_DU_TYPE NOMBRE
k EST_DU_TYPE NOMBRE
quotient EST_DU_TYPE NOMBRE
ecart EST_DU_TYPE NOMBRE
DEBUT_ALGORITHME
AFFICHER "Donner un entier supérieur ou égal à 2"
LIRE n
k PREND_LA_VALEUR 2
TANT_QUE (k*k<=n) FAIRE
          DEBUT_TANT_QUE
          quotient PREND_LA_VALEUR n/k
```

```
13          ecart PREND_LA_VALEUR quotient-floor(quotient)
14          SI (ecart ==0) ALORS
15                  DEBUT_SI
16                  k PREND_LA_VALEUR n+1
17                  FIN_SI
18          k PREND_LA_VALEUR k+1
19          FIN_TANT_QUE
20      SI (k==n+2) ALORS
21          DEBUT_SI
22          AFFICHER n
23          AFFICHER "n'est pas un nombre premier"
24          FIN_SI
25      SINON
26          DEBUT_SINON
27          AFFICHER n
28          AFFICHER "est un nombre premier"
29          FIN_SINON
30      FIN_ALGORITHME
```

• La variable *quotient* sert à mémoriser le résultat du quotient de n par k.
La variable *ecart* sert à comparer quotient à sa partie entière : si leur différence est nulle, k divise n.
• À la ligne 10, on teste si l'entier k est tel que $\boldsymbol{k^2 \leqslant n}$. Si c'est le cas, k peut être un diviseur de n : il faut le tester. Dans le cas contraire, tous les entiers dont le carré est inférieur ou égal à n ont été testés, et ne divisent pas n. n est donc premier.
• À la ligne 13, on utilise la fonction « floor » qui signifie partie entière.
• À la ligne 14, pour tester si *ecart* est nul, il faut utiliser « == » et non « = ».
• À la ligne 16, le fait de donner à k la valeur $n + 1$ permet de forcer la sortie de la boucle TANT_QUE, et avec le test de la ligne 20 de faire afficher que « n n'est pas premier ».
• Si aucun entier k tel que $\boldsymbol{k^2 \leqslant n}$ ne divise n, la valeur finale de k est inférieure ou égale à n, cela signifie que n est premier, d'où l'affichage « n est un nombre premier ».

Exemple : Voici ce que donne l'algorithme avec 7, en mode pas à pas.

```
#1 Nombres/chaines (ligne 8) -> n:7 | k:0 | quotient:0 | ecart:0
#2 Nombres/chaines (ligne 9) -> n:7 | k:2 | quotient:0 | ecart:0
Entrée dans le bloc DEBUT_TANT_QUE/FIN_TANT_QUE : condition vérifiée (ligne 11)
#3 Nombres/chaines (ligne 12) -> n:7 | k:2 | quotient:3.5 | ecart:0
#4 Nombres/chaines (ligne 13) -> n:7 | k:2 | quotient:3.5 | ecart:0.5
La condition n'est pas vérifiée (ligne 14)
#5 Nombres/chaines (ligne 18) -> n:7 | k:3 | quotient:3.5 | ecart:0.5
Sortie du bloc DEBUT_TANT_QUE/FIN_TANT_QUE (ligne 19)
La condition n'est pas vérifiée (ligne 20)
Entrée dans le bloc DEBUT_SINON/FIN_SINON (ligne 26)
Sortie du bloc DEBUT_SINON/FIN_SINON (ligne 29)
7 est un nombre premier
```

Traduction : On saisit un nombre au moins égal à deux.

- #1 : ligne 7 : $n = 7$; $k = 0$; $quotient = 0$; $ecart = 0$
- #2 : ligne 9 : $n = 7$; $k = 2$; $quotient = 0$; $ecart = 0$

ligne 11 : Comme $k^2 = 4 \leqslant n = 7$, on entre dans la boucle « TANT_QUE »

- #3 : ligne 12 : $n = 7$; $k = 2$; $quotient = 3{,}5$; $ecart = 0$
- #4 : ligne 13 : $n = 7$; $k = 2$; $quotient = 3{,}5$; $ecart = 0{,}5$

ligne 14 : la condition « $ecart = 0$ » n'est pas vérifiée.

- #5 : ligne 18 : $n = 7$; k est incrémenté de 1 : $k = 3$; $quotient = 3{,}5$; $ecart = 0{,}5$

ligne 18 : Comme $k^2 = 3^2 = 9 > n = 7$, on sort de la boucle « TANT_QUE »
ligne 20 : $k = 3 \neq n + 2 = 9$, la condition n'est pas vérifiée
ligne 26 : on entre dans le « SI… ALORS … SINON »
écriture de « 7 est un nombre premier. »

SE TESTER QUIZ

Dans les exercices 1 à 13, donner la (ou les) réponse(s) exactes.

1 a, b, c désignent trois entiers relatifs non nuls.
Si a divise b et a divise c, alors a^2 divise bc.

☐ **a.** Vrai ☐ **b.** Faux

2 Pour tout entier naturel n, 16 divise $17^n - 1$.

☐ **a.** Vrai ☐ **b.** Faux

3 Pour tout entier naturel n supérieur ou égal à 3, n et $n-2$ sont premiers entre eux.

☐ **a.** Vrai ☐ **b.** Faux

4 Deux nombres impairs consécutifs sont toujours premiers entre eux.

☐ **a.** Vrai ☐ **b.** Faux

5 Le PGCD de 56 et 6 888 est égal à 6 888.

☐ **a.** Vrai ☐ **b.** Faux

6 Pour tout entier naturel n impair, $1^n + 2^n \equiv 0\ (3)$.

☐ **a.** Vrai ☐ **b.** Faux

7 Soit n un entier naturel impair, la somme des entiers de 1 à n est divisible par n.

☐ **a.** Vrai ☐ **b.** Faux

8 Le reste de la division euclidienne de -15 par 4 est :

☐ **a.** -3 ☐ **b.** 3 ☐ **c.** 1

9 On peut lire le quotient et le reste de la division euclidienne de 275 par 14 sur l'égalité :

☐ **a.** $275 = 14 \times 18 + 23$ ☐ **b.** $275 = 14 \times 19 + 9$

☐ **c.** $275 = 14 \times 20 - 5$

10 149 est congru à 4 modulo :

☐ **a.** 17 ☐ **b.** 29 ☐ **c.** 7

11 a désigne un entier naturel non divisible par 3. Le reste de la division par 3 de a^2 est :

☐ **a.** 1 ☐ **b.** 0 ☐ **c.** 2

12 $(360)^4$ est congru modulo 5 à :

☐ **a.** 0 ☐ **b.** 1 ☐ **c.** 2

13 $(362)^4$ est congru modulo 5 à :

☐ **a.** 0 ☐ **b.** 1 ☐ **c.** 2

TRAITER UNE QUESTION DE COURS

14 On rappelle ci-dessous les théorèmes de Bézout et de Gauss.

- **Théorème de Bézout**

Deux entiers relatifs a et b sont premiers entre eux si et seulement si, il existe un couple $(u\ ;\ v)$ d'entiers relatifs vérifiant $au+bv=1$.

- **Théorème de Gauss**

Soient a, b, c des entiers relatifs. Si a divise le produit bc et si a et b sont premiers entre eux, alors a divise c.

a. En utilisant le théorème de Bézout, démontrer le théorème de Gauss.

b. Soient p et q deux entiers naturels tels que p et q sont premiers entre eux.

Déduire du théorème de Gauss que, si a est un entier relatif, tel que $a \equiv 0\ (p)$ et $a \equiv 0\ (p)$, alors $a \equiv 0\ (pq)$.

15 Démontrer que l'ensemble des nombres premiers est infini.

On pourra faire un raisonnement par l'absurde.

S'ENTRAÎNER

Divisibilité

16 Démontrer que la somme de deux nombres impairs consécutifs est divisible par 4.

On pourra écrire le premier nombre impair sous la forme $2p+1$.

17 a, b désignent deux entiers relatifs non nuls.

a. Développer $(a+b)^3$.

b. Démontrer que 3 divise a^3+b^3 si et seulement si 3 divise $(a+b)^3$.

Attention, on doit démontrer une équivalence.

18 n est un entier naturel non nul tel que $n = 10a + b$ où a et b sont des entiers naturels.

a. Démontrer que si $a - 11b$ est divisible par 37 alors n est divisible par 37.
b. Sans utiliser la calculatrice, démontrer que 38 369 est divisible par 37.

Division euclidienne et PGCD

19 **a.** Démontrer que pour tout entier naturel n supérieur ou égal à 1, le nombre $A_n = 2^{2n} + 6n - 1$ est divisible par 9.
b. Montrer que pour tout entier naturel n, $3^{2n} - 2^n$ est divisible par 7.

> **a.** On pourra utiliser un raisonnement par récurrence.
> **b.** On pourra utiliser les congruences.

20 Dans la division euclidienne de 527 par l'entier naturel b, le quotient est 21.
Donner toutes les valeurs possibles du reste et du diviseur.

21 n désigne un entier naturel tel que $n \geqslant 2$.

Déterminer en fonction de n le reste dans la division euclidienne de $4n - 3$ par $2n + 1$.

22 En utilisant l'algorithme d'Euclide, déterminer le PGCD de 180 et 336.

> On exprimera le PGCD comme combinaison linéaire de 180 et 336.

23 Déterminer tous les couples d'entiers naturels tels que :

$$\begin{cases} xy = 7776 \\ \text{PGCD}(x\ ;\ y) = 18 \end{cases}$$

> Penser à se ramener à deux entiers premiers entre eux.

24 **a.** Déterminer en fonction de l'entier naturel n le reste de la division euclidienne de 2^n par 7.

b. En déduire que si l'entier naturel p n'est pas divisible par 3 alors $2^{2p} + 2^p + 1$ est divisible par 7.

25 Déterminer l'ensemble des entiers naturels n tels que $2n - 3$ divise $n + 5$.

> On essaiera de se ramener à montrer que $f(n)$ divise une constante, où $f(n)$ est une expression de n.

Codes

26 **Code barre**

À tout article commercialisé, on attribue un code barre à 13 chiffres :

$$a_1a_2a_3a_4a_5a_6a_7a_8a_9a_{10}a_{11}a_{12}a_{13}$$

Les douze premiers chiffres identifient le produit et le lieu de fabrication. Le treizième est une clé, destinée à détecter d'éventuelles erreurs de lectures. Elle est fabriquée de telle sorte que :

$$a_1+3a_2+a_3+3a_4+a_5+3a_6+a_7+3a_8+a_9+3a_{10}+a_{11}+3a_{12}+a_{13}\equiv 0\ (10)$$

a. Démontrer que la clé permet de détecter une erreur de lecture d'un chiffre.

b. On intervertit deux chiffres consécutifs, a_i et a_{i+1}. Montrer que si $2a_i-2a_{i+1}\equiv 0\ \ (10)$, l'interversion des deux chiffres voisins dans le code n'est pas détectée par la clé.

27 On assimile les lettres de l'alphabet A, B, ..., Z aux entiers naturels 0, 1,... , 25 ; les signes de ponctuation « , » , « ; » et « ; » aux nombres 26, 27, 28 et enfin et l'« espace » au nombre 29.

Lettre	A	B	C	D	E	F	G	H	I	J	K	L	M
Chiffre	0	1	2	3	4	5	6	7	8	9	10	11	12
Lettre	N	O	P	Q	R	S	T	U	V	W	X	Y	Z
Chiffre	13	14	15	16	17	18	19	20	21	22	23	24	25

Symbole	,	.	;	« espace »
Chiffre	26	27	28	29

À un nombre x compris entre 0 et 29 on associe $f(x)=17x+3$.

Cela permet de crypter les lettres de l'alphabet et les symboles de ponctuation de la façon suivante : à la x-ième lettre ou symbole de ponctuation, on associe la lettre ou le symbole correspondant au reste de la division de $f(x)$ par 30. On crypte ensuite un message symbole par symbole.

a. Coder le mot BIZARRE.

b. On cherche à décoder l'expression L,QDKBWJ. On commence par la première lettre. Montrer que décoder L conduit à l'équation $17x+30y=8$, avec x compris entre 0 et 29 et y dans $\mathbb{Z}$.

c. Déterminer dans $\mathbb{Z}^2$ une solution de l'équation $17x+30y=1$, telle que $0\leq x\leq 25$.

d. Pourquoi le reste de la division permet-il de décoder la x-ième lettre de l'alphabet ?

e. Décoder l'expression de la question **2**.

Nombres premiers entre eux et nombres premiers

28 Nombres de Mersenne

On appelle nombre de Mersenne, tout nombre de la forme $2^n - 1$ où n est un entier supérieur ou égal à 2.

a. Donner dans un tableau, les valeurs de $2^n - 1$ pour n variant de 2 à 10.

b. Parmi ces nombres de Mersenne, lesquels sont premiers ?

c. À quelle valeurs de n correspondent-ils ?

d. Le nombre $2^{11} - 1$ est-il premier ?

e. p et q étant deux entiers naturels supérieurs à 1, quel est le reste de la division euclidienne de 2^{pq} par $2^p - 1$. En déduire que $2^{pq} - 1$ est divisible par $2^p - 1$ et par $2^q - 1$.

f. Démontrer que si $2^n - 1$ est premier alors n est premier.

g. La réciproque est-elle vraie ?

h. Déterminer les six premiers nombres de Mersenne qui sont premiers.

29 Nombres de Fermat

Un nombre de Fermat est un entier naturel qui peut s'écrire sous la forme $2^{2^n} + 1$, avec n entier. Le n-ième nombre de Fermat, $2^{2^n} + 1$, est noté F_n.

1. Calculer $F_0, F_1, F_2, F_3, F_4, F_5$.

2. Vérifier que F_0, F_1, F_2, F_3, F_4 sont des nombres premiers.

3. **a.** Vérifier que $641 = 5^4 + 2^4 = 5 \times 2^7 + 1$.

b. Démontrer que 641 divise $2^{32} + 5^4 \times 2^{28}$.

c. Démontrer que $5 \times 2^7 + 1$ divise $5^2 \times 2^{14} - 1$ et $5^4 \times 2^{28} - 1$.

d. Vérifier que $F_5 = 2^{32} + 5^4 \times 2^{28} - \left(5^4 \times 2^{28} - 1\right)$.
En déduire que 641 divise F_5.

30 Une propriété des nombres de Fermat

On garde les notations de l'exercice précédent concernant les nombres de Fermat F_n. n désigne un entier naturel et m un entier naturel non nul.

a. Démontrer que $F_{m+n} - 2 = \left(2^{2^n}\right)^{2^m} - 1$.

b. On admet que, pour tout $x \geqslant 2$ et tout entier naturel m non nul, $x + 1$ divise $x^{2m} - 1$. Montrer que F_n divise $F_{m+n} - 2$.

c. Démontrer que tout diviseur commun à F_n et F_{m+n} est un diviseur de 2.

d. Démontrer que F_n et F_{m+n} sont premiers entre eux.

OBJECTIF BAC

31 Pour coder un message, on procède de la manière suivante : à chacune des 26 lettres de l'alphabet, on commence par associer un entier n de l'ensemble $\Omega = \{0\ ;\ 1\ ;\ 2\ ;\ \dots\ ;\ 24\ ;\ 25\}$ selon le tableau ci-dessous.

A	B	C	D	E	F	G	H	I	J	K	L	M
0	1	2	3	4	5	6	7	8	9	10	11	12
N	O	P	Q	R	S	T	U	V	W	X	Y	Z
13	14	15	16	17	18	19	20	21	22	23	24	25

a et b étant deux entiers naturels donnés, on associe à tout entier n de Ω le reste de la division euclidienne de $an+b$ par 26 ; ce reste est alors associé à la lettre correspondante.

Exemple : Pour coder la lettre P avec $a = 2$ et $b = 3$, on procède de la manière suivante :

- **étape 1 :** on associe l'entier $n = 15$ à la lettre P ;
- **étape 2 :** le reste de la division de $215+3 = 33$ par 26 est 7 ;
- **étape 3 :** on associe 7 à H.

Donc P est codé par la lettre H.

1. Que dire alors du codage obtenu lorsque l'on prend $a = 0$?

2. Montrer que les lettres A et C sont codées par la même lettre lorsque l'on choisit $a = 13$.

3. Dans toute la suite de l'exercice, on prend $a = 5$ et $b = 2$.

a. On considère deux lettres de l'alphabet associées respectivement aux entiers n et p. Montrer, que si $5n+2$ et $5p+2$ ont le même reste dans la division par 26 alors $n-p$ est un multiple de 26.
En déduire que $n = p$.

b. Coder le mot AMI.

4. On se propose de décoder la lettre E.

a. Montrer que décoder la lettre E revient à déterminer l'élément n de Ω tel que $5n - 26y = 2$, où y est un entier.

b. On considère l'équation $5x - 26y = 2$, avec x et y entiers relatifs.

- **i.** Donner une solution particulière de l'équation $5x - 26y = 2$.
- **ii.** Résoudre alors l'équation $5x - 26y = 2$.
- **iii.** En déduire qu'il existe un unique couple $(x\ ;\ y)$ solution de l'équation précédente, avec $0 \leqslant x \leqslant 25$.

c. Décoder alors la lettre E.

SE TESTER

1 **Vrai.** En effet si a divise b, il existe un entier relatif k tel que $b = ak$. De même si a divise c, il existe un entier relatif k' tel que $c = ak'$. En multipliant membre à membre les deux égalités précédentes on a $bc = akak'$ soit $bc = a^2kk'$. Ce qui prouve que a^2 divise bc.

2 **Vrai.** En effet quelque soit n de $\mathbb{N}$, $17 \equiv 1\ (16)$ donc $17^n \equiv 1^n\ (16)$. soit $17^n \equiv 1\ (16)$. On en déduit que $17^n - 1 \equiv 0\ (16)$. 16 divise donc $17^n - 1$.

3 **Faux.** En effet si n est pair alors 2 divise n et 2 divise $n-2$.

Si n est pair, $n-2$ l'est aussi.

4 **Vrai.** Tout nombre impair peut s'écrire sous la forme $n = 2p+1$ avec p entier naturel. Ici les deux entiers sont impairs et consécutifs, ils s'écrivent donc $2p+1$ et $2p+3$ par exemple.

On applique l'algorithme d'Euclide.

On a successivement $2p+3 = (2p+1)+2$, puis $2p+1 = 2(p)+1$ et $2 = 2\times 1 + 0$. De ces différentes égalités, on déduit que le dernier reste non nul est 1 donc le PGCD$(2p+1\ ;\ 2p+3) = 1$.

5 **Faux.** Le PGCD est un diviseur commun à 56 et 6 888, il est donc forcément inférieur ou égal à chacun des deux entiers, donc en particulier à 56.

6 **Vrai.** Par hypothèse n est impair donc il existe un entier naturel p tel que $n = 2p+1$. On sait que $1 \equiv 1\ (3)$ donc $1^{2p+1} \equiv 1\ (3)$. De plus $2^{2p+1} = (2^2)^p \times 2 = 4^p \times 2$. On sait que $4 \equiv 1\ (3)$ donc $4^p \equiv 1\ (3)$ ainsi $4^p \times 2 \equiv 2\ (3)$. On en déduit donc que $1^n + 2^n \equiv 1 + 2\ (3)$, soit $1^n + 2^n \equiv 0\ (3)$.

7 **Vrai.** D'après le chapitre 1 sur les suites, nous savons que la somme des n premiers entiers est $\dfrac{(n(n+1))}{2}$. n étant impair, il existe un entier naturel p tel que $n = 2p+1$. La somme précédente s'écrit donc :

$$\frac{(n(n+1))}{2} = \frac{(2p+1)(2p+2)}{2} = (2p+1)(p+1)$$

Cette somme est donc bien divisible par n avec $n = 2p+1$.

8 **Réponse c.** Effectuons la division euclidienne de -15 par 4 il vient $-15 = -4\times 4 + 1$.

Attention le reste est un entier positif.

9 **Réponse b.** La division euclidienne de 275 par 14 s'écrit $275 = 14\times a + r$ avec $0 \leqslant r < 14$.
Nous en déduisons que la seule réponse possible est **b.**

10 **Réponse b.** Écrivons les divisions euclidiennes de 149 par 17, 29 et 7 :
$149 = 17 \times 8 + 13$
$149 = 29 \times 5 + 4$
$149 = 7 \times 21 + 2$. La bonne réponse est donc **b**.

Dans l'énoncé, 4 est le reste de la division euclidienne de 149 par un entier.

11 **Réponse a.** • Si a n'est pas divisible par 3 alors $a \equiv 1\ (3)$ ou bien $a \equiv 2\ (3)$.
• Si $a \equiv 1\,(3)$ alors $a^2 \equiv 1^2\ (3)$ donc $a^2 \equiv 1\,(3)$.
• Si $a \equiv 2\,(3)$ alors $a^2 \equiv 2^2\ (3)$ donc $a^2 \equiv 4\,(3)$, soit $a^2 \equiv 1\,(3)$.
En conclusion, quelque soit a entier naturel non divisible par 3, a^2 est congru à 1 modulo 3.

Les restes possibles dans la division par 3 sont 0, 1 ou 2.

12 **Réponse a.** On sait que $360 \equiv 0\ (5)$ donc $360^4 \equiv 0\ (5)$.

13 **Réponse b.** On sait que $362 \equiv 2\ (5)$ donc $362^4 \equiv 2^4\ (5)$.
Or $2^4 = 16$ et $16 \equiv 1\,(5)$ ainsi $362^4 \equiv 1\,(5)$.

TRAITER UNE QUESTION DE COURS

14 **a.** Soient a et b deux entiers premiers entre eux.
D'après le théorème de Bézout, il existe deux entiers relatifs u et v tels que :

$$au + bv = 1$$

En multipliant par c, on obtient $auc + bcv = c$.
On suppose que a divise bc ; alors a divise bcv et comme a divise auc, a divise la somme $auc + bcv$, donc a divise c.

b. Soient p et q deux entiers naturels tels que p et q sont premiers entre eux. Soit a un entier relatif tel que $a \equiv 0\ (p)$ et $a \equiv 0\ (q)$. a est donc divisible par p et par q alors, il existe k et k' relatifs tels que $a = kp$ et $a = k'q$ d'où $kp = k'q$. p divise $k'q$ et p est premier avec q, donc, d'après le théorème de Gauss, p divise k'. Il existe $k'' \in \mathbb{Z}$ tel que $k' = pk''$.

Alors $a = k'q = k''pq$ d'où $a \equiv 0\ (pq)$.

15 Démontrons par l'absurde que l'ensemble des nombres premiers est infini.
Supposons que cet ensemble est fini, et notons 2, 3, 5, …., p l'ensemble des nombres premiers avec $p > 5$.

Notons $N = 2 \times 3 \times 5 \times \ldots \times q \times p + 1$ où q est le plus grand nombre premier inférieur à p.

Le reste de la division de N par 2 est 1 car $N = 2\times(3\times5\times \dots q\times p) + 1$.
Le reste de la division de N par 3 est 1 car $N = 3\times(2\times5\times \dots q\times p) + 1$.
...
Le reste de la division de N par p est 1 car $N = p\times(2\times3\times \dots \times q) + 1$.

N n'est donc divisible par aucun nombre premier inférieur ou égal à p.

• Ou bien N est un nombre premier, auquel cas on a donc trouvé un nombre premier strictement supérieur à p.

• Ou bien N n'est pas un nombre premier. Il admet donc au moins un diviseur premier (autre que 1 et lui-même).
En notant q l'un des diviseurs premiers de N, puisque N n'est pas divisible par les diviseurs premiers inférieurs ou égaux à p, on a nécessairement $q > p$.
Dans les deux situations, on a « exhibé » un nombre premier strictement supérieur à p. Ce qui contredit l'hypothèse que p est le plus grand nombre premier.
L'ensemble des nombres premiers est donc infini.

S'ENTRAÎNER

16 Considérons deux nombres impairs consécutifs, soient $n = 2p+1$ et $n' = 2p+3$ par exemple avec p un entier naturel.
La somme $n+n'$ est donc égale à $n+n' = 2p+1+2p+3 = 4p+4 = 4(p+1)$.
Cette écriture permet d'affirmer que la somme de deux entiers impairs consécutifs est divisible par 4.

17 **a.** $(a+b)^3 = a^3+3a^2b+3ab^2+b^3$

b. **1re implication :** On suppose que 3 divise a^3+b^3.
3 divise également $3a^2b+3ab^2 = 3(a^2b+ab^2)$, donc 3 divise la somme $3a^2b+3ab^2+(a^3+b^3)$. Ainsi 3 divise $(a+b)^3$.

2e implication : On suppose que 3 divise $(a+b)^3$.
Or 3 divise $3a^2b+3ab^2$ donc 3 divise la différence $(a+b)^3-(3a^2b+3ab^2)$, soit a^3+b^3.

Pour démontrer une équivalence, il faut démontrer deux implications.

18 **a.** Si $a-11b$ est divisible par 37 alors il existe q dans $\mathbb{Z}$ tel que $a-11b = 37q$, on en déduit que : $n = 10a+b = 370q+110b+b$ donc $n = 370q+111b$.

Or 37 divise 370, de plus $111 = 3\times37$ donc 37 divise aussi 111. D'où 37 divise $370q+111b$ donc 37 divise n.

b. Écrivons 38 369 sous la forme $10a+b$. On a $38\,369 = 10\times3\,836+9$.
$a-11b = 3\,836-99 = 3\,737$.
Or 37 divise 3 737 donc, d'après **a.**, 37 divise 38 369.

19 **a.** Montrons cette propriété par récurrence.

• **Initialisation :** Pour $n=1$, $A_1=2^2+6\times1-1=9$ et 9 est bien divisible par 9. La propriété est donc vraie pour $n=1$.

• **Hérédité :** Supposons que pour un entier $n\geqslant1$, A_n soit divisible par 9 et montrons qu'alors A_{n+1} est encore divisible par 9.

On a $A_{n+1}=2^{2(n+1)}+6(n+1)-1=2^{2n+2}+6n+6-1=4\times2^{2n}+6n+5$.

Utilisons alors l'hypothèse de récurrence.

A_n est divisible par 9 donc il existe un entier relatif k tel que $A_n=9k$ ou encore $2^{2n}+6n-1=9k$, soit $2^{2n}=9k-6n+1$.

Remplaçons alors dans l'expression de A_{n+1}, il vient :

$$A_{n+1}=4\times(9k-6n+1)+6n+5=36k-24n+4+6n+5$$

> Traduire que A_n est divisible par 9 par une égalité de façon à pouvoir mettre 9 en facteur dans A_{n+1}.

Nous avons donc montré que A_{n+1} est divisible par 9.

Conclusion : La propriété vraie au rang n reste vraie au rang $n+1$, d'après le théorème de récurrence elle est donc vraie pour tout $n\geqslant1$.

b. Utilisons les congruences modulo 7.

Par définition, un entier A est divisible par 7 si et seulement si $A\equiv0\ (7)$.

Montrons que $3^{2n}-2^n\equiv0\ (7)$.

$3^2=9$ et $9\equiv2\ (7)$, d'après les propriétés sur les congruences, on en déduit que $9^n\equiv2^n\ (7)$ ainsi $3^{2n}\equiv2^n\ (7)$ et donc $3^{2n}-2^n\equiv0\ (7)$.

Pour tout $n\geqslant1$, $3^{2n}-2^n$ est divisible par 7.

20 Écrivons l'égalité traduisant la division euclidienne de 527 par b.

$527=21b+r$ avec $0\leqslant r<b$

$527=21\times25+2$, cette égalité convient puisque $0\leqslant2<25$.

$527=21\times24+23$, cette égalité convient également car $0\leqslant23<24$.

> Attention : ne pas oublier la condition essentielle sur le reste !

Aucun autre diviseur ne convient, car si le diviseur est inférieur à 24 le reste sera supérieur à ce diviseur et l'égalité ne traduira pas une division euclidienne.

21 $4n-3=1\times(2n+1)+2n-4$ et $0\leqslant2n-4<2n+1$. Le reste est donc $2n-4$.

22 Pour déterminer ce PGCD, effectuons les divisions successives :

$$336=180\times1+156$$
$$180=156\times1+24$$
$$156=24\times6+12$$
$$24=12\times2+0$$

Le dernier reste non nul est 12, le PGCD de 180 et 336 est donc 12.
Exprimons ce PGCD comme combinaison linéaire de 180 et 336. Pour cela « remontons «les égalités précédentes. Nous obtenons :

$$12=156-6\times24$$
$$12=156-6\times(180-156)=7\times156-6\times180$$
$$12=7\times(336-180)-6\times180=7\times336-13\times180$$

La combinaison linéaire est donc : $12=7\times336-13\times180$.

Résolvons le système proposé avec x' et y' dans un premier temps.

23 • D'après le cours, nous savons que les entiers x' et y' définis par $x'=\dfrac{x}{18}$ et $y'=\dfrac{y}{18}$ sont premiers entre eux.

Le système s'écrit $\begin{cases}18x'18y'=7776\\ \text{PGCD}(18x'\,;18y')=18\end{cases} \Leftrightarrow \begin{cases}x'y'=24\\ \text{PGCD}(x';y')=1\end{cases}$

PGCD(kx ; ky) $=k$. PGCD(x ; y)

• Déterminons tous les couples $(x'; y')$ premiers entre eux dont le produit vaut 24.

$24 = 24\times1=1\times24$; $24 = 2\times12=12\times2$;
$24=3\times8=8\times3$; $24=4\times6=6\times4$

Les seuls couples possibles sont (1 ; 24), (24 ; 1), (8 ; 3) et (3 ; 8). Les deux autres couples ne conviennent pas car 2 et 12 d'une part et 4 et 6 d'autre part ne sont pas premiers entre eux.

Déterminons maintenant les couples $(x\,;y)$ correspondants.

Si $x'=1$ et $y'=24$ alors $x=18$ et $y=18\times24=432$.

Si $x'=24$ et $y'=1$ alors $x=432$ et $y=18$.

Si $x'=8$ et $y'=3$ alors $x=18\times8=144$ et $y=18\times3=54$.

Si $x'=3$ et $y'=8$ alors $x=54$ et $y=144$.

Ainsi l'ensemble des solutions est :

$$S=\{(18\,;432);(432\,;18);(144\,;54);(54\,;144)\}$$

24 **a.** Présentons les résultats sous forme de tableau, pour les premières valeurs de n.

n	0	1	2	3	4	5	6
2^n	1	2	4	8	16	32	64
$2^n \equiv \ldots (7)$	1	2	4	1	2	4	1

On remarque que les résultats semblent cycliques (ils se répètent régulièrement). Montrons que :
- si n est de la forme $n = 3k$ avec $k \in \mathbb{Z}$, alors $2^n \equiv 1\ (7)$;
- si n est de la forme $n = 3k+1$ alors $2^n \equiv 2\ (7)$;
- si n est de la forme $n = 3k+2$ alors $2^n \equiv 4\ (7)$.

On a : $2^3 \equiv 1\ \ (7)$ donc $2^{3k} \equiv 1\ \ (7)$.
De plus $2^{3k+1} \equiv 1 \times 2\ \ (7)$ et $2^{3k+2} \equiv 1 \times 2^2\ (7)$, soit $2^{3k+2} \equiv 4\ (7)$.
Ce qu'il fallait démontrer.

b. Soit p un entier naturel non multiple de 3 alors p peut s'écrire sous la forme $p = 3k+1$ ou $p = 3k+2$, avec $k \in \mathbb{Z}$.

• **1er cas :** Supposons $p = 3k+1$.
$2^{2p} + 2^p + 1 = 2^{6k+2} + 2^{3k+1} + 1 = (2^{3k})^2 \times 2^2 + 2^{3k+1} + 1$

D'après **a.**, on sait que $2^{3k} \equiv 1\ (7)$, donc $(2^{3k})^2 \equiv 1\ (7)$ et $(2^{3k})^2 \times 2^2 \equiv 4\ (7)$.

D'après **a.**, on sait également que $2^{3k+1} \equiv 2\ (7)$, nous en déduisons que :

$(2^{3k})^2 \times 2^2 + 2^{3k+1} + 1 \equiv 4+2+1\ (7)$, soit $(2^{3k})^2 \times 2^2 + 2^{3k+1} + 1 \equiv 0\ (7)$.

• **2e cas :** Supposons $p = 3k+2$.

$2^{2p} + 2^p + 1 = 2^{6k+4} + 2^{3k+2} + 1 = (2^{3k})^2 \times 2^4 + 2^{3k+2} + 1$

D'après ce qui précède, nous savons que $(2^{3k})^2 \times 2^4 \equiv 2^4$, soit :
$(2^{3k})^2 \times 2^4 \equiv 16\ \ (7)$ ou encore $(2^{3k})^2 \times 2^4 \equiv 2\ (7)$ car $16 \equiv 2\ (7)$.
D'après **a.,** $2^{3k+2} \equiv 4\ (7)$.
On en déduit donc que $(2^{3k})^2 \times 2^4 + 2^{3k+2} + 1 \equiv 2+4+1\ (7)$ soit encore $(2^{3k})^2 \times 2^4 + 2^{3k+2} + 1 \equiv 0\ (7)$.
On en déduit donc que pour tout entier naturel p non divisible par 3, $2^{2p} + 2^p + 1$ est divisible par 7.

25 Soit n un entier naturel tel que $2n-3$ divise $n+5$, alors $2n-3$ divise $2n+10$. De plus $2n-3$ divise $2n-3$, on en déduit que $2n-3$ divise $(2n+10)-(2n-3)$, soit $2n-3$ divise 13.

On utilise la propriété suivante : si a divise b et si a divise c alors a divise $b-c$.

On s'est donc ramené à $2n-3$ divise une constante, il ne reste plus qu'à déterminer les diviseurs de 13. Ces diviseurs étant 13, 1, -13, -1, on en déduit que $2n-3=13$ ou $2n-3=1$ ou $2n-3=-13$ ou $2n-3=-1$, soit $n=8$ ou $n=2$ ou $n=-5$ ou $n=1$.

Nous cherchons des entiers naturels, donc les seules valeurs possibles de n sont $n=8$ ou $n=2$ ou $n=1$.

Réciproquement ces trois entiers conviennent donc l'ensemble solution est $S=\{1\,;\,2\,;\,8\}$.

26 **a.** Supposons que a_1 soit erroné. Soit b_1 le chiffre utilisé à la place de a_1. Les congruences étant modulo 10, et $a_1 \neq b_1$ donc a_1 n'est pas congru à b_1.

Ainsi :

$$a_1+3a_2+a_3+3a_4+a_5+3a_6+a_7+3a_8+a_9+3a_{10}+a_{11}+3a_{12}+a_{13}$$

n'est pas congru à :

$$b_1+3a_2+a_3+3a_4+a_5+3a_6+a_7+3a_8+a_9+3a_{10}+a_{11}+3a_{12}+a_{13}$$

Le même raisonnement est valable si le chiffre erroné est n'importe quel autre.

b. Si on intervertit deux chiffres voisins, par exemple a_1 et a_2, alors ou bien $a_1+3a_2 \equiv a_2+3a_1$ (10) et dans ce cas l'erreur n'est pas détectée, ou bien a_1+3a_2 n'est pas congru à a_2+3a_1 et dans ce cas l'erreur est détectée.

Si $a_1+3a_2 \equiv a_2+3a_1$ alors $a_1+3a_2-(a_2+3a_1) \equiv 0$ (10) soit $2a_2-2a_1 \equiv 0$ (10) et l'erreur n'est pas détectée.

27 **a.** Détaillons le codage pour la lettre B.

À la lettre B est associé le chiffre 1, donc à la lettre B codée on va associer $f(1)$ soit 20. Or le reste de la division de 20 par 30 est 20 donc à B on associera le nombre 20. Ce dernier correspond à la lettre U, ainsi B sera codée par U.

Présentons les résultats dans un tableau :

Lettre	B	I	Z	A	R	R	E
x	1	8	25	0	17	17	4
Reste	20	19	8	3	22	22	11
Codage	U	T	I	D	W	W	L

Le mot BIZARRE est donc codé par UTIDWWL.

b. Pour décoder H il nous suffit de trouver la valeur de x connaissant la valeur du reste de la division euclidienne de $17x+3$ par 30.

On sait qu'il existe q dans $\mathbb{Z}$ tel que $17x+3=30q+r$, or $r=11$ donc $17x=30q+8$ ou encore $17x+30y=8$, en posant $y=-q$.

x est compris entre 0 et 29.

c. Recherchons le PGCD de 17 et 30 et écrivons ce PGCD comme combinaison linéaire de 17 et 30.

$$30=17\times1+13$$
$$17=13\times1+4$$
$$13=4\times3+1$$
$$4=1\times4+0$$

On utilise l'algorithme d'Euclide.

17 et 30 sont donc premiers entre eux. En remontant les égalités on trouve un couple solution :

$$1=13-4\times3$$
$$1=13-3(17-13)=4\times13-3\times17$$
$$1=4\times(30-17)-3\times17=4\times30-7\times17$$

Attention de bien respecter l'ordre des éléments du couple solution et les signes de l'équation.

On en déduit qu'une solution particulière de l'équation $17x+30y=1$ est par exemple $(-7\,;4)$.
Le couple obtenu ne vérifie pas la condition $0\leqslant x\leqslant 25$.
Remarquons que $30\times17-17\times30=0$.
Nous avons obtenu $-7\times17+4\times30=1$.
En additionnant ces deux égalités nous obtenons :

$$(30-7)\times17+(-17+4)\times30=1 \text{ soit } 23\times17-13\times30=1.$$

Le couple $(23\,;-13)$ est donc solution de l'équation $17x+30y=1$.

d. Soit y le code de la lettre, y est donc le reste de la division euclidienne de $17x+3$ par 30. En traduisant cette définition avec des congruences, on déduit que $17x+3\equiv y\ (30)$ ou encore $17x\equiv y-3\ (30)$, soit en multipliant par 23 chaque membre $17\times23x\equiv 23(y-3)\ \ (30)$.
Or d'après ce qui précède $17\times23=1-30y$ donc $17\times23\equiv1\ (30)$ ainsi $x\equiv23(y-3)\ \ (30)$. Cette écriture traduit le fait que x est le reste de la division de $23(y-3)$ par 30. Ceci nous permet de déterminer x et donc de décoder la x-ième lettre de l'alphabet.

e. Pour décoder l'expression de la question 2., utilisons un tableur.

y	$23(y-3)$	$\frac{23(y-3)}{30}$	Quotient entier	Reste	Lettre
B 1	– 46	–1,533 333 333 333 33	– 1	14	O
C 2	– 23	–0,766 666 666 666 667	0	–237	H
D 3	0	0	0	0	A
E 4	23	0,766 666 666 666 667	0	23	X
F 5	46	1,53333333333333	1	16	Q
G 6	69	2,3	2	9	J
H 7	92	3,06666666666667	3	2	C
I 8	115	3,83333333333333	3	25	Z
J 9	138	4,6	4	18	S
K 10	161	5,36666666666667	5	11	L
L 11	184	6,13333333333333	6	4	E
M 12	207	6,9	6	27	.
N 13	230	7,66666666666667	7	20	U
O 14	253	8,43333333333333	8	13	N
P 15	276	9,2	9	6	G
Q 16	299	9,96666666666667	9	29	espace
R 17	322	10,7333333333333	10	22	W
S 18	345	11,5	11	15	P
T 19	368	12,2666666666667	12	8	I
U 20	391	13,0333333333333	13	1	B
V 21	414	13,8	13	24	Y
W 22	437	14,5666666666667	14	17	R
X 23	460	15,3333333333333	15	10	K
Y 24	483	16,1	16	3	D
Z 25	506	16,8666666666667	16	26	,
, 26	529	17,6333333333333	17	19	T

. 27	552	18,4	18	12	M
; 28	575	19,1666666666667	19	5	F
29	598	19,9333333333333	19	28	;

Le déchiffrage de L,QDKBWJ est donc : ET ALORS.

28 **a.**

n	2	3	4	5	6	7	8	9	10
$2^n - 1$	3	7	15	31	63	127	255	511	1023

b. et **c.** Parmi ces nombres, on peut remarquer que les nombres premiers sont 3, 7, 31 et 127. Ils correspondent aux valeurs 2, 3, 5 et 7 de n.

d. $2^{11} - 1 = 2\,047 = 23 \times 89$. Ce nombre n'est donc pas premier.

e. Travaillons avec des congruences.

Ici nous allons travailler modulo $2^p - 1$.

$2^p - 1 \equiv 0\,(2^p - 1)$ donc $2^p \equiv 1\,(2^p - 1)$,

ainsi $2^{pq} \equiv 1^q\ (2^p - 1)$, ou encore $2^{pq} \equiv 1\ (2^p - 1)$.

Cette relation signifie que 2^{pq} et 1 ont même reste dans la division euclidienne par $2^p - 1$.

Chercher le reste d'une division euclidienne par un entier N revient à examiner des congruences modulo N.

Il va donc falloir envisager deux cas :

- si $2^p - 1 = 1$ alors $p = 1$ donc le reste de la division de 2^{pq} par $2^p - 1$ est 0 ;
- si $2^p - 1 > 1$ alors $p > 1$ donc $0 \leqslant 1 < 2^p - 1$ et le reste de la division de 2^{pq} par $2^p - 1$ est 1.

Attention, si $2^p - 1 < 1$, 1 n'est pas le reste dans la division eucli-dienne de 2^{pq} par $2^p - 1$.

On a alors $2^{pq} - 1 \equiv 0\left(2^p - 1\right)$, on en déduit que $2^{pq} - 1$ est divisible par $2^p - 1$. On montre de la même façon que $2^{pq} - 1$ est divisible par $2^q - 1$ en utilisant des congruences modulo $2^q - 1$. Finalement $2^{pq} - 1$ est divisible par $2^p - 1$ et par $2^q - 1$.

f. Montrons que si n n'est pas premier alors $2^n - 1$ n'est pas premier.

Si n n'est pas premier, il existe deux entiers p et q tels que $n = p \times q$ avec $2 \leqslant p < n$ et $2 \leqslant q < n$. On a alors $2^n - 1 = 2^{pq} - 1$.

Or d'après la question précédente, on sait que $2^p - 1$ et $2^q - 1$ sont des diviseurs de $2^{pq} - 1$. Ces deux diviseurs sont différents de 1 et de $2^n - 1$ puisque p et q sont différents de 1 et de n.

$2^n - 1$ admet donc des diviseurs autres que 1 et lui même donc $2^n - 1$ n'est pas premier. On peut donc en déduire que si $2^n - 1$ est premier alors n est premier.

Il s'agit d'une démonstration par contraposition qui équi-vaut à un raisonnement par l'absurde.

g. La réciproque s'énoncerait sous la forme : si $2^n - 1$ est premier alors $2^n - 1$ est premier.

Cette propriété est fausse, nous l'avons vu avec $n = 11$.

h. À la première question nous avons déjà déterminé les quatre premiers nombres de Mersenne premiers.

D'après la question précédente, nous savons que si $2^n - 1$ est premier alors n est premier.

Les premiers entiers premiers sont : 2, 3, 5, 7, 11, 13, 17, 19.

- Si $n = 11$ alors $2^{11} - 1$ n'est pas premier.
- Si $n = 13$ alors $2^{13} - 1 = 8191$ qui est un nombre premier.
- Si $n = 17$ alors $2^{17} - 1 = 131077$ qui est un nombre premier.

Les six premiers nombres de Mersenne premiers sont donc : 3, 7, 31, 127, 8 191, 131 077.

VÉRIFIER QU'UN NOMBRE EST PREMIER

Pour vérifier qu'un nombre est premier, on calcule sa racine carrée et on cherche les diviseurs premiers de cette racine. S'il n'y en a pas, le nombre est premier.
Voir la méthode p. 395.

29 **1.** Pour tout entier n, on pose $F_n = 2^{2^n} + 1$.

$$F_0 = 2^{2^0} + 1 = 2 + 1 = 3$$
$$F_1 = 2^{2^1} + 1 = 4 + 1 = 5$$
$$F_2 = 2^{2^2} + 1 = 2^4 + 1 = 17$$
$$F_3 = 2^{2^3} + 1 = 2^8 + 1 = 257$$
$$F_4 = 2^{2^4} + 1 = 2^{16} + 1 = 65537$$
$$F_5 = 2^{2^5} + 1 = 2^{32} + 1 = 4294967297$$

2. Les nombres 3, 5, 17 sont premiers. On vérifie que 257 et 65 537 sont premiers en utilisant l'algorithme du cours.

3. a. $5^4 + 2^4 = 625 + 16 = 641$

De plus $5 \times 2^7 + 1 = 5 \times 128 + 1 = 640 + 1 = 641$.

b. $2^{32} + 5^4 \times 2^{28} = 2^4 \times 2^{28} + 5^4 \times 2^{28}$ 2

$$= 2^{28}\left(2^4 + 5^4\right) = 2^{28} \times 641.$$

Cette égalité nous permet d'affirmer que 641 divise $2^{32} + 5^4 \times 2^{28}$.

Cette factorisation, qui a permis d'établir que 641 est un diviseur premier de F_5, est du à Euler (1707 – 1783).

c. $5^2 \times 2^{14} - 1 = \left(5 \times 2^7\right)^2 - 1 = (5 \times 2^7 - 1)(5 \times 2^7 + 1)$,

donc $5 \times 2^7 + 1$ divise $5^2 \times 2^{14} - 1$.

De même $5^4 \times 2^{28} - 1 = \left(5^2 \times 2^{14}\right)^2 - 1 = \left(5^2 \times 2^{14} - 1\right)\left(5^2 \times 2^{14} + 1\right)$

$$= (5 \times 2^7 - 1)(5 \times 2^7 + 1)\left(5^2 \times 2^{14} + 1\right)$$

On en déduit que $5 \times 2^7 + 1$ divise $5^4 \times 2^{28} - 1$.

d. $2^{32} + 5^4 \times 2^{28} - \left(5^4 \times 2^{28} - 1\right) = 2^{32} + 5^4 \times 2^{28} - 5^4 \times 2^{28} + 1 = 2^{32} + 1 = F_5$

On sait que $641 = 5 \times 2^7 + 1$, d'après la question 3b., et que 641 divise $2^{32} + 5^4 \times 2^{28}$. De plus, d'après 3c., 641 divise $5^4 \times 2^{28} - 1$ donc 641 divise la différence $2^{32} + 5^4 \times 2^{28} - \left(5^4 \times 2^{28} - 1\right)$, soit F_5.

30 **a.** $F_{m+n} - 2 = 2^{2m+n} + 1 - 2 = 2^{2^n \times 2^m} - 1 = \left(2^{2n}\right)^{2m} - 1$

b. En utilisant la remarque de l'énoncé avec $x = 2^{2^n}$ et en remarquant que 2^m est un entier pair que l'on peut donc écrire sous la forme $2K$, on a $2^{2n} + 1$ divise $\left(2^{2^n}\right)^{2^p} - 1 = \left(2^{2^n}\right)^{2K} - 1$. On a donc bien prouvé que F_n divise $F_{m+n} - 2$.

c. D'après ce qui précède puisque F_n divise $F_{m+n} - 2$, il existe un entier q tel que $F_{n+m} - 2 = qF_n$.

Soit d un diviseur commun à F_n et F_{n+m} alors d divise qF_n donc d divise $F_{n+m} - qF_n$. Ainsi d divise 2.

d. Comme F_n et F_{n+m} sont impairs, leur PGCD est 1, ils sont donc premiers entre eux.

OBJECTIF BAC

31 **1.** Si $a = 0$, $an + b = b$, donc toutes les lettres seront codées par la même lettre correspondant au reste de la division de b par 26.

2. Si $a = 13$, A correspond à 0, donc $an + b = b$.

A est codée par la lettre qui correspond au reste de la division de b par 26.

C correspond à 2, donc $an + b = 26 \times 2 + b \equiv b(26)$.

Donc C est codé de la même façon que A.

3. Dans toute la suite de l'exercice, on prend $a=5$ et $b=2$.

a. Si : $\begin{cases} 5n+2\equiv r\ (26) \\ 5p+2\equiv r\ (26) \end{cases}$ alors par différence $5(n-p)\equiv 0\ (26)$ donc $n-p\equiv 0\ (26)$ car 5 et 26 sont premiers entre eux. Donc finalement $n\equiv p\ (26)$. Or n et p sont inférieurs à 26. Conclusion $n=p$.

b. On a les suites :

A→0→2→C

M→12→10→K

I→8→16→Q.

AMI est codé CKQ.

4. a. D'après le tableau E correspond à 4. Donc la lettre codée E correspond à un nombre n tel que $5n+2\equiv 4\ (26) \Leftrightarrow 5n-2=26y$, avec $y\in\mathbb{Z}$

$$\Leftrightarrow 5n-2=26y,\ y\in\mathbb{Z}.$$

b. On considère l'équation $5x-26y=2$, avec x et y entiers relatifs.

• On cherche une solution particulière de l'équation $5x-26y=2$.
On a :

$$26=5\times5+1 \Leftrightarrow 26\times1-5\times5=1 \Leftrightarrow 2\times26-10\times5=2$$
$$\Leftrightarrow 5\times(-10)-26\times(-2)=2.$$

On a donc une solution : le couple $(-10\ ;-2)$.

• On a le système: $\begin{cases} 5x-26y=2 \\ 5\times(-10)+26\times(-2)=2' \end{cases}$

d'où par différence : $5(x+10)-26(y+2)=0 \Leftrightarrow 5(x+10)=26(y+2)$.

26 divise $5(x+10)$.

Or 5 et 26 étant premiers entre eux, il en résulte d'après le théorème de Gauss qu'il existe $k\in\mathbb{Z}$ tel que $x+10=26k$, d'où en substituant dans la dernière égalité : $y+2=5k$. Donc les couples solutions sont les couples $(x\ ;y)$ tels que :

$$\begin{cases} x=26k-10 \\ y=5k-2 \end{cases}$$

• $0\leqslant x\leqslant 25 \Leftrightarrow 0\leqslant 26k-10\leqslant 25 \Leftrightarrow 10\leqslant 26k\leqslant 35 \Rightarrow k=1$.
Finalement $x=16$ et $y=3$. Le seul couple solution est $(16\ ;3)$.

c. La lettre codée E correspond à $x=n=16$, d'après le tableau **c**.

www.annabac.com

CHAPITRE

16 Matrices et suites

Les matrices sont des outils puissants pour modéliser des phénomènes linéaires, comme des processus déterministes ou, au contraire, stochastiques, c'est-à-dire qui relèvent du domaine de l'aléatoire. Les suites et les systèmes d'équations linéaires viennent naturellement se greffer à l'étude de ces phénomènes.

1 Matrices

A Définitions

- Une **matrice carrée d'ordre** n est un tableau de nombres diposés en n lignes et n colonnes.

Exemples : On a écrit ci-dessous une matrice carrée d'ordre 2 et une d'ordre 3.

$$\begin{pmatrix} 1 & 0{,}5 \\ 0 & 3 \end{pmatrix} \qquad \begin{pmatrix} 0{,}2 & -1 & 0 \\ 3 & 0 & 1 \\ 2 & -6 & 0 \end{pmatrix}$$

- Une **matrice colonne** est une matrice à une seule colonne.

Exemple : On a écrit ici une matrice colonne à deux lignes et une à trois lignes.

$$\begin{pmatrix} -1 \\ 0 \end{pmatrix} \qquad \begin{pmatrix} 0{,}3 \\ -2 \\ 4 \end{pmatrix}$$

Il existe aussi des matrices lignes : $\begin{pmatrix} 1 & -1 \end{pmatrix}$ est une matrice ligne d'ordre 2.

- Une **matrice diagonale** est une matrice carrée dont tous les éléments sont nuls sauf éventuellement ceux de la diagonale principale.

Les éléments de la diagonale principale sont en rouge :

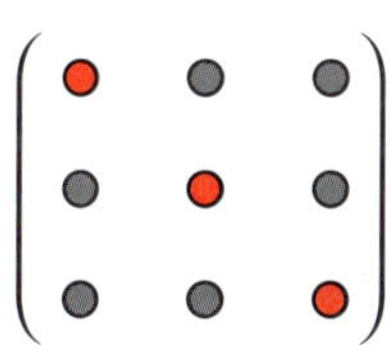

Exemples : On a écrit des matrices diagonales d'ordre 2 et d'ordre 3.

$$\begin{pmatrix} 0 & 0 \\ 0 & 1 \end{pmatrix} \qquad \begin{pmatrix} 1 & 0 & 0 \\ 0 & 0 & 0 \\ 0 & 0 & -2 \end{pmatrix}$$

- La **matrice identité** d'ordre n, notée I_n, est la matrice diagonale dont tous les éléments diagonaux sont égaux à 1.

Exemple : $I_2 = \begin{pmatrix} 1 & 0 \\ 0 & 1 \end{pmatrix}$ et $I_3 = \begin{pmatrix} 1 & 0 & 0 \\ 0 & 1 & 0 \\ 0 & 0 & 1 \end{pmatrix}$.

- Une **matrice nulle** est une matrice dont tous les éléments sont nuls.

Exemple : $\begin{pmatrix} 0 \\ 0 \end{pmatrix}$ et $\begin{pmatrix} 0 & 0 & 0 \\ 0 & 0 & 0 \\ 0 & 0 & 0 \end{pmatrix}$ sont deux matrices nulles.

Soit A une matrice. Si l'on note $A=0$, le zéro symbolise une matrice nulle et non le zéro usuel !

B Opérations sur les matrices

- L'**addition** de matrices carrées de même ordre s'effectue naturellement.

$$\begin{pmatrix} a & b & c \\ a' & b' & c' \\ a'' & b'' & c'' \end{pmatrix} + \begin{pmatrix} d & e & f \\ d' & e' & f' \\ d'' & e'' & f'' \end{pmatrix} = \begin{pmatrix} a+d & b+e & c+f \\ a'+d' & b'+e' & c'+f' \\ a''+d'' & b''+e'' & c''+f'' \end{pmatrix}$$

La soustraction s'effectue tout aussi naturellement : on obtient $a-d$, $b-e$, etc.

- La **multiplication** de matrices carrées de même ordre ne se fait pas aussi simplement que l'addition. Elle s'effectue **ligne par colonne**.

Pour faciliter les calculs, on peut disposer les matrices selon le schéma ci-apris où l'on effectue le produit MN ; on obtient une matrice P.

Pour obtenir l'élément (en rouge) situé à la ligne 2 et la colonne 3 on effectue des additions de produits : on trouve $ad+be+cf$; on considère donc les éléments de la ligne 2 de la matrice M et de la colonne 3 de la matrice N. Les autres éléments s'obtiennent de façon analogue.

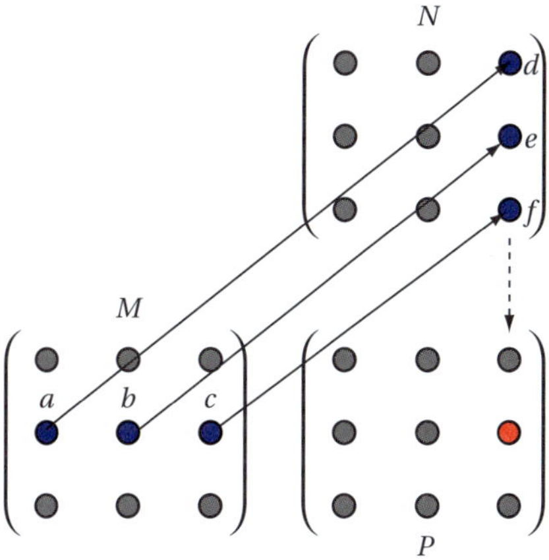

Remarques :

1. On généralise la règle de multiplication valable pour les matrices carrées d'ordre 3 au cas de matrices carrées d'un autre ordre.

2. Soit A une matrice carrée d'ordre n. On définit $A^2 = AA$ et pour tout entier naturel $p > 0$, $A^p = A^{p-1}A$ avec la convention $A^0 = I_n$ et $A^1 = A$.

Exemple : Soient $M = \begin{pmatrix} 1 & -1 \\ 0 & 4 \end{pmatrix}$ et $N = \begin{pmatrix} -2 & 0 \\ 1 & 3 \end{pmatrix}$.

On a $MN = \begin{pmatrix} 1\times(-2)+(-1)\times1 & 1\times0+(-1)\times3 \\ 0\times(-2)+4\times1 & 0\times0+4\times3 \end{pmatrix}$.

D'où $MN = \begin{pmatrix} -3 & -3 \\ 4 & 12 \end{pmatrix}$. De même, $NM = \begin{pmatrix} -2 & 2 \\ 1 & 11 \end{pmatrix}$.

Remarquez que $MN \neq MN$.

Soient λ un réel et M une matrice. Le **produit** λM est une matrice qui s'obtient simplement en multipliant chaque coefficient par λ.

Remarque : Soient λ un nombre, A et B, deux matrices telles que le produit AB existe. Alors : $A(\lambda B) = \lambda AB$.

Bien sûr, $\lambda M = M\lambda$ mais l'usage veut que l'on note λM, c'est-à-dire le nombre d'abord et la matrice en second.

C Particularités des opérations sur les matrices

a. Existence de la matrice produit

On a vu que l'on pouvait définir une multiplication entre deux matrices carrées de même ordre. Mais est-il possible de multiplier entre elles des matrices de nature différentes ?

Soient A et B deux matrices carrées, lignes ou colonnes. Il est possible d'effectuer le produit AB si et seulement si le nombre de colonnes de A est égal au nombre de lignes de B. Ainsi :

$$\begin{pmatrix} 1 & 5 & -2 \\ 0 & 0 & 2 \\ -1 & 0 & 4 \end{pmatrix}\begin{pmatrix} 4 \\ 0 \\ 1 \end{pmatrix}=\begin{pmatrix} 2 \\ 2 \\ 0 \end{pmatrix}$$

En effet la matrice $\begin{pmatrix} 1 & 5 & -2 \\ 0 & 0 & 2 \\ -1 & 0 & 4 \end{pmatrix}$ a trois colonnes et la matrice $\begin{pmatrix} 4 \\ 0 \\ 1 \end{pmatrix}$ a trois lignes.

Le produit de ces deux matrices est donc envisageable, en suivant la procédure décrite auparavant. On a les calculs suivants :

$$\begin{pmatrix} 1 & 5 & -2 \\ 0 & 0 & 2 \\ -1 & 0 & 4 \end{pmatrix}\begin{pmatrix} 4 \\ 0 \\ 1 \end{pmatrix}=\begin{pmatrix} 1\times4+5\times0+(-2)\times1 \\ 0\times4+0\times0+2\times1 \\ (-1)\times4+0\times0+4\times1 \end{pmatrix}=\begin{pmatrix} 2 \\ 2 \\ 0 \end{pmatrix}$$

b. Non-commutativité de la multiplication de matrices

La multiplication des matrices n'est pas une opération commutative. Autrement dit, en général, si A et B sont deux matrices : $AB \neq BA$.

Exemples : Si $A=\begin{pmatrix} 1 & 2 \\ -1 & 3 \end{pmatrix}$ et $B=\begin{pmatrix} 0 & 3 \\ 2 & -1 \end{pmatrix}$ alors $AB=\begin{pmatrix} 4 & 1 \\ 6 & -6 \end{pmatrix}$ et $BA=\begin{pmatrix} -3 & 9 \\ 3 & 1 \end{pmatrix}$.

D'autre part on a vu ci-dessus que, si

$$A=\begin{pmatrix} 1 & 5 & -2 \\ 0 & 0 & 2 \\ -1 & 0 & 4 \end{pmatrix} \text{ et } B=\begin{pmatrix} 4 \\ 0 \\ 1 \end{pmatrix}, \text{ alors } AB=\begin{pmatrix} 2 \\ 2 \\ 0 \end{pmatrix}.$$

Cependant le calcul BA n'est pas possible car la matrice B a une colonne alors que la matrice A a trois lignes.

Même lorsque l'on peut effectuer le produit *AB*, le produit *BA* n'existe pas nécessairement.

c. Remarques diverses

- Il est possible que l'on ait $AB = 0$ avec $A \neq 0$ et $B \neq 0$. L'exemple suivant le montre :

$$A = \begin{pmatrix} 0 & 1 \\ 0 & 0 \end{pmatrix} \text{ et } B = \begin{pmatrix} 0 & 2 \\ 0 & 0 \end{pmatrix} \text{ et } AB = \begin{pmatrix} 0 & 0 \\ 0 & 0 \end{pmatrix}.$$

- Soit A une matrice carrée d'ordre n. Alors $AI_n = I_nA = A$.

En effet : étudions le cas $n = 2$. Pour tous réels a, b, c, d posons $A = \begin{pmatrix} a & b \\ c & d \end{pmatrix}$.

On sait que $I_2 = \begin{pmatrix} 1 & 0 \\ 0 & 1 \end{pmatrix}$.

Alors : $AI_2 = \begin{pmatrix} a & b \\ c & d \end{pmatrix}\begin{pmatrix} 1 & 0 \\ 0 & 1 \end{pmatrix} = \begin{pmatrix} a\times 1 + b\times 0 & a\times 0 + b\times 0 \\ c\times 0 + d\times 0 & c\times 0 + d\times 1 \end{pmatrix}$

$$\Leftrightarrow AI_2 = \begin{pmatrix} a & b \\ c & d \end{pmatrix} = A$$

On obtiendrait de même $I_2A = A$.

- Les calculs sur les matrices peuvent s'effectuer à la calculatrice dans des menus spécialisés (Math >Matrix).

- Le lecteur attentif aura remarqué qu'on n'a pas évoqué la division des matrices. C'est l'objet de la section suivante.

D Matrice inverse

- **Définition**

Dire qu'une matrice carrée A d'ordre n est **inversible** signifie qu'il existe une matrice B telle que $AB = I_n$. Si B existe alors elle est unique et on la note A^{-1}. A^{-1} s'appelle la **matrice inverse** de A, ou simplement l'inverse de A.

Remarque : Il est équivalent de poser comme condition $BA = I_n$.

- **Utilisation pratique** : Soient A, X et B trois matrices. Si A est inversible alors :

$$AX = B \Leftrightarrow A^{-1}AX = A^{-1}B \Leftrightarrow I_nX = A^{-1}B \Leftrightarrow X = A^{-1}B$$

Nous venons donc de voir que si A est inversible alors l'équation $AX = B$, où l'inconnue est une matrice X, a une solution unique qui est $A^{-1}B$.

> Rappelez-vous que, si A et B sont deux matrices et A inversible, alors, en général, $A^{-1}B \neq BA^{-1}$.

Remarques

1. Le calcul de l'inverse d'une matrice peut s'effectuer à la calculatrice ; elle renvoie un message d'erreur lorsque la matrice n'est pas inversible.

2. Le résultat précédent est à rapprocher de l'équation $ax = b$ qui a une solution unique si $a \neq 0$ celle-ci étant $\frac{b}{a}$ que l'on peut noter $a^{-1}b$ ou ba^{-1}.

3. Lorsque le calcul $A^{-1}B$ est possible, on pourrait le noter B/A mais ce n'est pas l'usage.

2 Application des matrices

A Résolutions de systèmes linéaires d'équations

Considérons un système de trois équations à trois inconnues x, y, z, par exemple : $\begin{cases} x + y - 2z = 6 \\ 2x - y + 3z = -5 \\ x + 3y - z = 6 \end{cases}$

Posons $A = \begin{pmatrix} 1 & 1 & -2 \\ 2 & -1 & 3 \\ 1 & 3 & -1 \end{pmatrix}$, $X = \begin{pmatrix} x \\ y \\ z \end{pmatrix}$, $B = \begin{pmatrix} 6 \\ -5 \\ 6 \end{pmatrix}$.

Le système équivaut à l'équation matricielle $AX = B$. Si A est inversible alors on a $X = A^{-1}B$; par conséquent on trouve les valeurs de x, y et z.

Dans l'exemple : $A^{-1} = \begin{pmatrix} \frac{8}{17} & \frac{5}{17} & -\frac{1}{17} \\ -\frac{5}{17} & -\frac{1}{17} & \frac{7}{17} \\ -\frac{7}{17} & \frac{2}{17} & \frac{3}{17} \end{pmatrix}$.

et donc $X = \begin{pmatrix} \frac{8}{17} & \frac{5}{17} & -\frac{1}{17} \\ -\frac{5}{17} & -\frac{1}{17} & \frac{7}{17} \\ -\frac{7}{17} & \frac{2}{17} & \frac{3}{17} \end{pmatrix} \begin{pmatrix} 6 \\ -5 \\ 6 \end{pmatrix} = \begin{pmatrix} 1 \\ 1 \\ -2 \end{pmatrix}$.

On trouve donc $x = 1$, $y = 1$ et $z = -2$.

Le calcul de A^{-1} s'effectue à la calculatrice avec la touche « Inversematrix » ou équivalent.

Théorème

Soient A une matrice carrée d'ordre n, X et B deux matrices colonnes à n lignes. Si A est inversible alors on a l'équivalence :

$$AX = B \Leftrightarrow X = A^{-1}B$$

Remarque: Ce théorème est admis. La technique précédente s'étend à tout système de n équations à n inconnues.

B Suites de matrices

a. Suites « géométriques » de matrices colonnes

Considérons les deux suites (x_n) et (y_n) définies par $x_0 = 1$, $y_0 = 4$

et les relations de récurrence $\begin{cases} x_{n+1} = 2x_n - y_n \\ y_{n+1} = -x_n + 2y_n \end{cases}$.

Cherchons à exprimer x_n et y_n en fonction de n.

Posons $A = \begin{pmatrix} 2 & -1 \\ -1 & 2 \end{pmatrix}$, $U_n = \begin{pmatrix} x_n \\ y_n \end{pmatrix}$; on a donc $U_0 = \begin{pmatrix} x_0 \\ y_0 \end{pmatrix} = \begin{pmatrix} 1 \\ 4 \end{pmatrix}$ et $U_{n+1} = \begin{pmatrix} x_{n+1} \\ y_{n+1} \end{pmatrix}$.

Le calcul $\begin{pmatrix} 2 & -1 \\ -1 & 2 \end{pmatrix}\begin{pmatrix} x_n \\ y_n \end{pmatrix}$ fournit la matrice colonne $\begin{pmatrix} 2x_n - y_n \\ 2y_n - x_n \end{pmatrix}$, c'est-à-dire U_{n+1}.

Les relations de récurrence sont donc équivalentes à l'égalité matricielle $U_{n+1} = AU_n$.

On remarque l'analogie avec l'égalité $u_{n+1} = qu_n$, caractéristique des suites géométriques de nombres.

Théorème

On considère une matrice carrée A d'ordre p et une matrice colonne à p lignes U_n vérifiant, pour tout $n \in \mathbb{N}$, la relation $U_{n+1} = AU_n$. Alors pour tout $n \in \mathbb{N}$:

$$U_n = A^n U_0$$

Preuve : Voir l'exercice 9. Ce théorème, très utile, devra être démontré à chacune de ses utilisations.

b. Suites « arithmético-géométriques » de matrices

Considérons les deux suites (x_n) et (y_n) définies par $x_0 = -1$, $y_0 = 2$

et les relations de récurrence $\begin{cases} x_{n+1} = -3x_n + y_n + 1 \\ y_{n+1} = x_n + 2y_n \end{cases}$.

On cherche à exprimer x_n et y_n en fonction de n.

Si on pose $A = \begin{pmatrix} -3 & 1 \\ 1 & 2 \end{pmatrix}$, $U_n = \begin{pmatrix} x_n \\ y_n \end{pmatrix}$ et $C = \begin{pmatrix} 1 \\ 0 \end{pmatrix}$, on trouve $U_0 = \begin{pmatrix} -1 \\ 2 \end{pmatrix}$ et $U_{n+1} = \begin{pmatrix} x_{n+1} \\ y_{n+1} \end{pmatrix}$.

On trouve $\begin{pmatrix} -3 & 1 \\ 1 & 2 \end{pmatrix}\begin{pmatrix} x_n \\ y_n \end{pmatrix} + \begin{pmatrix} 1 \\ 0 \end{pmatrix} = \begin{pmatrix} -3x_n + y_n \\ x_n + 2y_n \end{pmatrix} + \begin{pmatrix} 1 \\ 0 \end{pmatrix}$

$$= \begin{pmatrix} -3x_n + y_n + 1 \\ x_n + 2y_n \end{pmatrix}.$$

Ainsi : $AU_n + C = U_{n+1}$ et on constate que les relations de récurrence équivalent à cette égalité matricielle.

Théorème

On considère une matrice carrée A d'ordre n une matrice colonne C d'ordre n et une matrice colonne U_n vérifiant, pour tout $n \in \mathbb{N}$, la relation $U_{n+1} = AU_n + C$.

Alors, s'il existe une matrice L telle que $L = AL + C$, la suite définie par $V_n = U_n - L$ vérifie $V_{n+1} = AV_n$.

L'analogie est frappante avec l'égalité $u_{n+1} = au_n + c$ caractérisant les suites arithmético-géométriques de nombres.

Preuve : Supposons qu'il existe une matrice L telle que $L = AL + C$; alors :

$$U_{n+1} - L = AU_n + C - (AL + C) \Leftrightarrow V_{n+1} = A(U_n - L) \Leftrightarrow V_{n+1} = AV_n$$

Remarque : On sait, d'après l'exemple précédent, que pour tout $n \in \mathbb{N}$, $V_n = A^n V_0$ et on en déduit donc $U_n = A^n(U_0 - L) + L$ ce qui permet de trouver chaque terme de la matrice U_n en fonction de n.

Exprimer une matrice en fonction de deux autres

ÉNONCÉ

On considère les matrices $A=\begin{pmatrix}4&0&2\\0&4&2\\0&0&2\end{pmatrix}$ et $J=\begin{pmatrix}1&0&2\\0&1&2\\0&0&-1\end{pmatrix}$.

1 Trouver deux réels A et B tels que $A=aI_3+bJ$.

I_3 est la matrice identité d'ordre 3 (voir le § 1. A.).

2 On admet que A est inversible.
Peut-on trouver deux réels a' et b' tels que $A^{-1}=a'I_3+b'J$?

MÉTHODE

1 Il suffit de calculer la matrice aI_3+bJ et de procéder par identification.

2 Il suffit de calculer A^{-1} et de procéder comme à la question **a.**

CORRIGÉ

1 On trouve $aI_3+bJ=\begin{pmatrix}a&0&0\\0&a&0\\0&0&a\end{pmatrix}+\begin{pmatrix}b&0&2b\\0&b&2b\\0&0&-b\end{pmatrix}=\begin{pmatrix}a+b&0&2b\\0&a+b&2b\\0&0&a-b\end{pmatrix}$.

L'égalité demandée a lieu si et seulement si $\begin{cases}a+b=4\\2b=2\\a-b=2\end{cases}$.

On trouve immédiatement $b=1$ puis $a=3$.
Par conséquent : $A=3I_3+J$.

2 Un calcul immédiat à la calculatrice fournit $A^{-1}=\begin{pmatrix}\frac{1}{4}&0&-\frac{1}{4}\\0&\frac{1}{4}&-\frac{1}{4}\\0&0&\frac{1}{2}\end{pmatrix}$.

Les nombres a' et b' existent si et seulement si le système suivant a des solutions : $\begin{cases} a'+b'=\dfrac{1}{4} \\ 2b'=-\dfrac{1}{4} \\ a'-b'=\dfrac{1}{2} \end{cases}$. On trouve effectivement $b'=-\dfrac{1}{8}$ et $a'=\dfrac{3}{8}$.

Par conséquent $A^{-1}=\dfrac{3}{8}I_3-\dfrac{1}{8}J$.

Calculer la puissance *n*-ième d'une matrice

ÉNONCÉ

On considère la matrice $M=\begin{pmatrix} -1 & 2 & 4 \\ 2 & 1 & -1 \\ 3 & 1 & 1 \end{pmatrix}$ et on se propose de calculer M^n pour tout entier naturel n.

1 Posons $P=\begin{pmatrix} -\dfrac{1}{15} & -\dfrac{4}{15} & \dfrac{2}{15} \\ \dfrac{1}{24} & \dfrac{1}{24} & \dfrac{1}{24} \\ -\dfrac{13}{40} & \dfrac{3}{40} & \dfrac{11}{40} \end{pmatrix}$.

Montrer que PMP^{-1} est une matrice diagonale D que l'on déterminera.

2 En déduire une expression de M en fonction de P, P^{-1} et D.

3 Démontrer par récurrence que $M^n=P^{-1}D^nP$.

4 Par récurrence, calculer D^n pour tout entier naturel $n>0$, puis écrire M^n sous forme de tableau.

MÉTHODE

1 Un calcul à la calculatrice fournit le résultat.

2 Il suffit de résoudre l'équation $PMP^{-1} = D$ où l'inconnue est M. Pour cela, on utilise des multiplications par P et P^{-1}.

3 Pour avoir une idée de la formule de récurrence pour le calcul de D^n, il suffit de calculer D^2.

4 Pour le calcul de M^{n+1}, on remarque que $M^{n+1} = MM^n$.

CORRIGÉ

1 Un calcul immédiat fournit $PMP^{-1} = \begin{pmatrix} 1 & 0 & 0 \\ 0 & 4 & 0 \\ 0 & 0 & -4 \end{pmatrix}$, donc D est bien une matrice diagonale et $D = \begin{pmatrix} 1 & 0 & 0 \\ 0 & 4 & 0 \\ 0 & 0 & -4 \end{pmatrix}$.

2 $PMP^{-1} = D \Leftrightarrow (P^{-1}P)MP^{-1} = P^{-1}D \Leftrightarrow MP^{-1} = P^{-1}D$

$$\Leftrightarrow M(P^{-1}P) = P^{-1}DP \Leftrightarrow M = P^{-1}DP$$

On a utilisé le fait que $PP^{-1} = P^{-1}P = I_3$. D'autre part $I_3M = MI_3 = M$.

3 Démontrons aussi que pour tout entier naturel $n > 0$, $M^n = P^{-1}D^nP$.

- Puisque $M^1 = M = P^{-1}DP = P^{-1}D^1P$, l'égalité est vérifiée si $n = 1$.
- Supposons qu'elle le soit pour un entier naturel $n > 0$ donné. Alors :

$$M^{n+1} = MM^n = (P^{-1}DP)(P^{-1}D^nP) = P^{-1}DI_3D^nP = P^{-1}DD^nP$$

On trouve donc $M^{n+1} = P^{-1}D^{n+1}P$. Cela prouve l'hérédité de l'égalité et achève la récurrence.

4 Après avoir calculé $D^2 = \begin{pmatrix} 1 & 0 & 0 \\ 0 & 16 & 0 \\ 0 & 0 & 16 \end{pmatrix} = \begin{pmatrix} 1 & 0 & 0 \\ 0 & 4^2 & 0 \\ 0 & 0 & (-4)^2 \end{pmatrix}$, montrons par récurrence que pour tout entier naturel $n > 0$:

$$D^n = \begin{pmatrix} 1 & 0 & 0 \\ 0 & 4^n & 0 \\ 0 & 0 & (-4)^n \end{pmatrix}$$

• Comme $D^1 = D = \begin{pmatrix} 1 & 0 & 0 \\ 0 & 4^1 & 0 \\ 0 & 0 & (-4)^1 \end{pmatrix}$ la propriété est vérifiée si $n=1$.

• Supposons qu'elle le soit pour un entier naturel $n>0$. Alors :

$$D^{n+1} = DD^n = \begin{pmatrix} 1 & 0 & 0 \\ 0 & 4 & 0 \\ 0 & 0 & -4 \end{pmatrix}\begin{pmatrix} 1 & 0 & 0 \\ 0 & 4^n & 0 \\ 0 & 0 & (-4)^n \end{pmatrix} = \begin{pmatrix} 1 & 0 & 0 \\ 0 & 4^{n+1} & 0 \\ 0 & 0 & (-4)^{n+1} \end{pmatrix}.$$

L'hérédité de l'égalité est prouvée, ce qui achève la récurrence.

On calcule : $P^{-1} = \begin{pmatrix} 1 & 10 & -2 \\ -3 & 3 & 1 \\ 2 & 11 & 1 \end{pmatrix}$ puis $P^{-1}D^n = \begin{pmatrix} 1 & 10\times 4^n & -2(-4)^n \\ -3 & 3\times 4^n & (-4)^n \\ 2 & 11\times 4^n & (-4)^n \end{pmatrix}$

et enfin :

$$P^{-1}DP = \begin{pmatrix} \frac{5\times 4^n}{12}+\frac{13(-4)^n}{20}-\frac{1}{15} & \frac{5\times 4^n}{12}-\frac{3(-4)^n}{20}-\frac{4}{15} & \frac{5\times 4^n}{12}-\frac{11(-4)^n}{20}+\frac{2}{15} \\ \frac{4^n}{8}-\frac{13(-4)^n}{40}+\frac{1}{5} & \frac{4^n}{8}+\frac{3(-4)^n}{40}+\frac{4}{5} & \frac{4^n}{8}+\frac{11(-4)^n}{40}-\frac{2}{5} \\ \frac{11\times 4^n}{24}-\frac{13(-4)^n}{40}-\frac{2}{15} & \frac{11\times 4^n}{24}+\frac{3(-4)^n}{40}-\frac{8}{15} & \frac{11\times 4^n}{24}+\frac{11(-4)^n}{40}+\frac{4}{15} \end{pmatrix}$$

La méthode développée ci-dessus se généralise et est utile dans le cas où on peut effectivement trouver une matrice diagonale D et une matrice P adéquates !

SE TESTER QUIZ

Dans les exercices suivants, A et B sont des matrices carrées d'ordre $n \geqslant 2$ ou des matrices colonnes à n lignes. On désigne par 0 une matrice nulle et par I_n la matrice unité.

1 Si $AB = 0$ alors $A = 0$ ou $B = 0$.

☐ **a.** Vrai ☐ **b.** Faux

2 La matrice $\begin{pmatrix} 0 & 0 & 0 \\ 0 & 0 & 0 \\ 0 & 0 & 1 \end{pmatrix}$ peut être considérée comme une matrice nulle.

☐ **a.** Vrai ☐ **b.** Faux

3 Si $AB = 0$, alors $BA = 0$.

☐ **a.** Vrai ☐ **b.** Faux

4 Si $A^2 - 5A = 0$, alors $A(A-5) = 0$.

☐ **a.** Vrai ☐ **b.** Faux

5 Soit λ un réel. Si $\lambda A = 0$ alors $\lambda = 0$ ou $A = 0$.

☐ **a.** Vrai ☐ **b.** Faux

6 Si deux matrices carrées A et B sont inversibles alors $AB = BA$.

☐ **a.** Vrai ☐ **b.** Faux

7 Pour toutes matrices carrées de même ordre A et B :

$$(A+B)^2 = A^2 + 2AB + B^2$$

☐ **a.** Vrai ☐ **b.** Faux

8 Pour toutes matrices carrées de même ordre A et B :

$$(A-B)(A+B) = A^2 - B^2$$

TRAITER UNE QUESTION DE COURS

9 On considère une matrice carrée A d'ordre p et une matrice colonne à p lignes U_n vérifiant, pour tout $n \in \mathbb{N}$, la relation $U_{n+1} = AU_n$.
Démontrer que pour tout $n \in \mathbb{N}$: $U_n = A^n U_0$.

10 Soient A et B deux matrices carrées d'ordre 3, toutes les deux inversibles. Montrer que AB est inversible et que l'on a $(AB)^{-1} = B^{-1}A^{-1}$.

S'ENTRAÎNER

Matrices diagonales

11 On considère deux matrices diagonales D et D' d'ordre 3.

a. La somme $D + D'$ est-elle une matrice diagonale ?

b. Même question avec le produit DD'.

12 Soit D une matrice diagonale. Montrer que D est inversible si et seulement si aucun de ses éléments diagonaux n'est nul.

13 Soient D une matrice diagonale et P une matrice inversible. On pose $A = P^{-1}DP$. Pour tout entier naturel n, exprimer A^n en fonction de P^{-1}, D et P.

Faire un raisonnement par récurrence (voir méthode p. 426).

Opérations sur les matrices

14 Soient a et b deux réels. On considère la matrice $M = \begin{pmatrix} a & b & b \\ b & a & b \\ b & b & a \end{pmatrix}$.

Trouver deux matrices carrées A et B telles que $M = aA + bB$.

15 Soient a et b deux réels. On considère la matrice $M = \begin{pmatrix} 0 & 0 & 0 \\ 1 & 0 & a \\ 0 & 1 & b \end{pmatrix}$.

Calculer M^2 puis montrer que $M^3 = aM + bM^2$.

16 Posons $A = \begin{pmatrix} -6 & -2 & 8 \\ 2 & -1 & -4 \\ -2 & -1 & 2 \end{pmatrix}$ et $M = A + I_3$, $N = A + 2I_3$.

a. Montrer que $MN = NM = 0$.

b. Calculer M^2 et N^2 puis exprimer M^n et N^n en fonction de l'entier naturel n.

17 On pose $A=\begin{pmatrix}0&1&0&0\\0&0&1&0\\0&0&0&0\\0&0&0&0\end{pmatrix}$.

On pourra commencer par calculer A^2 et A^3.

Calculer A^n pour tout entier naturel n.

18 On pose $A=\begin{pmatrix}1&1&1\\1&1&1\\1&1&1\end{pmatrix}$.

Pour tout entier naturel $n>0$, exprimer A^n en fonction de n.

19 On considère une matrice carrée d'ordre 3 notée J telle que $J^2=0$. On pose $A=I_3+J$. Pour tout entier naturel $n>0$, exprimer A^n en fonction de I_3 et de J.

Matrices inverses

20 On pose $A=\begin{pmatrix}3&-1&1\\2&0&1\\-2&1&0\end{pmatrix}$.

a. Calculer A^2-2A+I_3.

b. En déduire que A est inversible et exprimer A^{-1} en fonction de A et I_3.

21 On pose $A=\begin{pmatrix}1&4&0\\4&1&0\\0&1&1\end{pmatrix}$ et $P=\begin{pmatrix}4&0&4\\-4&0&4\\1&1&1\end{pmatrix}$.

a. Montrer que $P^{-1}AP$ est une matrice diagonale D que l'on précisera.

b. Par récurrence, montrer que pour tout entier naturel $n>0$, $A^n=PD^nP^{-1}$.

22 Soient x et y deux réels. Soit $X=\begin{pmatrix}x & y\end{pmatrix}$ une matrice à une ligne et deux colonnes et $P=\begin{pmatrix}0{,}4&0{,}6\\0{,}7&0{,}3\end{pmatrix}$.

Il s'agit de trouver x et y, s'ils existent...

Résoudre l'équation matricielle $XP=X$.

Systèmes linéaires d'équations

23 Écrire les systèmes suivants sous forme matricielle puis les résoudre.

a. $\begin{cases} x+2y+2z=2 \\ x+3y-2z=-1 \\ 3x+5y+8z=8 \end{cases}$ **b.** $\begin{cases} x-y+2z=5 \\ 3x+2y+z=10 \\ 2x-3y-2z=-10 \end{cases}$

24 Écrire les systèmes suivants sous forme matricielle puis les résoudre.

On pourra utiliser la calculatrice pour trouver la matrice inverse.

a. $\begin{cases} x-2y-z=0 \\ 2x+y-z=-2 \\ 3x+2y+5z=16 \\ 5x-4y-3z=0 \end{cases}$ **b.** $\begin{cases} x+y+z=0 \\ 2x-y+z=1 \\ x-2y+3z=4 \\ x-y-2z=0 \end{cases}$

On pourra d'abord choisir trois équations, résoudre le système correspondant puis voir si la solution convient.

Suites matricielles

25 On considère la matrice $M=\frac{1}{4}\begin{pmatrix} 1 & 3 \\ 3 & 1 \end{pmatrix}$ et la suite (u_n) définie par $u_0=1$ et pour tout entier naturel n par $u_{n+1}=\frac{1}{4}u_n+\frac{3}{4}(1-u_n)$.

On pose $V_n=\begin{pmatrix} u_n & 1-u_n \end{pmatrix}$ (matrice à une ligne et deux colonnes).

a. Vérifier que $V_{n+1}=V_nM$ et en déduire par récurrence que pour tout $n\in\mathbb{N}$, $V_n=V_0M^n$.

b. Posons $A=\frac{1}{2}\begin{pmatrix} 1 & 1 \\ 1 & 1 \end{pmatrix}$ et $B=\frac{1}{2}\begin{pmatrix} 1 & -1 \\ -1 & 1 \end{pmatrix}$.

Vérifier que $M=A-\frac{1}{2}B$. Calculer A^2, B^2, AB et BA.

c. Par récurrence, montrer que pour tout entier naturel $n>0$, $M^n=A+\left(-\frac{1}{2}\right)^n B$.

d. En déduire $\lim\limits_{n\to+\infty} u_n$.

26 On considère les suites u_n et v_n définies par $u_0 = 1$, $v_0 = 1$ et, pour tout entier naturel n : $\begin{cases} u_{n+1} = -4u_n + 6v_n + 2 \\ v_{n+1} = -3u_n + 5v_n + 1 \end{cases}$

a. Écrire le système en utilisant les matrices $A = \begin{pmatrix} -4 & 6 \\ -3 & 5 \end{pmatrix}$, $X_n = \begin{pmatrix} u_n \\ v_n \end{pmatrix}$ et $C = \begin{pmatrix} 2 \\ 1 \end{pmatrix}$.

b. Trouver une matrice colonne L telle que $L = AL + C$.

c. Pour tout entier naturel n, on pose $Y_n = X_n - L$.
Montrer que $Y_{n+1} = AY_n$ et en déduire que $Y_n = A^n Y_0$.

d. Soit $P = \begin{pmatrix} 1 & -2 \\ 1 & -1 \end{pmatrix}$. Montrer que PAP^{-1} est une matrice diagonale D et en déduire que $A = P^{-1}DP$.

e. Par récurrence montrer que pour tout entier $n > 0$, $A^n = P^{-1}D^nP$ et en déduire l'expression de A^n sous forme de tableau.

f. En déduire les expressions de u_n et v_n en fonction de n.

OBJECTIF BAC

27 On étudie l'évolution du nombre d'individus de deux espèces d'animaux au cours du temps. L'une est une proie de l'autre. On note x_n le nombre de proies vivantes et y_n le nombre de prédateurs vivants à l'année n. Au début de l'étude : $x_0 = 2\,000$ et $y_0 = 1000$.
On estime que la population des proies triple d'une année sur l'autre du seul fait de la reproduction. On estime aussi qu'en moyenne chaque prédateur mange deux proies par an.

a. Démontrer que $x_{n+1} = 3x_n - 2y_n$.

Les proies constituent l'essentiel du régime alimentaire des prédateurs. En l'absence totale de proies, la population des prédateurs diminuerait de moitié tous les ans. En revanche la présence de proies favorise la reproduction des prédateurs et pour deux proies vivantes naît un nouveau prédateur.

b. Démontrer que $y_{n+1} = \frac{1}{2}y_n + \frac{1}{2}x_n$.

c. On pose $U_n = \begin{pmatrix} x_n \\ y_n \end{pmatrix}$ et $A = \begin{pmatrix} 3 & -2 \\ \frac{1}{2} & \frac{1}{2} \end{pmatrix}$. Exprimer U_{n+1} en fonction de U_n et de A.

d. Déduire de la question précédente que pour tout entier naturel n, $U_n = A^n U_0$.

e. On pose $P = \begin{pmatrix} 4 & 1 \\ 1 & 1 \end{pmatrix}$. Montrer que $P^{-1}AP$ est une matrice diagonale D que l'on précisera et en déduire l'expression de A^n sous forme de tableau pour tout entier $n > 0$.

On pourra prendre le millier comme unité.

f. Exprimer x_n et y_n en fonction de n et en déduire leur limite quand n tend vers $+\infty$. Commenter la réponse.

SE TESTER

1 **Faux** car si $A = B = \begin{pmatrix} 0 & 1 \\ 0 & 0 \end{pmatrix}$ alors on a $AB = BA = \begin{pmatrix} 0 & 0 \\ 0 & 0 \end{pmatrix}$.

2 **Faux.** Une matrice nulle est une matrice dont tous les coefficients sont égaux à 0.

3 **Faux.** Si $A = \begin{pmatrix} 1 & -1 \\ -1 & 1 \end{pmatrix}$ et $B = \begin{pmatrix} 1 & 0 \\ 1 & 0 \end{pmatrix}$ alors :

$AB = \begin{pmatrix} 1 & -1 \\ -1 & 1 \end{pmatrix}\begin{pmatrix} 1 & 0 \\ 1 & 0 \end{pmatrix} = \begin{pmatrix} 0 & 0 \\ 0 & 0 \end{pmatrix}$ et cependant $BA = \begin{pmatrix} 1 & 0 \\ 1 & 0 \end{pmatrix}\begin{pmatrix} 1 & -1 \\ -1 & 1 \end{pmatrix} = \begin{pmatrix} 1 & -1 \\ 1 & -1 \end{pmatrix}$.

4 **Faux.** En effet $A^2 - 5A = AA - 5I_3A = A(A - 5I_3)$.
L'écriture $A - 5$ n'a pas de sens puisque A est une matrice et 5 est un nombre.

> Pour la multiplication des matrices, la matrice identité joue un rôle analogue au nombre 1 pour la multiplication des nombres.

5 **Vrai.** Dans le cas des matrices carrées d'ordre 2

si $A = \begin{pmatrix} a & b \\ c & d \end{pmatrix}$ alors $\lambda A = \begin{pmatrix} \lambda a & \lambda b \\ \lambda c & \lambda d \end{pmatrix}$

et : $\lambda A = 0 \Leftrightarrow \begin{pmatrix} \lambda a & \lambda b \\ \lambda c & \lambda d \end{pmatrix} = \begin{pmatrix} 0 & 0 \\ 0 & 0 \end{pmatrix}$. On a donc $\lambda = 0$ ou $a = b = c = d = 0$.

Cette propriété se généralise à toute matrice carrée d'ordre n.

6 **Faux.** Posons $A = \begin{pmatrix} 1 & 1 \\ 0 & 1 \end{pmatrix}$ alors $A^{-1} = \begin{pmatrix} 1 & -1 \\ 0 & 1 \end{pmatrix}$; et $B = \begin{pmatrix} 1 & 0 \\ 1 & 1 \end{pmatrix}$

alors $B^{-1} = \begin{pmatrix} 1 & 0 \\ -1 & 1 \end{pmatrix}$. On a $AB = \begin{pmatrix} 2 & 1 \\ 1 & 1 \end{pmatrix}$ et $BA = \begin{pmatrix} 1 & 1 \\ 1 & 2 \end{pmatrix}$.

7 **Faux.** En effet
$(A+B)^2 = (A+B)(A+B) = A^2 + BA + AB + B^2$.
Or on n'a pas nécessairement $AB = BA$.

8 **Faux.** En effet $(A-B)(A+B) = A^2 + AB - BA - B^2$.
Or on n'a pas nécessairement $AB = BA$.

> Les égalités des exercices **7.** et **8.** sont vraies dans le cas de matrices telles que $AB = BA$. C'est le cas notamment lorsque l'une d'elles est la matrice identité.

TRAITER UNE QUESTION DE COURS

9 Effectuons un raisonnement par récurrence. Puisque $A^0 = I$ on a $U_0 = IU_0 = A^0U_0$ ce qui prouve que l'égalité est vérifiée si $n = 0$.
Supposons-la vérifiée pour un entier n quelconque.
Alors $U_{n+1} = AU_n = AA^nU_0 = A^{n+1}U_0$. L'égalité est donc héréditaire, ce qui prouve la vérité de l'égalité pour tout $n \in \mathbb{N}$.

10 Calculons. $AB\left(B^{-1}A^{-1}\right) = A\left(BB^{-1}\right)A^{-1} = AI_3A^{-1} = AA^{-1} = I_3$. On en conclut que la matrice AB est inversible et que son inverse est égal à $B^{-1}A^{-1}$.

S'ENTRAÎNER

11 **a.** Soient D et D' deux matrices diagonales. Tous leurs termes sont nuls sauf éventuellement leurs éléments diagonaux. Les coefficients de leur somme sont donc tous nuls sauf éventuellement ceux de sa diagonale. $D + D'$ est donc une matrice diagonale.

b. Considérons les deux matrices diagonales :

$$D = \begin{pmatrix} a & 0 & 0 \\ 0 & b & 0 \\ 0 & 0 & c \end{pmatrix} \text{ et } D' = \begin{pmatrix} a' & 0 & 0 \\ 0 & b' & 0 \\ 0 & 0 & c' \end{pmatrix}.$$

Alors $DD' = \begin{pmatrix} aa' & 0 & 0 \\ 0 & bb' & 0 \\ 0 & 0 & cc' \end{pmatrix}$

ce qui prouve que le produit des deux matrices diagonales est encore une matrice diagonale.

> On peut généraliser le résultat pour des matrices carrées de taille quelconque.

12 On considère des matrices diagonales d'ordre n. Si une matrice D est inversible alors il existe une matrice D' telle que $DD' = I_n$. Or tous les termes de la matrice diagonale DD' sont nuls et ceux de sa diagonale sont les produits des éléments diagonaux de D et D'. Ces produits sont tous égaux à 1 et donc aucun élément diagonal de D n'est égal à 0.

Réciproquement, si aucun des éléments diagonaux n'est égal à 0 alors, pour chacun d'eux, noté a, on a $a\dfrac{1}{a} = 1$. Cela prouve que D est inversible et que son inverse s'obtient en garnissant la diagonale des inverses des éléments diagonaux de D. Ce qu'il fallait démontrer.

13 On a $A^2 = AA = P^{-1}DP(P^{-1}DP) = P^{-1}DIDP = P^{-1}DDP = P^{-1}D^2P$.
On va donc démontrer que pour tout entier naturel n : $A^n = P^{-1}D^nP$.
L'égalité est vraie si $n = 0$ car $A^0 = I = P^{-1}P = P^{-1}D^0P$.
Supposons qu'elle soit vraie pour un entier naturel n quelconque. Alors :

$$A^{n+1} = AA^n = P^{-1}DPP^{-1}D^nP = P^{-1}DID^nP = P^{-1}D^{n+1}P$$

L'hérédité est prouvée, ce qui achève la récurrence.

Démonstration à rapprocher de la question **3.** de la méthode p. 426.

14 On trouve immédiatement $M = a\begin{pmatrix} 1 & 0 & 0 \\ 0 & 1 & 0 \\ 0 & 0 & 1 \end{pmatrix} + b\begin{pmatrix} 0 & 1 & 1 \\ 1 & 0 & 1 \\ 1 & 1 & 0 \end{pmatrix}$ et on obtient les matrices A et B.

A est la matrice identité.

15 On trouve $M^2 = MM = \begin{pmatrix} 0 & 0 & 0 \\ 0 & a & ab \\ 1 & b & a+b^2 \end{pmatrix}$

et $M^3 = M^2M = \begin{pmatrix} 0 & 0 & 0 \\ a & ab & a^2+ab^2 \\ b & a+b^2 & 2ab+b^3 \end{pmatrix}$.

Puisque $aM + bM^2 = \begin{pmatrix} 0 & 0 & 0 \\ a & 0 & a^2 \\ 0 & a & ab \end{pmatrix} + \begin{pmatrix} 0 & 0 & 0 \\ 0 & ab & a^2b \\ b & b^2 & ab+b^3 \end{pmatrix}$ on a bien l'égalité demandée.

16 **a.** On trouve $M = \begin{pmatrix} -5 & -2 & 8 \\ 2 & 0 & -4 \\ -2 & -1 & 3 \end{pmatrix}$ et $N = \begin{pmatrix} -4 & -2 & 8 \\ 2 & 1 & -4 \\ -2 & -1 & 4 \end{pmatrix}$.

Les calculs montrent que l'on a bien $MN = NM = \begin{pmatrix} 0 & 0 & 0 \\ 0 & 0 & 0 \\ 0 & 0 & 0 \end{pmatrix}$.

b. On trouve, après calculs, $M^2 = -M$ et $N^2 = N$. On en déduit, par une récurrence élémentaire, que pour tout entier naturel n, $N^n = N$ et $M^n = (-1)^n M$.

17 On trouve $A^2 = \begin{pmatrix} 0 & 0 & 1 & 0 \\ 0 & 0 & 0 & 0 \\ 0 & 0 & 0 & 0 \\ 0 & 0 & 0 & 0 \end{pmatrix}$ et $A^3 = \begin{pmatrix} 0 & 0 & 0 & 0 \\ 0 & 0 & 0 & 0 \\ 0 & 0 & 0 & 0 \\ 0 & 0 & 0 & 0 \end{pmatrix}$.

On en déduit : $A^0 = I$, $A^1 = A$, $A^2 = \begin{pmatrix} 0 & 0 & 1 & 0 \\ 0 & 0 & 0 & 0 \\ 0 & 0 & 0 & 0 \\ 0 & 0 & 0 & 0 \end{pmatrix}$

et $A^n = 0$ pour tout entier $n \geqslant 3$.

Pour calculer A^2, on utilise la calculatrice et on tape A^2 comme s'il s'agissait du nombre A.

18 On trouve $A^2 = \begin{pmatrix} 3 & 3 & 3 \\ 3 & 3 & 3 \\ 3 & 3 & 3 \end{pmatrix} = 3A$. Démontrons par récurrence que pour tout entier naturel $n > 0$, on a $A^n = 3^{n-1}A$.

L'égalité est vraie si $n = 1$ car $A^1 = A = 1A = 3^0 A$.

Supposons qu'elle soit vraie pour un entier naturel $n > 0$.

Alors $A^{n+1} = AA^n = A3^{n-1}A = 3^{n-1}A^2 = 3^{n-1}3A = 3^n A$.

On a donc prouvé l'hérédité de l'égalité. Il s'ensuit que l'égalité a été prouvée par récurrence.

19 On trouve $A^2 = (I_3 + J)(I_3 + J) = I_3^2 + I_3 J + J I_3 + J^2 = I_3 + 2J$.

Démontrons que pour tout entier naturel $n > 0$, $A^n = I_3 + nJ$.

L'égalité est vraie si $n = 1$ car c'est la définition même de A.

Supposons qu'elle soit vraie pour un entier naturel $n > 0$. Alors :

$$\begin{aligned} A^{n+1} &= AA^n = (I_3 + J)(I_3 + nJ) \\ &= I_3^2 + nJI_3 + JI_3 + nJ^2 = I_3 + (n+1)J \end{aligned}$$

L'égalité est héréditaire et elle est donc vraie pour tout entier naturel $n > 0$.

Comme $A^0 = I_3$ et $I_3 + 0J = I_3$, l'égalité reste vraie si $n = 0$.

20 **a.** On trouve $A^2 = \begin{pmatrix} 5 & -2 & 2 \\ 4 & -1 & 2 \\ -4 & 2 & -1 \end{pmatrix}$ et donc : $A^2 - 2A = \begin{pmatrix} -1 & 0 & 0 \\ 0 & -1 & 0 \\ 0 & 0 & -1 \end{pmatrix} = -I_3$

Ce qu'il fallait démontrer.

b. On trouve donc $A(-A+2I_3)=I_3$. Il en résulte que A est inversible et :

$$A^{-1}=-A+2I_3=\begin{pmatrix}-1 & 1 & -1\\ -2 & 2 & -1\\ 2 & -1 & 2\end{pmatrix}$$

21 **a.** On trouve d'abord $P^{-1}=\begin{pmatrix}\frac{1}{8} & -\frac{1}{8} & 0\\ -\frac{1}{4} & 0 & 1\\ \frac{1}{8} & \frac{1}{8} & 0\end{pmatrix}$, puis :

$$P^{-1}A=\begin{pmatrix}-\frac{3}{8} & \frac{3}{8} & 0\\ -\frac{1}{4} & 0 & 1\\ \frac{5}{8} & \frac{5}{8} & 0\end{pmatrix} \text{ et } P^{-1}AP=\begin{pmatrix}-3 & 0 & 0\\ 0 & 1 & 0\\ 0 & 0 & 5\end{pmatrix}. \text{ Ainsi } D=\begin{pmatrix}-3 & 0 & 0\\ 0 & 1 & 0\\ 0 & 0 & 5\end{pmatrix}.$$

b. On a : $P^{-1}AP=D \Rightarrow P(P^{-1}AP)=PD \Rightarrow AP=PD$

$$\Rightarrow (AP)P^{-1}=PDP^{-1} \Rightarrow A=PDP^{-1}$$

L'égalité demandée est donc vraie si $n=1$.
Supposons qu'elle soit vraie pour un entier $n>0$.
Alors $A^{n+1}=AA^n=PDP^{-1}PD^nP^{-1}=PDD^nP^{-1}=PD^{n+1}P^{-1}$.
L'hérédité de l'égalité étant prouvée, la récurrence est achevée. Ce qu'il fallait démontrer.

22 L'équation $X=PX$ équivaut à $(x \quad y)=(0{,}4x+0{,}7y \quad 0{,}6x+0{,}3y)$ et au système : $\begin{cases}x=0{,}4x+0{,}7y\\ y=0{,}6x+0{,}3y\end{cases}$. Ce dernier système est équivalent aussi à l'équation $0{,}6x-0{,}7y=0$. On voit que le système a une infinité de solutions. Ce sont les matrices à une ligne et deux colonnes de la forme $\lambda(7 \quad 6)$, où λ est un réel quelconque. En effect : $0{,}6\times 7-0{,}7\times 6=0$.

23 On pose $X=\begin{pmatrix}x\\ y\\ z\end{pmatrix}$. Les systèmes se traduisent par l'égalité $AX=B$ et donc $X=A^{-1}B$, où A et B sont des matrices dépendant du système considéré.

Voir le théorème du § 2. A.

a. Posons $A=\begin{pmatrix}1 & 2 & 2\\ 1 & 3 & -2\\ 3 & 5 & 8\end{pmatrix}$ et $B=\begin{pmatrix}2\\ -1\\ 8\end{pmatrix}$.

Puisque $A^{-1}=\begin{pmatrix}-17 & 3 & 5\\ 7 & -1 & -2\\ 2 & -\frac{1}{2} & -\frac{1}{2}\end{pmatrix}$, on trouve $X=A^{-1}B=\begin{pmatrix}3\\ -1\\ \frac{1}{2}\end{pmatrix}$

et donc $x=3$, $y=-1$, $z=\frac{1}{2}$.

b. Posons $A=\begin{pmatrix}1 & -1 & 2\\ 3 & 2 & 1\\ 2 & -3 & -2\end{pmatrix}$ et $B=\begin{pmatrix}5\\ 10\\ -10\end{pmatrix}$.

Puisque $A^{-1}=\begin{pmatrix}\frac{1}{35} & \frac{8}{35} & \frac{1}{7}\\ -\frac{8}{35} & \frac{6}{35} & -\frac{1}{7}\\ \frac{13}{35} & -\frac{1}{35} & -\frac{1}{7}\end{pmatrix}$ on trouve $X=A^{-1}B=\begin{pmatrix}1\\ 2\\ 3\end{pmatrix}$

et donc $x=1$, $y=2$, $z=3$.

24 a. Choisissons les trois premières équations.

Posons $A=\begin{pmatrix}1 & -2 & -1\\ 2 & 1 & -1\\ 3 & 2 & 5\end{pmatrix}$ et $B=\begin{pmatrix}0\\ -2\\ 16\end{pmatrix}$.

Puisque $A^{-1}=\begin{pmatrix}\frac{7}{32} & \frac{1}{4} & \frac{3}{32}\\ -\frac{13}{32} & \frac{1}{4} & -\frac{1}{32}\\ \frac{1}{32} & -\frac{1}{4} & \frac{5}{32}\end{pmatrix}$ on trouve $X=A^{-1}B=\begin{pmatrix}1\\ -1\\ 3\end{pmatrix}$

et donc $x=1$, $y=-1$, $z=3$.

Remplaçons dans la quatrième équation : $5\times1-4\times(-1)-3\times3=0$.

On en conclut que le système a pour solution le triplet $(1;-1;3)$.

b. Choisissons les trois premières équations.

Posons $A=\begin{pmatrix}1&1&1\\2&-1&1\\1&-2&3\end{pmatrix}$ et $B=\begin{pmatrix}3\\1\\4\end{pmatrix}$.

Puisque $A^{-1}=\begin{pmatrix}\frac{1}{9}&\frac{5}{9}&-\frac{2}{9}\\\frac{5}{9}&-\frac{2}{9}&-\frac{1}{9}\\\frac{1}{3}&-\frac{1}{3}&\frac{1}{3}\end{pmatrix}$, on trouve $X=A^{-1}B=\begin{pmatrix}0\\1\\2\end{pmatrix}$ et donc $x=0$, $y=1$, $z=2$.

Remplaçons dans la troisième équation : $0-1-2\times2=-5\neq0$. On en conclut que le système n'a pas de solution.

25 **a.** Calculons : $V_nM=(u_n\quad 1-u_n)\frac{1}{4}\begin{pmatrix}1&3\\3&1\end{pmatrix}=\begin{pmatrix}-\frac{u_n}{2}+\frac{3}{4}&\frac{u_n}{2}+\frac{1}{4}\end{pmatrix}$

$$\Rightarrow V_nM=V_{n+1}$$

Montrons par récurrence que pour tout $n\in\mathbb{N}$, $V_n=V_0M^n$.

L'égalité est vraie si $n=0$ car $V_0=V_0I_2=V_0M^0$.

Supposons qu'elle soit vraie pour un entier naturel n donné. Alors :

$$V_{n+1}=V_nM=V_0M^nM=V_0M^{n+1}$$

Elle est donc vraie lorsqu'on remplace n par $n+1$.

Conclusion : elle est vraie pour tout entier naturel n.

On a bien sûr $u_{n+1}=-\frac{1}{2}u_n+\frac{3}{4}$ et donc $1-u_n=\frac{1}{2}u_n+\frac{1}{4}$; l'exercice propose une méthode matricielle de traitement de cette suite.

b. Comme $B=\begin{pmatrix}\frac{1}{2}&-\frac{1}{2}\\-\frac{1}{2}&\frac{1}{2}\end{pmatrix}$, on a :

$$A-\frac{1}{2}B=\begin{pmatrix}\frac{1}{2}&\frac{1}{2}\\\frac{1}{2}&\frac{1}{2}\end{pmatrix}+\begin{pmatrix}-\frac{1}{4}&\frac{1}{4}\\\frac{1}{4}&-\frac{1}{4}\end{pmatrix}=\begin{pmatrix}\frac{1}{4}&\frac{3}{4}\\\frac{3}{4}&\frac{1}{4}\end{pmatrix}=M$$

Un calcul immédiat fournit $A^2 = AA = A$ et $B^2 = BB = B$.

De plus $AB = BA = \begin{pmatrix} 0 & 0 \\ 0 & 0 \end{pmatrix}$.

c. L'égalité est vraie si $n = 1$ d'après la question **b.**
Supposons qu'elle soit vraie pour un entier naturel $n > 1$.

Alors : $M^{n+1} = MM^n = \left(A + \left(-\frac{1}{2}B\right)\right)\left(A + \left(-\frac{1}{2}\right)^n B\right)$

$$= A^2 + \left(-\frac{1}{2}\right)^n AB + \left(-\frac{1}{2}\right)BA + \left(-\frac{1}{2}\right)^{n+1} B^2 = A + \left(-\frac{1}{2}\right)^{n+1} B$$

On a donc prouvé l'hérédité de l'égalité, ce qui achève la récurrence.

d. On a donc $A + \left(-\frac{1}{2}\right)^n B = \begin{pmatrix} \frac{\left(-\frac{1}{2}\right)^n + 1}{2} & \frac{1 - \left(-\frac{1}{2}\right)^n}{2} \\ \frac{1 - \left(-\frac{1}{2}\right)^n}{2} & \frac{\left(-\frac{1}{2}\right)^n + 1}{2} \end{pmatrix} = M^n$.

Puisque $V_n = V_0 M^n$ et $V_0 = (1 \quad 0)$, on a :

$$V_n = (1 \quad 0)\begin{pmatrix} \frac{\left(-\frac{1}{2}\right)^n + 1}{2} & \frac{1 - \left(-\frac{1}{2}\right)^n}{2} \\ \frac{1 - \left(-\frac{1}{2}\right)^n}{2} & \frac{\left(-\frac{1}{2}\right)^n + 1}{2} \end{pmatrix} = \begin{pmatrix} \frac{\left(-\frac{1}{2}\right)^n + 1}{2} & \frac{1 - \left(-\frac{1}{2}\right)^n}{2} \end{pmatrix}$$

On en déduit que $u_n = \dfrac{\left(-\frac{1}{2}\right)^n + 1}{2}$ car $V_n = (u_n \quad 1 - u_n)$.

Puisque $\lim\limits_{n \to +\infty} \left(-\frac{1}{2}\right)^n = 0$, $\lim\limits_{n \to +\infty} u_n = \frac{1}{2}$.

On sait que si $-1 < q < 1$, $\lim\limits_{n \to +\infty} q^n = 0$.

26 **a.** Calculons : $AX_n + C = \begin{pmatrix} -4u_n + 6v_n \\ -3u_n + 5v_n \end{pmatrix} + \begin{pmatrix} 2 \\ 1 \end{pmatrix} = \begin{pmatrix} -4u_n + 6v_n + 2 \\ -3u_n + 5v_n + 1 \end{pmatrix} = X_{n+1}$.

Le système équivaut donc à $X_{n+1} = AX_n + C$.

b. Posons $\begin{pmatrix} x \\ y \end{pmatrix}$. On a : $L = AL + C \Rightarrow (I_2 - A)L = C$

$$\Rightarrow \begin{pmatrix} 5 & -6 \\ 3 & -4 \end{pmatrix}\begin{pmatrix} x \\ y \end{pmatrix} = \begin{pmatrix} 2 \\ 1 \end{pmatrix} \Rightarrow \begin{pmatrix} x \\ y \end{pmatrix} = \begin{pmatrix} 5 & -6 \\ 3 & -4 \end{pmatrix}^{-1}\begin{pmatrix} 2 \\ 1 \end{pmatrix}$$

$$\Rightarrow \begin{pmatrix} x \\ y \end{pmatrix} = \begin{pmatrix} 2 & -3 \\ \frac{3}{2} & -\frac{5}{2} \end{pmatrix}\begin{pmatrix} 2 \\ 1 \end{pmatrix} \Rightarrow \begin{pmatrix} x \\ y \end{pmatrix} = \begin{pmatrix} 1 \\ \frac{1}{2} \end{pmatrix}$$

La matrice colonne cherchée est donc la matrice $L = \begin{pmatrix} 1 \\ \frac{1}{2} \end{pmatrix}$.

c. On a $\begin{cases} X_{n+1} = AX_n + C \\ L = AL + C \end{cases}$

Par soustraction on obtient $X_{n+1} - L = A(X_n - L)$ c'est-à-dire $Y_{n+1} = AY_n$.

Démontrons par récurrence que pour tout entier naturel n, $Y_n = A^n Y_0$.
L'égalité est vraie si $n = 0$ car $Y_0 = I_2 Y_0 = A^0 Y_0$.

Supposons qu'elle soit vraie pour un entier naturel n. Alors :

$$Y_{n+1} = AY_n = A(A^n Y_0) = A^{n+1} Y_0$$

Ce qu'il fallait démontrer.

d. Comme $P^{-1} = \begin{pmatrix} -1 & 2 \\ -1 & 1 \end{pmatrix}$ on trouve $P^{-1}AP = \begin{pmatrix} 2 & 0 \\ 0 & -1 \end{pmatrix}$ et donc $D = \begin{pmatrix} 2 & 0 \\ 0 & -1 \end{pmatrix}$.

D'autre part : $P^{-1}AP = D \Rightarrow PP^{-1}AP = PD$

$$\Rightarrow AP = PD \Rightarrow APP^{-1} = PDP^{-1}$$
$$\Rightarrow A = PDP^{-1}$$

Rappel : $PP^{-1} = I_2$ et $I_2A = AI_2 = A$ (voir § 1. D. et 1. C. remarque 5).

e. L'égalité demandée est donc vraie si $n=1$.

Supposons qu'elle soit vraie pour un entier $n>0$.

Alors $A^{n+1}=AA^n=PDP^{-1}PD^nP^{-1}=PDD^nP^{-1}=PD^{n+1}P^{-1}$.

L'hérédité de l'égalité étant prouvée, la récurrence est achevée, ce qu'il fallait démontrer.

De plus on sait que $D^n=\begin{pmatrix}2^n & 0\\ 0 & (-1)^n\end{pmatrix}$, donc :

$$A^n=P^{-1}D^nP=\begin{pmatrix}2(-1)^n-2^n & 2\times 2^n-2(-1)^n\\ (-1)^n-2^n & 2\times 2^n-(-1)^n\end{pmatrix}$$

f. Puisque $Y_n=\begin{pmatrix}u_n-1\\ v_n-\frac{1}{2}\end{pmatrix}$ et $Y_0=\begin{pmatrix}0\\ \frac{1}{2}\end{pmatrix}$ on trouve :

$$Y_n=\begin{pmatrix}2(-1)^n-2^n & 2\times 2^n-2(-1)^n\\ (-1)^n-2^n & 2\times 2^n-(-1)^n\end{pmatrix}\begin{pmatrix}0\\ \frac{1}{2}\end{pmatrix} \text{ donc } Y_n=\begin{pmatrix}2^n-(-1)^n\\ -\frac{(-1)^n}{2}+2^n\end{pmatrix}.$$

Finalement $\begin{cases}u_n-1=2^n-(-1)^n\\ v_n-\frac{1}{2}=-\frac{(-1)^n}{2}+2^n\end{cases}\Rightarrow\begin{cases}u_n=2^n-(-1)^n+1\\ v_n=-\frac{(-1)^n}{2}+2^n+\frac{1}{2}\end{cases}$

OBJECTIF BAC

27 **a.** Avec la seule reproduction naturelle, on aurait $x_{n+1}=3x_n$. Comme il y a y_n prédateurs, ils dévorent $2y_n$ proies si bien que $x_{n+1}=3x_n-2y_n$.

b. En l'absence de proies, on aurait $y_{n+1}=\frac{1}{2}y_n$. Si l'on peut dire, une proie est responsable d'un demi prédateur puisque deux proies génèrent un prédateur.

Par conséquent x_n proies génèrent $\frac{x_n}{2}$ prédateurs.

C'est pourquoi $y_{n+1}=\frac{1}{2}y_n+\frac{1}{2}x_n$.

c. Puisque $AU_n = \begin{pmatrix} 3x_n - 2y_n \\ \frac{1}{2}x_n + \frac{1}{2}y_n \end{pmatrix}$ on en déduit que $AU_n = U_{n+1}$.

d. L'égalité est vraie si $n = 0$ car $U_0 = I_2U = A^0U_0$.
Supposons qu'elle soit vraie pour un entier naturel n. Alors :

$$U_{n+1} = AU_n = A(A^nU_0) = A^{n+1}U_0$$

On vient de démontrer par récurrence que pour tout entier naturel n : $U_n = A^nU_0$.

e. Sachant que $P^{-1} = \begin{pmatrix} \frac{1}{3} & -\frac{1}{3} \\ -\frac{1}{3} & \frac{4}{3} \end{pmatrix}$ on trouve :

$$(P^{-1}A)P = \begin{pmatrix} \frac{5}{6} & -\frac{5}{6} \\ -\frac{1}{3} & \frac{4}{3} \end{pmatrix}\begin{pmatrix} 4 & 1 \\ 1 & 1 \end{pmatrix} = \begin{pmatrix} \frac{5}{2} & 0 \\ 0 & 1 \end{pmatrix}$$

On en déduit que $D = P^{-1}AP \Rightarrow PDP^{-1} = PP^{-1}AP^{-1}P = A$.

Ainsi $A = PDP^{-1}$ et on en déduit par récurrence que pour tout $n > 0$, $A^n = PD^nP^{-1}$.

Voir notamment la fiche méthode p. 426 et l'exercice 26.

On sait que $D^n = \begin{pmatrix} \left(\frac{5}{2}\right)^n & 0 \\ 0 & 1 \end{pmatrix}$.

$$\text{Donc : } A^n = \begin{pmatrix} 4 & 1 \\ 1 & 1 \end{pmatrix}\begin{pmatrix} \left(\frac{5}{2}\right)^n & 0 \\ 0 & 1 \end{pmatrix}\begin{pmatrix} 4 & 1 \\ 1 & 1 \end{pmatrix} = \begin{pmatrix} 4\times\left(\frac{5}{2}\right)^n & 1 \\ \left(\frac{5}{2}\right)^n & 1 \end{pmatrix}\begin{pmatrix} 4 & 1 \\ 1 & 1 \end{pmatrix}$$

$$= \begin{pmatrix} 16\times\left(\frac{5}{2}\right)^n + 1 & 4\times\left(\frac{5}{2}\right)^n + 1 \\ 4\times\left(\frac{5}{2}\right)^n + 1 & \left(\frac{5}{2}\right)^n + 1 \end{pmatrix}$$

f. En prenant le millier comme unité on a donc :

$$\begin{pmatrix} x_n \\ y_n \end{pmatrix} = \begin{pmatrix} 16\times\left(\frac{5}{2}\right)^n + 1 & 4\times\left(\frac{5}{2}\right)^n + 1 \\ 4\times\left(\frac{5}{2}\right)^n + 1 & \left(\frac{5}{2}\right)^n + 1 \end{pmatrix} \begin{pmatrix} 2 \\ 1 \end{pmatrix} = \begin{pmatrix} 36\times\left(\frac{5}{2}\right)^n + 3 \\ 9\times\left(\frac{5}{2}\right)^n + 3 \end{pmatrix}$$

On trouve par conséquent pour tout entier $n > 0$: $\begin{cases} x_n = 36\times\left(\frac{5}{2}\right)^n + 3 \\ y_n = 9\times\left(\frac{5}{2}\right)^n + 3 \end{cases}$

Alors : $\lim\limits_{n\to+\infty} x_n = 3$ et $\lim\limits_{n\to+\infty} y_n = 3$. Autrement dit, selon le modèle, la population des deux espèces a tendance à se stabiliser autour de 3 000 individus, au bout d'un temps assez long.